华章 IT

HZBOOKS | Information Technology

技术丛书

Hadoop Practice of Big Data Analysis and Mining

Hadoop大数据分析与挖掘实战

张良均　樊　哲　赵云龙　李成华　刘丽君　刘名军　肖　刚
云伟标　王　路　刘晓勇　薛　云　廖晓霞　徐英刚　著

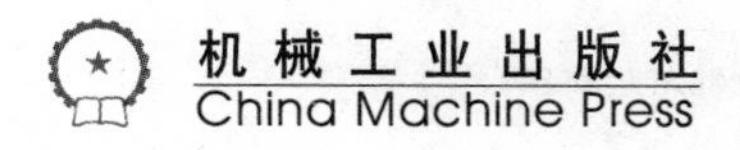

机械工业出版社
China Machine Press

图书在版编目（CIP）数据

Hadoop 大数据分析与挖掘实战 / 张良均等著．—北京：机械工业出版社，2015.12（2018.4 重印）

（大数据技术丛书）

ISBN 978-7-111-52265-2

I. H…　II. 张…　III. 数据处理软件　IV. TP274

中国版本图书馆 CIP 数据核字（2015）第 281852 号

Hadoop 大数据分析与挖掘实战

出版发行：机械工业出版社（北京市西城区百万庄大街 22 号　邮政编码：100037）

责任编辑：高婧雅　　责任校对：董纪丽

印　　刷：中国电影出版社印刷厂　　版　　次：2018 年 4 月第 1 版第 6 次印刷

开　　本：186mm×240mm　1/16　　印　　张：19

书　　号：ISBN 978-7-111-52265-2　　定　　价：69.00 元

凡购本书，如有缺页、倒页、脱页，由本社发行部调换

客服热线：（010）88379426　88361066　　投稿热线：（010）88379604

购书热线：（010）68326294　88379649　68995259　　读者信箱：hzit@hzbook.com

Preface 前　言

为什么要写这本书

到2012年为止，Farecast系统用了将近十万亿条价格记录来帮助预测美国国内航班的票价。Farecast票价预测的准确度已经高达75%，使用Farecast票价预测工具购买机票的旅客，平均每张机票可节省50美元[㊀]。

Farecast是大数据公司的一个缩影，也代表了当今世界发展的趋势。但与国外相比，我国由于信息化程度不太高，企业内部信息不完整，零售业、银行、保险、证券等对大数据分析与挖掘的应用并不太理想。但随着市场竞争的加剧，各行业对大数据分析与挖掘技术的研究与应用意愿越来越强烈，可以预计，未来几年，各行业的数据分析一定都是大规模的数据挖掘与应用。在大数据时代，数据过剩、人才短缺，数据挖掘专业人才的培养又需要专业知识和职业经验积累。所以，本书在注重大数据时代数据挖掘理论的同时，也注意与大数据项目案例实践相结合，这样可以让读者体验真实的大数据挖掘学习与实践环境，更快、更好地学习大数据分析与挖掘知识以及积累职业经验。

总地来说，随着大数据时代的来临，大数据分析与挖掘技术将具有越来越重要的战略意义。大数据已经渗透到每一个行业和业务职能领域，逐渐成为重要的生产要素，人们对于海量数据的运用将预示着新一轮生产率增长和消费者盈余浪潮的到来。大数据分析与挖掘技术将帮助企业用户在合理时间内攫取、管理、处理、整理海量数据，为企业经营决策提供积极的帮助。大数据分析与挖掘作为数据存储和挖掘分析的前沿技术，广泛应用于物联网、云计算、移动互联网等战略性新兴产业。虽然大数据目前在国内还处于初级阶段，但是其商业价值已经显现出来，特别是有实践经验的大数据分析人才更是各企业争夺的热门资源。

大数据时代来临，风云变化，时不我待！

㊀ 维克托·迈尔·舍恩伯格．大数据时代－生活、工作与思维的大变革．2012

本书特色

本书作者从实践出发，结合大量大数据挖掘工程案例及教学经验，以真实案例为主线，深入浅出介绍大数据挖掘项目中针对数据分析的各个流程：数据探索、数据预处理、分类与预测、聚类分析、关联规则挖掘、智能推荐等。因此，图书的编排以解决某个大数据应用的挖掘目标为前提，先介绍案例背景提出挖掘目标，再阐述针对这个目标使用的大数据挖掘分析方法与过程，最后完成模型构建，在介绍建模过程中会针对每个大数据项目的特点进行分析，同时提供上机实验，把相关的建模操作提供给读者。在本书的高级篇中，介绍大数据挖掘的二次开发实例，方便有能力的读者进行相关二次开发。

根据读者对案例的理解，本书配套提供了真实的原始样本数据文件及建模仿真平台，读者可以从“泰迪杯”全国大学生数据挖掘竞赛网站（http://www.tipdm.org/ts/655.jhtml）免费下载。另外，为方便教师授课需要，图书还特意提供了建模阶段的过程数据文件、PPT 课件，读者可通过“勘误与支持”中的联系方式咨询或者获取文件。

本书适用对象

❑ 开设有大数据挖掘课程的高校教师和学生。

目前国内不少高校将数据挖掘引入本科教学中，在数学、计算机、自动化、电子信息、金融等专业开设了数据挖掘技术相关的课程，但目前这一课程的教学仍然主要限于理论介绍。因为单纯的理论教学过于抽象，学生理解起来往往比较困难，教学效果也不甚理想。本书提供的基于实战案例和建模实践的教学内容，能够使师生充分发挥互动性和创造性，理论联系实际，使师生获得最佳的教学效果。

❑ 大数据挖掘开发人员。

这类人员可以在理解大数据挖掘应用需求和设计方案的基础上，结合图书提供的基于第三方接口快速实现大数据挖掘应用的编程。

❑ 需求分析及系统设计人员。

这类人员可以在理解数据挖掘原理及建模过程的基础上，结合数据挖掘案例完成精确营销、客户分群、交叉销售、流失分析、客户信用记分、欺诈发现、智能推荐等数据挖掘应用的需求分析和设计。

❑ 进行大数据挖掘应用研究的科研人员。

许多科研院所为了更好地对科研工作进行管理，纷纷开发了适应自身特点的科研业务管理系统，并在使用过程中积累了大量的科研信息数据。但是，这些科研业务管理系统一般没有对这些数据进行深入分析，对数据所隐藏的价值并没有进行充分挖掘利用。科研人员需要大数据挖掘建模工具及有关方法论来深挖科研信息的价值，从而提高科研水平。

- ❑ 关注大数据分析的人员。

业务报告和商业智能解决方案对于了解过去和现在的状况可能是非常有用的。但是，数据挖掘的预测分析解决方案还能使这类人员预见未来的发展状况，让他们的机构能够先发制人，而不是处于被动。因为数据挖掘的预测分析解决方案将复杂的统计方法和机器学习技术应用到数据之中，通过预测分析技术来揭示隐藏在交易系统或企业资源计划（ERP）、结构数据库和普通文件中的模式和趋势，从而为决策提供科学依据。

如何阅读本书

本书共16章，分三个部分：基础篇、实战篇、高级篇。基础篇介绍了数据挖掘、Hadoop大数据的基本原理，实战篇通过对案例深入浅出的剖析，使读者在不知不觉中通过案例实践获得大数据项目挖掘分析经验，同时快速领悟看似难懂的大数据分析与挖掘理论知识。读者在阅读过程中，应充分利用随书配套的案例建模数据，借助 TipDM-HB 大数据挖掘建模平台，通过上机实验，快速理解相关知识与理论。

第一部分是基础篇（第1~6章），第1章的主要内容是数据挖掘概述、大数据餐饮行业应用；第2章针对大数据理论知识进行基础讲解，简明扼要地针对 Hadoop 安装、原理等做了介绍；第3章介绍了大数据仓库 Hive 的安装、原理等内容；第4章介绍了大数据数据库 HBase 的安装、原理等内容；第5章介绍了几种大数据挖掘建模平台，同时重点介绍了本书使用的开源 TipDM-HB 大数据挖掘平台；第6章介绍数据挖掘的建模过程、各种挖掘建模的常用算法与原理以及挖掘建模在大数据挖掘算法库 Mahout 中的实现原理。

第二部分是实战篇（第7~14章），重点分析大数据挖掘技术在法律咨询、电子商务、航空、移动通信、互联网、生产制造以及公共服务等行业的应用。在案例结构组织上，按照先介绍案例背景与挖掘目标，再阐述大数据时代针对大数据的分析方法与过程，最后完成模型构建的顺序进行的，详细分析了建模过程关键环节。最后通过上机实践，加深对大数据挖掘案例的认识以及分析流程。

第三部分是高级篇（第15~16章），介绍了基于 Hadoop 大数据开发的相关技术以及开发步骤，并使用实例来展示这些步骤，使读者可以自己动手实践，亲自体会开发的乐趣；还介绍了基于 TipDM-HB 大数据挖掘平台的二次开发实例，借助 TipDM-HB 大数据挖掘平台二次开发工具，可以更加快捷、高效地完成相关大数据应用的二次开发，降低开发难度，使读者更方便地体会到大数据分析与挖掘的强大魅力。

勘误和支持

除封面署名外，参加本书编写工作的还有刘名军、肖刚、云伟标、王路、刘晓勇、薛云、廖晓霞、徐英刚等。由于笔者的水平有限，编写时间仓促，书中难免会出现一些错误或者不准确的地方，恳请读者批评指正。为此，读者可通过笔者微信公众号 TipDM（微信号：TipDataMining）、TipDM 官网（www.tipdm.com）反馈有关问题。也可通过热线电话（40068-40020）或企业 QQ（40068-40020）进行在线咨询或通过扫描以下微信公众号的二维码咨询获取。

读者可以将书中的错误及遇到的任何问题反馈给我们，我们将尽量在线上为读者提供最满意的解答。图书的全部建模数据文件及源程序，可以从全国大学生数据挖掘竞赛网站（www.tipdm.org）下载，我们会将相应内容的更新及时发布更正出来。如果您有更多的宝贵意见，欢迎发送邮件至邮箱 13560356095@qq.com，期待能够得到您的真挚反馈。

致谢

在本书编写过程中，得到了广大企事业单位科研人员的大力支持！在此谨向中国电力科学研究院、广东电力科学研究院、广西电力科学研究院、华南师范大学、广东工业大学、广东技术师范学院、南京中医药大学、华南理工大学、湖南师范大学、韩山师范学院、中山大学、广州泰迪智能科技有限公司、武汉泰迪智慧科技有限公司等单位给予支持的专家及师生致以深深的谢意。

在本书的编辑和出版过程中还得到了参与“泰迪杯”全国大学生数据挖掘建模竞赛（http://www.tipdm.org）的众多师生及机械工业出版社杨福川、高婧雅等无私的帮助与支持，在此一并表示感谢。

张良均

Contents 目　录

前　言

基 础 篇

实 战 篇

高　级　篇

基 础 篇

Chapter 1 第1章

数据挖掘基础

1.1 某知名连锁餐饮企业的困惑

国内某餐饮连锁有限公司（以下简称T餐饮）成立于1998年，主要经营粤菜，兼顾湘菜、川菜、中餐等综合菜系。至今已经发展成为在国内具有一定知名度、美誉度，多品牌、立体化的大型餐饮连锁企业。属下员工1000多人，拥有16家直营分店，经营总面积近13 000平方米，年营业额近亿元。其旗下各分店均坐落在繁华市区主干道，雅致的装潢，配之以精致的饰品、灯具、器物，出品精美，服务规范。

近年来餐饮行业面临较为复杂的市场环境，与其他行业一样，餐饮企业都遇到了原材料成本升高、人力成本升高、房租成本升高等问题，这也使得整个行业的利润率急剧下降。人力成本和房租成本的上升是必然趋势，如何在保持产品质量的同时提高企业效率，成为了T餐饮急需面对的问题。从2000年开始，T餐饮通过加强信息化管理来提高效率，目前已上线的管理系统包括以下几个。

（1）客户关系管理系统

该系统详细记录了每位客人的喜好，为顾客提供个性化服务，满足客户个性化需求。通过客户关怀，提高客户的忠诚度。比如企业能随时查询了解今天哪位客人过生日或其他纪念日，根据客人的价值分类进行相应关怀，如送鲜花、生日蛋糕、寿面等。通过本系统，还可对客户行为进行深入分析，包括客户价值分析、新客户分析与发展，并根据其价值情况提供给管理者，为企业提供决策支持。

（2）前厅管理系统

该系统通过掌上电脑无线点菜方式，改变了传统“饭店点菜、下单、结账一支笔、一张纸，服务员来回跑的局面”，快速完成点菜过程。通过厨房自动送达信息，服务员的写菜速度加快不需要再通过手写，同时传菜部也轻松不少，菜单会通过电脑自动打印出来，差错率降低，也不存在厨房人员看不懂服务员字迹而搞错的问题。

（3）后厨管理系统

信息化技术可实现后厨与前厅沟通无障碍，客人菜单瞬间传到厨房。服务员只需点击掌上电脑的发送键，客人的菜单即被传送到收银管理系统中，由系统的电脑发出指令，设在厨房等处的打印机立即打印出相应的菜单，厨师按单做菜。与此同时，收银台也打印出一张同样的菜单放在客人桌上，以备客人查询以及作结账凭据，使客人明明白白消费。

（4）财务管理系统

该系统完成销售统计、销售分析、财务审计，实现对日常经营销售的管理。通过报表，企业管理者很容易掌握前台的销售情况，从而达到对财务的控制。通过表格和图形可以显示餐厅的销售情况，如菜品排行榜、日客户流量、日销售收入分析等；统计每天的出菜情况，可以了解哪些是滞销菜，哪些是畅销菜，从而了解顾客的品位，有针对性地制订出一套既适合餐饮企业发展又能迎合顾客品位的菜肴体系和定价策略。

（5）物资管理系统

该系统主要完成对物资的进销存，实际上就是一套融采购管理（入库、供应商管理、账款管理）、销售（通过配菜卡与前台销售联动）、盘存为一体的物流管理系统。对于连锁企业，还涉及统一配送管理等。

通过以上信息化的建设，T餐饮已经积累了大量的历史数据，有没有一种方法可帮助企业从这些数据中洞察商机，提取价值？在同质化的市场竞争中，怎样找到一些市场以前并不存在的“捡漏”和“补缺”？

1.2　从餐饮服务到数据挖掘

企业经营最大的目的就是盈利，而餐饮业企业盈利的核心就是其菜品和顾客，也就是其提供的产品和服务对象。企业经营者每天都在想推出什么样的菜系和种类会吸引更多的顾客，究竟各种顾客各自的喜好是什么，在不同的时段是不是有不同的菜品畅销，当把几种不同的菜品组合在一起推出时是不是能够得到更好的效果，未来一段时间菜品原材料应该采购多少……

T餐饮的经营者想尽快地解决这些疑问，使自己的企业更加符合现有顾客的口味，吸引更多的新顾客，又能根据不同的情况和环境转换自己的经营策略。T餐饮在经营过程中，通过分析历史数据，总结出一些行之有效的经验：

- 在点餐过程中，由有经验的服务员根据顾客特点进行菜品推荐，一方面可提高菜品的销量，另外一方面可减少客户点餐的时间和频率，提高用户体验；
- 根据菜品历史销售情况，综合考虑节假日、气候和竞争对手等影响因素，对菜品销量进行预测，以便餐饮企业提前准备原材料；

- 定期对菜品销售情况进行统计，分类统计出好评菜和差评菜，为促销活动和新菜品推出提供支持；
- 根据就餐频率和金额对顾客的就餐行为进行评分，筛选出优质客户，定期回访和送去关怀。

上述措施的实施都依赖于企业已有业务系统中保存的数据，但是目前从这些数据中获得有关产品和客户的特点以及能够产生价值的规律更多依赖于管理人员的个人经验。如果有一套工具或系统，能够从业务数据中自动或半自动地发现相关的知识和解决方案，这将极大地提高企业的决策水平和竞争能力。这种从数据中“淘金”，从大量数据（包括文本）中挖掘出隐含的、未知的、对决策有潜在价值的关系、模式和趋势，并用这些知识和规则建立用于决策支持的模型，提供预测性决策支持的方法、工具和过程，这就是**数据挖掘**；它是利用各种分析工具在大量数据中寻找其规律和发现模型与数据之间关系的过程，是统计学、数据库技术和人工智能技术的综合。

这种分析方法可避免“人治”的随意性，避免企业管理仅依赖个人领导力的风险和不确定性，实现精细化营销与经营管理。

1.3 数据挖掘的基本任务

数据挖掘的基本任务包括利用分类与预测、聚类分析、关联规则、时序模式、偏差检测、智能推荐等方法，帮助企业提取数据中蕴含的商业价值，提高企业的竞争力。

对餐饮企业而言，数据挖掘的基本任务是从餐饮企业采集各类菜品销量、成本单价、会员消费、促销活动等内部数据，以及天气、节假日、竞争对手以及周边商业氛围等外部数据；之后利用数据分析手段，实现菜品智能推荐、促销效果分析、客户价值分析、新店选点优化、热销/滞销菜品分析和销量趋势预测；最后将这些分析结果推送给餐饮企业管理者及有关服务人员，为餐饮企业降低运营成本，增加盈利能力，实现精准营销，策划促销活动等提供智能服务支持。

1.4 数据挖掘建模过程

从本节开始，将以餐饮行业的数据挖掘应用为例来详细介绍数据挖掘的建模过程，如图1-1所示。

1.4.1 定义挖掘目标

针对具体的数据挖掘应用需求，首先要明确本次的挖掘目标是什么？系统完成后能达到什么样的效果？因此必须分析应用领域，包括应用中的各种知识和应用目标，了解相关领域的有关情况，熟悉背景知识，弄清用户需求。要想充分发挥数据挖掘的价值，必须要对目标有一个清晰明确的定义，即决定到底想干什么。

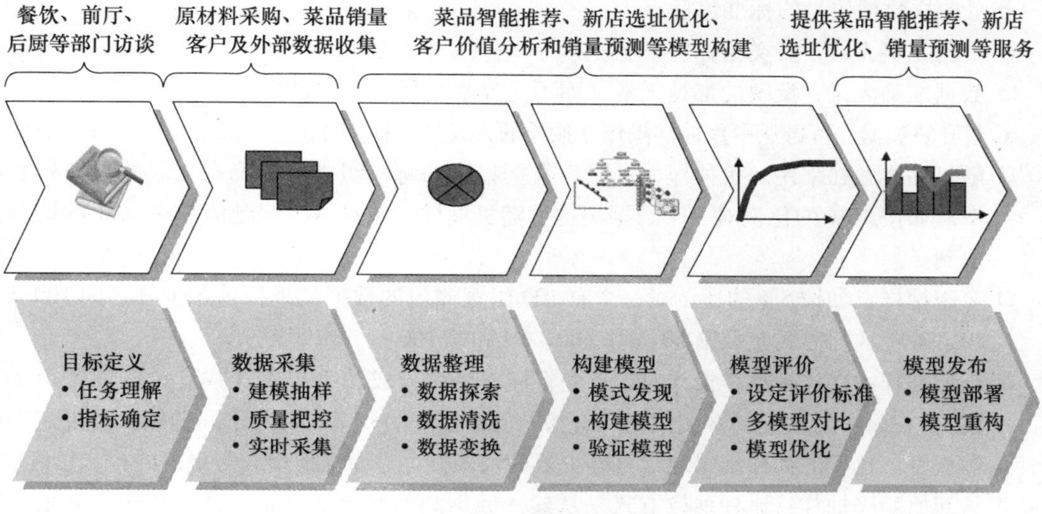

餐饮、前厅、后厨等部门访谈
原材料采购、菜品销量客户及外部数据收集
菜品智能推荐、新店选址优化、客户价值分析和销量预测等模型构建
提供菜品智能推荐、新店选址优化、销量预测等服务

目标定义
• 任务理解
• 指标确定

数据采集
• 建模抽样
• 质量把控
• 实时采集

数据整理
• 数据探索
• 数据清洗
• 数据变换

构建模型
• 模式发现
• 构建模型
• 验证模型

模型评价
• 设定评价标准
• 多模型对比
• 模型优化

模型发布
• 模型部署
• 模型重构

图 1-1　餐饮行业数据挖掘建模过程

针对餐饮行业的数据挖掘应用，可定义如下挖掘目标：

- 实现动态菜品智能推荐，帮助顾客快速发现自己感兴趣的菜品，同时确保推荐给顾客的菜品也是餐饮企业所期望的，实现餐饮消费者和餐饮企业的双赢；
- 对餐饮客户进行细分，了解不同客户的贡献度和消费特征，分析哪些客户是最有价值的，哪些是最需要关注的，对不同价值的客户采取不同的营销策略，将有限的资源投放到最有价值的客户身上，实现精准化营销；
- 基于菜品历史销售情况，综合考虑节假日、气候和竞争对手等影响因素，对菜品销量进行趋势预测，方便餐饮企业准备原材料；
- 基于餐饮大数据，优化新店选址，并对新店所在位置周围的潜在顾客口味偏好进行分析，以便及时进行菜式调整。

1.4.2　数据取样

在明确了需要进行数据挖掘的目标后，接下来就需要从业务系统中抽取出一个与挖掘目标相关的样本数据子集。抽取数据的标准，一是相关性，二是可靠性，三是有效性，而不是动用全部企业数据。通过数据样本的精选，不仅能减少数据处理量，节省系统资源，而且使我们想要寻找的规律性更加突显出来。

进行数据取样，一定要严把质量关。在任何时候都不能忽视数据的质量，即使是从一个数据仓库中进行数据取样，也不要忘记检查其质量如何。因为数据挖掘是要探索企业运作的内在规律性，原始数据有误，就很难从中探索规律性。若真的从中还探索出来了什么“规律性”，再依此去指导工作，则很可能会造成误导。若从正在运行的系统中进行数据取样，更要注意数据的完整性和有效性。

衡量取样数据质量的标准包括：

- ❑ 资料完整无缺，各类指标项齐全。
- ❑ 数据准确无误，反映的都是正常（而不是异常）状态下的水平。

对获取的数据，可再从中作抽样操作。抽样的方式是多种多样的，常见的有以下几种方式。

- ❑ 随机抽样：在采用随机抽样方式时，数据集中的每一组观测值都有相同的被抽样的概率。如按 10% 的比例对一个数据集进行随机抽样，则每一组观测值都有 10% 的机会被取到。
- ❑ 等距抽样：如按 5% 的比例对一个有 100 组观测值的数据集进行等距抽样，则 100/5 = 20，等距抽样方式是取第 20、40、60、80 和第 100 这 5 组观测值。
- ❑ 分层抽样：在这种抽样操作时，首先将样本总体分成若干层次（或者说分成若干个子集）。在每个层次中的观测值都具有相同的被选用的概率，但对不同的层次可设定不同的概率。这样的抽样结果通常具有更好的代表性，进而使模型具有更好的拟合精度。
- ❑ 从起始顺序抽样：这种抽样方式是从输入数据集的起始处开始抽样。抽样的数量可以给定一个百分比，或者直接给定选取观测值的组数。
- ❑ 分类抽样：在前述几种抽样方式中，并不考虑抽取样本的具体取值。分类抽样则依据某种属性的取值来选择数据子集，如按客户名称分类、按地址区域分类等。分类抽样的选取方式就是前面所述的几种方式，只是抽样以类为单位。

基于前面定义的餐饮行业的挖掘目标，需从客户关系管理系统、前厅管理系统、后厨管理系统、财务管理系统和物资管理系统抽取用于建模和分析的餐饮数据，主要包括：

- ❑ 餐饮企业信息：名称、位置、规模、联系方式，以及部门、人员、角色等；
- ❑ 餐饮客户信息：姓名、联系方式、消费时间、消费金额等；
- ❑ 餐饮企业菜品信息：菜品名称、菜品单价、菜品成本、所属部门等；
- ❑ 菜品销量数据：菜品名称、销售日期、销售金额、销售份数；
- ❑ 原材料供应商资料及商品数据：供应商姓名、联系方式、商品名称，以及客户评价信息；
- ❑ 促销活动数据：促销日期、促销内容、促销描述；
- ❑ 外部数据，如天气、节假日、竞争对手以及周边商业氛围等数据。

1.4.3 数据探索

前面所叙述的数据取样，多少是带着人们对如何实现数据挖掘目的的先验认识进行操作的。当我们拿到了一个样本数据集后，它是否达到我们原来设想的要求；其中有没有什么明显的规律和趋势；有没有出现从未设想过的数据状态；属性之间有什么相关性；它们可区分成怎样一些类别……，这都是要首先探索的内容。

对所抽取的样本数据进行探索、审核和必要的加工处理，是保证最终的挖掘模型的质量所必需的。可以说，挖掘模型的质量不会超过抽取样本的质量。数据探索和预处理的目的是为了保证样本数据的质量，从而为保证模型质量打下基础。

常用的数据探索方法主要包括两方面：数据质量分析；数据特征分析。

1. 数据质量分析

数据质量分析是数据挖掘中数据准备过程的重要一环，是数据预处理的前提，也是数据挖掘分析结论有效性和准确性的基础，没有可信的数据，数据挖掘构建的模型将是空中楼阁。

数据质量分析的主要任务是检查原始数据中是否存在脏数据，脏数据一般是指不符合要求，以及不能直接进行相应分析的数据。在常见的数据挖掘工作中，脏数据包括：缺失值、异常值、不一致的值、重复数据及含有特殊符号（如#、￥、*）的数据。

（1）缺失值分析

数据的缺失主要包括**记录的缺失**和**记录中某个字段信息的缺失**，两者都会造成分析结果的不准确。使用简单的统计分析，可以得到含有缺失值的属性的个数，以及每个属性的未缺失数、缺失数与缺失率等。缺失值的处理，从总体上来说分为删除存在缺失值的记录、对可能值进行插补和不处理三种情况。

（2）异常值分析

异常值分析是检验数据是否有录入错误以及含有不合常理的数据。忽视异常值的存在是十分危险的，不加剔除地把异常值包括进数据的计算分析过程中，会给结果带来不良影响；重视异常值的出现，分析其产生的原因，常常成为发现问题进而改进决策的契机。异常值是指样本中的个别值，其数值明显偏离其余的观测值。异常值也称为离群点，异常值的分析也称为离群点分析。

箱型图提供了识别异常值的一个标准：异常值通常被定义为小于 $Q_L-1.5IQR$ 或大于 $Q_U+1.5IQR$ 的值。Q_L 称为下四分位数，表示全部观察值中有1/4的数据取值比它小；Q_U 称为上四分位数，表示全部观察值中有四分之一的数据取值比它大；IQR 称为四分位数间距，是上四分位数 Q_U 与下四分位数 Q_L 之差，其间包含了全部观察值的一半。

箱型图依据实际数据绘制，没有对数据作任何限制性要求（如服从某种特定的分布形式），它只是真实直观地表现数据分布的本来面貌；另一方面，箱型图判断异常值的标准以四分位数和四分位距为基础，四分位数具有一定的鲁棒性：多达25%的数据可以变得任意远而不会很大地扰动四分位数，所以异常值不能对这个标准施加影响。由此可见，箱形图识别异常值的结果比较客观，在识别异常值方面有一定的优越性，见图1-2。

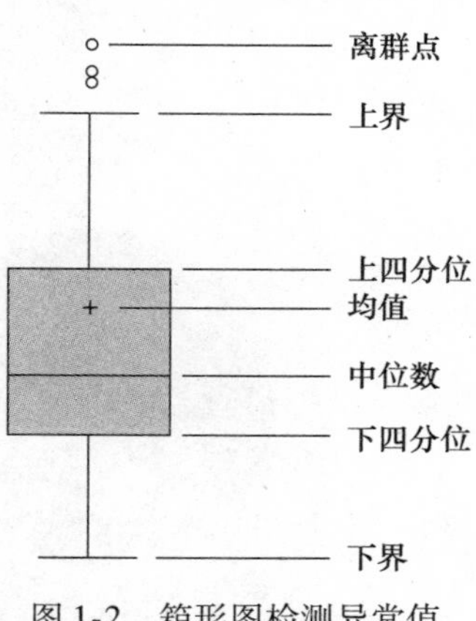

图1-2　箱形图检测异常值

（3）数据一致性分析

数据不一致性是指数据的矛盾性、不相容性。直接对不一致的数据进行挖掘，可能会产生与实际相违背的挖掘结果。在数据挖掘过程中，不一致数据的产生主要发生在数据集成的过程中，可能是由于被挖掘数据是来自于从不同的数据源、对重复存放的数据未能进行一致性更新造成的。例如，两张表中都存储了用户的电话号码，但在用户的电话号码发生改变时只更新了一张表中的数据，那么这两张表中就有了不一致的数据。

2. 数据特征分析

对数据进行质量分析以后，可通过绘制图表、计算某些特征量等手段进行数据的特征分析。数据特征分析主要包括：分布分析、对比分析、统计量分析、周期性分析、贡献度分析和相关性分析。

（1）分布分析

分布分析能揭示数据的分布特征和分布类型。对定量数据而言，欲了解其分布形式是对称的还是非对称的、发现某些特大或特小的可疑值，可做出频率分布表、绘制频率分布直方图、绘制茎叶图进行直观地分析；对于定性分类数据，可用饼图和条形图直观地显示分布情况。比如，针对餐饮系统的销售额、销量可以画出类似下面的图，如图 1-3 ~ 图 1-5 所示。

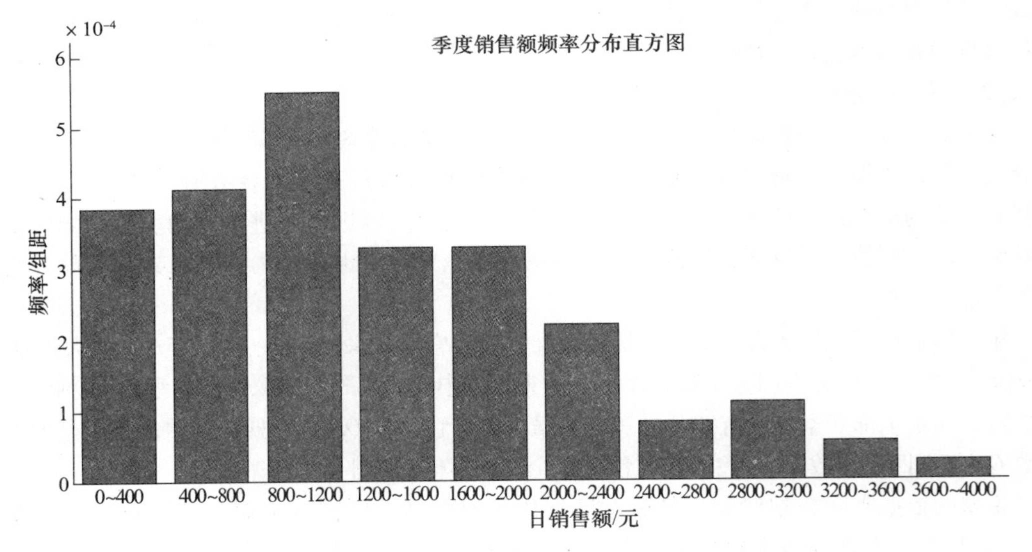

图 1-3 销售额的频率分布直方图

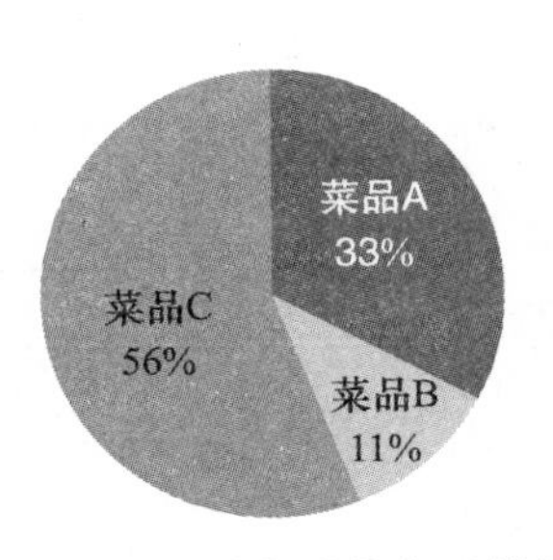

图 1-4 菜品销售量分布（饼图）

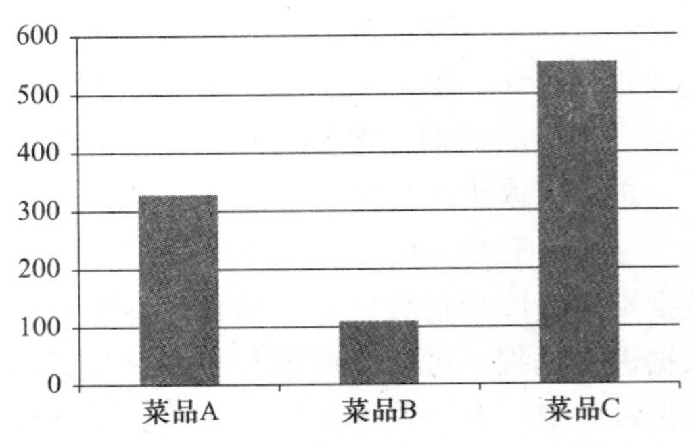

图 1-5 菜品的销售量分布（条形图）

（2）对比分析

对比分析是指把两个相互联系的指标进行比较，从数量上展示和说明研究对象规模的大小，水平的高低，速度的快慢，以及各种关系是否协调。特别适用于指标间的横纵向比较、时间序列的比较分析。在对比分析中，选择合适的对比标准是十分关键的步骤，选择得合适，才能做出客观的评价。

比如，针对餐饮系统中的菜品的销售数据，从时间的维度上分析，可以看到甜品部A、海鲜部B、素菜部C三个部门之间的销售金额随时间的变化趋势，了解在此期间哪个部门的销售金额较高，趋势比较平稳，如图1-6所示；也可以从单一部门（如海鲜部）做分析，了解各月份的销售对比情况，如图1-7所示。

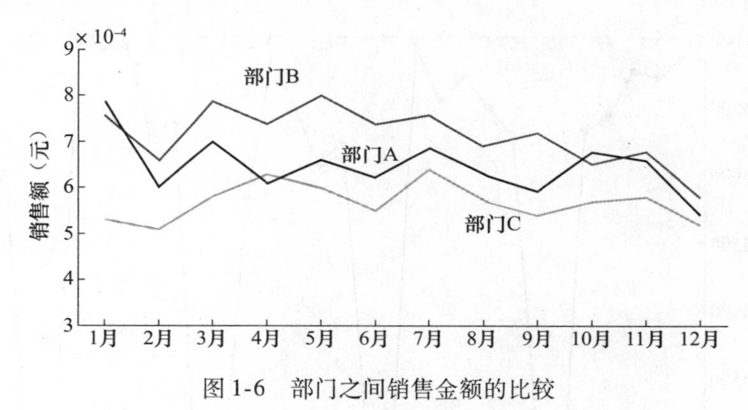

图1-6　部门之间销售金额的比较

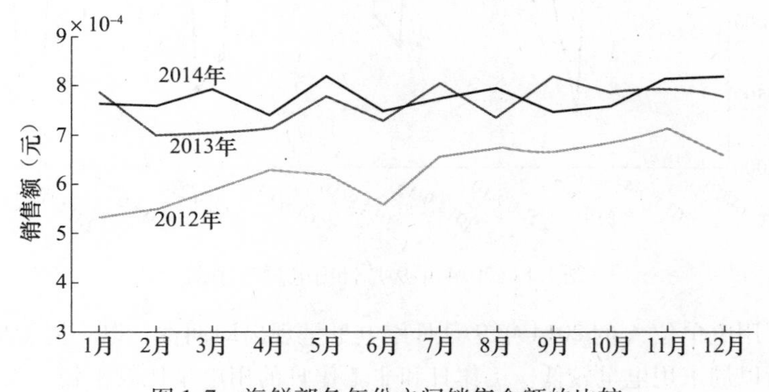

图1-7　海鲜部各年份之间销售金额的比较

从总体来看，三个部门的销售金额呈递减趋势；A部门和C部门的递减趋势比较平稳；B部门的销售金额下降的趋势比较明显，可以进一步分析造成这种现象的业务原因，可能是原材料不足造成的。

（3）统计量分析

用统计指标对定量数据进行统计描述，常从集中趋势和离中趋势两个方面进行分析。平均水平的指标是对个体集中趋势的度量，使用最广泛的是均值和中位数；反映变异程度的指标则是对个体离开平均水平的度量，使用较广泛的是标准差（方差）、四分位间距。

（4）周期性分析

周期性分析是探索某个变量是否随着时间变化而呈现出某种周期变化趋势。时间尺度相对较长的周期性趋势有年度周期性趋势、季节性周期趋势，相对较短的有月度周期性趋势、周度周期性趋势，甚至更短的天、小时周期性趋势。

例如，要对某单位用电量进行预测，可以先分析该用电单位日用电量的时序图，来直观地估计其用电量变化趋势。

图 1-8 是某用电单位 A 在 2014 年 9 月日用电量的时序图；图 1-9 是用电单位 A 在 2013 年 9 月日用电量的时序图。

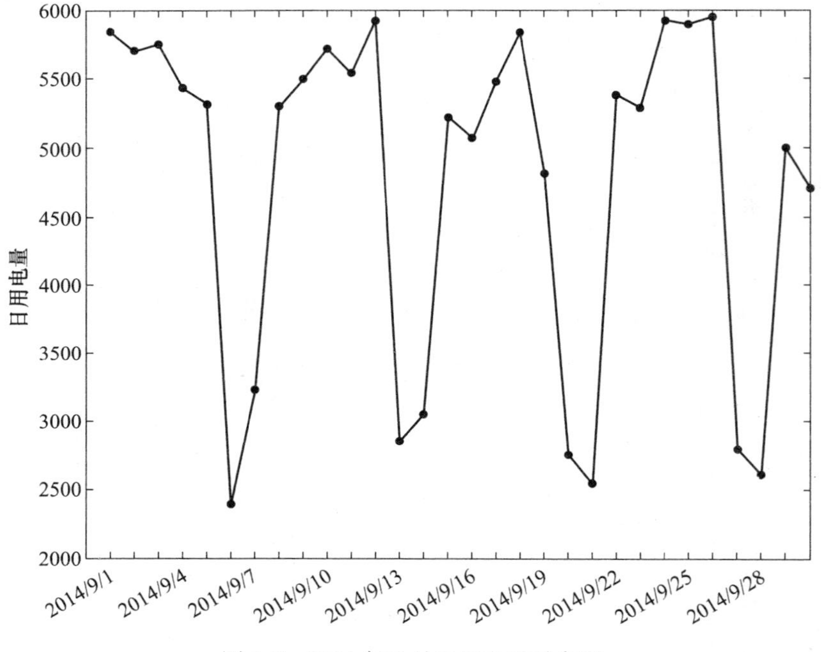

图 1-8　2014 年 9 月日用电量时序图

总体来看，用电单位 A 的 2014 年 9 月日用电量呈现出周期性，以一周为周期，因为周六周日不上班，所以周末用电量较低。工作日和非工作日的用电量比较平稳，没有太大的波动。而 2013 年 9 月日用电量总体呈现出递减的趋势，同样周末的用电量是最低的。

（5）贡献度分析

贡献度分析又称帕累托分析，它的原理是帕累托法则（又称 20/80 定律）。同样的投入放在不同的地方会产生不同的效益。比如，对一个公司来讲，80% 的利润常常来自于 20% 最畅销的产品，而其他 80% 的产品只产生了 20% 的利润。

就餐饮企业来讲，应用贡献度分析可以重点改善某菜系盈利最高的前 80% 的菜品，或者重点发展综合影响最高的 80% 的部门。这种结果可以通过帕累托图直观地呈现出来。图 1-10

是海鲜系列的10个菜品A1～A10某个月的盈利额（已按照从大到小排序）。

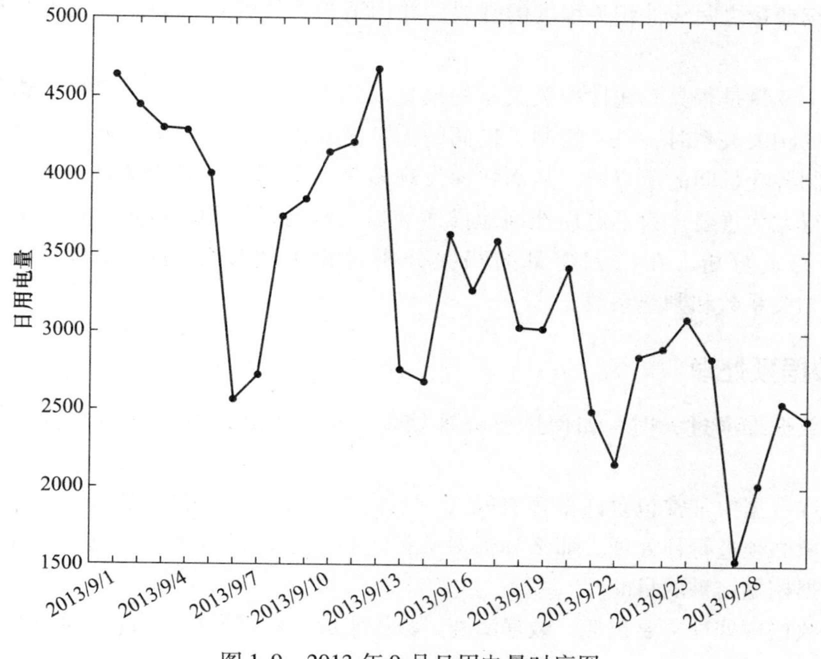

图1-9 2013年9月日用电量时序图

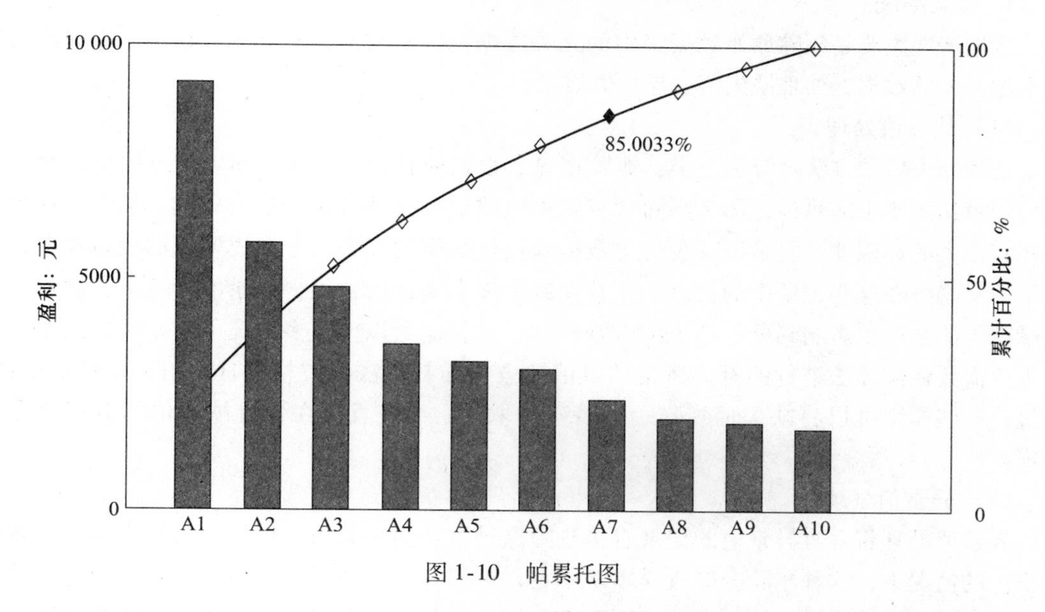

图1-10 帕累托图

由上图可知，菜品A1～A7共7个菜品，占菜品种类数的70%，总盈利额占该月盈利额的85.0033%。根据帕累托法则，应该增加对菜品A1～A7的成本投入，减少对菜品A8～A10的投入以获得更高的盈利额。

(6) 相关性分析

分析连续变量之间线性相关程度的强弱，并用适当的统计指标表示出来的过程称为相关分析。

判断两个变量是否具有线性相关关系的最直观的方法是直接绘制散点图。需要同时考察多个变量间的相关关系时，一一绘制它们间的简单散点图会十分麻烦。此时可利用散点图矩阵来同时绘制各变量间的散点图，从而快速发现多个变量间的主要相关性，这在进行多元线性回归时显得尤为重要。为了更加准确地描述变量之间的线性相关程度，可以通过计算相关系数来进行相关分析。在二元变量的相关分析过程中比较常用的有 Pearson 相关系数、Spearman 秩相关系数和判定系数。

1.4.4 数据预处理

当采样数据维度过大时，如何进行降维处理、缺失值处理等都是数据预处理要解决的问题。

由于采样数据中常常包含许多含有噪音、不完整、甚至不一致的数据，对数据挖掘所涉及的数据对象必须进行预处理。那么如何对数据进行预处理以改善数据质量，并最终达到完善最终的数据挖掘结果的目的呢?

常用的数据预处理主要包括：数据清洗、数据集成、数据变换、数据规约等。

1. 数据清洗

数据清洗主要是删除原始数据集中的无关数据、重复数据，平滑噪音数据，筛选掉与挖掘主题无关的数据，处理缺失值、异常值等。

(1) 缺失值处理

处理缺失值的方法可分为三类：删除记录、数据插补和不处理。如果通过简单的删除小部分记录达到既定的目标，那么删除含有缺失值的记录这种方法是最有效的。然而，这种方法却有很大的局限性。它是以减少历史数据来换取数据的完备，会造成资源的大量浪费，丢弃了大量隐藏在这些记录中的信息。尤其在数据集本来就包含很少记录的情况下，删除少量记录就可能会严重影响到分析结果的客观性和正确性。所以，很多情况下，原始数据集中的缺失值需要使用算法进行插补，典型的数值缺失值插补算法有拉格朗日插值和牛顿插值法。不过，一些模型可以将缺失值视作一种特殊的取值，允许直接在含有缺失值的数据上进行建模。

(2) 异常值处理

异常值处理将含有异常值的记录直接删除这种方法简单易行，但缺点也很明显，在观测值很少的情况下，这种删除会造成样本量不足，可能会改变变量的原有分布，从而造成分析结果的不准确。视为缺失值处理的好处是可以利用现有变量的信息，对异常值（缺失值）进行填补。很多情况下，要先分析异常值出现的可能原因，再判断异常值是否应该舍弃，如果是正确的数据，可以直接在具有异常值的数据集上进行挖掘建模。

2. 数据集成

数据挖掘需要的数据往往分布在不同的数据源中，数据集成就是将多个数据源合并存放在一个一致的数据存储（如数据仓库）中的过程。在数据集成时，来自多个数据源的现实世界实体的表达形式是不一样的，有可能不匹配，要考虑实体识别问题和属性冗余问题，从而将源数据在最低层上加以转换、提炼和集成。

3. 数据变换

数据变换主要是对数据进行规范化处理，将数据转换成“适当的”形式，以适用于挖掘任务及算法的需要。常用的数据变换方法有：简单函数变换、规范化、连续属性离散化、属性构造、小波变换。

（1）简单函数变换

简单函数变换是对原始数据进行某些数学函数变换，常用的包括平方、开方、取对数、差分运算等。简单的函数变换常用来将不具有正态分布的数据变换成具有正态分布的数据；在时间序列分析中，有时简单的对数变换或者差分运算就可以将非平稳序列转换成平稳序列。在数据挖掘中，简单的函数变换可能更有必要，比如，个人年收入的取值范围为10 000元到10亿元，这是一个很大的区间，使用对数变换对其进行压缩是常用的一种变换处理。

（2）规范化

数据标准化（归一化）处理是数据挖掘的一项基础工作。不同评价指标往往具有不同的量纲和量纲单位，数值间的差别可能很大，不进行处理可能会影响到数据分析的结果。为了消除指标之间的量纲和取值范围差异的影响，需要进行标准化处理，将数据按照比例进行缩放，使之落入一个特定的区域，便于进行综合分析。如将工资收入属性值映射到［-1，1］或者［0，1］内。常用的规范化方法有：最小-最大规范化、零均值规范化、小数定标规范化。

（3）连续属性离散化

一些数据挖掘算法，特别是某些分类算法（如ID3算法、Apriori算法等），要求数据是离散属性形式。这样，常常需要将连续属性变换成离散属性，即连续属性离散化。连续属性的离散化就是在数据的取值范围内设定若干个离散的划分点，将取值范围划分为一些离散化的区间，最后用不同的符号或整数值代表落在每个子区间中的数据值。所以，离散化涉及两个子任务：确定分类数以及如何将连续属性值映射到这些分类值。常用的连续属性离散化方法有：等宽法、等频法、（一维）聚类。

（4）属性构造

在数据挖掘的过程中，为了帮助提取更有用的信息、挖掘更深层次的模式，提高挖掘结果的精度，需要利用已有的属性集构造出新的属性，并加入现有的属性集合中。

（5）小波变换

小波变换是一种新型的数据分析工具，是近年来兴起的信号分析手段。小波分析的理论和方法在信号处理、图像处理、语音处理、模式识别、量子物理等领域得到越来越广泛的应用，它被认为是近年来在工具及方法上的重大突破。小波变换具有多分辨率的特点，在时域和频域都具有表征信号局部特征的能力，通过伸缩和平移等运算过程对信号进行多尺度聚焦分析，提供了一种非平稳信号的时频分析手段，可以由粗及细地逐步观察信号，从中提取有用信息。

4. 数据规约

在大数据集上进行复杂的数据分析和挖掘将需要很长的时间，数据规约产生更小的但保持原数据完整性的新数据集。在规约后的数据集上进行分析和挖掘将更有效率。数据规约可以降低无效、错误数据对建模的影响，提高建模的准确性；缩减数据挖掘所需的时间；降低存储数据的成本。

数据规约主要包括：属性规约和数值规约。

（1）属性规约

属性规约通过属性合并创建新属性维数，或者直接通过删除不相关的属性（维）来减少数据维数，从而提高数据挖掘的效率、降低计算成本。属性规约的目标是寻找出最小的属性子集并确保新数据子集的概率分布尽可能接近原来数据集的概率分布。

（2）数值规约

数值规约通过选择替代的、较小的数据来减少数据量，包括有参数方法和无参数方法两类。有参数方法是使用一个模型来评估数据，只需存放参数，而不需要存放实际数据，例如，回归（线性回归和多元回归）和对数线性模型（近似离散属性集中的多维概率分布）。无参数方法就需要存放实际数据，例如直方图、聚类、抽样（采样）。

1.4.5 挖掘建模

样本抽取完成并经预处理后，接下来要考虑的问题是：本次建模属于数据挖掘应用中的哪类问题（分类、聚类、关联规则、时序模式或者智能推荐）？选用哪种算法进行模型构建？

这一步是数据挖掘工作的核心环节。针对餐饮行业的数据挖掘应用，挖掘建模主要包括基于关联规则算法的动态菜品智能推荐、基于聚类算法的餐饮客户价值分析、基于分类与预测算法的菜品销量预测、基于整体优化的新店选址。

以菜品销量预测为例，模型构建是基于菜品历史销量，综合考虑节假日、气候和竞争对手等采样数据轨迹的概括，它反映的是采样数据内部结构的一般特征，并与该采样数据的具体结构基本吻合。模型的具体化就是菜品销量预测公式，公式可以产生与观察值有相似结构的输出，这就是预测值。

挖掘建模部分具体见第 6 章。

1.4.6 模型评价

从上面的建模过程中会得出一系列的分析结果，模型评价的目的之一就是从这些模型中自动找出一个最好的模型出来，另外就是要根据业务对模型进行解释和应用。

对分类与预测模型和聚类分析模型的评价方法是不同的。分类与预测模型对训练集进行预测而得出的准确率并不能很好地反映预测模型未来的性能，为了有效判断一个预测模型的性能表现，需要一组没有参与预测模型建立的数据集，并在该数据集上评价预测模型的准确率，这组独立的数据集叫测试集。模型预测效果评价，通常用相对绝对误差、平均绝对误差、根均方差、相对平方根误差等指标来衡量。聚类分析仅根据样本数据本身将样本分组。其目标是，组内的对象相互之间是相似的（相关的），而不同组中的对象是不同的（不相关的）。组内的相似性越大，组间差别越大，聚类效果就越好。

1.5 餐饮服务中的大数据应用

随着餐饮企业规模不断增大，餐饮企业的数据也在不断增长。一个大的餐饮企业可能有很多分店，各个分店的数据综合起来就形成“大数据”，但是，如何针对这些“大数据”进行应用分析，得到有价值的信息?

餐饮企业如果可以预测销售额，那么餐厅就能在销售的淡季适当调整生产活动，降低运营支出；提前部署营销策略，盘活淡季资源。未雨绸缪，方能做到有备无患。餐饮企业针对大数据做销售额预测，不仅可以考虑各种情况，比如，地理位置、价格、特色、环境舒适度、服务质量等，综合了各种情况后的大数据，可以使得模型的预测准确度更加精准。

餐饮企业的大数据精准营销就是在完善客户资料的前提下，针对客户在餐饮企业的各种消费的数据进行分析，得到关于某个/群客户的消费行为特点，进行精准营销，培养客户的忠诚度，进而可以提高企业效益。

餐饮企业的大数据选址就是结合餐饮企业各个分店的各种数据，综合分析商业圈的各种因素，比如该地区的经济状况、文化环境、同行业竞争、地点特征、街道交通，等等。在综合考虑这些因素的前提下，分析各个分店的竞争力、经济效益，从而分析得出餐饮企业的最佳地址。

1.6 小结

本章从一个知名餐饮企业经营过程中存在的困惑出发，引出数据挖掘的概念、基本任务、建模过程。针对建模过程，简要分析了定义挖掘目标、数据取样、数据探索、数据预处理以及挖掘建模的各个算法概述和模型评价。最后，针对餐饮企业规模的日益扩大，企业数据的巨幅增长，引出了餐饮服务中的大数据应用。

如何帮助企业从数据中洞察商机，提取价值，这是现阶段几乎所有企业都关心的问题。通过发生在身边案例，由浅入深引出深奥的数据挖掘理论，让读者在不知不觉中感悟到数据挖掘的非凡魅力!

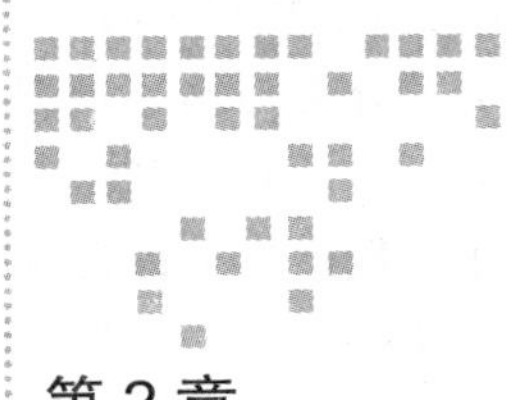

Chapter 2 第2章

Hadoop基础

大数据是指无法在一定时间内用常规软件工具对其内容进行抓取、管理和处理的数据集合。大数据技术，是指从各种各样类型的数据中，快速获得有价值信息的能力。适用于大数据的技术，包括大规模并行处理（MPP）数据库，数据挖掘，分布式文件系统，分布式数据库，云计算平台，互联网和可扩展的存储系统。

在维克托·迈尔-舍恩伯格及肯尼斯·库克耶编写的《大数据时代》中大数据指不用随机分析法（抽样调查）这样的捷径，而采用所有数据进行分析处理。大数据的主要特点为数据量大（Volume），数据类别复杂（Variety），数据处理速度快（Velocity）和数据真实性高（Veracity），合起来被称为4V。

在处理大数据上，Hadoop已经成为事实上的标准。IBM、Oracle、SAP、甚至Microsoft等几乎所有的大型软件提供商都采用了Hadoop。

2.1 概述

2.1.1 Hadoop简介

Hadoop是Apache软件基金会旗下的一个开源分布式计算平台。Hadoop以分布式文件系统HDFS（Hadoop Distributed File System）和MapReduce（Google MapReduce的开源实现）为核心，为用户提供了系统底层细节透明的分布式基础架构。分布式文件系统HDFS的高容错性、高伸缩性等优点允许用户将Hadoop部署在低廉的硬件上，形成分布式文件系统；MapReduce分布式编程模型允许用户在不了解分布式系统底层细节的情况下开发并行应用程序。所以用户可以利用Hadoop轻松地组织计算机资源，简便、快速地搭建分布式计算平台，并且可以充分利用集群的计算和存储能力，完成海量数据的处理。

Apache Hadoop 目前版本（2. X 版）含有以下模块：Hadoop 通用模块，支持其他 Hadoop 模块的通用工具集；Hadoop 分布式文件系统（HDFS），支持对应用数据高吞吐量访问的分布式文件系统；Hadoop YARN，用于作业调度和集群资源管理的框架；Hadoop MapReduce，基于 YARN 的大数据并行处理系统。

Hadoop 目前除了社区版，还有众多厂商的发行版本。各个厂商发布的版本有一些差异，现将各个主流的发行版本介绍如下：

- Cloudera：最成型的发行版本，拥有最多的部署案例；提供强大的部署、管理和监控工具。Cloudera 开发并贡献了可实时处理大数据的 Impala 项目。
- Hortonworks：100% 开源的 Apache Hadoop 唯一提供商。Hortonworks 是第一家使用了 Apache HCatalog 的元数据服务特性的提供商。并且，它们的 Stinger 极大地优化了 Hive 项目。Hortonworks 为入门提供了一个非常好的，易于使用的沙盒。Hortonworks 开发了很多增强特性并提交至核心主干，这使得 Apache Hadoop 能够在包括 Windows Server 和 Windows Azure 在内的 Microsft Windows 平台上本地运行。
- MapR：与竞争者相比，它使用了一些不同的概念，特别是为了获取更好的性能和易用性而支持本地 UNIX 文件系统而不是 HDFS（使用非开源的组件）。我们可以使用本地 UNIX 命令来代替 Hadoop 命令。除此之外，MapR 还凭借诸如快照、镜像或有状态的故障恢复之类的高可用性特性来与其他竞争者相区别。该公司也领导着 Apache Drill 项目，本项目是 Google 的 Dremel 的开源项目的重新实现，目的是在 Hadoop 数据上执行类似 SQL 的查询以提供实时处理。
- Amazon Elastic Map Reduce（EMR）：区别于其他提供商的是，这是一个托管的解决方案，其运行在由 Amazon Elastic Compute Cloud（Amazon EC2）和 Amzon Simple Strorage Service（Amzon S3）组成的网络规模的基础设施之上。除了 Amazon 的发行版本之外，你也可以在 EMR 上使用 MapR，临时集群是主要的使用情形。如果你需要一次性的或不常见的大数据处理，EMR 可能会为你节省大笔开支。然而，这也存在不利之处。其只包含了 Hadoop 生态系统中 Pig 和 Hive 项目，在默认情况下不包含其他很多项目。并且，EMR 是高度优化成与 S3 中的数据一起工作的，这种方式会有较高的延时并且不会定位于你的计算节点上的数据。所以处于 EMR 上的文件 IO 相比于你自己的 Hadoop 集群或你私有 EC2 集群来说会慢很多，并有更大的延时。

2.1.2 Hadoop 生态系统

Hadoop 生态系统主要包括：Hive、HBase、Pig、Sqoop、Flume、ZooKeeper、Mahout、Spark、Storm、Shark、Phoenix、Tez、Ambari，每个项目的简介如下：

- Hive：用于 Hadoop 的一个数据仓库系统，它提供了类似于 SQL 的查询语言，通过使用该语言，可以方便地进行数据汇总，特定查询以及分析存放在 Hadoop 兼容文件系统中的大数据。

- Hbase：一种分布的、可伸缩的、大数据存储库，支持随机、实时读/写访问。
- Pig：分析大数据集的一个平台，该平台由一种表达数据分析程序的高级语言和对这些程序进行评估的基础设施一起组成。
- Sqoop：为高效传输批量数据而设计的一种工具，其用于 Apache Hadoop 和结构化数据存储库如关系数据库之间的数据传输。
- Flume：一种分布式的、可靠的、可用的服务，其用于高效搜集、汇总、移动大量日志数据。
- ZooKeeper：一种集中服务，其用于维护配置信息，命名，提供分布式同步，以及提供分组服务。
- Mahout：一种基于 Hadoop 的机器学习和数据挖掘的分布式计算框架算法集，实现了多种 MapReduce 模式的数据挖掘算法。
- Spark：一个开源的数据分析集群计算框架，最初由加州大学伯克利分校 AMPLab 开发，建立于 HDFS 之上。Spark 与 Hadoop 一样，用于构建大规模、低延时的数据分析应用。Spark 采用 Scala 语言实现，使用 Scala 作为应用框架。
- Storm：一个分布式的、容错的实时计算系统，由 BackType 开发，后被 Twitter 收购。Storm 属于流处理平台，多用于实时计算并更新数据库。Storm 也可被用于“连续计算”(continuous computation)，对数据流做连续查询，在计算时就将结果以流的形式输出给用户。它还可用于“分布式 RPC”，以并行的方式运行大型的运算。
- Shark：即 Hive on Spark，一个专为 Spark 打造的大规模数据仓库系统，兼容 Apache Hive。无需修改现有的数据或者查询，就可以用 100 倍的速度执行 Hive QL。Shark 支持 Hive 查询语言、元存储、序列化格式及自定义函数，与现有 Hive 部署无缝集成，是一个更快、更强大的替代方案。
- Phoenix：一个构建在 Apache HBase 之上的一个 SQL 中间层，完全使用 Java 编写，提供了一个客户端可嵌入的 JDBC 驱动。Phoenix 查询引擎会将 SQL 查询转换为一个或多个 HBase scan，并编排执行以生成标准的 JDBC 结果集。直接使用 HBase API、协同处理器与自定义过滤器，对于简单查询来说，其性能量级是毫秒，对于百万级别的行数来说，其性能量级是秒。
- Tez：一个基于 Hadoop YARN 之上的 DAG（有向无环图，Directed Acyclic Graph）计算框架。它把 Map/Reduce 过程拆分成若干个子过程，同时可以把多个 Map/Reduce 任务组合成一个较大的 DAG 任务，减少了 Map/Reduce 之间的文件存储。同时合理组合其子过程，减少任务的运行时间。
- Ambari：一个供应、管理和监视 Apache Hadoop 集群的开源框架，它提供一个直观的操作工具和一个健壮的 Hadoop API，可以隐藏复杂的 Hadoop 操作，使集群操作大大简化。

2.2　安装与配置

使用表 2-1 中的软件版本进行配置。

表 2-1　软件版本列表

软件	版本	备注
操作系统	CentOS 6.4 64bit	操作系统版本使用 CentOS 6.5 亦可
虚拟机	VMware 9.0	
Hadoop	2.6.0	使用 2.X 的版本亦可
JDK	1.7	

上面的软件版本准备好后，按照下面的步骤进行配置。

1. 配置 VMware 网络

在 VMware 主界面，单击“编辑”→“虚拟网络编辑”菜单进入虚拟网卡参数设置界面（见图 2-1）。选择 VMnet8 条目，单击“NAT 设置”按钮后可以看到 VMWare Workstation 为 NAT 连接的虚拟机设定的默认网关（此处为 192.168.222.2），以及子网掩码（此处为 255.255.255.0），如图 2-2 所示。

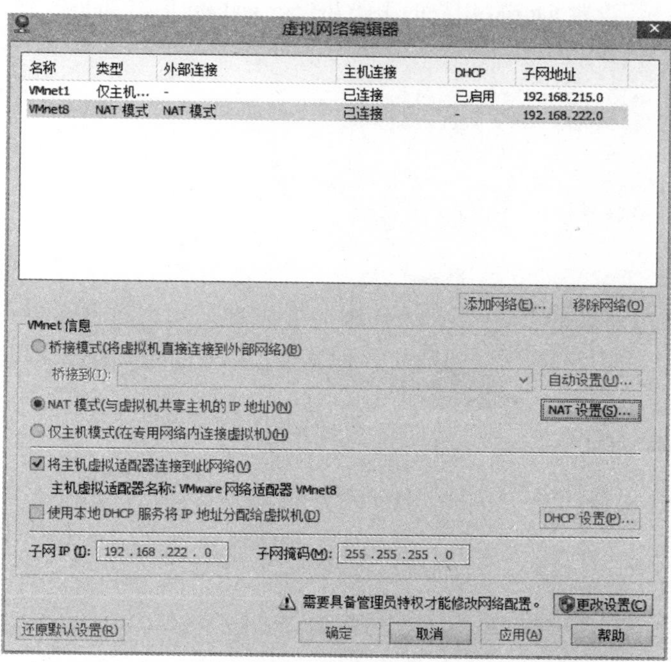

图 2-1　虚拟网络编辑器界面

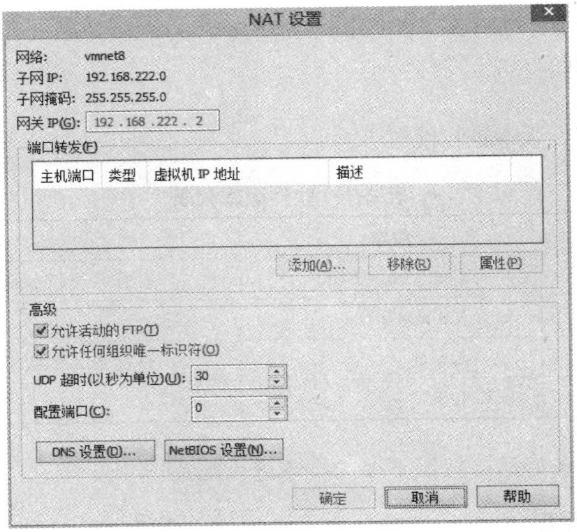

图 2-2 NAT 设置界面

2. 准备机器

通过 VMware 新建一台 CentOS 6.4 虚拟机，操作系统安装完成后，使用 root 用户登录，添加一个新用户 hadoop。设置 hadoop 用户的密码并授予 hadoop 用户 sudo 权限。

```
[root@localhost ~]$ useradd hadoop
[root@localhost ~]$ passwd hadoop
[root@localhost ~]$ chmod u+w /etc/sudoers
[root@localhost ~]$ vim /etc/sudoers
# 在 root ALL=(ALL) ALL 下添加 hadoop ALL=(ALL) ALL
[root@localhost ~]$ chmod u-w /etc/sudoers
```

3. 设置静态 IP

VMware 默认使用动态的 IP，但是由于 Hadoop 集群是使用机器名进行定位的，在/etc/hosts 中配置了机器名和 IP 的映射，如果 IP 不断变化，则需要不断修改配置文件，所以这里需要把 IP 设置为静态，方便后面的操作。

1）修改/etc/sysconfig/network-scripts/ifcfg-eth0。

```
[root@localhost ~]$ vim /etc/sysconfig/network-scripts/ifcfg-eth0
# 修改内容如下:
DEVICE=eth0
BOOTPROTO=static
IPADDR=192.168.222.131
NETMASK=255.255.255.0
GATEWAY=192.168.222.2
# HWADDR=00:0C:29:C3:34:BF  # 这个需要根据自己的机器进行设置
ONBOOT=yes
```

```
TYPE = Ethernet
IPV6INIT = no
DNS1 = 192.168.222.2
```

2）修改/etc/sysconfig/network。

```
[root@localhost ~]$ vim /etc/sysconfig/network
NETWORKING = yes
NETWORKING_IPV6 = no
HOSTNAME = localhost.localdomain
GATEWAY = 192.168.222.2
```

3）修改DNS信息。

```
[root@localhost ~]$ vim/etc/resolv.conf
nameserver 192.168.222.2
search bogon
#使配置信息立即生效
[root@localhost ~]$ source /etc/resolv.conf
#重启网络服务
[root@localhost ~]$ service network restart
```

4）关闭防火墙并修改其启动策略为不开机启动。

```
[root@localhost ~]$ service iptables stop
#防火墙不开机启动
[root@localhost ~]$ chkconfig iptables off
```

4. 安装JDK

1）使用yum search jdk在线查找jdk列表，任意选择一个版本进行安装，这里安装“java-1.7.0-openjdk-devel.x86_64”。

```
[root@localhost ~]$ yum search jdk
[root@localhost ~]$ yum install java-1.7.0-openjdk-devel.x86_64 -y
```

2）配置Java环境变量。

```
# 查询 JDK 路径
[root@localhost ~]$ whereis java
[root@localhost ~]$ ll /usr/bin/java
[root@localhost ~]$ ll /etc/alternatives/java #这是可以看到 JDK 路径了
#修改配置文件
[root@localhost ~]$ vim /etc/profile
#在末尾追加
export JAVA_HOME = /usr/lib/jvm/java-1.7.0-openjdk-1.7.0.75.x86_64
export MAVEN_HOME = /home/hadoop/local/opt/apache-maven-3.3.1
export JRE_HOME = $JAVA_HOME/jre
export PATH = $JAVA_HOME/bin:$MAVEN_HOME/bin:$PATH
export CLASSPATH = .:$JAVA_HOME/lib/dt.jar:$JAVA_HOME/lib/tools.jar
#保存配置后使用 source 命令是配置立即生效
[root@localhost ~]$ source /etc/profile
```

3）使用 java -version 命令查看环境变量配置是否成功。

```
[root@localhost ~]$java -version
OpenJDK Runtime Environment (rhel-2.5.4.0.el6_6-x86_64 u75-b13)
OpenJDK 64-Bit Server VM (build 24.75-b04, mixed mode)
```

至此，完成 JDK 的安装和配置，接下来使用 VMware 克隆两台机器，并分别设置静态 IP 地址为 192.168.222.132，192.168.222.133，如图 2-3 和图 2-4 所示。

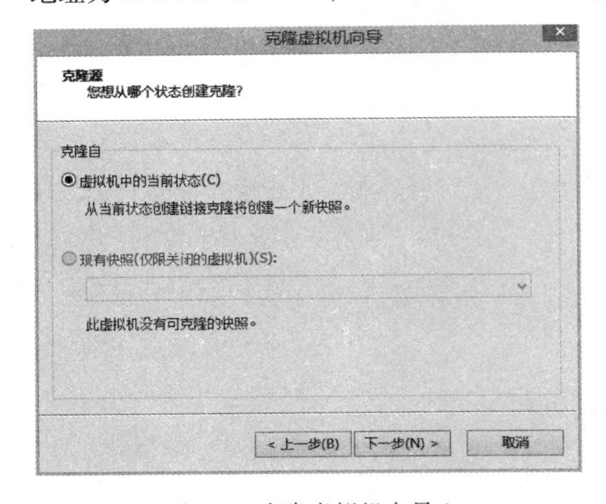

图 2-3　克隆虚拟机向导 1

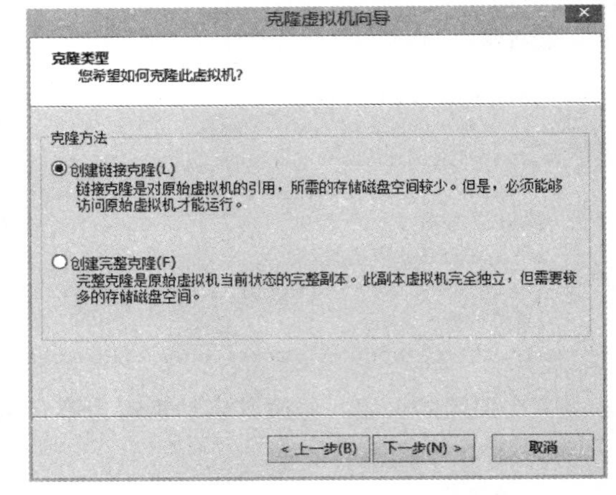

图 2-4　克隆虚拟机向导 2

注意　克隆完成，启动机器后，会出现没有网络设备信息，无法连接网络的情况，解决方案如下：删除/etc/udev/rules.d/70-persistent-net.rules，修改/etc/sysconfig/network-scripts/ifcfg-eth0，注释硬件地址那一行，重启系统。

5. 配置 ssh 免登录

1）启动三台机器，分别修改机器名为 master、slave1、slave2，重启系统。

```
[root@localhost ~]$vim /etc/sysconfig/network
#修改内容如下
NETWORKING=yes
NETWORKING_IPV6=no
HOSTNAME=master
```

2）修改 master 上的/etc/hosts。

```
[hadoop@master ~]$sudo vim /etc/hosts
#内容如下
192.168.222.131 master
192.168.222.132 slave1
192.168.222.133 slave2
```

3）将 hosts 文件复制到 slave1 和 slave2。

```
[hadoop@master ~]$ sudo scp /etc/hosts root@slave1:/etc
[hadoop@master ~]$ sudo scp /etc/hosts root@slave2:/etc
```

4）在 master 机器上使用 hadoop 用户登录（确保接下来的操作都是通过 hadoop 用户执行）。执行 $ssh-keygen -t rsa 命令产生公钥。

```
[hadoop@master ~]$ ssh-keygen -t rsa
Generating public/private rsa key pair.
Enter file in which to save the key (/home/hadoop/.ssh/id_rsa):
Enter passphrase (empty for no passphrase):
Enter same passphrase again:
Your identification has been saved in /home/hadoop/.ssh/id_rsa.
Your public key has been saved in /home/hadoop/.ssh/id_rsa.pub.
The key fingerprint is:
7b:75:98:eb:fd:13:ce:0f:c4:cf:2c:65:cc:73:70:53 hadoop@master
The key's randomart image is:
+--[ RSA 2048]----+
|E|
|.|
|...|
| + =.|
|S ++.*|
|. . + Bo|
|. . . ==|
|. . . *|
|. ..=|
+-----------------+
```

5）将公钥复制到 slave1 和 slave2。

```
[hadoop@master ~]$ ssh-copy-id -i ~/.ssh/id_rsa.pub slave1
# 输入 hadoop@slave1 的密码
[hadoop@master ~]$ ssh-copy-id -i ~/.ssh/id_rsa.pub slave2
# 输入 hadoop@slave2 的密码
```

6）再次登录，已经可以不需要密码可以登录 slave1，slave2。

```
[hadoop@master ~]$ ssh slave1
Last login: Wed Mar 25 14:40:41 2015 from master
[hadoop@slave1 ~]$
```

6. 安装 Hadoop

1）在 Hadoop 官网网站，下载稳定版的并且已经编译好的二进制包，并解压缩。

```
[hadoop@master ~]$ wget   http://mirrors.hust.edu.cn/apache/hadoop/common/hadoop-2.6.0/
hadoop-2.6.0.tar.gz
[hadoop@master ~]$ tar -zxf hadoop-2.6.0.tar.gz -C ~/local/opt
[hadoop@master ~]$ cd ~/local/opt/hadoop-2.6.0
```

2）设置环境变量：

```
[hadoop@master ~]$ vim ~/.bashrc
export HADOOP_PREFIX=$HOME/local/opt/hadoop-2.6.0
export HADOOP_COMMON_HOME=$HADOOP_PREFIX
export HADOOP_HDFS_HOME=$HADOOP_PREFIX
export HADOOP_MAPRED_HOME=$HADOOP_PREFIX
export HADOOP_YARN_HOME=$HADOOP_PREFIX
export HADOOP_CONF_DIR=$HADOOP_PREFIX/etc/hadoop
export PATH=$PATH:$HADOOP_PREFIX/bin:$HADOOP_PREFIX/sbin
```

3）修改配置文件（etc/hadoop/hadoop-env. sh），添加下面的命令（这里需要注意 JAVA_HOME 的设置需要根据自己机器的实际情况进行设置）：

```
export JAVA_HOME=/usr/lib/jvm/java
```

4）修改配置文件（etc/hadoop/core-site. xml），内容如下：

```
<configuration>
 <property>
  <name>fs.defaultFS</name>
  <value>hdfs://master</value>
 </property>
  <property>
   <name>hadoop.tmp.dir</name>
   <value>/home/hadoop/local/var/hadoop/tmp/hadoop-${user.name}</value>
  </property>
</configuration>
```

5）修改配置文件（etc/hadoop/hdfs-site. xml），内容如下：

```
<configuration>
 <property>
  <name>dfs.datanode.data.dir</name>
  <value>file:///home/hadoop/local/var/hadoop/hdfs/datanode</value>
 </property>
 <property>
  <name>dfs.namenode.name.dir</name>
  <value>file:///home/hadoop/local/var/hadoop/hdfs/namenode</value>
 </property>
 <property>
  <name>dfs.namenode.checkpoint.dir</name>
  <value>file:///home/hadoop/local/var/hadoop/hdfs/namesecondary</value>
 </property>
 <property>
  <name>dfs.replication</name>
  <value>2</value>
 </property>
</configuration>
```

6）修改配置文件（etc/hadoop/yarn-site. xml），内容如下：

```
<configuration>
  <property>
    <name>yarn.nodemanager.aux-services</name>
    <value>mapreduce_shuffle</value>
  </property>
  <property>
    <name>yarn.resourcemanager.hostname</name>
    <value>master</value>
  </property>
</configuration>
```

7）修改配置文件（etc/hadoop/mapred-site.xml），内容如下：

```
<configuration>
  <property>
    <name>mapreduce.framework.name</name>
    <value>yarn</value>
  </property>
  <property>
    <name>mapreduce.jobtracker.staging.root.dir</name>
    <value>/user</value>
  </property>
</configuration>
```

8）格式化HDFS：

```
[hadoop@master ~]$ hdfs namenode -format
```

9）启动hadoop集群，启动结束后使用jps命令列出守护进程验证安装是否成功。

```
#启动HDFS
[hadoop@master ~]$ start-dfs.sh
#启动Yarn
[hadoop@master ~]$ start-yarn.sh
#master主节点:
[hadoop@master ~]$ jps
3717 SecondaryNameNode
3855 ResourceManager
3539 NameNode
3903 JobHistoryServer
4169 Jps
#slave1节点
[hadoop@slave1 ~]$ jps
2969 Jps
2683 DataNode
2789 NodeManager
#slave2节点
[hadoop@slave2 ~]$ jps
2614 Jps
2363 DataNode
2470 NodeManager
```

2.3 Hadoop 原理

2.3.1 Hadoop HDFS 原理

Hadoop 分布式文件系统（HDFS）被设计成适合运行在通用硬件（commodity hardware）上的分布式文件系统。它和现有的分布式文件系统有很多共同点，同时，它和其他的分布式文件系统的区别也是很明显的。HDFS 是一个高度容错性的系统，适合部署在廉价的机器上。HDFS 能提供高吞吐量的数据访问，非常适合大规模数据集上的应用。HDFS 放宽了一部分 POSIX 约束，来实现流式读取文件系统数据的目的。HDFS 最开始是作为 Apache Nutch 搜索引擎项目的基础架构而开发的，HDFS 是 Apache Hadoop Core 项目的一部分。

HDFS 有着高容错性（fault-tolerant）的特点，并且设计用来部署在低廉的（low-cost）硬件上。而且它提供高吞吐量（high throughput）来访问应用程序的数据，适合那些有着超大数据集（large data set）的应用程序。HDFS 放宽了（relax）POSIX 的要求（requirements）这样可以实现以流的形式访问（streaming access）文件系统中的数据。

HDFS 采用 master/slave 架构。一个 HDFS 集群是由一个 NameNode 和一定数目的 DataNodes 组成。NameNode 是一个中心服务器，负责管理文件系统的名字空间（namespace）以及客户端对文件的访问。集群中的 DataNode 一般是一个节点一个，负责管理它所在节点上的存储。HDFS 暴露了文件系统的名字空间，用户能够以文件的形式在上面存储数据。从内部看，一个文件其实被分成一个或多个数据块，这些块存储在一组 DataNode 上。NameNode 执行文件系统的名字空间操作，例如打开、关闭、重命名文件或目录。它也负责确定数据块到具体 DataNode 节点的映射。DataNode 负责处理文件系统客户端的读写请求。在 NameNode 的统一调度下进行数据块的创建、删除和复制。图 2-5 所示为 HDFS 的架构图。

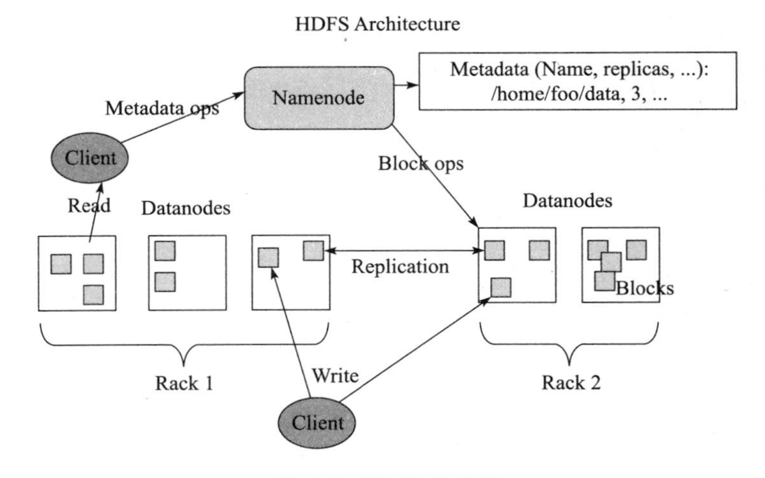

图 2-5 HDFS 架构图

HDFS 数据上传原理可以参考图 2-5 对照理解，数据上传过程如下所示：

1） Client 端发送一个添加文件到 HDFS 的请求给 NameNode；

2） NameNode 告诉 Client 端如何来分发数据块以及分发的位置；

3） Client 端把数据分为块（block），然后把这些块分发到 DataNode 中；

4） DataNode 在 NameNode 的指导下复制这些块，保持冗余。

2.3.2 Hadoop MapReduce 原理

Hadoop MapReduce 是一个快速、高效、简单用于编写并行处理大数据程序并应用在大集群上的编程框架。其前身是 Google 公司的 MapReduce。MapReduce 是 Google 公司的核心计算模型，它将复杂的、运行于大规模集群上的并行计算过程高度地抽象到了两个函数：Map 和 Reduce。适合用 MapReduce 来处理的数据集（或任务），需要满足一个基本要求：待处理的数据集可以分解成许多小的数据集，而且每一个小数据集都可以完全并行地进行处理。概念“Map”（映射）和“Reduce”（归约），以及它们的主要思想，都是从函数式编程语言里借来的，同时包含了从矢量编程语言里借来的特性。Hadoop MapReduce 极大地方便了编程人员在不会分布式并行编程的情况下，将自己的程序运行在分布式系统上。

一个 MapReduce 作业（job）通常会把输入的数据集切分为若干独立的数据块，由 map 任务（task）以完全并行的方式处理它们。框架会对 map 的输出先进行排序，然后把结果输入给 reduce 任务。通常，作业的输入和输出都会被存储在文件系统中。整个框架负责任务的调度和监控，以及重新执行已经失败的任务。

通常，MapReduce 框架的计算节点和存储节点是运行在一组相同的节点上的，也就是说，运行 MapReduce 框架和运行 HDFS 文件系统的节点通常是在一起的。这种配置允许框架在那些已经存好数据的节点上高效地调度任务，这可以使整个集群的网络带宽被非常高效地利用。

MapReduce 框架包括一个主节点（ResourceManager）、多个子节点（运行 NodeManager）和 MRAppMaster（每个任务一个）共同组成。应用程序至少应该指明输入/输出的位置（路径），并通过实现合适的接口或抽象类提供 map 和 reduce 函数，再加上其他作业的参数，就构成了作业配置（job configuration）。Hadoop 的 job client 提交作业（jar 包/可执行程序等）和配置信息给 ResourceManager，后者负责分发这些软件和配置信息给 slave、调度任务且监控它们的执行，同时提供状态和诊断信息给 job-client。

虽然 Hadoop 框架是用 Java 实现的，但 MapReduce 应用程序则不一定要用 Java 来写，也可以使用 Ruby、Python、C++等来编写。

MapReduce 框架的流程如图 2-6 所示。

针对上面的流程可以分为两个阶段来描述。

（1） Map 阶段

1） InputFormat 根据输入文件产生键值对，并传送到 Mapper 类的 map 函数中；

2）map 输出键值对到一个没有排序的缓冲内存中；

3）当缓冲内存达到给定值或者 map 任务完成，在缓冲内存中的键值对就会被排序，然后输出到磁盘中的溢出文件；

4）如果有多个溢出文件，那么就会整合这些文件到一个文件中，且是排序的；

5）这些排序过的、在溢出文件中的键值对会等待 Reducer 的获取。

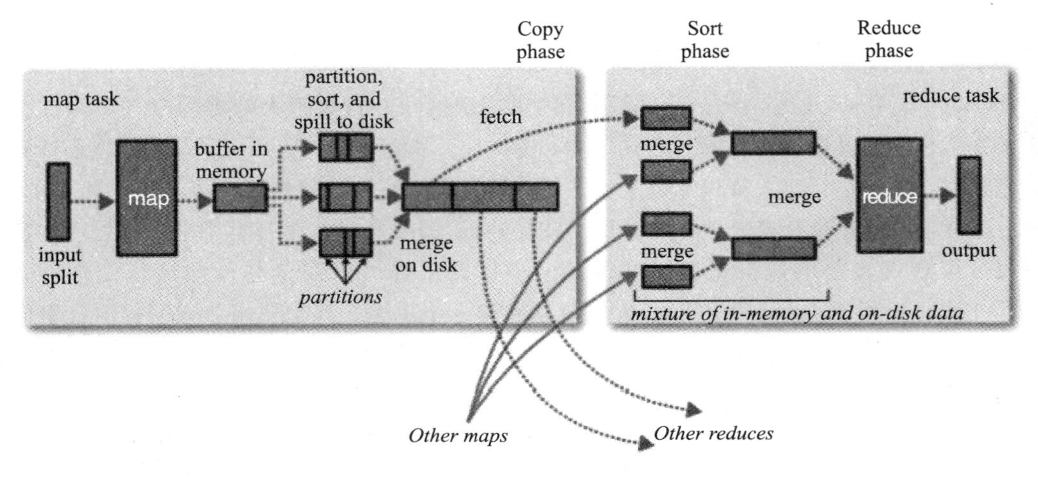

图 2-6　MapReduce 框架数据流

（2）Reduce 阶段

1）Reducer 获取 Mapper 的记录，然后产生另外的键值对，最后输出到 HDFS 中；

2）shuffle：相同的 key 被传送到同一个的 Reducer 中；

3）当有一个 Mapper 完成后，Reducer 就开始获取相关数据，所有的溢出文件会被排序到一个内存缓冲区中；

4）当内存缓冲区满了后，就会产生溢出文件到本地磁盘；

5）当 Reducer 所有相关的数据都传输完成后，所有溢出文件就会被整合和排序；

6）Reducer 中的 reduce 方法针对每个 key 调用一次；

7）Reducer 的输出到 HDFS。

2.3.3　Hadoop YARN 原理

经典 MapReduce 的最严重的限制主要关系到可伸缩性、资源利用和对与 MapReduce 不同的工作负载的支持。在 MapReduce 框架中，作业执行受两种类型的进程控制：一个称为 JobTracker 的主要进程，它协调在集群上运行的所有作业，分配要在 TaskTracker 上运行的 map 和 reduce 任务。另一个就是许多称为 TaskTracker 的下级进程，它们运行分配的任务并定期向 JobTracker 报告进度。

这时，经过工程师们的努力，诞生了一种全新的 Hadoop 架构——YARN（也称为 MRv2）。

YARN 称为下一代 Hadoop 计算平台，主要包括 ResourceManager、ApplicationMaster、NodeManager，其中 ResourceManager 用来代替集群管理器，ApplicationMaster 代替一个专用且短暂的 JobTracker，NodeManager 代替 TaskTracker。

MRv2 最核心的思想就是将 JobTracker 两个主要的功能分离成单独的组件，这两个功能是资源管理和任务调度/监控。新的资源管理器全局管理所有应用程序计算资源的分配，每一个应用的 ApplicationMaster 负责相应的调度和协调。一个应用程序要么是一个单独的传统的 MapReduce 任务或者是一个 DAG（有向无环图）任务。ResourceManager 和每一台机器的节点管理服务（NodeManger）能够管理用户在那台机器上的进程并能对计算进行组织。事实上，每一个应用的 ApplicationMaster 是一个特定的框架库，它和 ResourceManager 来协调资源，和 NodeManager 协同工作以运行和监控任务。

ResourceManager 有两个重要的组件：Scheduler 和 ApplicationsManager。Scheduler 负责分配资源给每个正在运行的应用，同时需要注意 Scheduler 是一个单一的分配资源的组件，不负责监控或者跟踪任务状态的任务，而且它不保证重启失败的任务。ApplicationsManager 注意负责接受任务的提交和执行应用的第一个容器 ApplicationMaster 协调，同时提供当任务失败时重启的服务。如图 2-7 所示，客户端提交任务到 ResourceManager 的 ApplicationsManager，然后 Scheduler 在获得了集群各个节点的资源后，为每个应用启动一个 App Mastr（ApplicationMaster），用于执行任务。每个 App Mastr 启动一个或多个 Container 用于实际执行任务。

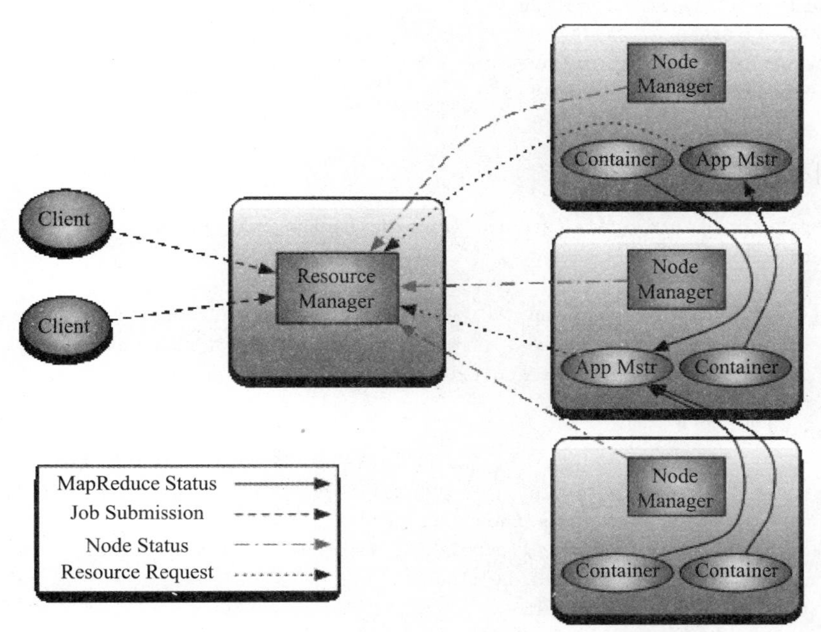

图 2-7 YARN 架构图

2.4 动手实践

按照2.2节的详细配置步骤进行操作，部署完成后即可进行下面的实验。

实践一：HDFS命令

1）新建文件夹。

```
hadoop fs -mkdir /user
hadoop fs -mkdir /user/root
```

2）查看文件夹权限。

```
# hadoop fs -ls -d /user/root
drwxr-xr-x   - root supergroup          0 2015-05-29 17:29 /user/root
```

3）上传文件。

复制02-上机实验/ds.txt并通过xftp上传到客户端机器，运行下面的命令和结果对照。

```
# hadoop fs -put ds.txt ds.txt
# hadoop fs -ls -R /user/root
-rw-r--r--   3 root supergroup       9135 2015-05-29 19:07 /user/root/ds.txt
```

4）查看文件内容。

```
# hadoop fs -cat /user/root/ds.txt
17.759065824032646,0.6708203932499373
20.787886563063058,0.7071067811865472
17.944905786933322,0.5852349955359809
……
```

5）复制/移动/删除文件。

```
# hadoop fs -cp /user/root/ds.txt /user/root/ds_backup.txt
# hadoop fs -ls /user/root
Found 2 items
-rw-r--r--   3 root supergroup       9135 2015-05-29 19:07 /user/root/ds.txt
-rw-r--r--   3 root supergroup       9135 2015-05-29 19:30 /user/root/ds_backup.tx
# hadoop fs -mv /user/root/ds_backup.txt /user/root/ds_backup1.txt
# hadoop fs -ls /user/root
Found 2 items
-rw-r--r--   3 root supergroup       9135 2015-05-29 19:07 /user/root/ds.txt
-rw-r--r--   3 root supergroup       9135 2015-05-29 19:30 /user/root/ds_backup1.txt
# hadoop fs -rm -r /user/root/ds_backup1.txt
15/05/29 19:32:51 INFO fs.TrashPolicyDefault: Namenode trash configuration: Deletion inter-
val = 0 minutes, Emptier interval = 0 minutes.
Deleted /user/root/ds_backup1.txt
# hadoop fs -ls /user/root
Found 1 items
-rw-r--r--   3 root supergroup       9135 2015-05-29 19:07 /user/root/ds.txt
```

实践二：MapReduce任务

1）复制02-上机实验/ds.txt并通过xftp上传到客户端机器/opt目录下。

```
# hadoop fs -put /opt/ds.txt /user/root/ds.txt
# hadoop fs -ls /user/root
Found 1 items
-rw-r--r--   3 root supergroup      9135 2015-05-29 19:49 /user/root/ds.txt
```

2）复制Hadoop的安装目录的MapReduce Example的jar包到/opt目录下。

```
# cp /opt/hadoop-2.6.0/share/hadoop/mapreduce/hadoop-mapreduce-examples-2.6.0.jar /opt
# ls /opt/hadoop-mapreduce*
/opt/hadoop-mapreduce-examples-2.6.0.jar
```

3）运行单词计数MapReduce任务。

```
# hadoop jar /opt/hadoop-mapreduce-examples-2.6.0.jar wordcount /user/root/ds.txt /user/
root/ds_out
15/05/29 20:23:00 INFO client.RMProxy: Connecting to ResourceManager at master/192.168.222.
131:8032
15/05/29 20:23:02 INFO input.FileInputFormat: Total input paths to process : 1
15/05/29 20:23:02 INFO mapreduce.JobSubmitter: number of splits:1
15/05/29 20:23:02 INFO mapreduce.JobSubmitter: Submitting tokens for job: job_1432825607351_0127
15/05/29 20:23:03 INFO impl.YarnClientImpl: Submitted application application_1432825607351_0127
15/05/29 20:23:03 INFO mapreduce.Job: The url to track the job: http://master:8088/proxy/ap-
plication_1432825607351_0127/
15/05/29 20:23:03 INFO mapreduce.Job: Running job: job_1432825607351_0127
15/05/29 20:23:15 INFO mapreduce.Job: Job job_1432825607351_0127 running in uber mode : false
15/05/29 20:23:15 INFO mapreduce.Job:  map 0% reduce 0%
15/05/29 20:23:31 INFO mapreduce.Job:  map 100% reduce 0%
15/05/29 20:23:40 INFO mapreduce.Job:  map 100% reduce 100%
15/05/29 20:23:40 INFO mapreduce.Job: Job job_1432825607351_0127 completed successfully
15/05/29 20:23:40 INFO mapreduce.Job: Counters: 49
    File System Counters
        FILE: Number of bytes read=10341
        FILE: Number of bytes written=232633
        FILE: Number of read operations=0
        FILE: Number of large read operations=0
        FILE: Number of write operations=0
        HDFS: Number of bytes read=9236
        HDFS: Number of bytes written=9375
        HDFS: Number of read operations=6
        HDFS: Number of large read operations=0
        HDFS: Number of write operations=2
    Job Counters
        Launched map tasks=1
        Launched reduce tasks=1
        Data-local map tasks=1
        Total time spent by all maps in occupied slots (ms)=12679
        Total time spent by all reduces in occupied slots (ms)=6972
```

```
        Total time spent by all map tasks (ms) =12679
        Total time spent by all reduce tasks (ms) =6972
        Total vcore - seconds taken by all map tasks =12679
        Total vcore - seconds taken by all reduce tasks =6972
        Total megabyte - seconds taken by all map tasks =12983296
        Total megabyte - seconds taken by all reduce tasks =7139328
    Map - Reduce Framework
        Map input records =240
        Map output records =240
        Map output bytes =9855
        Map output materialized bytes =10341
        Input split bytes =101
        Combine input records =240
        Combine output records =240
        Reduce input groups =240
        Reduce shuffle bytes =10341
        Reduce input records =240
        Reduce output records =240
        Spilled Records =480
        Shuffled Maps  =1
        Failed Shuffles =0
        Merged Map outputs =1
        GC time elapsed (ms) =398
        CPU time spent (ms) =5330
        Physical memory (bytes) snapshot =321277952
        Virtual memory (bytes) snapshot =2337296384
        Total committed heap usage (bytes) =195235840
    Shuffle Errors
        BAD_ID =0
        CONNECTION =0
        IO_ERROR =0
        WRONG_LENGTH =0
        WRONG_MAP =0
        WRONG_REDUCE =0
    File Input Format Counters
        Bytes Read =9135
    File Output Format Counters
        Bytes Written =9375
```

4）查看任务的输出。

```
# hadoop fs  -cat /user/root/ds_out/part - r - 00000
16.75481160342442,0.5590169943749481   1
17.759065824032646,0.6708203932499373  1
17.944905786933322,0.5852349955359809  1
18.619213022043585,0.5024937810560444  1
18.664436259885097,0.7433034373659246  1
……
```

2.5　小结

本章从介绍大数据基础概念讲起，引入了Hadoop大数据处理平台，简要介绍了Hadoop以及Hadoop生态系统。接着，详细介绍了使用VMware虚拟机搭建分布式Hadoop集群环境的步骤，使读者可以根据搭建步骤一步步来搭建自己的集群，方便后面的学习实验。然后，介绍了Hadoop的各个模块，包括Hadoop HDFS文件系统、Hadoop MapReduce编程框架、Hadoop YARN资源管理和分配器的原理。最后，给出了详细设计的实验，可以使读者在了解原理的前提下，动手实践，加深对原理的认识和理解。

Chapter 3 第3章

Hadoop 生态系统：Hive

3.1 概述

3.1.1 Hive 简介

Hive 最初是应 Facebook 每天产生的海量新兴社会网络数据进行管理和机器学习的需求而产生和发展的，是建立在 Hadoop 上的数据仓库基础构架。作为 Hadoop 的一个数据仓库工具，Hive 可以将结构化的数据文件映射为一张数据库表，并提供简单的 SQL 查询功能。

Hive 作为构建在 Hadoop 之上的数据仓库，它提供了一系列的工具，可以用来进行数据提取转化加载（ETL），这是一种可以存储、查询和分析存储在 Hadoop 中的大规模数据的机制。Hive 定义了简单的类 SQL 查询语言，称为 HQL，它允许熟悉 SQL 的用户查询数据。同时，该语言也允许熟悉 MapReduce 的开发者开发自定义的 Mapper 和 Reducer 来处理内建的 Mapper 和 Reducer 无法完成的复杂的分析工作。

Hive 没有专门的数据格式。Hive 可以很好地工作在 Thrift 之上，控制分隔符，也允许用户指定数据格式。

Hive 具有以下特点：

- 支持索引，加快数据查询。
- 不同的存储类型，如纯文本文件、HBase 中的文件。
- 将元数据保存在关系数据库中，大大减少了在查询过程中执行语义检查的时间。
- 可以直接使用存储在 Hadoop 文件系统中的数据。
- 内置大量用户函数 UDF 来操作时间、字符串和其他的数据挖掘工具，支持用户扩展

UDF函数来完成内置函数无法实现的操作。

- 类SQL的查询方式，将SQL查询转换为MapReduce的Job在Hadoop集群上执行。

Hive构建在基于静态批处理的Hadoop之上，Hadoop通常都有较高的延迟并且在作业提交和调度时需要大量的开销。因此，Hive并不能够在大规模数据集上实现低延迟快速的查询。例如，Hive在几百MB的数据集上执行查询一般有分钟级的时间延迟。因此，Hive并不适合那些需要低延迟的应用，如联机事务处理（OLTP）。Hive查询操作过程严格遵守Hadoop MapReduce的作业执行模型，Hive将用户的HiveQL语句通过解释器转换为MapReduce作业提交到Hadoop集群上，Hadoop监控作业执行过程，然后返回作业执行结果给用户。Hive并非为联机事务处理而设计，Hive并不提供实时的查询和基于行级的数据更新操作。Hive的最佳使用场合是大数据集的批处理作业，如网络日志分析。

3.1.2 Hive安装与配置

使用表3-1中的软件版本进行配置。

表3-1 软件版本列表

软件	版本	备注
操作系统	CentOS 6.4 64bit	操作系统版本使用CentOS 6.5亦可
虚拟机	VMware 9.0	
Hive	1.2.1	使用支持Hadoop 2.X的版本
JDK	1.7	

上面的软件版本准备好后，按照下面的步骤进行配置。

1. 配置VMware虚拟机

参考第2章的配置，配置好虚拟机。

这里在机器slave2上安装Hive。

2. 下载并配置Hive

1）在Hive的官网http://mirrors.cnnic.cn/apache/hive/下载Hive，其文件为：apache-hive-1.2.1-bin.tar.gz。下载后解压到slave2机器中。

2）在slave2机器进行配置即可。配置文件在$HIVE_HOME/conf文件夹中。复制hive-default.xml.template文件到hive-site.xml文件，修改内容如下：

```
<configuration>
    <property>
        <name>javax.jdo.option.ConnectionURL</name>
        <value>jdbc:mysql://slave2:3306/hive?characterEncoding=UTF-8</value>
  </property>
  <property>
        <name>javax.jdo.option.ConnectionDriverName</name>
        <value>com.mysql.jdbc.Driver</value>
```

```
    </property>
    <property>
        <name>javax.jdo.option.ConnectionUserName</name>
        <value>root</value>
    </property>
    <property>
        <name>javax.jdo.option.ConnectionPassword</name>
        <value>admin</value>
    </property>

    <property>
        <name>hive.exec.local.scratchdir</name>
        <value>/data/hive/scratchdir</value>
    </property>
    <property>
        <name>hive.downloaded.resources.dir</name>
        <value>/data/hive/resourcesdir</value>
    </property>
    <property>
        <name>hive.querylog.location</name>
        <value>/data/hive/querylog</value>
    </property>
    <property>
        <name>hive.server2.logging.operation.log.location</name>
        <value>/data/hive/operation</value>
    </property>

</configuration>
```

这里默认 MySQL 已经装好并配置完成（这里需要先在 MySQL 数据库中建立 hive 数据库）。

3）修改/etc/profile 文件，添加必要变量。内容如下：

```
export HADOOP_HOME=/opt/hadoop-2.6.0
export HIVE_HOME=/opt/apache-hive-1.2.1-bin
export PATH=$PATH:$HIVE_HOME/bin
```

4）复制相关 jar 包。

① 把 MySQL 驱动包拷贝到 Hive 的 lib 目录。

```
cp /opt/mysql-connector-java-5.1.25-bin.jar $HIVE_HOME/lib/
```

② 将 Hive jline 包拷贝到 Hadoop 的 Yarn lib 目录，并删除 Hadoop Yarn lib 目录对应的 jline 包。

```
cp $HIVE_HOME /lib/jline-2.12.jar $HADOOP_HOME /share/hadoop/yarn/lib/
rm -rf $HADOOP_HOME/share/hadoop/yarn/lib/jline-0.9.94.jar
```

3. 启动 Hive 命令行

Hive 配置完成后，使用如下命令在 $HIVE_HOME/bin 目录启动 Hive。

```
[root@slave2 bin]# ./hive
```

启动后，终端会输出类似下面的信息：

```
[root@slave2 bin]# ./hive
Logging initialized using configuration in jar:file:/opt/apache-hive-1.2.1-bin/lib/hive
-common-1.2.1.jar!/hive-log4j.properties
hive>
```

同时，查看 MySQL 表中的 Hive 数据库，可以看到 Hive 建立的 meta 表，如图 3-1 所示。

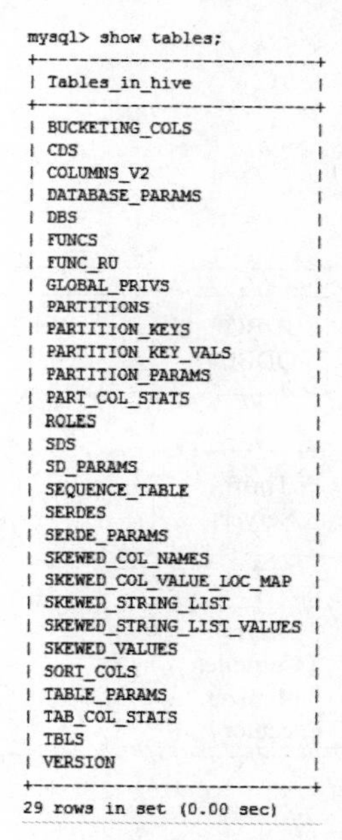

```
mysql> show tables;
+---------------------------+
| Tables_in_hive            |
+---------------------------+
| BUCKETING_COLS            |
| CDS                       |
| COLUMNS_V2                |
| DATABASE_PARAMS           |
| DBS                       |
| FUNCS                     |
| FUNC_RU                   |
| GLOBAL_PRIVS              |
| PARTITIONS                |
| PARTITION_KEYS            |
| PARTITION_KEY_VALS        |
| PARTITION_PARAMS          |
| PART_COL_STATS            |
| ROLES                     |
| SDS                       |
| SD_PARAMS                 |
| SEQUENCE_TABLE            |
| SERDES                    |
| SERDE_PARAMS              |
| SKEWED_COL_NAMES          |
| SKEWED_COL_VALUE_LOC_MAP  |
| SKEWED_STRING_LIST        |
| SKEWED_STRING_LIST_VALUES |
| SKEWED_VALUES             |
| SORT_COLS                 |
| TABLE_PARAMS              |
| TAB_COL_STATS             |
| TBLS                      |
| VERSION                   |
+---------------------------+
29 rows in set (0.00 sec)
```

图 3-1　MySQL 中的 Hive 表

注意　如果出现下面的错误，即说明配置 Hive 出错，参考上面的配置即可。

```
[ERROR] Terminal initialization failed; falling back to unsupported
java.lang.IncompatibleClassChangeError: Found class jline.Terminal, but interface was ex-
pected
    at jline.TerminalFactory.create(TerminalFactory.java:101)
    at jline.TerminalFactory.get(TerminalFactory.java:158)
    at jline.console.ConsoleReader.<init>(ConsoleReader.java:229)
    at jline.console.ConsoleReader.<init>(ConsoleReader.java:221)
    at jline.console.ConsoleReader.<init>(ConsoleReader.java:209)
    at org.apache.hadoop.hive.cli.CliDriver.setupConsoleReader(CliDriver.java:787)
Exception in thread \"main\" java.lang.RuntimeException: java.lang.IllegalArgumentExcep-
tion: java.net.URISyntaxException: Relative path in absolute URI: ${system:java.io.tmp-
dir%7D/$%7Bsystem:user.name%7D
at org.apache.hadoop.hive.ql.session.SessionState.start(SessionState.java:444)
```

```
at org.apache.hadoop.hive.cli.CliDriver.run(CliDriver.java:672)
at org.apache.hadoop.hive.cli.CliDriver.main(CliDriver.java:616)
at sun.reflect.NativeMethodAccessorImpl.invoke0(Native Method)
at sun.reflect.NativeMethodAccessorImpl.invoke(NativeMethodAccessorImpl.java:62)
at sun.reflect.DelegatingMethodAccessorImpl.invoke(DelegatingMethodAccessorImpl.java:43)
at java.lang.reflect.Method.invoke(Method.java:483)
at org.apache.hadoop.util.RunJar.main(RunJar.java:212)
```

3.2 Hive 原理

3.2.1 Hive 架构

Hive 的架构如图 3-2 所示。

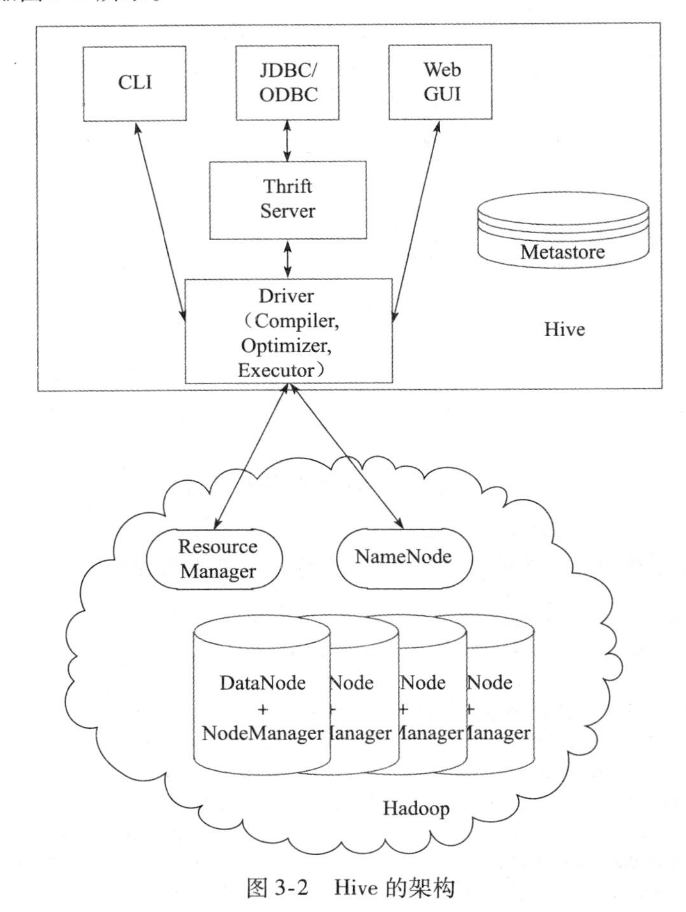

图 3-2 Hive 的架构

从图 3-2 中可以看到，Hive 包含用户访问接口（CLI、JDBC/ODBC、GUI 和 Thrift Server）、元数据存储（Metastore）、驱动组件（包括编译、优化、执行驱动）。

用户访问接口即用户用来访问 Hive 数据仓库所使用的工具接口。CLI（command line interface）即命令行接口。Thrift Server 是 Facebook 开发的一个软件框架，它用来开发可扩展且跨语言的服务，Hive 集成了该服务，能让不同的编程语言调用 Hive 的接口。Hive 客户端提供了通过网页的方式访问 Hive 提供的服务，这个接口对应 Hive 的 HWI 组件（Hive web interface），使用前要启动 HWI 服务。

Metastore 是 Hive 中的元数据存储，主要存储 Hive 中的元数据，包括表的名称、表的列和分区及其属性、表的属性（是否为外部表等）、表的数据所在目录等，一般使用 MySQL 或 Derby 数据库。Metastore 和 Hive Driver 驱动的互联有两种方式，一种是集成模式，如图 3-3 所示；一种是远程模式，如图 3-4 所示。

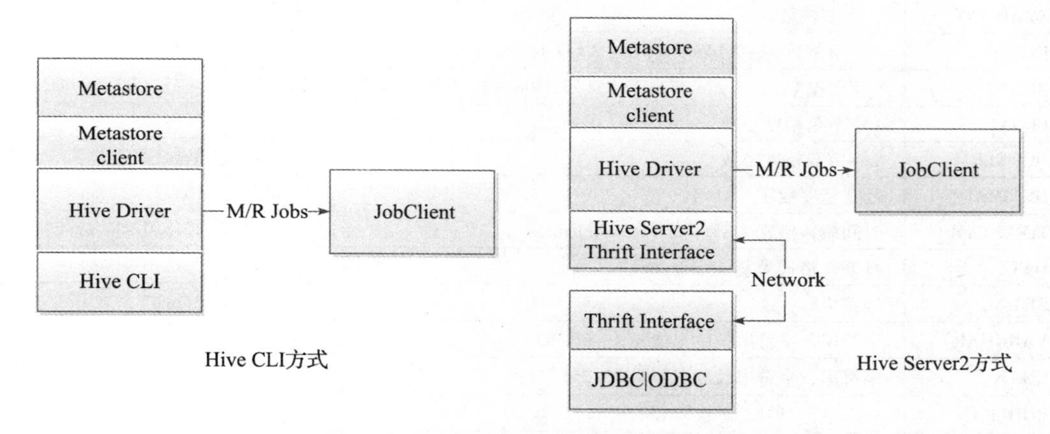

图 3-3　Metastore 和 Driver 通信（集成模式）

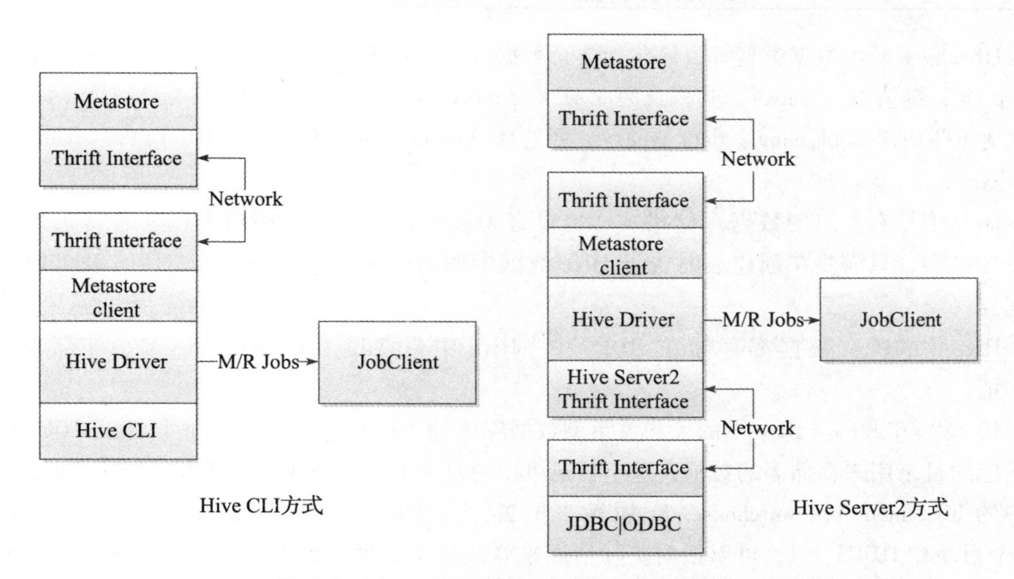

图 3-4　Metastore 和 Driver 通信（远程模式）

驱动组件包括编译器、优化器和执行引擎，分别完成 HQL 查询语句的词法分析、语法分析、编译、优化以及查询计划的生成，生成的查询计划存储在 HDFS 中，并在随后由 MapReduce 调用执行。

3.2.2 Hive 的数据模型

Hive 支持多种基本数据类型，具体如表 3-2 所示。

表 3-2 Hive 基本数据类型

类型	描述	示例
TINYINT	一字节整数，-128 ~ 127	12
SMALLINT	二字节整数，-32 768 ~ 32 767	255
INT	4 字节整数，-2 147 483 648 ~ 2 147 483 647	25 000
BIGINT	8 字节整数，-9 223 372 036 854 775 808 ~ 9 223 372 036 854 775 807	-250 000 000 000
FLOAT	4 字节单精度小数	3. 1415
DOUBLE	8 字节双精度小数	3. 141 592 6
DECIMAL	任意精度数字	10
TIMESTAMP	时间戳，格式为 yyyy-mm-dd hh: mm: ss	2015-07-17 12: 20: 22
DATE	日期，格式为 yyyy-mm-dd	2015-07-17
STRING	字符串	"abcd"
VARCHAR	字符串，字符串长度只能是 1 ~ 65 355	"abcd"
CHAR	字符串，字符串长度只能是 1 ~ 255	"abcd"
BOOLEAN	布尔值，TRUE 或者 FALSE	TRUE
BINARY	二进制，0 或 1	1

Hive 除了基本数据类型外，还包括集合数据类型：数组（arrays），其格式为 ARRAY < data_type >；键值对（maps），其格式为 MAP < primitive_type, datatype >；结构体（structs），其格式为 STRUCT < col_name: data_type >；联合体（union），其格式为 UNIONTYPE < data_type, data_type, ... >。

Hive 中没有专门的数据存储格式，也没有为数据建立索引，用户可以非常自由地组织 Hive 中的表，只需要在创建表时告诉 Hive 数据中的列分隔符和行分隔符，Hive 就可以解析数据。

Hive 中的所有数据都存储在 HDFS 中，Hive 中包含以下数据模型：表、外部表、分区、桶。

1）表（Table）：Hive 中的表和关系型数据库中的表在概念很类似，每个表在 HDFS 中都有相应的目录用来存储表的数据，这个目录可以通过 $HIVE_HOME/conf/hive-site. xml 配置文件中的 hive. metastore. warehouse. dir 属性来配置，这个属性的默认值是/user/hive/warehouse（这个目录在 HDFS 上），可以根据实际情况来修改这个配置。如果有一个表 employees，那么在 HDFS 中会创建/user/hive/warehouse/ employees 目录，employees 表的所有数据都存放在这个目录中。

2）外部表（External Table）：Hive中的外部表和表很类似，但是其数据不是放在hive. metastore. warehouse. dir配置的目录中，而是放在建立表时指定的目录。创建外部表可以在删除该外部表时，不删除该外部表所指向的数据，它只会删除外部表对应的元数据；但是如果要删除表，该表对应的所有数据包括元数据都会被删除。

3）分区（Partition）：在Hive中，表的每一个分区对应表下的相应目录，所有分区的数据都存储在对应的目录中。比如，针对下面的建表语句：

```
create table employees (id int, name string, salary double)
partitioned by (dept string);
```

在HDFS中，其数据的目录如下：

```
/user/hive/warehouse/employees
/dept=hr/
/dept=support/
/dept=engineering/
/dept=training/
```

即在进行数据存储时，指定的分区列的每一个值都会新建一个目录。

4）桶（Bucket）：对指定的列计算其哈希值，根据哈希值切分数据，目的是并行，每一个桶对应一个文件（注意和分区的区别）。例如，将employees表的id列分散至8个桶中，那么首先会对每个桶进行编号，从0~7，然后对id列的值计算哈希值，再把计算的哈希值使用求余运算得到0~7的某个数字，把该数据放入数字对应的桶中。

3.3　动手实践

按照3.1.2节以及第2章的详细配置步骤进行操作，部署完成后即可进行下面的实验（默认使用Hadoop 2.6和Hive 1.2.1版本）。

实践一：Hive表

1）下载“02-上机实验/visits_data. txt”文件，并查看数据。

```
[root@slave2 opt]# head -n 5 visits_data.txt
BUCKLEY       SUMMER      10/12/2010 14:48  10/12/2010 14:45  WH
CLOONEY       GEORGE      10/12/2010 14:47  10/12/2010 14:45  WH
PRENDERGAST   JOHN        10/12/2010 14:48  10/12/2010 14:45  WH
LANIER        JAZMIN      10/13/2010 13:00                    WH  BILL SIGNING/
MAYNARD       ELIZABETH   10/13/2010 12:34  10/13/2010 13:00  WH  BILL SIGNING/
```

visits_data. txt数据包含6列，分别对应名字，姓，访问时间，计划访问时间，地点，备注，使用“\t”分隔。

2）下载“02-上机实验/visits. hive”，并查看。

```
[root@slave2 opt]# cat visits.hive
--cat visits.hive
create table people_visits (
last_name string,
first_name string,
arrival_time string,
scheduled_time string,
meeting_location string,
info_comment string)
ROW FORMAT DELIMITED
FIELDS TERMINATED BY '\t' ;
```

上述代码是 Hive 中新建表的代码，使用上述代码即可建立 Hive 中的表。

3）使用 Hive 命令，建立 Hive 的 people_visits 表。

```
root@slave2 bin]# ./hive -f /opt/visits.hive

Logging initialized using configuration in jar:file:/opt/apache-hive-1.2.1-bin/lib/hive
-common-1.2.1.jar!/hive-log4j.properties
OK
Time taken: 2.391 seconds
```

4）使用 hive shell 命令行，查看生产的表。

```
[root@slave2 ~]# hive

Logging initialized using configuration in jar:file:/opt/apache-hive-1.2.1-bin/lib/hive
-common-1.2.1.jar!/hive-log4j.properties
hive> show tables;
OK
people_visits
Time taken: 1.344 seconds, Fetched: 1 row(s)
hive> describe people_visits ;
OK
last_name               string
first_name              string
arrival_time            string
scheduled_time          string
meeting_location        string
info_comment            string
Time taken: 0.338 seconds, Fetched: 6 row(s)
```

这里可以看到刚才建立的表，以及表的描述。

5）插入数据。

① 使用查询命令查看表中的数据。

```
hive> select *from people_visits limit 10;
OK
Time taken: 0.863 seconds
```

可以看到表中没有数据。

② 使用 hadoop fs 命令，拷贝 visits_data. txt 到 HDFS 的/user/hive/warehouse/people_visits 目录中。

```
[root@slave2 opt]# hadoop fs -put visits_data.txt /user/hive/warehouse/people_visits
[root@slave2 opt]# hadoop fs -ls /user/hive/warehouse/people_visits
-rw-r--r--   3 root supergroup     989239 2015-08-17 10:30 /user/hive/warehouse/people_
visits/visits_data.txt
```

③ 再次查看数据。

```
hive> select *from people_visits limit 5;
OK
BUCKLEY       SUMMER       10/12/2010 14:48  10/12/2010 14:45  WH
CLOONEY       GEORGE       10/12/2010 14:47  10/12/2010 14:45  WH
PRENDERGAST   JOHN         10/12/2010 14:48  10/12/2010 14:45  WH
LANIER        JAZMIN       10/13/2010 13:00                    WH  BILL SIGNING/
MAYNARD       ELIZABETH    10/13/2010 12:34  10/13/2010 13:00  WH  BILL SIGNING/
Time taken: 0.155 seconds, Fetched: 5 row(s)
```

可以看到已经查看到数据了。

6）使用 MR 进行查询。

```
hive> select count(*) from people_visits;
Query ID = root_20150817103724_d20ca51d-06ca-4efb-be59-6f66aec97489
Total jobs = 1
Launching Job 1 out of 1
Number of reduce tasks determined at compile time: 1
In order to change the average load for a reducer (in bytes):
  set hive.exec.reducers.bytes.per.reducer=<number>
In order to limit the maximum number of reducers:
  set hive.exec.reducers.max=<number>
In order to set a constant number of reducers:
  set mapreduce.job.reduces=<number>
Starting Job = job_1439775378077_0003, Tracking URL = http://node101:8088/proxy/applica-
tion_1439775378077_0003/
Kill Command = /opt/hadoop-2.6.0/bin/hadoop job  -kill job_1439775378077_0003
Hadoop job information for Stage-1: number of mappers: 1; number of reducers: 1
2015-08-17 10:37:33,759 Stage-1 map = 0%,  reduce = 0%
2015-08-17 10:37:41,432 Stage-1 map = 100%,  reduce = 0%, Cumulative CPU 2.11 sec
2015-08-17 10:37:48,932 Stage-1 map = 100%,  reduce = 100%, Cumulative CPU 4.57 sec
MapReduce Total cumulative CPU time: 4 seconds 570 msec
Ended Job = job_1439775378077_0003
MapReduce Jobs Launched:
Stage-Stage-1: Map: 1  Reduce: 1   Cumulative CPU: 4.57 sec   HDFS Read: 996387 HDFS Write: 6
SUCCESS
Total MapReduce CPU Time Spent: 4 seconds 570 msec
OK
17977
```

```
Time taken: 25.92 seconds, Fetched: 1 row(s)
```

这里使用 MR 查询看到查询所有行数。

7）删除 people_visits 表。

```
hive > drop table people_visits;
OK
Time taken: 1.355 seconds
hive > dfs -ls /user/hive/warehouse/people_visits;
ls: '/user/hive/warehouse/people_visits': No such file or directory
Command failed with exit code = 1
Query returned non-zero code: 1, cause: null
```

这里看到删除表之后，HDFS 中的数据也被删除了。

实践二：Hive 外部表

1）拷贝“02-上机实验/names. txt”到客户端机器/opt 目录下，并上传至 HDFS。

```
[root@slave2 ~]# hadoop fs -put /opt/names.txt /user/root/names.txt
 [root@slave2 ~]# hadoop fs -ls /user/root/names.txt
-rw-r--r--   3 root supergroup         78 2015-08-17 11:11 /user/root/names.txt
[root@slave2 ~]#
```

2）在 HDFS 上新建/user/root/hivedemo 文件夹。

```
[root@slave2 ~]# hadoop fs -mkdir /user/root/hivedemo
```

3）新建 Hive 外部表，并指定数据存储位置为/user/root/hivedemo。

```
hive > create external table names(id int,name string)
     > ROW FORMAT DELIMITED FIELDS TERMINATED BY '\t'
     > LOCATION '/user/root/hivedemo';
OK
Time taken: 0.206 seconds
```

4）把数据导入 Hive 的外部表 names 表中。

```
hive > load data inpath '/user/root/names.txt' into table names;
Loading data to table default.names
Table default.names stats: [numFiles=0, numRows=0, totalSize=0, rawDataSize=0]
OK
Time taken: 0.451 seconds
```

5）查看表中的数据。

```
hive > select *from names;
OK
0  Rich
1  Barry
2  George
3  Ulf
4  Danielle
```

```
5  Tom
6  manish
7  Brian
8  Mark
Time taken: 0.102 seconds, Fetched: 9 row(s)
hive> dfs -ls hivedemo;
Found 1 items
-rwxr-xr-x   3 root supergroup          78 2015-08-17 11:11 hivedemo/names.txt
hive> dfs -ls /user/hive/warehouse;
```

这里可以看到表中有数据，同时数据存储在指定的/user/root/hivedemo中，并没有存储在默认的/user/hive/warehouse中。

6）删除表。

```
hive> drop table names;
OK
Time taken: 0.136 seconds
hive> show tables;
OK
Time taken: 0.049 seconds
hive> dfs -ls hivedemo;
Found 1 items
-rwxr-xr-x   3 root supergroup          78 2015-08-17 11:11 hivedemo/names.txt
```

这里可以看到虽然表已经删除了，但是HDFS中的数据并没有删除。

3.4 小结

本章先介绍大数据仓库Hive的基础概念，接着，详细介绍了使用VMware虚拟机搭建分布式Hive客户端环境的步骤，使读者可以根据搭建步骤一步步搭建自己的本地学习环境，方便后面的学习实验。然后，分析了Hive的原理，主要包括Hive的架构，Hive各个组件的功能以及Hive数据模型、数据存储原理等。最后，给出了详细设计的实验，使读者动手实践，加深对原理的认识和理解。

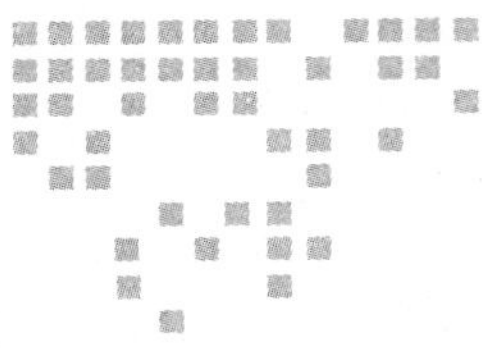

Chapter 4 第4章

Hadoop 生态系统：HBase

4.1 概述

4.1.1 HBase 简介

HBase 项目是由 Powerset 公司的 Chad Walters 和 Jim Kellerman 从 2006 年底开始创建的，最开始是基于 Google 论文 *Bigtable: A Distributed Storage System for Structured Data*，并在 2007 年 2 月，由 Jim Kellerman 进行了完善。HBase 最初发布是作为 Hadoop 0.15.0 的一部分，从 2008 年开始，HBase 成为 Hadoop 项目的一个子项目。

HBase 是一个分布式的、面向列的开源数据库，利用 HBase 技术可在廉价 PC 服务器上搭建起大规模结构化存储集群。HBase 不同于一般的关系数据库，它是一个适合于非结构化数据存储的数据库。HBase 利用 Hadoop MapReduce 来处理 HBase 中的海量数据，同时利用 Zookeeper 作为其协同服务。另一个不同的是，HBase 是基于列的，而不是基于行的模式。

HBase 具有以下特点：

- 线性和模块化可扩展性；
- 严格一致的读取和写入；
- 表的自动配置和分片；
- 支持 RegionServers 之间的自动故障转移；
- 方便的基类支持 Hadoop 的 MapReduce 作业与 Apache HBase 的表；
- 易于使用的 Java API 的客户端访问；
- 块缓存和布鲁姆过滤器实时查询；

- Thrift网关和REST-FUL Web服务支持XML、protobuf和二进制的数据编码选项；
- 可扩展的基于JRuby（JIRB）的脚本；
- 支持监控信息通过Hadoop子系统导出到文件或Ganglia。

此外，Pig和Hive还为HBase提供了高层语言支持，这使得在HBase上进行数据统计处理变得非常简单。Sqoop则为HBase提供了方便的RDBMS数据导入功能，这使得传统数据库数据向HBase迁移变得非常方便。

4.1.2　HBase安装与配置

使用表4-1中的软件版本进行配置。

表4-1　软件版本列表

软件	版本	备注
操作系统	CentOS 6.4 64bit	操作系统版本使用CentOS 6.5亦可
虚拟机	VMware 9.0	
HBase	1.0.1.1	使用支持Hadoop 2.X的版本
JDK	1.7	

上面的软件版本准备好后，按照下面的步骤进行配置。

1. 配置VMware虚拟机

参考第2章配置好虚拟机。

虚拟机配置好后，配置HBase参考表4-2的服务分配来配置HBase。

表4-2　HBase服务分配架构

机器名	主节点	ZooKeeper	RegionServer
master	是	是	否
slave1	备份	是	是
slave2	否	是	是

2. 下载并配置HBase

在HBase的官网http://mirrors.cnnic.cn/apache/hbase/下载HBase，其文件为：hbase-1.0.1.1-bin.tar.gz。下载后解压到master机器。

在master机器进行配置即可，然后可以通过拷贝配置文件的方式，下载到slave1和slave2，这样可以减少工作量。

配置文件在$HBASE_HOME/conf文件夹中。修改文件hbase-site.xml文件，内容如下：

```
<configuration>
    <property>
        <name>hbase.cluster.distributed</name>
        <value>true</value>
```

```
        </property>
        <property>
            <name>hbase.rootdir</name>
                <value>hdfs://master:8020/hbase</value>
        </property>
        <property>
            <name>hbase.zookeeper.quorum</name>
                <value>master,slave1,slave2</value>
        </property>
        <property>
                <name>hbase.zookeeper.property.dataDir</name>
                <value>/data/zookeeper</value>
        </property>
</configuration>
```

修改 hbase-env. sh 文件，添加 JDK 的配置。内容如下：

```
export JAVA_HOME=/usr/lib/jvm/java-1.7.0-openjdk-1.7.0.75.x86_64
```

修改 regionservers，内容如下：

```
slave1
slave2
```

新建 backup-masters 文件，内容如下：

```
slave1
```

3. 启动及关闭 HBase

HBase 配置文件修改完成后，在 $ HBASE_HOME/bin 目录启动 HBase，使用命令：

```
[root@master bin]# ./start-hbase.sh
```

启动后，终端输出类似下面的信息：

```
[root@master bin]# ./start-hbase.sh
master: starting zookeeper, logging to /opt/hbase-1.0.1.1/bin/../logs/hbase-root-zoo-
keeper-master.example.com.out
slave1: starting zookeeper, logging to /opt/hbase-1.0.1.1/bin/../logs/hbase-root-zoo-
keeper-master.example.com.out
slave2: starting zookeeper, logging to /opt/hbase-1.0.1.1/bin/../logs/hbase-root-zoo-
keeper-master.example.com.out
starting master, logging to /opt/hbase-1.0.1.1/bin/../logs/hbase-root-master-master.ex-
ample.com.out
starting master, logging to /opt/hbase-1.0.1.1/bin/../logs/hbase-root-master-slave1.ex-
ample.com.out
slave1: starting regionserver, logging to /opt/hbase-1.0.1.1/bin/../logs/hbase-root-re-
gionserver-master.example.com.out
slave2: starting regionserver, logging to /opt/hbase-1.0.1.1/bin/../logs/hbase-root-re-
gionserver-master.example.com.out
```

查看 HBase 是否已经启动，可以使用命令 jps 查看 HBase 的进程，分别在 master、slave1、slave2 中执行 jps 命令，即可看到各个 HBase 的进程服务。

master：

```
[root@master ~]# jps
6833 HQuorumPeer
8338 Jps
6902 Hmaster
```

slave1：

```
[root@slave1 ~]# jps
7643 HQuorumPeer
8338 Jps
6902 HMaster
7226 HregionServer
```

slave2：

```
[root@slave2 ~]# jps
6833 HQuorumPeer
8338 Jps
7226 HregionServer
```

在浏览器访问 http://master：16010/master-status，查看 HBase 的状态。

关闭 HBase，在 master 机器上执行下面的命令：

```
[root@master bin]# ./stop - hbase.sh
```

注意　如果发现 slave1 中的 RegionServer 启动不了，可以在 $HBASE_HOME/log 下查看 RegionServer 对应的日志，如果出现下面的错误：

```
Caused by: java.net.BindException: Problem binding to master.example.com/192.168.222.
131:16020 : Address already in use
    at org.apache.hadoop.hbase.ipc.RpcServer.bind(RpcServer.java:2371)
    at org.apache.hadoop.hbase.ipc.RpcServer $Listener.<init>(RpcServer.java:524)
    at org.apache.hadoop.hbase.ipc.RpcServer.<init>(RpcServer.java:1899)
    at org.apache.hadoop.hbase.regionserver.RSRpcServices.<init>(RSRpcServices.java:792)
    at org.apache.hadoop.hbase.regionserver.HRegionServer.createRpcServices(HRegion-
    Server.java:575)
    at org.apache.hadoop.hbase.regionserver.HRegionServer.<init>(HRegionServer.java:492)
... 10 more
Caused by: java.net.BindException: Address already in use
```

就说明 HBase 和 RegionServer 端口相同，需要使用下面的方式启动 RegionServer。

```
[root@slave1 bin]#./local - regionservers.sh 2
```

4.2 HBase 原理

4.2.1 HBase 架构

HBase 的架构如图 4-1 所示。

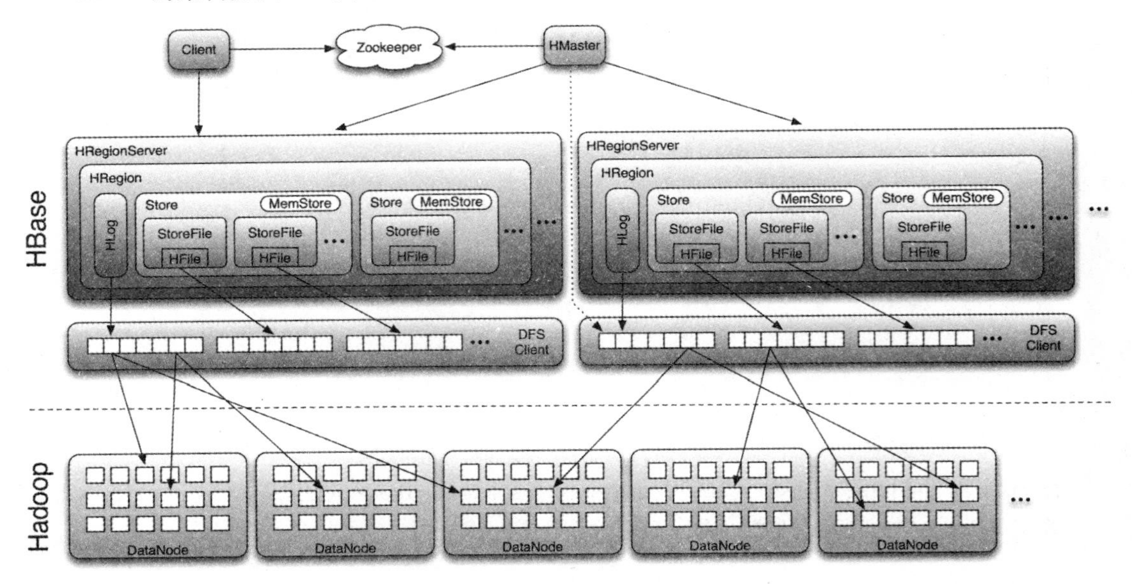

图 4-1 HBase 架构图

从图 4-1 中可以看出 HBase 建立在 Hadoop 之上，HBase 的底层使用的还是 Hadoop 的 HDFS。同时，HBase 包含 3 个重要组件：Zookeeper、HMaster 和 HRegionServer。Zookeeper 为整个 HBase 集群提供协助的服务（信息传输），HMaster 主要用于监控和操作集群中的所有 RegionServer，HRegionServer 主要用于服务和管理分区（regions）。

（1）Client

Client 使用 HBase 的 RPC 机制与 HMaster 和 HRegionServer 进行通信，对于管理类操作，Client 与 HMaster 进行 RPC；对于数据读写类操作，Client 与 HRegionServer 进行 RPC。

（2）ZooKeeper

Zookeeper Quorum 中除了存储-ROOT-表的地址和 HMaster 的地址外，HRegionServer 也会把自己以 Ephemeral 方式注册到 Zookeeper 中，使 HMaster 可以随时感知到各个 HRegionServer 的健康状态。

（3）HMaster

HMaster 没有单点问题，HBase 中可以启动多个 HMaster，通过 Zookeeper 的 Master Election 机制保证总有一个 Master 运行，HMaster 在功能上主要负责 Table 和 Region 的管理工作。

1）管理用户对 Table 的增、删、改、查操作；

2）管理 HRegionServer 的负载均衡，调整 Region 分布；

3）在 Region Split 后，负责新 Region 的分配；

4）在 HRegionServer 停机后，负责失效 HRegionServer 上的 Regions 迁移。

（4）HRegionServer

HRegionServer 主要负责响应用户 I/O 请求，向 HDFS 文件系统中读写数据，是 HBase 中最核心的模块。HRegionServer 内部管理了一系列 HRegion 对象，每个 HRegion 对应 Table 中的一个 Region，HRegion 由多个 HStore 组成。每个 HStore 对应 Table 中的一个 Column Family 的存储，可以看出每个 Column Family 其实就是一个集中的存储单元，因此最好将具备相同 IO 特性的 column 放在一个 Column Family 中，这样最高效。

HStore 存储是 HBase 存储的核心，其中由 MemStore 和 StoreFiles 两部分组成。MemStore 是 Sorted Memory Buffer，用户写入的数据首先会放入 MemStore，当 MemStore 满了以后会 Flush 成一个 StoreFile（底层实现是 HFile），当 StoreFile 文件数量增长到一定阈值时，触发 Compact 合并操作，将多个 StoreFiles 合并成一个 StoreFile，合并过程中会合并版本和删除数据，因此可以看出 HBase 其实只有增加数据，所有的更新和删除操作都是在后续的 compact 过程中进行的，这使得用户的写操作只要进入内存中就可以立即返回，保证了 HBase I/O 的高性能。当 StoreFiles Compact 后，逐步形成越来越大的 StoreFile，当单个 StoreFile 大小超过一定阈值后，触发 Split 操作，同时把当前 Region Split 成 2 个 Region，父 Region 下线，新 Split 出的 2 个孩子 Region 被 HMaster 分配到相应的 HRegionServer 上，使原先 1 个 Region 的压力得以分流到 2 个 Region 上。

每个 HRegionServer 中都有一个 HLog 对象，HLog 是一个实现 Write Ahead Log 的类，在每次用户操作写入 MemStore 的同时，也会写一份数据到 HLog 文件中（HLog 文件格式见后续），HLog 文件定期会滚动出新的，并删除旧的文件（已持久化到 StoreFile 中的数据）。当 HRegion-Server 意外终止后，HMaster 通过 Zookeeper 感知到，HMaster 首先处理遗留的 HLog 文件，将其中不同 Region 的 Log 数据拆分，分别放到相应 region 的目录下，然后将失效的 region 重新分配，领取到这些 region 的 HRegionServer 在 Load Region 的过程中，会发现有历史 HLog 需要处理，因此会将 HLog 中的数据 Replay 到 MemStore 中，然后 flush 到 StoreFiles，完成数据恢复。

4.2.2 HBase 与 RDBMS

HBase 设计的初衷是针对大数据进行随机地、实时地读写操作。随着互联网的发展，很多企业的数据也变得非常大，使用传统数据库（RDBMS）处理这些大数据会非常棘手，这时就产生了类似 HBase 之类的 NoSQL 数据库。HBase 和 RDBMS 的对比如下：

（1）数据类型

HBase 只有简单的字符串类型，所有的类型都是交由用户自己处理，它只保存字符串。而 RDBMS 有丰富的类型选择，如数值类型、字符串类型、时间类型等。

（2）数据操作

HBase 只有很简单的插入、查询、删除、清空等操作，表和表之间是分离的，没有复杂的表和表之间的关系，所以不能，也没有必要实现表和表之间的关联等操作。而 RDBMS 通常有各种各样的函数、连接操作等，表与表之间的关系也有多种。

（3）存储模式

HBase 是基于列存储的，每个列都由几个文件保存，不同列的文件是分离的。而 RDBMS 是基于表结构和行模式保存的。

（4）数据维护

确切地说，HBase 的更新操作不应该叫作更新，虽然一个主键或列对应新的版本，但它的旧版本仍然会保留，所以它实际上是插入了新的数据，而不是 RDBMS 中的替换修改。

（5）可伸缩性

因为 HBase 分布式数据库就是为了此目的而开发出来的，所以它能够轻松地增加或减少硬件数量，并且对错误的兼容性比较高。而 RDBMS 通常需要增加中间层才能实现类似的功能。

（6）具体应用

RDBMS 具有 ACID 特性，拥有丰富的 SQL，还有如下特点：面向磁盘存储、带有索引结构、多线程访问、基于锁的同步访问机制、基于 log 记录的恢复机制等。而类似 HBase 这些基于列模式的分布式数据库，更适应海量存储和互联网应用的需求，灵活的分布式架构可以使其利用廉价的硬件设备组建一个大的数据仓库。

4.2.3 HBase 访问接口

HBase 集群访问可以有多种方式，不同方式的适用场景不同，HBase 的访问接口如下：

1. Native Java API

Native Java API 是最常规和高效的访问方式，适合 Hadoop MapReduce Job 并行批处理 HBase 表数据。

2. HBase Shell

HBase Shell 是 HBase 的命令行工具，是最简单的接口，适合 HBase 管理使用。

3. Thrift Gateway

Thrift Gateway 利用 Thrift 序列化技术，支持 C++、PHP、Python 等多种语言，适合其他异构系统在线访问 HBase 表数据。

4. REST Gateway

REST Gateway 支持 REST 风格的 Http API 访问 HBase，解除了语言限制。

5. Pig

可以使用 Pig Latin 流式编程语言来操作 HBase 中的数据，其本质是编译成 MapReduce Job

来处理 HBase 表数据，适合做数据统计。

6. Hive

Hive 0.7 版本中添加了 HBase 的支持，可以使用类似 SQL 的语言 HQL 来访问 HBase，其本质类似 Pig，把脚本编译成 MapReduce Job 来处理 HBase 表数据。

4.2.4 HBase 数据模型

传统型数据库以行的形式存储数据，每行数据包含多列，每列只有单个值。在 HBase 中，数据实际存储在一个“映射”（map）中，并且“映射”的键（key）是被排序的。这里的排序是很重要的概念，基于键排序，用户可以自定义一个“行键”（row key），使“相关的”数据可以存储在相近的地方。

HBase 数据包含下面几个概念：

（1） Row key

一条记录的唯一标示符。

（2） Column family

一列数据的集合的存储体，作为一个列簇。

（3） Column qualifier

在列簇中的每个列数据的限定符，用于指明数据的属性。

（4） Cell

实际存储的数据，包含数据和时间戳。

在 HBase 中定义表只需设置表名、列簇即可，不用指定限定符，限定符在数据存储到表中时是动态指定的。HBase 中的数据存储类似于 JavaScript Object（JSON）类型，如代码清单 4-1 的数据。

代码清单 4-1 JSON 数据

```
{
    "65": {
        "info": {
            "FirstName": "Cary",
            "LastName": "Grant",
            "Street": [
                "12232 Main St",
                "548 Wall St",
                "7611 Elm St"
            ],
            "Birthday": "1929 -02 -21"
        }"preferences": {
            "homepage": [
                "movies.html",
                "index.html"
            ],
```

```
                "background": "blue"
            }"history": {
                "pages": [
                    "movies.html",
                    "index.html",
                    "products.html",
                    "videos.html"
                ],
                "orderIDs": [
                    "5798324",
                    "237492"
                ]
            }
        }
    }
```

代码清单4-1 中的数据“65”可以理解为HBase 中的rowkey，“inof”“preferences”“history”可以理解为Column Family（列簇），“FirstName”“LastName”“Street”“Birthday”等可以理解为Column Qualifier（列限定符），“Cary”“Grant”等就可以理解为具体的Cell 值（这里需要注意HBase 中的Cell 中还存储有时间戳）。

HBase 中的数据存储是和时间戳一起存储的，比如，一个Cell 的数据存储，其格式可能如图4-2 所示。

HBase 中的数据存储并没有当前值的概念，可以有“最新值”的概念，最新值是指离当前时间最近的时间戳对应的数据。当从HBase 中遍历Cell 的数据时，并不是活的当前值，而是获得所有设置过的值（附带一个时间戳）。当对HBase 进行数据更新时，把要更新的值加上时间戳，然后添加到Cell 中，而之前的值并不会删掉。

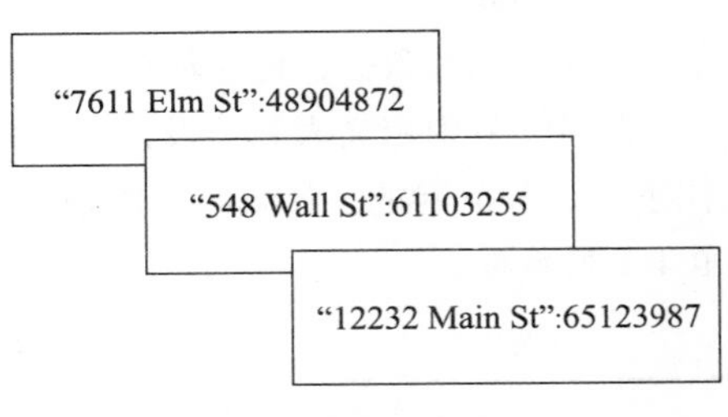

图4-2　Cell 数据存储格式

4.3　动手实践

按照4.1.2 章节以及第2 章的详细配置步骤进行操作，部署完成后，即可进行下面的实验（默认使用Hadoop 2.6 和HBase1.0.1.1 版本）。

实践一：HBase Shell 命令

1）进入HBase Shell。

```
[root@master ~]# $HBASE_HOME/bin/hbase shell
HBase Shell; enter 'help<RETURN>' for list of supported commands.
Type "exit<RETURN>" to leave the HBase Shell
Version 1.0.1.1, re1dbf4df30d214fca14908df71d038081577ea46, Sun May 17 12:34:26 PDT 2015
```

2）新建 user 表。

```
hbase(main):001:0 > create 'user','info'
0 row(s) in 1.2520 seconds

 => Hbase::Table - user
```

3）导入 user 表中的数据。

```
hbase(main):002:0 > put 'user','001','info:name','Tom'
0 row(s) in 0.1370 seconds

hbase(main):003:0 > put 'user','001','info:age','22'
0 row(s) in 0.0240 seconds

hbase(main):004:0 > put 'user','002','info:name','Kate'
0 row(s) in 0.0230 seconds

hbase(main):005:0 > put 'user','002','info:age','30'
0 row(s) in 0.0140 seconds

hbase(main):006:0 > put 'user','003','info:name','Jack'
0 row(s) in 0.0120 seconds

hbase(main):007:0 > put 'user','003','info:age','36'
0 row(s) in 0.0280 seconds
```

4）查看 user 表中的数据。

```
hbase(main):008:0 > scan 'user'
ROW                      COLUMN + CELL
 001                     column = info:age, timestamp = 1439433026307, value = 22
 001                     column = info:name, timestamp = 1439433017825, value = Tom
 002                     column = info:age, timestamp = 1439433043987, value = 30
 002                     column = info:name, timestamp = 1439433037118, value = Kate
 003                     column = info:age, timestamp = 1439433057189, value = 36
 003                     column = info:name, timestamp = 1439433050416, value = Jack
3 row(s) in 0.0740 seconds
```

5）查看 user 表的描述。

```
hbase(main):009:0 > describe 'user'
Table user is ENABLED
user
COLUMN FAMILIES DESCRIPTION
{NAME => 'info', BLOOMFILTER => 'ROW', VERSIONS => '1', IN_MEMORY => 'false', KEEP_D
ELETED_CELLS => 'FALSE', DATA_BLOCK_ENCODING => 'NONE', TTL => 'FOREVER', COMPRESSIO
N => 'NONE', MIN_VERSIONS => '0', BLOCKCACHE => 'true', BLOCKSIZE => '65536', REPLIC
ATION_SCOPE => '0'}
1 row(s) in 0.0550 seconds
```

6）删除 user 表。

```
hbase(main):010:0 > disable 'user'
0 row(s) in 1.2820 seconds

hbase(main):011:0 > drop 'user'
0 row(s) in 0.1940 seconds

hbase(main):012:0 > list
TABLE
0 row(s) in 0.0250 seconds

=> []
```

实践二：HBase MapReduce 任务

1）复制 02-上机实验/user. csv 到客户端机器/opt 目录下，并上传至 HDFS。

```
# hadoop fs -put /opt/user.txt /user/root/user.csv
# hadoop fs -ls /user/root/user.csv
Found 1 items
-rw-r--r--   3 root supergroup       8393 2015-08-13 11:04 /user/root/user.csv
```

2）使用 HBase Shell 新建 user 表。

```
hbase(main):001:0 > create 'user','info'
0 row(s) in 1.2520 seconds

=> Hbase::Table - user
```

3）运行 MapReduce 任务，导入数据。

① 生成 Hfile。

```
#export HADOOP_CLASSPATH=$HBASE_HOME/lib/*:classpath 15/05/29 20:23:00 INFO
# hadoop jar $HBASE_HOME/lib/hbase-server-1.0.1.1.jar importtsv -Dimporttsv.separator
="," -Dimporttsv.bulk.output=/user/root/hbase_tmp -Dimporttsv.columns=HBASE_ROW_KEY,
info:name,info:age user /user/root/user.csv
15/08/13 11:16:50 INFO zookeeper.RecoverableZooKeeper: Process identifier=hconnection-
0xdcfda20 connecting to ZooKeeper ensemble=master:2181,slave1:2181,slave2:2181
15/08/13 11:16:50 INFO zookeeper.ZooKeeper: Client environment:zookeeper.version=3.4.6-
1569965, built on 02/20/2014 09:09 GMT
15/08/13 11:16:50 INFO zookeeper.ZooKeeper: Client environment:host.name=master.
example.com
15/08/13 11:16:50 INFO zookeeper.ZooKeeper: Client environment:java.version=1.7.0_75
15/08/13 11:16:50 INFO zookeeper.ZooKeeper: Client environment:java.vendor=Oracle Corporation
15/08/13 11:16:50 INFO zookeeper.ZooKeeper: Client environment:java.home=/usr/lib/jvm/java
-1.7.0-openjdk-1.7.0.75.x86_64/jre
15/08/13 11:16:50 INFO zookeeper.ZooKeeper: Client environment:java.class.path=/opt/hadoop
-2.6.0/etc/hadoop:/opt/hadoop-2.6.0/share/hadoop/common/lib/log4j-1.2.17.jar:/opt/ha-
doop-2.6.0/share/hadoop/common/lib/paranamer-2.3.jar:/opt/hadoop-2.6.0/share/hadoop/
```

```
common/lib/commons-logging-1.1.3.jar:/opt/hadoop-2.6.0/share/hadoop/common/lib/asm-3.
2.jar……
15/08/13 11:16:50 INFO zookeeper.ZooKeeper: Client environment:java.library.path=/opt/ha-
doop-2.6.0/lib/native
15/08/13 11:16:50 INFO zookeeper.ZooKeeper: Client environment:java.io.tmpdir=/tmp
15/08/13 11:16:50 INFO zookeeper.ZooKeeper: Client environment:java.compiler=<NA>
15/08/13 11:16:50 INFO zookeeper.ZooKeeper: Client environment:os.name=Linux
15/08/13 11:16:50 INFO zookeeper.ZooKeeper: Client environment:os.arch=amd64
15/08/13 11:16:50 INFO zookeeper.ZooKeeper: Client environment:os.version=2.6.32-504.el6.
x86_64
15/08/13 11:16:50 INFO zookeeper.ZooKeeper: Client environment:user.name=root
15/08/13 11:16:50 INFO zookeeper.ZooKeeper: Client environment:user.home=/root
15/08/13 11:16:50 INFO zookeeper.ZooKeeper: Client environment:user.dir=/root
15/08/13 11:16:50 INFO zookeeper.ZooKeeper: Initiating client connection, connectString=
master:2181 sessionTimeout=90000 watcher=hconnection-0xdcfda200x0, quorum=master:2181,
baseZNode=/hbase
15/08/13 11:16:50 INFO zookeeper.ClientCnxn: Opening socket connection to server localhost/
127.0.0.1:2181. Will not attempt to authenticate using SASL (unknown error)
15/08/13 11:16:50 INFO zookeeper.ClientCnxn: Socket connection established to localhost/127.
0.0.1:2181, initiating session
15/08/13 11:16:50 INFO zookeeper.ClientCnxn: Session establishment complete on server local-
host/127.0.0.1:2181, sessionid = 0x14f2495fb0f000c, negotiated timeout = 90000
15/08/13 11:16:52 INFO mapreduce.HFileOutputFormat2: Looking up current regions for table user
15/08/13 11:16:52 INFO mapreduce.HFileOutputFormat2: Configuring 1 reduce partitions to match
current region count
15/08/13 11:16:52 INFO mapreduce.HFileOutputFormat2: Writing partition information to /tmp/
hadoop-root/partitions_aa02a3fe-23be-40a6-844f-cd2d64a38e92
15/08/13 11:16:52 INFO compress.CodecPool: Got brand-new compressor [.deflate]
15/08/13 11:16:52 INFO mapreduce.HFileOutputFormat2: Incremental table user output con-
figured.
15/08/13 11:16:52 INFO client.ConnectionManager$HConnectionImplementation: Closing master
protocol: MasterService
15/08/13 11:16:52 INFO client.ConnectionManager$HConnectionImplementation: Closing zookeep-
er sessionid=0x14f2495fb0f000c
15/08/13 11:16:52 INFO zookeeper.ZooKeeper: Session: 0x14f2495fb0f000c closed
15/08/13 11:16:52 INFO zookeeper.ClientCnxn: EventThread shut down
15/08/13 11:16:53 INFO client.RMProxy: Connecting to ResourceManager at master/192.168.222.
131:8032
15/08/13 11:16:55 INFO input.FileInputFormat: Total input paths to process : 1
15/08/13 11:16:55 INFO mapreduce.JobSubmitter: number of splits:1
15/08/13 11:16:55 INFO Configuration.deprecation: io.bytes.per.checksum is deprecated. In-
stead, use dfs.bytes-per-checksum
15/08/13 11:16:55 INFO mapreduce.JobSubmitter: Submitting tokens for job: job_1439427807631_0002
15/08/13 11:16:56 INFO impl.YarnClientImpl: Submitted application application_1439427807631
_0002
15/08/13 11:16:56 INFO mapreduce.Job: The url to track the job: http://master:8088/proxy/ap-
plication_1439427807631_0002/
```

```
15/08/13 11:16:56 INFO mapreduce.Job: Running job: job_1439427807631_0002
15/08/13 11:17:11 INFO mapreduce.Job: Job job_1439427807631_0002 running in uber mode : false
15/08/13 11:17:11 INFO mapreduce.Job:  map 0% reduce 0%
15/08/13 11:17:19 INFO mapreduce.Job:  map 100% reduce 0%
15/08/13 11:17:29 INFO mapreduce.Job:  map 100% reduce 100%
15/08/13 11:17:29 INFO mapreduce.Job: Job job_1439427807631_0002 completed successfully
15/08/13 11:17:29 INFO mapreduce.Job: Counters: 50
    File System Counters
        FILE: Number of bytes read=42188
        FILE: Number of bytes written=356921
        FILE: Number of read operations=0
        FILE: Number of large read operations=0
        FILE: Number of write operations=0
        HDFS: Number of bytes read=8496
        HDFS: Number of bytes written=44391
        HDFS: Number of read operations=8
        HDFS: Number of large read operations=0
        HDFS: Number of write operations=3
    Job Counters
        Launched map tasks=1
        Launched reduce tasks=1
        Data-local map tasks=1
        Total time spent by all maps in occupied slots (ms)=5813
        Total time spent by all reduces in occupied slots (ms)=11916
        Total time spent by all map tasks (ms)=5813
        Total time spent by all reduce tasks (ms)=5958
        Total vcore-seconds taken by all map tasks=5813
        Total vcore-seconds taken by all reduce tasks=5958
        Total megabyte-seconds taken by all map tasks=5952512
        Total megabyte-seconds taken by all reduce tasks=7888392
    Map-Reduce Framework
        Map input records=538
        Map output records=538
        Map output bytes=41106
        Map output materialized bytes=42188
        Input split bytes=103
        Combine input records=538
        Combine output records=538
        Reduce input groups=538
        Reduce shuffle bytes=42188
        Reduce input records=538
        Reduce output records=1076
        Spilled Records=1076
        Shuffled Maps =1
        Failed Shuffles=0
        Merged Map outputs=1
        GC time elapsed (ms)=241
```

```
          CPU time spent (ms) =4890
          Physical memory (bytes) snapshot =476753920
          Virtual memory (bytes) snapshot =5710151680
          Total committed heap usage (bytes) =384303104
     ImportTsv
          Bad Lines =0
     Shuffle Errors
          BAD_ID =0
          CONNECTION =0
          IO_ERROR =0
          WRONG_LENGTH =0
          WRONG_MAP =0
          WRONG_REDUCE =0
     File Input Format Counters
          Bytes Read =8393
     File Output Format Counters
          Bytes Written =44391
```

查看HDFS，即可看到生成的HFile：

```
# hadoop fs -ls -R /user/root/hbase_tmp
-rw-r--r--   3 root supergroup          0 2015-08-13 11:17 /user/root/hbase_tmp/_SUCCESS
drwxr-xr-x   - root supergroup          0 2015-08-13 11:17 /user/root/hbase_tmp/info
-rw-r--r--   3 root supergroup      44391 2015-08-13 11:17 /user/root/hbase_tmp/info/
                                          e8cf8a1ac70d40e2a985711dfb678cdd
```

② 将HFile数据导入user表中。

```
# hadoop jar $HBASE_HOME/lib/hbase-server-1.0.1.1.jar completebulkload /user/root/hbase_
tmp user
15/08/13 11:29:02 INFO zookeeper.RecoverableZooKeeper: Process identifier = hconnection -
0x5ed731d0 connecting to ZooKeeper ensemble =master:2181,slave1:2181,slave2:2181
15/08/13 11:29:02 INFO zookeeper.ZooKeeper: Client environment:zookeeper.version = 3.4.6 -
1569965, built on 02/20/2014 09:09 GMT
15/08/13 11:29:02 INFO zookeeper.ZooKeeper: Client environment:host.name = master.
example.com
15/08/13 11:29:02 INFO zookeeper.ZooKeeper: Client environment:java.version =1.7.0_75
15/08/13 11:29:02 INFO zookeeper.ZooKeeper: Client environment:java.vendor =Oracle Corpora-
tion
15/08/13 11:29:02 INFO zookeeper.ZooKeeper: Client environment:java.home = /usr/lib/jvm/java
-1.7.0-openjdk-1.7.0.75.x86_64/jre
15/08/13 11:29:02 INFO zookeeper.ZooKeeper: Client environment:java.class.path = /opt/hadoop
-2.6.0/etc/hadoop:/opt/hadoop-2.6.0/share/hadoop/common/lib/log4j-1.2.17.jar:/opt/ha-
doop-2.6.0/share/hadoop/common/lib/paranamer-2.3.jar:/opt/hadoop-2.6.0/share/ha……
:/opt/hbase-1.0.1.1/lib/hbase-thrift-1.0.1.1.jar:classpath:/opt/hadoop-2.6.0/contrib/
capacity-scheduler/*.jar
15/08/13 11:29:02 INFO zookeeper.ZooKeeper: Client environment:java.library.path = /opt/ha-
doop-2.6.0/lib/native
```

```
15/08/13 11:29:02 INFO zookeeper.ZooKeeper: Client environment:java.io.tmpdir=/tmp
15/08/13 11:29:02 INFO zookeeper.ZooKeeper: Client environment:java.compiler=<NA>
15/08/13 11:29:02 INFO zookeeper.ZooKeeper: Client environment:os.name=Linux
15/08/13 11:29:02 INFO zookeeper.ZooKeeper: Client environment:os.arch=amd64
15/08/13 11:29:02 INFO zookeeper.ZooKeeper: Client environment:os.version=2.6.32-504.el6.
x86_64
15/08/13 11:29:02 INFO zookeeper.ZooKeeper: Client environment:user.name=root
15/08/13 11:29:02 INFO zookeeper.ZooKeeper: Client environment:user.home=/root
15/08/13 11:29:02 INFO zookeeper.ZooKeeper: Client environment:user.dir=/root
15/08/13 11:29:02 INFO zookeeper.ZooKeeper: Initiating client connection, connectString=
master:2181 sessionTimeout=90000 watcher=hconnection-0x5ed731d00x0, quorum=master:
2181, baseZNode=/hbase
15/08/13 11:29:02 INFO zookeeper.ClientCnxn: Opening socket connection to server localhost/
127.0.0.1:2181. Will not attempt to authenticate using SASL (unknown error)
15/08/13 11:29:02 INFO zookeeper.ClientCnxn: Socket connection established to localhost/127.
0.0.1:2181, initiating session
15/08/13 11:29:02 INFO zookeeper.ClientCnxn: Session establishment complete on server local-
host/127.0.0.1:2181, sessionid = 0x14f2495fb0f000f, negotiated timeout = 90000
15/08/13 11:29:03 INFO zookeeper.RecoverableZooKeeper: Process identifier=hconnection-
0x4bee18dc connecting to ZooKeeper ensemble=localhost:2181
15/08/13 11:29:03 INFO zookeeper.ZooKeeper: Initiating client connection, connectString=
master:2181 sessionTimeout=90000 watcher=hconnection-0x4bee18dc0x0, quorum=master:
2181, baseZNode=/hbase
15/08/13 11:29:03 INFO zookeeper.ClientCnxn: Opening socket connection to server localhost/
127.0.0.1:2181. Will not attempt to authenticate using SASL (unknown error)
15/08/13 11:29:03 INFO zookeeper.ClientCnxn: Socket connection established to localhost/127.
0.0.1:2181, initiating session
15/08/13 11:29:03 INFO zookeeper.ClientCnxn: Session establishment complete on server local-
host/127.0.0.1:2181, sessionid = 0x14f2495fb0f0010, negotiated timeout = 90000
15/08/13 11:29:04 WARN mapreduce.LoadIncrementalHFiles: Skipping non-directory hdfs://mas-
ter:8020/user/root/hbase_tmp/_SUCCESS
15/08/13 11:29:04 INFO hfile.CacheConfig: CacheConfig:disabled
15/08/13 11:29:04 INFO mapreduce.LoadIncrementalHFiles: Trying to load hfile=hdfs://master:
8020/user/root/hbase_tmp/info/e8cf8a1ac70d40e2a985711dfb678cdd first=1 last=rowkey
15/08/13 11:29:05 INFO client.ConnectionManager$HConnectionImplementation: Closing master
protocol: MasterService
15/08/13 11:29:05 INFO client.ConnectionManager$HConnectionImplementation: Closing zookeep-
er sessionid=0x14f2495fb0f0010
15/08/13 11:29:05 INFO zookeeper.ZooKeeper: Session: 0x14f2495fb0f0010 closed
15/08/13 11:29:05 INFO zookeeper.ClientCnxn: EventThread shut down
```

4）查看 HBase 中 user 表的数据。

```
hbase(main):007:0>scan  'user'
......
99                          column=info:age, timestamp=1439435809424, value=57
99                          column=info:name, timestamp=1439435809424, value=user99
 rowkey                     column=info:age, timestamp=1439435809424, value=age
```

```
 rowkey                    column=info:name, timestamp=1439435809424, value=name
538 row(s) in 2.2050 seconds
```

4.4 小结

本章先介绍大数据数据库 HBase 的基础概念，接着，详细介绍了使用 VMware 虚拟机搭建分布式 HBase 集群环境的步骤，使读者可以根据搭建步骤一步步搭建自己的集群，方便后面的学习实验。然后，分析了 HBase 的原理，主要包括 HBase 和传统数据库的对比、访问接口、数据模型。最后，结合 HBase 的架构图介绍 HBase 的各个模块组件，包括 HMaster、HRegionServer、ZooKeeper。最后通过详细设计的实验，使读者动手实践，加深对原理的认识和理解。

Chapter 5 第5章

大数据挖掘建模平台

企业进行大数据挖掘建模需要基础平台，目前，大数据平台有多种，同时不同厂商提供的发行版也有不同的地方。本章首先介绍常用的大数据平台，并重点介绍开源的TipDM-HB大数据挖掘建模平台。接着，分析TipDM-HB大数据挖掘建模平台的功能及使用实例，为后面章节采用TipDM-HB大数据挖掘建模平台进行实验提供基础。

5.1 常用的大数据平台

CDH（Cloudera Distribution including Apache Hadoop），是Cloudera公司的开源Apache Hadoop发行版，面向Hadoop企业级部署。CDH是经过Apache许可的100%开源项目，而且是唯一一个统一了批处理、交互式SQL、交互式搜索和基于角色的访问控制的Hadoop解决方案。CDH也不只提供了Hadoop的核心组件：可扩展存储与分布式计算以及用户界面等其他附加组件，还提供了必要的企业功能（如安全），以及与各种硬件、软件解决方案的集成。CDH包含Apache Hadoop的核心组件以及其他几个关键开源项目，通过Cloudera Enterprise订阅与客户支持、管理和治理相结合后，可交付Enterprise Data Hub。

HDP（HortonWorks Data Platform）是Hortonworks公司发布的大数据处理平台。HDP完全在开源的环境下设计、开发和构建，提供企业可用的数据平台，让组织能够采用现代化的数据架构。HDP的核心组件为YARN和HDFS（Hadoop Distributed Filesystem）。YARN是Hadoop的架构中心，可让用户同时以多种方式处理数据。YARN提供资源管理和可插拔架构，以支持广泛的数据访问方法。HDFS为大数据提供可扩展、容错、具有成本效益的存储。YARN为各种处理引擎提供基础，让用户能够同时以多种方式与数据交互。这意味着应用程序能够以最佳方式和数据交互：从批量到交互式 SQL 或使用 NoSQL 的低延迟访问。Apache Spark、Solr 和 Storm 还支持数据科技、搜索和流媒体的新兴使用案例。此外，生态系统合作伙伴为 YARN 提供更加专门化的数据访问引擎。

IBM 开发的企业级大数据和分析平台——Watson Foundations。Watson Foundations 在原有的 IBM 大数据平台上进行了至关重要的提升。其最为显著的增强特性包括：能够基于 SoftLayer 部署，将 IBM 大数据分析能力升至云端；将 IBM 独有的大数据整合及治理能力延展至社交、移动和云计算等领域；让企业能够利用 Watson 分析技术快速、独立地发掘新洞察。作为 IBM 大数据与分析领域的一大技术创新，Watson Foundations 将帮助企业实现阶段性的大数据能力部署，为企业打造迈入认知计算的通途。

开源大数据挖掘平台 TipDM-HB 是广州 TipDM 团队花费数年时间自主研发的一个大数据挖掘平台，基于云计算和 SOA 架构，使用 Java 语言开发，能从各种数据源获取数据，建立各种不同的数据挖掘模型。系统支持数据挖掘流程所需的主要过程，并提供开放的应用接口和常用算法，能够满足各种复杂的应用需求。2010 年年初，TipDM-HB 通过了由广州赛宝软件评测中心的功能和性能测试。现产品在广大科研院所及企业成功试用，受到用户的赞许与肯定。

5.2 TipDM-HB 大数据挖掘建模平台

大数据挖掘建模平台 TipDM-HB 以智能预测技术为核心，并提供开放的应用接口。因为 TipDM-HB 的底层算法主要基于 Mahout 等通过封装形成，所以建模输出结果与这几个大数据算法包的输出类同。在使用过程中，用户也可以嵌入自己开发的其他任何算法。

5.2.1 TipDM-HB 大数据挖掘建模平台的功能

大数据挖掘建模平台 TipDM-HB 的主要功能包括调度系统、主机监控系统、云平台监控和云数据挖掘引擎。其中云数据挖掘引擎主要有：云聚类算法引擎、云分类算法引擎、云关联规则算法引擎和云智能推荐算法引擎。

1. 云分类算法引擎

分类是数据挖掘中应用最多的方法。分类就是找出一个类别的概念描述，它代表这类数据的整体信息，即该类的内涵描述，并用这种描述来构造模型，一般用规则或决策树模式表示。分类是利用训练数据集通过一定的算法求得分类规则。分类可用于规则描述和预测。TipDM-HB 大数据挖掘建模平台提供的主要分类算法见表 5-1。

表 5-1 分类算法

算法名称	算法描述
朴素贝叶斯网络	在贝叶斯方法中，由于全联合概率公式假设所有变量之间都具有条件依赖性，其计算复杂性十分巨大，而且为每个原子事件指定概率既不自然，也相当困难，所以，在实际应用中一般都采用其简化形式。朴素贝叶斯（Naive Bayes）分类器就是经常使用的一种简化方法

（续）

算法名称	算法描述
贝叶斯信念网络	贝叶斯网络是一种用以表示变量之间依赖关系的概率图模型（Directed Probabilestic Graphical Model），它提供了一种自然而又有效的因果关系表达和推理方法，以发现数据间存在的相关性和依赖关系。贝叶斯网络用图的方法来描述数据间的因果关系，语义清晰，可理解性强，这有助于人们利用数据间的因果关系来进行推理和预测
随机森林	在机器学习中，随机森林是一个包含多个决策树的分类器，并且其输出的类别由个别树输出类别的众数而定。Leo Breiman 和 Adele Cutler 推论出随机森林的算法。Random Forests 是他们的商标。这个术语是 1995 年由贝尔实验室的 Tin Kam Ho 所提出的。这个方法是结合 Breimans 的 Bootstrap aggregating 想法和 Ho 的 random subspace method 以建造决策树的集合
K-最近邻分类	K 最近邻（k-Nearest Neighbor，KNN）分类算法，是一个理论上比较成熟的方法，也是最简单的机器学习算法之一。KNN 方法主要靠周围有限的邻近的样本，而不是靠判别类域的方法来确定所属类别的，因此对于类域的交叉或重叠较多的待分样本集来说，KNN 方法较其他方法更为适合

2. 云聚类算法引擎

聚类是把数据按照相似性归纳成若干类别，同一类中的数据彼此相似，不同类中的数据相异。聚类分析可以建立宏观的概念，发现数据的分布模式，以及可能的数据属性之间的相互关系。TipDM-HB 平台提供的主要聚类分析算法见表 5-2。

表 5-2 聚类分析算法

算法名称	算法描述
K-Means 聚类	Mac Queen 提出的一种非监督实时聚类算法，在最小化误差函数的基础上，将数据划分为预定的类数 K
Canopy 聚类	Dempster、Laind、Rubin 提出的求参数极大似然估计的一种方法，可以从非完整数据集中对参数进行 MLE 估计
Fuzzy K-Means 聚类	根据对象周围的密度不断增长聚类，能从含有噪声的空间数据库中发现任意形状的聚类
Mean Shift 聚类	对给定的数据集合进行层次分解，根据层次的分解如何形成，可分为凝聚法（也称自底向上方法）和分裂法（也称为从上向下方法）

3. 云关联规则算法引擎

关联规则挖掘是由 Rakesh Apwal 等人首先提出的。两个或两个以上变量的取值之间存在某种规律性，就称为关联。数据关联是数据库中存在的一类重要的、可被发现的知识。关联分为简单关联、时序关联和因果关联。关联分析的目的是找出数据库中隐藏的关联网。一般用支持度和可信度两个阈值来度量关联规则的相关性，还不断引入兴趣度、相关性等参数，使挖掘的规则更符合需求。

TipDM-HB 大数据挖掘建模平台提供的主要关联分析算法如表 5-3 所示。

表 5-3　关联规则算法

算法名称	算法描述
FP-Growth 关联规则	一种不产生候选模式而采用频繁模式增长的方法挖掘频繁模式的算法。此算法只需要扫描 2 次数据库：第一次扫描数据库得到一维频繁项集；第二次扫描数据库是利用一维频繁项集过滤数据库中的非频繁项，同时生成 FP 树。由于 FP 树蕴涵了所有的频繁项集，其后的频繁项集的挖掘只需要在 FP 树上进行。FP 树挖掘由两个阶段组成：第一阶段建立 FP 树，即将数据库中的事务构造成一棵 FP 树；第二阶段为挖掘 FP 树，即针对 FP 树挖掘频繁模式和关联规则

4. 云智能推荐算法引擎

协同过滤是信息过滤和推荐系统领域研究最多的算法之一。由于用户的兴趣不是孤立的，用户处于群体之中，所以用户的兴趣可以通过群体中与他有相似行为的用户的兴趣来推测，这有点类似于现实生活中的朋友推荐。

目前 TipDM-HB 大数据挖掘建模平台主要包括的推荐算法如表 5-4 所示。

表 5-4　推荐算法

算法名称	算法描述
基于内存的协同过滤	基于内存的协同过滤推荐算法按照相似度比较对象的不同又可分为基于用户和基于项目两种，但基于用户的协同过滤随着用户数的增加，计算的复杂度会越来越大，因此基于项目的协同过滤应用相对较多
基于模型的协同过滤	基于模型的协同过滤推荐算法不是基于启发式规则预测用户对项目的评分，而是基于对已有数据采用统计和机器学习的方法建立模型，利用建立好的模型进行预测评分。基于网络结构的推荐算法不考虑用户和项目的内容特征信息，而把它们看作抽象的节点，所有的算法信息均隐藏在用户和项目的选择关系中

5.2.2　TipDM-HB 大数据挖掘建模平台操作流程及实例

TipDM-HB 大数据挖掘建模平台总体操作流程如图 5-1 所示。

用户首先进行方案管理，即新建方案或者打开已有方案，可以编辑修改方案名称或者方案描述。接着，通过数据管理来加载或者查看数据，这里包括两种方式：使用网页上传的方式和使用 FTP 文件上传的方式。针对企业数据一般使用 FTP 文件上传的方式，演示则使用两种都可以。上传数据后，点击刷新，可看到上传的数据，主要包括数据文件列表以及总文件个数和大小信息，点击每个文件，可看到文件的数据。接着，进行挖掘建模，选择适合的模型，调节参数，即可提交任务到云平台进行计算，计算完成后，模型存储在云平台。然后，使用测试数据对建立好的模型进行测试、评估，判断模型能否达到预期的标准，如果能，则直接应用；否则需要调优模型参数，再次验证。

下面通过实例来演示如何使用平台。

这里引入航空公司客户价值分析的案例。经过预处理和属性变换，可以得到客户有价值的信息，针对客户有价值的信息进行聚类，得到不同价值的客户群，针对不同的客户群进行精准营销。处理后的数据如表 5-5 所示。

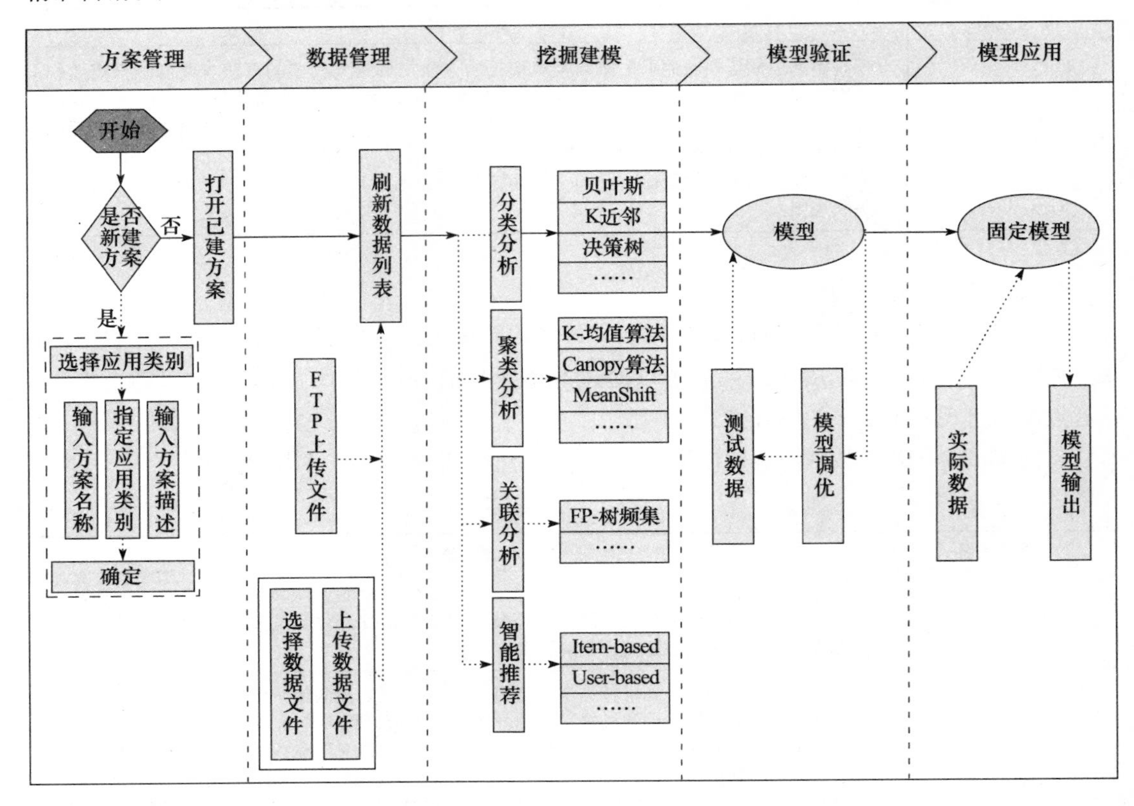

图 5-1 TipDM-HB 总体操作流程

表 5-5 航空公司客户数据处理后结果集

客户	ZL	ZR	ZF	ZM	ZC	ZL
101	1.690	0.140	-0.636	0.069	-0.337	1.690
102	1.690	-0.322	0.852	0.844	-0.554	1.690
103	1.682	-0.488	-0.211	0.159	-1.095	1.682
…	…					

数据详见：01-示例数据/客户数据.txt

（1）创建/打开方案

用户登录后，默认进入方案主界面。TipDM-HB 允许用户创建一个新的数据挖掘方案，也可以打开一个已有的数据挖掘方案。选择某个应用类别，并单击“创建”按钮，弹出创建新方案对话框。

输入方案名称、方案描述，并选择应用类别后，单击“确定”保存方案。双击“最近方案”列表中的某条记录，即可打开选中方案，用户可以对当前方案进行编辑。也可以单击“更多”按钮，从弹出对话框中选中一条记录，作为当前方案。

（2）在方案中加载数据

在方案中加载数据有两种方式，网页上传和FTP上传，根据需求选择即可。

（3）选择算法模型

针对当前方案的应用类别，可选择菜单中的不同数据挖掘算法进行预测建模，这里选择云聚类算法。

（4）模型建模

利用云聚类算法建模的步骤如下。

1）导入数据：导入当前方案中的全部或部分数据作为建模样本；

2）参数设置：设置模型训练参数；

3）模型训练：设置完参数后，即可进行模型训练；

4）发布模型：可对训练好的模型进行发布，供其他软件调用。

5.2.3 TipDM-HB大数据挖掘建模平台的特点

1. 支持CRISP-DM数据挖掘标准流程

CRISP-DM是数据挖掘的标准商业流程，与仅仅局限在技术层面上的数据挖掘方法论不同，CRISP-DM把数据挖掘看作一个商业过程，并将其具体的商业目标映射为数据挖掘目标。有调查结果显示。目前绝大部分数据挖掘工具均采用CRISP-DM的数据挖掘流程，它已经成为事实上的行业标准。

TipDM-HB完全支持CRISP-DM标准，这不但规避了许多常规错误，而且其显著的智能预测模型有助于快速解决出现的问题。

2. 提供灵活多样的应用开发接口

TipDM-HB提供一套基于行业标准的编程接口及常用的数据挖掘算法。它可用于开发各类数据挖掘应用程序，从简单的预测建模到庞大的集成系统。数据引擎可由JDBC和XML访问分析行业标准数据挖掘API。

TipDM-HB提供Web Service、DLL和JAR三种应用开发接口，方便第三方软件商集成开发，快速构建出大型企业级海量数据挖掘应用系统。

3. 海量数据的处理能力

TipDM-HB是在云计算平台分布式文件系统HDFS、并行计算框架MapReduce和MPP数据仓库基础上搭建的。由于架构在云计算平台之上，因此TipDM-HB克服了传统工具的问题，能够处理TB级的海量数据挖掘，具备了双向扩展、高容错性、易于部署等特点。云数据挖掘平台的结构如图5-2所示。

TipDM-HB具有并行、多线程处理能力，并能提供优化机制，以保障在海量数据和大规模计算时的性能。

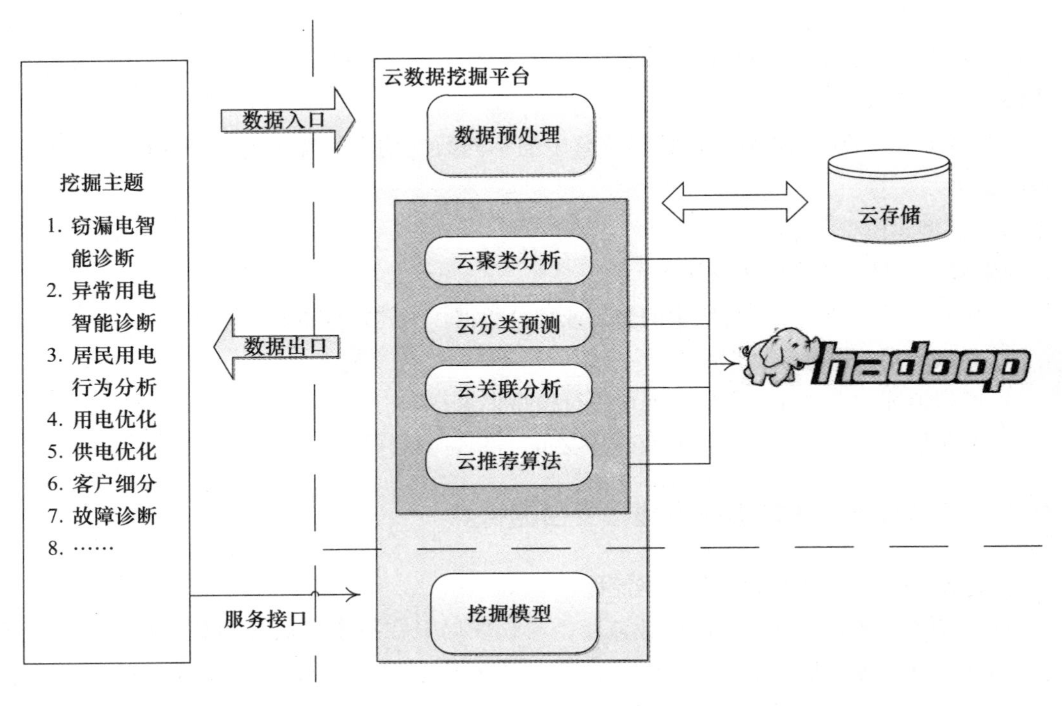

图 5-2 云数据挖掘平台的结构

5.3 小结

本章主要介绍了多种大数据挖掘平台的特点。接着，引入大数据挖掘建模平台 TipDM-HB，重点介绍了平台功能、平台特点、操作流程，同时给出了实例，方便读者动手操作，加深理解。TipDM-HB 提供了数十种常用算法及函数，调用其能完成一系列功能，实现海量数据挖掘算法 MapReduce 化，以提高对海量数据的处理能力。在工具包实现中，强调与 Hadoop 平台的交互式配置，迭代/非迭代类数据挖掘算法的并行化实现。同时，大数据挖掘建模平台 TipDM-HB 在数据挖掘云服务中，为使海量数据挖掘应用服务化，提供从 Hadoop 资源分配到目录服务，再到流管理等一系列的组件服务，继而提高海量数据挖掘软件的服务能力。

第6章 Chapter 6

挖掘建模

经过数据探索与数据预处理，得到了可以直接建模的数据。根据挖掘目标和数据形式可以建立分类与预测、聚类分析、关联规则、智能推荐等模型，帮助企业提取数据中蕴含的商业价值，提高企业的竞争力。

6.1 分类与预测

餐饮企业经常会碰到下面的问题：

1）如何预测未来一段时间内，哪些顾客会流失，哪些顾客最有可能会成为VIP客户？

2）如何预测一种新产品的销售量，以及在哪种类型的客户中会较受欢迎？

除此之外，餐厅经理需要通过数据分析来了解具有某些特征的顾客的消费习惯；餐饮企业老板希望知道下个月的销售收入，原材料采购需要投入多少，这些都是分类与预测的例子。

分类和预测是预测问题的两种主要类型，分类主要是预测分类标号（离散属性），而预测主要是建立连续值函数模型，预测给定自变量对应的因变量的值。

6.1.1 实现过程

1. 分类

分类是构造一个分类模型，输入样本的属性值，输出对应的类别，将每个样本映射到预先定义好的类别。

因为分类模型建立在已有类标记的数据集上，可以方便地计算模型在已有样本上的准确率，所以分类属于有监督的学习。图6-1是一个将销售量分为“高、中、低”三分类问题。

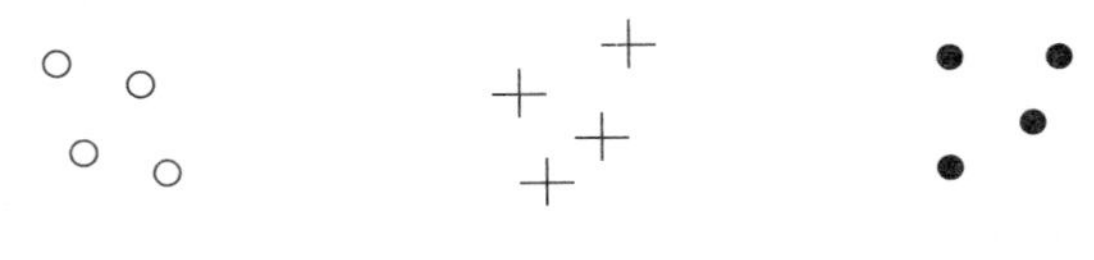

图 6-1　分类问题

2. 实现过程

分类的实现过程如图 6-2 所示。

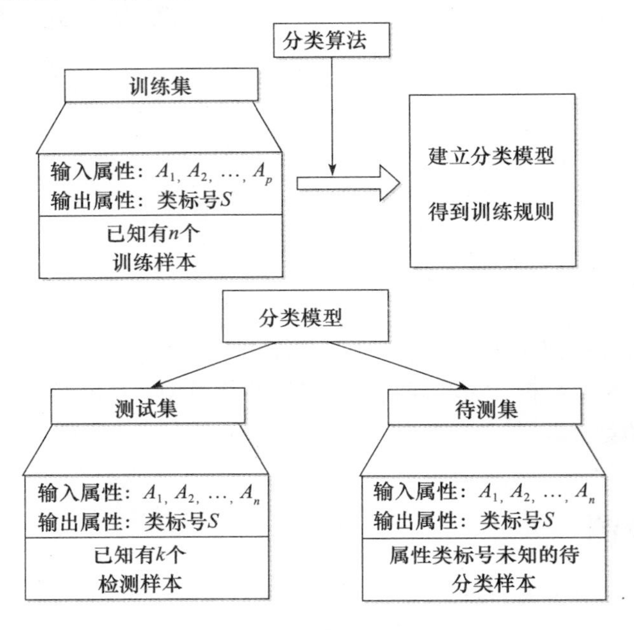

图 6-2　分类模型的实现步骤

分类算法有两步过程：第一步是学习步，通过归纳分析训练样本集来建立分类模型得到分类规则；第二步是分类步，先用已知的测试样本集评估分类规则的准确率，如果准确率是可以接受的，则使用该模型对未知类标号的待测样本集进行预测。

预测模型的实现也有两步，类似于图 6-2 描述的分类模型，第一步是通过训练集建立预测属性（数值型的）的函数模型，第二步在模型通过检验后进行预测。

6.1.2　常用的分类与预测算法

常用的分类与预测算法见表 6-1。

表 6-1　主要的分类与预测算法

算法名称	算法描述
回归分析	回归分析是确定预测属性（数值型）与其他变量间相互依赖的定量关系最常用的统计学方法，包括线性回归、非线性回归、Logistic 回归、岭回归、主成分回归、偏最小二乘回归等模型

（续）

算法名称	算法描述
决策树	决策树采用自顶向下的递归方式，在内部节点比较属性值，并根据不同的属性值从该节点向下分支，最终得到的叶节点是学习划分的类
随机森林	在机器学习中，随机森林是一个包含多个决策树的分类器，并且其输出的类别是由个别树输出的类别的众数而定。Leo Breiman 和 Adele Cutler 发展出推论出随机森林的算法。而 Random Forests 是他们的商标。这个术语是 1995 年由贝尔实验室的 Tin Kam Ho 所提出的随机决策森林（random decision forests）而来的。这个方法则是结合 Breimans 的 Bootstrap aggregating 想法和 Ho 的 random subspace method 以建造决策树的集合
贝叶斯网络	贝叶斯网络又称信度网络，是 Bayes 方法的扩展，是目前不确定知识表达和推理领域最有效的理论模型之一
支持向量机	支持向量机是一种通过某种非线性映射，把低维的非线性可分转化为高维的线性可分，在高维空间进行线性分析的算法

6.1.3　决策树

决策树方法在分类、预测、规则提取等领域有着广泛应用。在 20 世纪 70 年代后期和 20 世纪 80 年代初期，机器学习研究者 J. Ross Quinilan 提出 ID3 算法后，决策树在机器学习、数据挖掘邻域得到极大的发展。Quinilan 后来又提出了 C4.5，成为新的监督学习算法。1984 年，几位统计学家提出了 CART 分类算法。ID3 和 CART 算法大约同时被提出，但都采用类似的方法从训练样本中学习并建立决策树。

决策树是一树状结构，它的每一个叶节点对应一个分类，非叶节点对应在某个属性上的划分，根据样本在该属性上的不同取值将其划分成若干子集。对于非纯的叶节点，多数类的标号给出到达这个节点的样本所属的类。构造决策树的核心问题是在每一步如何选择适当的属性对样本进行拆分。对一个分类问题，从已知类标记的训练样本中学习并构造出决策树是一个自上而下，分而治之的过程。

常用的决策树算法见表 6-2。

表 6-2　常用的决策树算法

决策树算法	算法描述
ID3 算法	其核心是在决策树的各级节点上，使用信息增益方法作为属性的选择标准，以帮助确定生成每个节点时应采用的合适属性
C4.5 算法	C4.5 决策树生成算法相对于 ID3 算法的重要改进是使用信息增益率来选择节点属性。C4.5 算法可以克服 ID3 算法存在的不足：ID3 算法只适用于离散的描述属性，而 C4.5 算法既能够处理离散的描述属性，又可以处理连续的描述属性
CART 算法	CART 决策树是一种十分有效的非参数分类和回归方法，通过构建树、修剪树、评估树来构建一个二叉树。当终节点是连续变量时，该树为回归树；当终节点是分类变量时，该树为分类树

本节将详细介绍 ID3 算法，它也是最经典的决策树分类算法。

1. ID3 算法简介及基本原理

ID3 算法基于信息熵来选择最佳测试属性。它选择当前样本集中具有最大信息增益值的属性作为测试属性；样本集的划分则依据测试属性的取值进行，测试属性有多少个不同取值，就将样本集划分为多少个子样本集，同时决策树上相应于该样本集的节点长出新的叶子节点。ID3 算法根据信息论理论，采用划分后样本集的不确定性作为衡量划分好坏的标准，用信息增益值度量不确定性：信息增益值越大，不确定性越小。因此，ID3 算法在每个非叶节点选择信息增益最大的属性作为测试属性，这样可以得到当前情况下最纯的拆分，从而得到较小的决策树。

设 S 是 s 个数据样本的集合。假定类别属性具有 m 个不同的值：$C_i(i=1,2,\dots,m)$。设 s_i 是类 C_i 中的样本数。对一个给定的样本，它总的信息熵为

$$I(s_1,s_2,\dots,s_m) = -\sum_{i=1}^{m} P_i \log_2(P_i) \tag{6-1}$$

其中，P_i 是任意样本属于 C_i 的概率，一般可以用$\frac{s_i}{s}$估计。

设一个属性 A 具有 k 个不同的值 $\{a_1, a_2, \dots, a_k\}$，利用属性 A 将集合 S 划分为 k 个子集 $\{S_1, S_2, \dots, S_k\}$，其中 S_j 包含了集合 S 中属性 A 取 a_j 值的样本。若选择属性 A 为测试属性，则这些子集就是从集合 S 的节点生长出来的新叶节点。设 s_{ij}是子集 S_j 中类别为 C_i 的样本数，则根据属性 A 划分样本的信息熵值为

$$E(A) = \sum_{j=1}^{k} \frac{s_{1j}+s_{2j}+\dots+s_{mj}}{s} I(s_{1j},s_{2j},\dots,s_{mj}) \tag{6-2}$$

其中，$I(s_{1j}, s_{2j}, \dots, s_{mj}) = -\sum_{i=1}^{m} P_{ij}\log_2(P_{ij})$，$P_{ij}=\frac{s_{ij}}{s_{1j}+s_{2j}+\dots+s_{mj}}$是子集 S_j 中类别为 C_i 的样本的概率。

最后，用属性 A 划分样本集 S 后所得的信息增益（Gain）为

$$Gain(A) = I(s_1,s_2,\dots,s_m) - E(A) \tag{6-3}$$

显然 $E(A)$ 越小，$Gain(A)$ 的值越大，说明选择测试属性 A 对于分类提供的信息越大，选择 A 之后对分类的不确定程度越小。属性 A 的 k 个不同值对应样本集 S 的 k 个子集或分支，通过递归调用上述过程（不包括已经选择的属性），生成其他属性作为节点的子节点和分支来生成整个决策树。ID3 决策树算法作为一个典型的决策树学习算法，其核心是在决策树的各级节点上都用信息增益作为判断标准来选择属性，使得在每个非叶节点上进行测试时，都能获得最大的类别分类增益，使分类后的数据集的熵最小。这样的处理方法使树的平均深度较小，从而有效提高了分类效率。

2. ID3 算法的具体流程

ID3 算法的具体实现步骤如下：

1）对当前样本集合计算所有属性的信息增益；

2）选择信息增益最大的属性作为测试属性，把测试属性取值相同的样本划为同一个子样本集；

3）若子样本集的类别属性只含有单个属性，则分支为叶子节点，判断其属性值并标上相应的符号，然后返回调用处；否则对子样本集递归调用本算法。

下面将结合餐饮案例介绍实现ID3的具体步骤。T餐饮企业作为大型连锁企业，生产的产品种类比较多，另外涉及的分店所处的位置也不同，数目比较多。对于企业的高层来讲，了解周末和非周末销量是否有大的区别，以及天气、促销活动这些因素能否影响门店的销量这些信息至关重要。因此，为了让决策者准确了解和销量有关的一系列影响因素，需要构建模型来分析天气、是否周末和是否有促销活动对销量的影响，下面以单个门店来进行分析。

对于天气属性，数据源中存在多种不同的值，这里将属性值相近的值进行类别整合。如天气为“多云”“多云转晴”“晴”这些属性值相近，均是适宜外出的天气，不会对产品销量有太大的影响，因此将它们归为一类，天气属性值设置为“好”，同理对于“雨”“小到中雨”等天气，均是不适宜外出的天气，因此将它们归为一类，天气属性值设置为“坏”。

对于是否周末属性，周末设置为“是”，非周末则设置为“否”。

对于是否有促销活动属性，有促销设置为“是”，无促销则设置为“否”。

产品的销售数量为数值型，需要对属性进行离散化，将销售数据划分为“高”和“低”两类。将其平均值作为分界点，大于平均值的划分到“高”类别，小于平均值的划分为“低”类别。

经过数据预处理，得到的数据集合如表6-3所示。

表6-3　处理后的数据集

序号	天气	是否周末	是否有促销	销量
1	坏	是	是	高
2	坏	是	是	高
3	坏	是	是	高
4	坏	否	是	高
…	…	…	…	…
32	好	否	是	低
33	好	否	否	低
34	好	否	否	低

数据详见：01-示例数据/销量数据.xls

采用ID3算法构建决策树模型的具体步骤如下：

1）根据公式（6-1），计算总的信息熵，其中数据中总记录数为34，销量为“高”的数据有18，“低”的有16。

$$I(18,16)=-\frac{18}{34}\log_2\frac{18}{34}-\frac{16}{34}\log_2\frac{16}{34}=0.997\,503$$

2）根据公式（6-2）和（6-3），计算每个测试属性的信息熵。

对于天气属性，其属性值有“好”和“坏”两种。其中在天气为“好”的条件下，销量为“高”的记录数为11，销量为“低”的记录数为6，可表示为（11，6）；在天气为“坏”的条件下，销量为“高”的记录为7，销量为“低”的记录为10，可表示为（7，10）。则天气属性的信息熵计算过程如下：

$$I(11,6) = -\frac{11}{17}\log_2\frac{11}{17} - \frac{6}{17}\log_2\frac{6}{17} = 0.936\,667$$

$$I(7,10) = -\frac{7}{17}\log_2\frac{7}{17} - \frac{10}{17}\log_2\frac{10}{17} = 0.977\,418$$

$$E(\text{天气}) = \frac{17}{34}I(11,6) + \frac{17}{34}I(7,10) = 0.957\,043$$

是否周末属性的属性值有“是”和“否”两种。在是否周末属性为“是”的条件下，销量为“高”的记录数为11，销量为“低”的记录数为3，可表示为（11，3）；在是否周末属性为“否”的条件下，销量为“高”的记录数为7，销量为“低”的记录数为13，可表示为（7，13）。则节假日属性的信息熵计算过程如下：

$$I(11,3) = -\frac{11}{14}\log_2\frac{11}{14} - \frac{3}{14}\log_2\frac{3}{14} = 0.749\,595$$

$$I(7,13) = -\frac{7}{20}\log_2\frac{7}{20} - \frac{13}{20}\log_2\frac{13}{20} = 0.934\,068$$

$$E(\text{是否周末}) = \frac{14}{34}I(11,3) + \frac{20}{34}I(7,13) = 0.858\,109$$

是否有促销属性的属性值有“是”和“否”两种。在是否有促销属性为“是”的条件下，销量为“高”的记录数为15，销量为“低”的记录数为7，可表示为（15，7）；在是否有促销属性为“否”的条件下，销量为“高”的记录数为3，销量为“低”的记录数为9，可表示为（3，9）。则是否有促销属性的信息熵计算过程如下：

$$I(15,7) = -\frac{15}{22}\log_2\frac{15}{22} - \frac{7}{22}\log_2\frac{7}{22} = 0.902\,393$$

$$I(3,9) = -\frac{3}{12}\log_2\frac{3}{12} - \frac{9}{12}\log_2\frac{9}{12} = 0.811\,278$$

$$E(\text{是否有促销}) = \frac{22}{34}I(15,7) + \frac{12}{34}I(3,9) = 0.870\,235$$

3）根据公式（6-3），计算天气、是否周末和是否有促销属性的信息增益值。

$$Gain(\text{天气}) = I(18,16) - E(\text{天气}) = 0.997\,503 - 0.957\,043 = 0.040\,46$$

$$Gain(\text{是否周末}) = I(18,16) - E(\text{是否周末}) = 0.997\,503 - 0.858\,109 = 0.139\,394$$

$$Gain(\text{是否有促销}) = I(18,16) - E(\text{是否有促销}) = 0.997\,503 - 0.870\,235 = 0.127\,268$$

4）由第3）步的计算结果可以知道是否周末属性的信息增益值最大，它的两个属性值“是”和“否”作为该根节点的两个分支。然后按照第1）步～第3）步的方法继续对该根节点的三个分支划分节点，针对每一个分支节点继续计算信息增益，如此循环反复，直到没有新的节点分支，最终构成一棵决策树。生成的决策树模型如图6-3所示。

从上面的决策树模型可以看出，门店的销售高低和各个属性之间的关系，并可以提取出以下决策规则：

- 若周末属性为“是”，天气为“好”，则销量为“高”；
- 若周末属性为“是”，天气为“坏”，促销属性为“是”，则销量为“高”；
- 若周末属性为“是”，天气为“坏”，促销属性为“否”，则销量为“低”；
- 若周末属性为“否”，促销属性为“否”，则销量为“低”；
- 若周末属性为“否”，促销属性为“是”，天气为“好”，则销量为“高”；
- 若周末属性为“否”，促销属性为“是”，天气为“坏”，则销量为“低”。

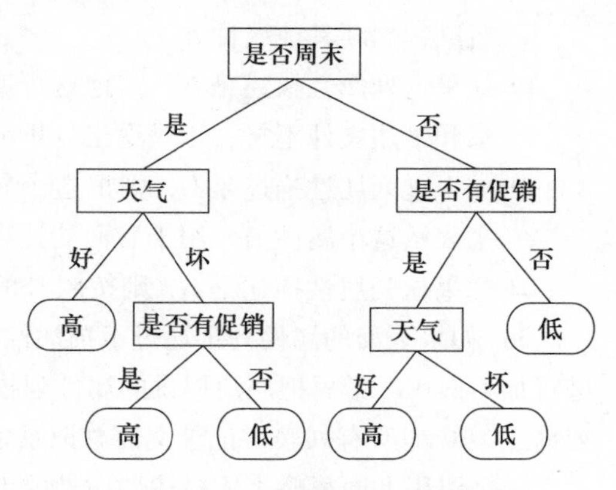

图6-3　ID3生成的决策树模型

由于ID3决策树算法采用信息增益作为选择测试属性的标准，会偏向于选择取值较多的，即所谓的高度分支属性，而这类属性并不一定是最优的属性。同时ID3决策树算法只能处理离散属性，对于连续型的属性，在分类前需要对其进行离散化。为了解决倾向于选择高度分支属性的问题，采用信息增益率作为选择测试属性的标准，这样便得到C4.5决策树算法。常用的决策树算法还有CART算法、SLIQ算法、SPRINT算法和PUBLIC算法等。

6.1.4　Mahout中Random Forests算法的实现原理

在Mahout中，Random Forests算法由三大部分组成：根据原始数据生成描述性文件；根据描述性文件、输入数据和其他参数应用决策树算法生成多棵决策树，把这些决策树进行转换生成随机森林模型；使用测试数据来对上面生成的随机森林模型进行评估，分析上述模型的好坏。

1. 生成描述性文件

在生成描述性文件之前，首先要对原始输入训练数据有一定的了解，如每个特征属性的数据格式，数据格式一般指属性是离散的还是连续的。还应知道这个训练数据集是否含有不参与建模的属性列，比如，有些数据集第一列是行号，这一般在建模时是不需要的。还有一些数据集含有一些描述性列，这些数据在建模时也是不需要的。最后要知道训练数据集针对每条输入记录，它的输出类别是在哪个属性列。知道上面这些前提后，就可以生成描述性文件了。

下面先介绍生成描述性文件的策略。

1）提供每个属性列的描述（属性列属于不参加建模的用I表示，属性列是离散的用C表示，属性列是连续的用N表示，属性列是输出类别的用L表示）。

2）根据这个描述遍历输入训练数据集，针对每条训练数据集中的记录使用属性列描述来进行分析，即进行描述性一致检查。具体分析如下：

- ❑ 如果这列属性描述是 I，则只需记录这个属性列属于第几个属性列，即属性列下标，然后继续判断其他属性列。
- ❑ 如果这列属性描述是 N，则把这个属性列的值转换为数值。转换出错，则说明这条记录和描述文件不符，于是退出分析下一条记录。
- ❑ 如果这列属性描述是 C，则把这个属性值存入一个不可重复的 set 中，并用 set 的下标来表示这个属性值，用于后面的计算。
- ❑ 如果这列属性描述是 L，则按照 C 的格式存储，同时记录这个属性列下标。

3）如果上面的属性列都通过了描述性一致检查，则把保存输入文件总记录数的变量 Num 进行加 1 操作。最后把用户提供的属性列描述，属性列描述为 I、L 的属性列下标记录，属性列描述为 C 的所有列表，记录文件总记录条数的 Num 全部存入数据描述性文件即可。

一个引用上面策略生成描述性文件的训练数据，如表 6-4 所示。

表 6-4　Random Forests 算法的输入训练数据

Id	X1	X2	X3	Y
1	3.9	0.3	I	1
2	2.0	4.0	II	1
3	3.2A	2.0	I	2
4	9.0	2.2	III	3
5	2.0	3.9	I	2

按照上面生成的描述性文件生成策略可以得到生成的描述性文件的各个变量。首先提供属性列的描述性字符串：[I 2 N C L]，其中 [2 N] 其实就等于 [N N]。根据这样的规则，首先属性列描述性字符串要转换为 [Ignore，Numerical，Numerical，Categorical，Categorical]，然后存入描述性文件。属性列 X3 的列表为 [I II III]（顺序是随机的），属性列 Y 的列表为 [1 3 2]（顺序同样是随机的），然后把这两个列表都存入描述性文件。最后输入数据集的记录条数，这里应该是4，而不是5，因为第3 条记录的属性列 X1 的描述字符串为数值型的，但是其值为离散的，与描述不符，所以这条记录不能作为输入数据集中的一条。

2. 生成随机森林模型

这一步主要包括三个操作：建立一棵决策树；把所有建好的决策树转换为随机森林模型；把随机森林模型存入文件。

（1）建立一棵决策树

建立一棵决策树其实是这一步的最重要的操作。如果知道建立决策树的原理，那么这一步的其他操作就很好理解了。建树的过程可以使用图 6-4 所示的算法流程来分析：首先对原始数据采用 bootstrap 进行抽样，形成新的数据集，然后随机抽取 m 个属性，分别对这些属性进行增益计算（增益计算参考熵计算），得到最大增益属性。这个最大增益属性就是这棵决策树的根节点，由最大增益属性又可以把数据集分为两个或者多个部分（若属性为数值型，则数据集分为两部分，否则分为多个部分)。把数据分为若干部分后，就可以递归调用建树方法来创造根节点的子树了。

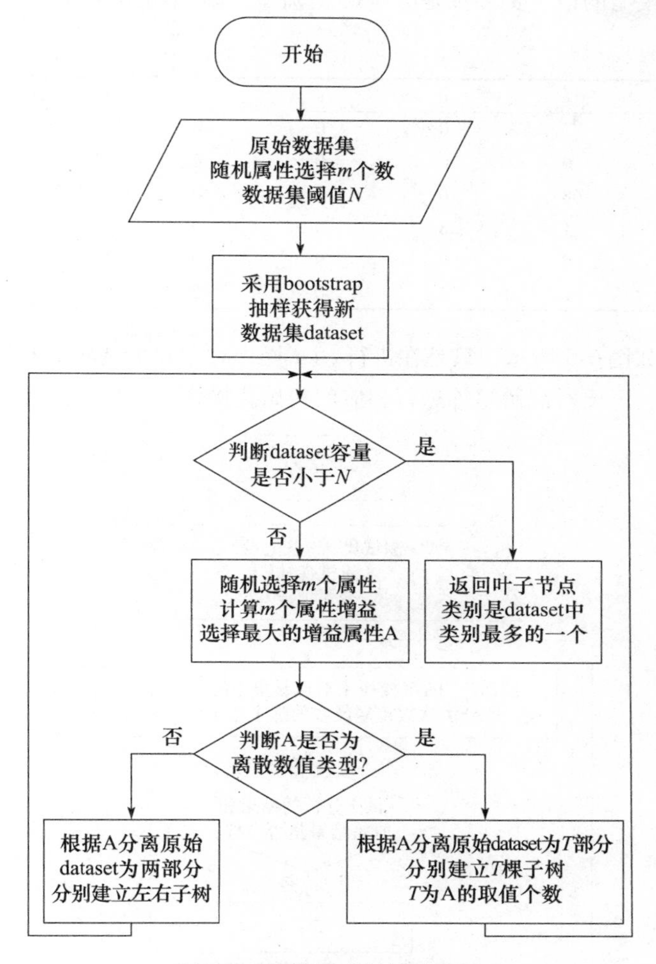

图 6-4 决策树建树算法流程

这个算法的结束条件是当整棵树都建立完成时，当数据集容量小于给定阈值时不是算法结束的时候，这点要注意。

（2）决策树转换为随机森林模型

在建树阶段，每次建立一棵树后就会将其写入文件中，所以到最后，所有的树都在一个文件中。而这一步就是读取这个文件，然后把这些决策树封装在一个链表中，存入一个变量中，这个变量就是随机森林变量模型。

（3）存储随机森林模型

存储随机森林模型就是把（2）中产生的随机森林变量模型存入 HDFS 文件系统当中，以方便后面评估阶段读取随机森林模型。

3. 随机森林模型评价

评估随机森林模型的最主要参数是分类的正确率，附加输出还有一个混淆矩阵。混淆矩阵的一般形式如下：

a	b	c	d	e	f	<--Classified as			
15	0	2	0	0	0	|	17	a	=3
0	76	0	0	0	0	|	76	b	=2
0	2	68	0	0	0	|	70	c	=1
0	0	1	28	0	0	|	29	d	=7
0	0	0	0	9	0	|	9	e	=6
0	0	0	1	0	12	|	13	f	=5

这一步的流程如图6-5所示，只是在进行 $i++$ 操作时，并不是简单的 $i++$，除了通过 i/N 得到最后的正确率，还要对混淆矩阵进行相应的初始化操作，这样才能得到最后的混淆矩阵。

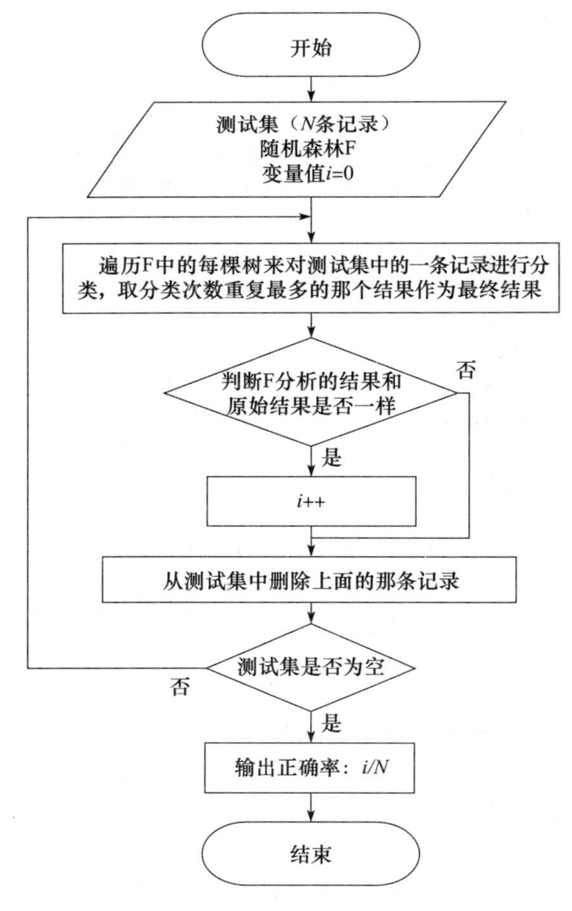

图6-5　随机森林模型评价的流程图

Mahout 的 Random Forests 算法的基本原理如图 6-5 所示，其分布式策略如图 6-6 所示。

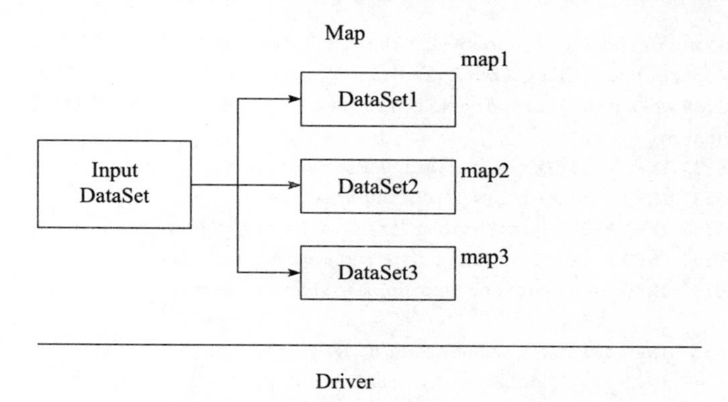

图 6-6 Random Forests 算法的分布式策略

这里首先根据提供分片的大小来对原始数据进行分片，分片后可以针对每个分片建立一个 map 任务，这样可以使集群所有节点都参与计算，达到并行的目的。但是这里也有不足的地方，关于分片的大小：如果分片太大，那么可能只有一个分片，这样就达不到并行的目的；但是如果分片太小，每一个分片数据包含的数据就不足以涵盖原始数据集的大部分特征，这样得到的随机森林模型的效果会很差。这两种结果都不是我们想看到的，所以分片大小需要慎重考虑。

6.1.5 动手实践

参考第 2、第 15 章内容部署好 Hadoop 集群以及 Mahout 相应的 jar 包，即可开始下面的实验。(本章实验，如无特别说明，则都默认已经安装好了 Hadoop 集群以及 Mahout 相关 jar 包。)

1）将“02-上机实验/glass. txt”数据下载到 Hadoop 集群客户端，并上传到云平台。

```
# hadoop fs -put /opt/glass.txt /user/root/glass.txt
# hadoop fs -ls -R /user/root
-rw-r--r--   3 root supergroup      12115 2015-05-30 15:58 /user/root/glass.txt
```

2）运行 Mahout 的 describe 命令，执行生成描述性文件任务。

```
# ./mahout describe -p /user/root/glass.txt -f glass.info -d I 9 N L
Running on hadoop, using /opt/hadoop-2.6.0/bin/hadoop and HADOOP_CONF_DIR=
MAHOUT-JOB: /opt/mahout-distribution-0.10.0/mahout-examples-0.10.0-job.jar
15/05/30 16:01:59 WARN MahoutDriver: No describe.props found on classpath, will use command-
line arguments only
15/05/30 16:01:59 INFO Describe: Generating the descriptor...
15/05/30 16:02:01 INFO Describe: generating the dataset...
15/05/30 16:02:02 INFO Describe: storing the dataset description
15/05/30 16:02:03 INFO MahoutDriver: Program took 3508 ms (Minutes: 0.05846666666666667)
```

3）运行 Mahout 的 buildforest 命令，建立随机森林模型。

```
# ./mahout buildforest -d /user/root/glass.txt -ds glass.info -sl 3 -ms 3 -p -t 5 -o out-
put-forest
Running on hadoop, using /opt/hadoop-2.6.0/bin/hadoop and HADOOP_CONF_DIR=
MAHOUT-JOB: /opt/mahout-distribution-0.10.0/mahout-examples-0.10.0-job.jar
15/05/30 16:06:34 WARN MahoutDriver: No buildforest.props found on classpath, will use command
-line arguments only
15/05/30 16:06:37 INFO BuildForest: Partial Mapred implementation
15/05/30 16:06:37 INFO BuildForest: Building the forest...
15/05/30 16:06:37 INFO FileInputFormat: Total input paths to process : 1
15/05/30 16:06:37 INFO PartialBuilder: Setting mapred.map.tasks = 1
15/05/30 16:06:37 INFO deprecation: mapred.map.tasks is deprecated. Instead, use mapreduce.
job.maps
15/05/30 16:06:37 INFO RMProxy: Connecting to ResourceManager at master/192.168.222.131:8032
15/05/30 16:06:43 INFO FileInputFormat: Total input paths to process : 1
15/05/30 16:06:44 INFO JobSubmitter: number of splits:1
15/05/30 16:06:44 INFO JobSubmitter: Submitting tokens for job: job_1432825607351_0133
15/05/30 16:06:44 INFO YarnClientImpl: Submitted application application_1432825607351_0133
15/05/30 16:06:44 INFO Job: The url to track the job: http://master:8088/proxy/application_
1432825607351_0133/
15/05/30 16:06:44 INFO Job: Running job: job_1432825607351_0133
15/05/30 16:07:21 INFO Job: Job job_1432825607351_0133 running in uber mode : false
15/05/30 16:07:21 INFO Job:  map 0% reduce 0%
15/05/30 16:07:35 INFO Job:  map 100% reduce 0%
15/05/30 16:07:36 INFO Job: Job job_1432825607351_0133 completed successfully
15/05/30 16:07:36 INFO Job: Counters: 30
    File System Counters
        FILE: Number of bytes read=560
        FILE: Number of bytes written=107397
        FILE: Number of read operations=0
        FILE: Number of large read operations=0
        FILE: Number of write operations=0
        HDFS: Number of bytes read=12219
        HDFS: Number of bytes written=3136
        HDFS: Number of read operations=5
        HDFS: Number of large read operations=0
        HDFS: Number of write operations=2
    Job Counters
        Launched map tasks=1
        Data-local map tasks=1
        Total time spent by all maps in occupied slots (ms)=11170
        Total time spent by all reduces in occupied slots (ms)=0
        Total time spent by all map tasks (ms)=11170
        Total vcore-seconds taken by all map tasks=11170
        Total megabyte-seconds taken by all map tasks=11438080
    Map-Reduce Framework
        Map input records=214
        Map output records=5
        Input split bytes=104
        Spilled Records=0
```

```
        Failed Shuffles = 0
        Merged Map outputs = 0
        GC time elapsed (ms) = 424
        CPU time spent (ms) = 2120
        Physical memory (bytes) snapshot = 120029184
        Virtual memory (bytes) snapshot = 1171374080
        Total committed heap usage (bytes) = 45219840
    File Input Format Counters
        Bytes Read = 12115
    File Output Format Counters
        Bytes Written = 3136
15/05/30 16:07:36 INFO HadoopUtil: Deleting hdfs://master:8020/user/root/output - forest
15/05/30 16:07:36 INFO BuildForest: Build Time: 0h 0m 59s 837
15/05/30 16:07:36 INFO BuildForest: Forest num Nodes: 207
15/05/30 16:07:36 INFO BuildForest: Forest mean num Nodes: 41
15/05/30 16:07:36 INFO BuildForest: Forest mean max Depth: 9
15/05/30 16:07:36 INFO BuildForest: Storing the forest in: output - forest/forest.seq
15/05/30 16:07:37 INFO MahoutDriver: Program took 62505 ms (Minutes: 1.04175)
```

4）运行 Mahout 的 testforest 命令，对建立的随机森林模型进行评价。

```
# ./mahout testforest -i /user/root/glass.txt -ds glass.info -m output - forest -mr -a -o
test - forest
Running on hadoop, using /opt/hadoop - 2.6.0/bin/hadoop and HADOOP_CONF_DIR =
MAHOUT - JOB: /opt/mahout - distribution - 0.10.0/mahout - examples - 0.10.0 - job.jar
15/05/30 16:11:12 WARN MahoutDriver: No testforest.props found on classpath, will use command
- line arguments only
15/05/30 16:11:15 INFO Classifier: Adding the dataset to the DistributedCache
15/05/30 16:11:15 INFO Classifier: Adding the decision forest to the DistributedCache
15/05/30 16:11:15 INFO Classifier: Configuring the job...
15/05/30 16:11:15 INFO Classifier: Running the job...
15/05/30 16:11:15 INFO RMProxy: Connecting to ResourceManager at master/192.168.222.131:8032
15/05/30 16:11:18 INFO FileInputFormat: Total input paths to process : 1
15/05/30 16:11:18 INFO JobSubmitter: number of splits:1
15/05/30 16:11:19 INFO JobSubmitter: Submitting tokens for job: job_1432825607351_0134
15/05/30 16:11:19 INFO YarnClientImpl: Submitted application application_1432825607351_0134
15/05/30 16:11:19 INFO Job: The url to track the job: http://master:8088/proxy/application_
1432825607351_0134/
15/05/30 16:11:19 INFO Job: Running job: job_1432825607351_0134
15/05/30 16:11:42 INFO Job: Job job_1432825607351_0134 running in uber mode : false
15/05/30 16:11:42 INFO Job:  map 0% reduce 0%
15/05/30 16:11:51 INFO Job:  map 100% reduce 0%
15/05/30 16:11:51 INFO Job: Job job_1432825607351_0134 completed successfully
15/05/30 16:11:51 INFO Job: Counters: 30
    File System Counters
        FILE: Number of bytes read = 3484
        FILE: Number of bytes written = 106925
        FILE: Number of read operations = 0
        FILE: Number of large read operations = 0
        FILE: Number of write operations = 0
```

```
            HDFS: Number of bytes read=12219
            HDFS: Number of bytes written=4434
            HDFS: Number of read operations=5
            HDFS: Number of large read operations=0
            HDFS: Number of write operations=2
        Job Counters
            Launched map tasks=1
            Data-local map tasks=1
            Total time spent by all maps in occupied slots (ms)=6633
            Total time spent by all reduces in occupied slots (ms)=0
            Total time spent by all map tasks (ms)=6633
            Total vcore-seconds taken by all map tasks=6633
            Total megabyte-seconds taken by all map tasks=6792192
        Map-Reduce Framework
            Map input records=214
            Map output records=215
            Input split bytes=104
            Spilled Records=0
            Failed Shuffles=0
            Merged Map outputs=0
            GC time elapsed (ms)=109
            CPU time spent (ms)=1090
            Physical memory (bytes) snapshot=115097600
            Virtual memory (bytes) snapshot=1171374080
            Total committed heap usage (bytes)=45219840
        File Input Format Counters
            Bytes Read=12115
        File Output Format Counters
            Bytes Written=4434
15/05/30 16:11:52 INFO HadoopUtil: Deleting test-forest/mappers
15/05/30 16:11:52 INFO TestForest:
=======================================================
Summary
-------------------------------------------------------
Correctly Classified Instances          :        187      87.3832%
Incorrectly Classified Instances        :         27      12.6168%
Total Classified Instances              :        214

=======================================================
Confusion Matrix
-------------------------------------------------------
a    b    c    d    e    f    <--Classified as
6    3    8    0    0    0     |  17    a    =3
0    67   6    1    1    1     |  76    b    =2
0    4    65   1    0    0     |  70    c    =1
0    0    1    28   0    0     |  29    d    =7
0    0    0    0    9    0     |  9     e    =6
0    0    0    1    0    12    |  13    f    =5
```

```
=============================================================
Statistics
-------------------------------------------------------------
Kappa                                      0.7553
Accuracy                                  87.3832%
Reliability                               72.1669%
Reliability (standard deviation)           0.3879
Weighted precision                         0.8831
Weighted recall                            0.8738
Weighted F1 score                          0.8646

15/05/30 16:11:52 INFO MahoutDriver: Program took 39266 ms (Minutes: 0.6544333333333333)
```

6.2 聚类分析

餐饮企业经常会碰到如下问题：

1）如何通过餐饮客户消费行为的测量，进一步评判餐饮客户的价值和细分餐饮客户，找到有价值的客户群和需关注的客户群？

2）如何合理分析菜品，以便区分哪些菜品既畅销，毛利又高，哪些菜品不但滞销，而且毛利低？

餐饮企业遇到的这些问题，可以通过聚类分析解决。

6.2.1 常用聚类分析算法

与分类不同，聚类分析是在没有给定划分类别的情况下，根据数据相似度进行样本分组的一种方法。与分类模型需要使用有类标记样本构成的训练数据不同，聚类模型可以建立在无类标记的数据上，是一种非监督的学习算法。聚类的输入是一组未被标记的样本，聚类根据数据自身的距离或相似度将它们划分为若干组，划分的原则是组内样本最小化而组间（外部）距离最大化，如图6-7所示。

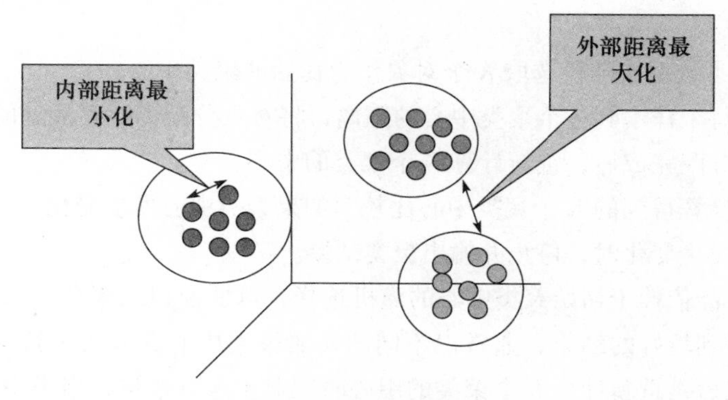

图6-7 聚类分析建模原理

常用的聚类方法见表6-5：

表6-5 常用的聚类方法

类别	包括的主要算法
划分（分裂）方法	K-Means算法（K-平均）、K-MEDOIDS算法（K-中心点）、CLARANS算法（基于选择的算法）
层次分析方法	BIRCH算法（平衡迭代规约和聚类）、CURE算法（代表点聚类）、CHAMELEON算法（动态模型）
基于密度的方法	DBSCAN算法（基于高密度连接区域）、DENCLUE算法（密度分布函数）、OPTICS算法（对象排序识别）
基于网格的方法	STING算法（统计信息网络）、CLIOUE算法（聚类高维空间）、WAVE-CLUSTER算法（小波变换）
基于模型的方法	统计学方法、神经网络方法

常用的划分聚类算法见表6-6。

表6-6 常用的划分聚类分析算法

算法名称	算法描述
K-Means	K-均值聚类也叫快速聚类法，在最小化误差函数的基础上，将数据划分为预定的类数K。该算法原理简单，而且便于处理大量数据
K-中心点	K-均值算法对孤立点的敏感性，K-中心点算法不采用簇中对象的平均值作为簇中心，而选用簇中离平均值最近的对象作为簇中心
系统聚类	系统聚类也叫多层次聚类，分类的单位由高到低呈树形结构，且所处的位置越低，其包含的对象就越少，但这些对象间的共同特征越多。该聚类方法只适用于小数据量时，数据量大时速度会非常慢

6.2.2 K-Means聚类算法

K-Means算法是典型的基于距离的非层次聚类算法，在最小化误差函数的基础上，将数据划分为预定的类数K，采用距离作为相似性的评价指标，即认为两个对象的距离越近，其相似度就越大。

1. 算法过程

1）从N个样本数据中随机选取K个对象作为初始的聚类中心；

2）分别计算每个样本到各个聚类中心的距离，将对象分配到距离最近的聚类中；

3）所有对象分配完成后，重新计算K个聚类的中心；

4）与前一次计算得到的K个聚类中心比较，如果聚类中心发生变化，转2)，否则转5)；

5）当质心不发生变化时，停止并输出聚类结果。

聚类的结果可能依赖于初始聚类中心的随机选择，可能使得结果严重偏离全局最优分类。在实践中，为了得到较好的结果，通常以不同的初始聚类中心，多次运行K-Means算法。在所有对象分配完成后，重新计算K个聚类的中心时，对于连续数据，聚类中心取该簇的均值，但是当样本的某些属性是分类变量时，均值可能无定义，可以使用K-众数方法。

2. 数据类型与相似性的度量

（1）连续属性

对于连续属性，要先对各属性值进行零-均值规范，再计算距离。K-Means 聚类算法中，一般需要度量样本之间的距离、样本与簇之间的距离以及簇与簇之间的距离。

度量样本之间的相似性最常用的是欧几里得距离、曼哈顿距离和闵可夫斯基距离；样本与簇之间的距离可以用样本到簇中心的距离 $d(e_i, x)$；簇与簇之间的距离可以用簇中心的距离 $d(e_i, e_j)$。

用 p 个属性来表示 n 个样本的数据矩阵如下：

$$\begin{bmatrix} x_{11} & \cdots & x_{1p} \\ \vdots & \ddots & \vdots \\ x_{n1} & \cdots & x_{np} \end{bmatrix}$$

欧几里得距离如下：

$$d(i,j) = \sqrt{(x_{i1} - x_{j1})^2 + (x_{i2} - x_{j2})^2 + \cdots + (x_{ip} - x_{jp})^2} \tag{6-4}$$

曼哈顿距离如下：

$$d(i,j) = |x_{i1} - x_{j1}| + |x_{i2} - x_{j2}| + \cdots + |x_{ip} - x_{jp}| \tag{6-5}$$

闵可夫斯基距离如下：

$$d(i,j) = \sqrt[q]{(|x_{i1} - x_{j1}|)^q + (|x_{i2} - x_{j2}|)^q + \cdots + (|x_{ip} - x_{jp}|)^q} \tag{6-6}$$

q 为正整数，$q=1$ 时为曼哈顿距离；$q=2$ 时为欧几里得距离。

（2）文档数据

对于文档数据使用余弦相似性度量，先将文档数据整理成文档—词矩阵格式，如表6-7所示。

表6-7　文档—词矩阵

	lost	win	team	score	music	happy	sad	…	coach
文档一	14	2	8	0	8	7	10	…	6
文档二	1	13	3	4	1	16	4	…	7
文档三	9	6	7	7	3	14	8	…	5

两个文档之间相似度的计算公式为：

$$d(i,j) = \cos(i,j) = \frac{\vec{i} \cdot \vec{j}}{|\vec{i}| \cdot |\vec{j}|} \tag{6-7}$$

3. 目标函数

使用误差平方和 SSE 作为度量聚类质量的目标函数，对于两种不同的聚类结果，选择误差平方和较小的分类结果。

连续属性的 SSE 计算公式为：

$$\mathrm{SSE} = \sum_{i=1}^{K} \sum_{x \in E_i} dist(e_i, x)^2 \tag{6-8}$$

文档数据的 SSE 计算公式为：

$$\mathrm{SSE} = \sum_{i=1}^{K} \sum_{x \in E_i} cosine(e_i, x)^2 \tag{6-9}$$

簇 E_i 的聚类中心 e_i 计算公式为：

$$e_i = \frac{1}{n_i} \sum_{x \in E_i} x \tag{6-10}$$

表 6-8　符号表

符号	含义
K	聚类簇的个数
E_i	第 i 个簇
x	对象（样本）
e_i	簇 E_i 的聚类中心
n	数据集中样本的个数
n_i	第 i 个簇中样本的个数

下面结合具体案例来实现本节开始提出的问题。

部分餐饮客户的消费行为特征数据如表 6-9 所示。根据这些数据将客户分成不同客户群，并评价这些客户群的价值。

表 6-9　消费行为特征数据

ID	R	F	M
1	37	4	579
2	35	3	616
3	25	10	394
4	52	2	111
5	36	7	521
6	41	5	225
7	56	3	118
8	37	5	793
9	54	2	111
10	5	18	1086

执行 K-Means 聚类算法输出的结果见表 6-10。

表6-10　聚类算法输出结果

分群类别		分群1	分群2	分群3
样本个数		120	616	204
样本个数占比		12.77%	65.53%	21.70%
聚类中心	R	-1.623 56	-0.116 34	1.306 33
	F	1.820 445	-0.024 46	-0.996 98
	M	2.188 56	-0.121 29	-0.921 13

对不同客户分群画出其概率密度函数图，通过图6-8～图6-10能直观地比较不同客户群的价值。

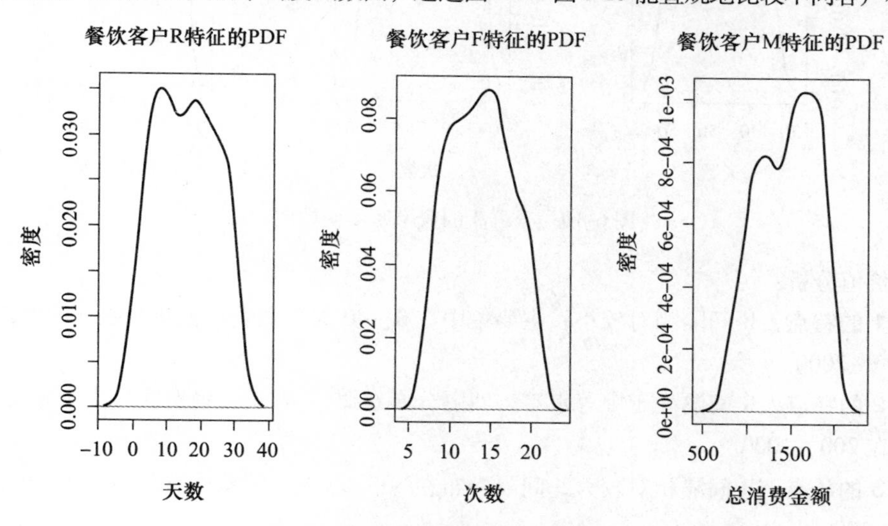

图6-8　分群1的概率密度函数图

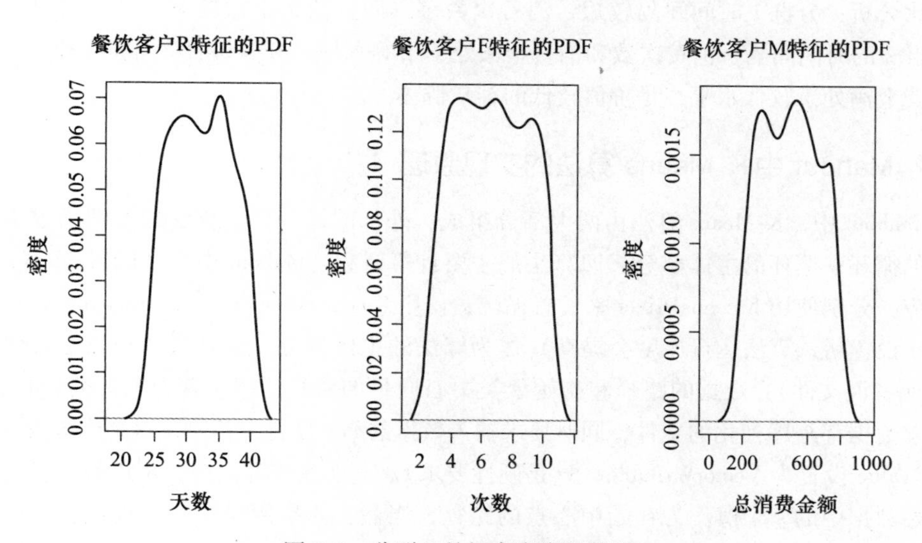

图6-9　分群2的概率密度函数图

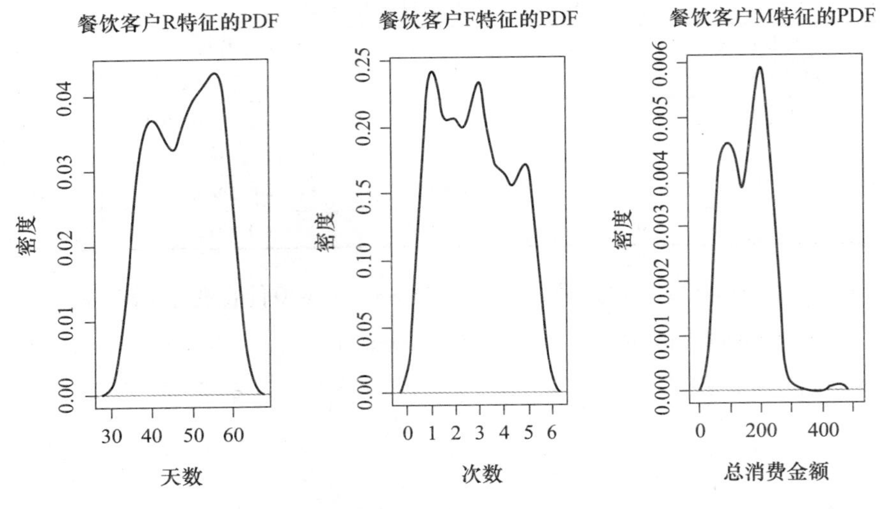

图 6-10 分群 3 的概率密度函数图

客户价值分析：

分群 1 的特点： R 间隔相对较小，主要集中在 0 ~ 40 天；消费次数集中在 5 ~ 25 次；消费金额在 500 ~ 2000。

分群 2 的特点： R 间隔处于中等水平，间隔分布在 20 ~ 40 天；消费次数集中在 2 ~ 10 次；消费金额在 200 ~ 1000。

分群 3 的特点： R 间隔相对较大，间隔分布在 30 ~ 60 天；消费次数集中在 1 ~ 6 次；消费金额在 0 ~ 200。

对比分析： 分群 1 时间间隔较短，消费次数多，而且消费金额较大，是高消费高价值人群。分群 2 的时间间隔、消费次数和消费金额处于中等水平。分群 3 的时间间隔较长，消费次数和消费金额处于较低水平，是价值较低的客户群体。

6.2.3 Mahout 中 K-Means 算法的实现原理

在 Mahout 中，K-Means 算法由两大部分组成：外部的循环，即算法的准则函数不满足时要继续的循环；循环的主体部分，即算法的主要计算过程。Mahout 中实现的 K-Means 算法和上面对应，分别使用 KmeansDriver 来设置循环，使用 KmeansMapper、KmeansReducer（Kmeans-Combiner 设置后，算法运行速度会提高）作为算法的主体部分。该算法的输入主要包含两个路径（或者说文件）：数据的路径和初始聚类中心向量的路径，即包含 k 个聚类中心的文件。这里要求数据都是序列化的文件，同时要求输入数据的 key 设置为 Text（这个应该没有做硬性要求），value 设置为 VectorWritable（这是硬性要求）。其实在该算法中，可以设置参数来自动提取原始数据中的 k 个值作为初始中心点的路径，当然，如果用户要自己提供初始中心点的文件，也可以通过 Canopy 算法（Mahout 中的另一个聚类算法）来得到聚类的中心点作为 K-

Means 算法的初始中心点文件。

该算法在 KmeansDriver 中通过不断循环使用输入数据和输入中心点来计算输出（这里的输出都定义在一个 clusters-N 的路径中，N 是可变的）。输出同样是序列文件，key 是 Text 类型，value 是 Cluster 类型。该算法的原理如图 6-11 所示。

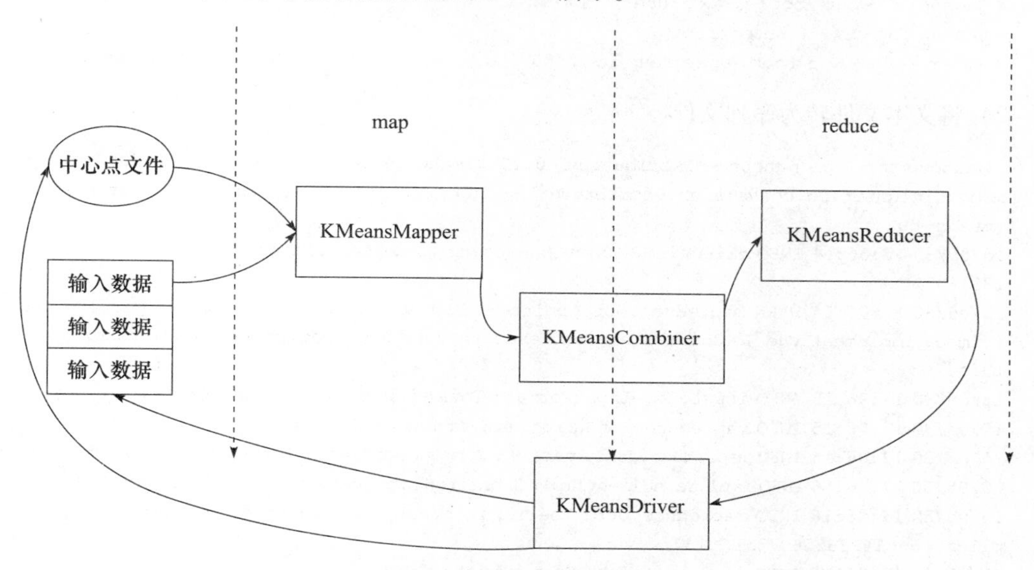

图 6-11　K-Means 算法的原理

KmeansDriver 通过判断算法计算的误差是否达到阈值或者算法循环的次数是否达到给定的最大次数来控制循环。在循环过程中，新的聚类中心文件路径（一般命名为 clusters-N）被重新计算得到，这个计算是根据前一次的中心点和输入数据计算得到的。最后一步，是通过一个 KmeansMapper 根据最后一次的中心点文件来对输入文件进行分类，计算得到的结果放入文件名为 clusteredPoints 文件夹中，这次任务没有 combiner 和 reducer 操作。

KmeansMapper 在 setup 函数中读取输入数据，然后根据用户定义的距离计算方法把这些输入放入最近的聚类中心簇中，输出的 key 是类的标签，输出的 value 是类的表示值；Kmeans-Combiner 的输入即是 mapper 的输出，然后把这些输出整合，得到总的输出；KmeansReducer 通过设定一个 reducer 来计算，接收所有 combiner 的输出，把相同 key 的类的表示值整合，并输出。这 3 个类的输入输出 key-value 对如表 6-11 所示。

表 6-11　K-Means 算法的输入输出 key-value 对

	Input-Key	Input-Value	Output-Key	Output-Value
KmeansMapper	Text	VectorWritable	Text	ClusterWritable
KmeansCombiner	Text	ClusterWritable	Text	ClusterWritable
KmeansReducer	Text	ClusterWritable	Text	ClusterWritable

在通常情况下，combiner 的输入和输出的 key-value 对相同。

6.2.4 动手实践

1）下载“02-上机实验/sc.txt”数据到 Hadoop 集群客户端，并上传到云平台。

```
# hadoop fs -put /opt/sc.txt /user/root/sc.txt
# hadoop fs -ls -R /user/root
-rw-r--r--   3 root supergroup    288972 2015-05-30 16:34 /user/root/sc.txt
```

2）将文本文件转为序列文件。

```
# hadoop jar /opt/mahout-distribution-0.10.0/mahout-integration-0.10.0.jar org.apache.mahout.clustering.conversion.InputDriver --input /user/root/sc.txt --output /user/root/kmeans_out
15/05/30 17:06:14 INFO client.RMProxy: Connecting to ResourceManager at master/192.168.222.131:8032
15/05/30 17:06:14 WARN mapreduce.JobSubmitter: Hadoop command-line option parsing not performed. Implement the Tool interface and execute your application with ToolRunner to remedy this.
15/05/30 17:06:15 INFO input.FileInputFormat: Total input paths to process : 1
15/05/30 17:06:15 INFO mapreduce.JobSubmitter: number of splits:1
15/05/30 17:06:15 INFO mapreduce.JobSubmitter: Submitting tokens for job: job_1432825607351_0137
15/05/30 17:06:16 INFO impl.YarnClientImpl: Submitted application application_1432825607351_0137
15/05/30 17:06:16 INFO mapreduce.Job: The url to track the job: http://master:8088/proxy/application_1432825607351_0137/
15/05/30 17:06:16 INFO mapreduce.Job: Running job: job_1432825607351_0137
15/05/30 17:06:27 INFO mapreduce.Job: Job job_1432825607351_0137 running in uber mode : false
15/05/30 17:06:27 INFO mapreduce.Job:  map 0% reduce 0%
15/05/30 17:06:36 INFO mapreduce.Job:  map 100% reduce 0%
15/05/30 17:06:36 INFO mapreduce.Job: Job job_1432825607351_0137 completed successfully
15/05/30 17:06:37 INFO mapreduce.Job: Counters: 30
    File System Counters
        FILE: Number of bytes read=0
        FILE: Number of bytes written=105749
        FILE: Number of read operations=0
        FILE: Number of large read operations=0
        FILE: Number of write operations=0
        HDFS: Number of bytes read=289073
        HDFS: Number of bytes written=335470
        HDFS: Number of read operations=5
        HDFS: Number of large read operations=0
        HDFS: Number of write operations=2
    Job Counters
        Launched map tasks=1
        Data-local map tasks=1
        Total time spent by all maps in occupied slots (ms)=7021
        Total time spent by all reduces in occupied slots (ms)=0
        Total time spent by all map tasks (ms)=7021
        Total vcore-seconds taken by all map tasks=7021
        Total megabyte-seconds taken by all map tasks=7189504
```

```
Map - Reduce Framework
      Map input records = 600
      Map output records = 600
      Input split bytes = 101
      Spilled Records = 0
      Failed Shuffles = 0
      Merged Map outputs = 0
      GC time elapsed (ms) = 56
      CPU time spent (ms) = 1250
      Physical memory (bytes) snapshot = 110944256
      Virtual memory (bytes) snapshot = 1167806464
      Total committed heap usage (bytes) = 45154304
File Input Format Counters
      Bytes Read = 288972
File Output Format Counters
      Bytes Written = 335470
```

3）执行 Mahout 的 K-Means 任务。

```
# ./mahout kmeans -i /user/root/kmeans_out/part-m-00000 -o output -c input/center -k 2 -
x 5 -cl
Running on hadoop, using /opt/hadoop-2.6.0/bin/hadoop and HADOOP_CONF_DIR =
MAHOUT-JOB: /opt/mahout-distribution-0.10.0/mahout-examples-0.10.0-job.jar
15/05/30 17:21:44 WARN MahoutDriver: Unable to add class: org.apache.mahout.utils.cluste-
ring.ClusterDumper
15/05/30 17:21:45 INFO AbstractJob: Command line arguments: {--clustering = null, --clus-
ters = [input/center], --convergenceDelta = [0.5], --distanceMeasure = [org.apache.mahout.
common.distance.SquaredEuclideanDistanceMeasure], --endPhase = [2147483647], --input = [/
user/root/kmeans_out/part-m-00000], --maxIter = [5], --method = [mapreduce], --numClus-
ters = [2], --output = [output], --startPhase = [0], --tempDir = [temp]}
15/05/30 17:21:45 WARN NativeCodeLoader: Unable to load native-hadoop library for your plat-
form... using builtin-java classes where applicable
15/05/30 17:21:48 INFO CodecPool: Got brand-new compressor [.deflate]
15/05/30 17:21:48 INFO RandomSeedGenerator: Wrote 2 Klusters to input/center/part-random-
Seed
15/05/30 17:21:49 INFO KMeansDriver: Input: /user/root/kmeans_out/part-m-00000 Clusters
In: input/center/part-randomSeed Out: output
15/05/30 17:21:49 INFO KMeansDriver: convergence: 0.5 max Iterations: 5
...
15/05/30 17:21:50 INFO JobSubmitter: number of splits:1
15/05/30 17:21:51 INFO JobSubmitter: Submitting tokens for job: job_1432825607351_0138
...
15/05/30 17:22:27 INFO Job: Job job_1432825607351_0138 completed successfully
...
    Map - Reduce Framework
          Map input records = 600
          Map output records = 2
          Map output bytes = 3554
          Map output materialized bytes = 3568
          Input split bytes = 118
```

```
            Combine input records = 0
            Combine output records = 0
            Reduce input groups = 2
            Reduce shuffle bytes = 3568
            Reduce input records = 2
            Reduce output records = 2
...
15/05/30 17:22:27 INFO RMProxy: Connecting to ResourceManager at master/192.168.222.131:8032
15/05/30 17:22:27 INFO FileInputFormat: Total input paths to process : 1
15/05/30 17:22:27 INFO JobSubmitter: number of splits:1
15/05/30 17:22:27 INFO JobSubmitter: Submitting tokens for job: job_1432825607351_0139
...
15/05/30 17:23:03 INFO Job: Job job_1432825607351_0139 completed successfully
...
            Map input records = 600
            Map output records = 2
            Map output bytes = 4634
...
            Reduce input groups = 2
            Reduce shuffle bytes = 4648
            Reduce input records = 2
            Reduce output records = 2
            ...
15/05/30 17:23:03 INFO KMeansDriver: Clustering data
15/05/30 17:23:03 INFO KMeansDriver: Running Clustering
15/05/30 17:23:03 INFO KMeansDriver: Input: /user/root/kmeans_out/part-m-00000 Clusters
In: output Out: output
… Job: The url to track the job: http://master:8088/proxy/application_1432825607351_0140/
15/05/30 17:23:03 INFO Job: Running job: job_1432825607351_0140
...
15/05/30 17:23:28 INFO Job: Job job_1432825607351_0140 completed successfully
...
     Map-Reduce Framework
            Map input records = 600
            Map output records = 600
...
15/05/30 17:23:28 INFO MahoutDriver: Program took 103505 ms (Minutes: 1.7250833333333333)
```

4）读取最后生成的聚类。

```
# ./mahout clusterdump -i /user/root/output/clusters-2-final
Running on hadoop, using /opt/hadoop-2.6.0/bin/hadoop and HADOOP_CONF_DIR =
MAHOUT-JOB: /opt/mahout-distribution-0.10.0/mahout-examples-0.10.0-job.jar
15/05/30 17:45:58 INFO AbstractJob: Command line arguments: {--dictionaryType = [text], --
distanceMeasure = [org.apache.mahout.common.distance.SquaredEuclideanDistanceMeasure], --
endPhase = [2147483647], --input = [/user/root/output/clusters-2-final], --outputFormat
= [TEXT], --startPhase = [0], --tempDir = [temp]}
{"r":[3.446,4.289,5.791,6.635,6.023,4.884,4.189,4.711,5.254,5.86,5.64,5.256,5.684,5.738,
6.021,6.407,6.495,6.83,6.593,6.289,6.195,6.043,6.488,7.274,7.258,7.893,7.491,7.597,
7.639,8.126,8.167,8.414,8.518,8.761,9.051,8.839,8.598,8.779,8.864,8.64,8.534,9.026,
```

```
9.125,9.493,9.882,10.555,10.535,10.159,9.958,9.883,9.967,9.888,9.784,10.062,10.427,
10.916,10.998,10.985,11.171,11.157],"c":[30.034,31.547,32.743,32.791,32.321,31.107,
29.787,27.996,26.903,26.614,26.4,27.421,28.757,29.674,30.14,30.467,30.226,29.5,28.875,
28.12,27.498,26.379,26.409,26.562,26.541,26.469,26.976,26.998,26.64,26.434,26.023,
25.649,25.354,25.107,24.505,24.43,23.442,23.342,22.581,22.634,22.783,22.86,23.159,
23.127,23.063,23.277,23.109,22.766,22.692,22.113,21.914,21.521,21.462,21.187,21.68,
21.987,21.976,21.792,21.42,21.725],"n":400,"identifier":"VL-24"}
{"r":[3.584,3.547,3.364,3.517,3.845,3.699,3.645,3.525,3.86,3.884,3.731,3.849,4.192,3.984,
4.523,4.139,4.502,4.726,4.963,5.029,5.205,6.186,5.982,5.931,6.425,6.429,6.616,6.104,6.426,
6.416,6.647,7.02,6.689,6.319,6.349,6.15,5.669,5.575,5.161,5.191,4.678,5.068,4.967,4.973,
5.282,5.159,5.496,5.153,5.324,5.38,5.585,5.506,5.901,5.665,5.481,5.749,5.914,6.14,6.063,
6.093],"c":[29.996,29.646,30.205,31.106,30.627,31.359,31.194,31.447,31.587,31.777,
31.662,32.16,32.087,32.49,32.551,32.65,32.811,33.164,33.248,33.476,34.088,34.749,35.018,
35.982,36.18,37.032,37.426,37.404,38.34,38.665,38.148,39.387,39.828,40.466,40.818,
41.476,42.316,42.564,42.893,43.602,43.618,44.298,44.515,44.506,44.253,45.128,45.119,
44.818,45.067,45.424,45.41,45.709,45.91,46.318,46.515,46.765,46.826,46.529,47.188,
47.033],"n":200,"identifier":"VL-201"}
15/05/30 17:46:01 INFO ClusterDumper: Wrote 2 clusters
15/05/30 17:46:01 INFO MahoutDriver: Program took 2824 ms (Minutes: 0.04706666666666666)
```

6.3 关联规则

下面通过餐饮企业中的一个实际情景引出关联规则的概念。客户在餐厅点餐时，面对菜单中大量的菜品信息，往往无法迅速找到满意的菜品，既增加了点菜的时间，又降低了客户的就餐体验。实际上，菜品的合理搭配是有规律可循的：顾客的饮食习惯、菜品的荤素和口味，有些菜品之间是相互关联的，而有些菜品之间是对立或竞争关系（负关联），这些规律都隐藏在大量的历史菜单数据中，如果能够通过数据挖掘发现客户点餐的规则，就可以快速识别客户的口味，当他下了某个菜品的订单时，推荐相关联的菜品，引导客户消费，提高顾客的就餐体验和餐饮企业的业绩水平。

关联规则分析也称为购物篮分析，最早是为了发现超市销售数据库中不同商品之间的关联关系。例如，一个超市的经理想要更多地了解顾客的购物习惯，如“哪组商品可能会在一次购物中同时购买?”或者“某顾客购买了个人电脑，那么该顾客三个月后购买数码相机的概率有多大?”他可能会发现购买了面包的顾客非常有可能会同时购买牛奶，这就导出了一条关联规则“面包 = >牛奶”，其中面包称为规则的前项，而牛奶称为后项。通过降低面包售价进行促销，而适当提高牛奶的售价，关联销售出的牛奶就有可能增加超市整体的利润。

关联规则分析是数据挖掘中最活跃的研究方法之一，目的是在一个数据集中找出各项之间的关联关系，而这种关系并没有在数据中直接表现出来。

6.3.1 常用的关联规则算法

常用的关联算法如表6-12 所示。

表 6-12　常用的关联规则算法

算法名称	算法描述
Apriori	是关联规则最常用也是最经典的挖掘频繁项集的算法，其核心思想是通过连接产生候选项及其支持度，然后通过剪枝生成频繁项集
FP-Growth	针对 Apriori 算法固有的多次扫描事务数据集的缺陷，提出的不产生候选频繁项集的方法。Apriori 和 FP-Growth 都是寻找频繁项集的算法
Eclat 算法	Eclat 算法是一种深度优先算法，采用垂直数据表示形式，在概念格理论的基础上，利用基于前缀的等价关系将搜索空间划分为较小的子空间
灰色关联法	分析和确定各因素之间的影响程度或是若干子因素（子序列）对主因素（母序列）的贡献度而进行的一种分析方法

6.3.2　FP-Growth 关联规则算法

数据库中的部分点餐数据如表 6-13 所示。

表 6-13　数据库中的部分点餐数据

序列	时间	订单号	菜品 id	菜品名称
1	2014/8/21	101	18 491	健康麦香包
2	2014/8/21	101	8693	香煎葱油饼
3	2014/8/21	101	8705	翡翠蒸香茜饺
4	2014/8/21	102	8842	菜心粒咸骨粥
5	2014/8/21	102	7794	养颜红枣糕
6	2014/8/21	103	8842	金丝燕麦包
7	2014/8/21	103	8693	三丝炒河粉
…	…	…	…	…

首先将表 6-13 中的事务数据（一种特殊类型的记录数据）整理成关联规则模型所需的数据结构，从中抽取 10 个点餐订单作为事务数据集，为方便起见，将菜品｛18491，8842，8693，7794，8705，7898，7890，8970，8824，8765，7654，8908，14890，17865，18908，8234，7234｝分别简记为｛a，b，c，d，e，f，g，h，i，j，k，l，m，n，o，p，s｝），如表 6-14 所示。

表 6-14　某餐厅事务数据集

订单号	菜品 id	菜品 id
1	7898，18491，8693，7794，7890，8824，14890，8234	f，a，c，d，g，i，m，p
2	18491，8842，8693，7898，8908，14890，18908	a，b，c，f，l，m，o
3	8842，7898，8970，8765，18908	b，f，h，j，o
4	8842，8693，7654，7234，8234	b，c，k，s，p
5	18491，7898，8693，8705，8908，8234，14890，17865	a，f，c，e，l，p，m，n

经典 FP-Growth 关联规则算法的主要思想如下：

（1）第一阶段：建立 FP 树

整理表6-14 的数据得到表6-15 的原始数据，对该算法进行分析。

首先，假设频繁项集阈值为3，第1次扫描数据库时，计算每个项目出现的次数，最后把这些项目按照出现的次数从大到小排列，得到下面的一维频繁项集：

```
<(f:4),(c:4),(a:3),(b:3),(m:3),(p:3)>
```

可以看到 f 与 c、a 与 b 出现的次数相同，在这里当项目出现次数相同时，排列顺序是随机的，这样可以提高效率。

根据一维频繁项集来对原始数据集进行排序和删减，主要操作是把原始数据集中的每条记录按照一维频繁项集进行排序，然后删除没有在一维频繁项集中出现的项目（如果项目出现的次数小于给定的阈值，比如，前面的3，该项目就被删除），得到如表6-16 所示的更新数据集。

表6-15　FP-Growth 算法的原始数据集

事务 ID	事务集
100	f，a，c，d，g，i，m，p
200	a，b，c，f，l，m，o
300	b，f，h，j，o
400	b，c，k，s，p
500	a，f，c，e，l，p，m，n

表6-16　FP-Growth 算法更新数据集

事务 ID	事务集
100	f，c，a，m，p
200	f，c，a，b，m
300	f，b
400	c，b，p
500	f，c，a，m，p

根据表6-15 的更新数据集就可以建立 FP 树了，但是首先要明确如何建立 FP 树，即建立的规则是什么。其实建立的规则不算复杂，具体如下：

- 树的根为根节点，定义为 null；
- 针对事务集的每条事务进行插入节点操作，每条事务的项目作为一个节点，每个节点包含一个名称、一个次数属性；
- 若插入事务前面 n 个项目在树中有相同的路径，则不用新建节点，直接把相同路径包含节点的数目加1即可；
- 若插入的事务没有项目在树中存在路径，则直接新建一个节点；
- 在建树时附加一个叫作 Header Table 的表，该表就是一维频繁项目集，Header Table 中的元素含有指向树中第一次出现同名节点的指针；
- 树中节点都含有指向下一个同名节点的指针，若没有，则指针指向空。

提示　上面第三步中的路径是指从根节点开始到叶子节点的路径。

根据上面的规则及表6-16 的更新数据集，分析建树的过程如下：

1）插入第一条事务 <f，c，a，m，p>后，FP 树的形状如图6-12 所示。

图6-12 中的虚线箭头代表指针，由于插入第一条事务并没有包含 b 项目，所以在树中没有与 Header Table 对应的指针。

2）插入第二条事务 <f，c，a，b，m> 后，FP 树的形状如图 6-13 所示。

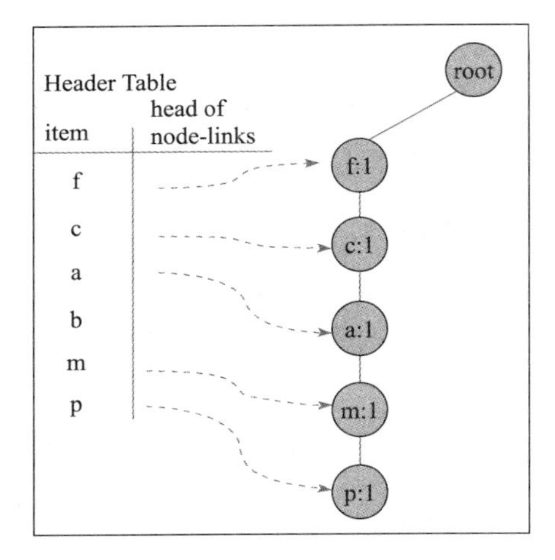

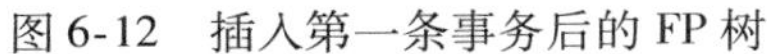
图 6-12　插入第一条事务后的 FP 树

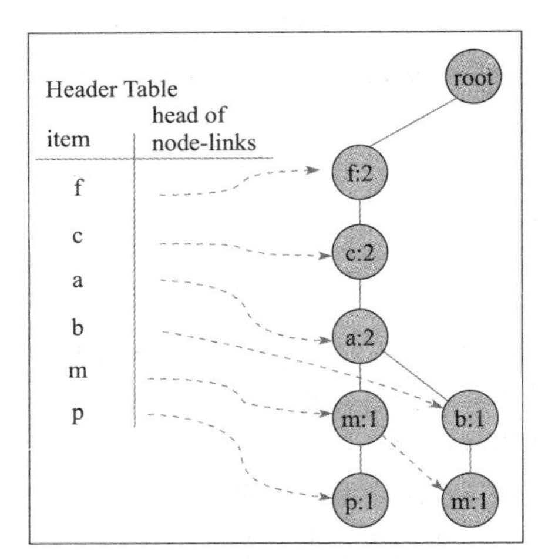

图 6-13　插入第二条事务后的 FP 树

由于插入的第二条事务在图 6-12 的 FP 树中存在相同的路径，因此不再新建节点，而是直接在树中节点的次数属性加 1；同时，在树中 m 项目含有同名的项目，所以要在树中建立从左边 m 节点到右边 m 节点的指针，即图 6-13 中左边（m: 1）到右边（m: 1）的虚箭头。

3）插入全部事务后，完整的 FP 树如图 6-14 所示。

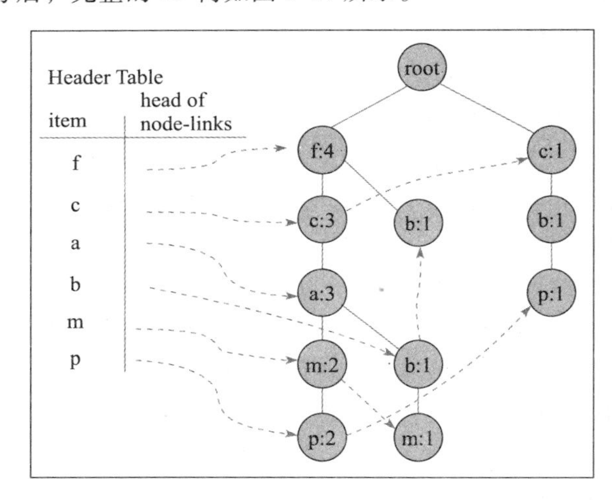

图 6-14　完整的 FP 树

下面就可以针对完整的 FP 树开始挖掘过程了。

（2）第二阶段：挖掘 FP 树

挖掘的步骤如下：

1）从图 6-14 的 Header Table 中的最后一个项目开始，找 Header Table 中项目在树中的同名节点，然后在此节点往上遍历一直到根节点，得到一条路径；

2）找下一个同名节点，向根节点遍历得到另外的一条路径，直到没有同名节点为止；

3）把上面得到的路径作为原始事务集，重新调用第一阶段的建树过程，重新建立一棵FP树，不过这棵树是以Header Table中的元素作为根节点的，且每次递归调用建树时根节点项目叠加；

4）若上面建立好的FP树只有一个节点，并且其节点数目小于阈值，则输出该节点和根节点作为频繁项集；

5）遍历完Header Table中所有的项目后，FP树挖掘完毕。

以p项目为例，在树中的同名节点向上遍历到根节点可以得到两条路径：<f:2，c:2，a:2，m:2>，<c:1，b:1>，以这两个事务作为原始事务集，调用建树过程，建立的FP树如图6-15所示。

由于遍历p项目只得到一棵FP树，所以直接输出如下频繁项集：

```
<cp:3>
```

再比如，以m项目为例：在树中的同名节点向上遍历到根节点可以得到两条路径：<f:2，c:2，a:2>，<f:1，c:1，a:1，b:1>，以这两条事务作为原始事务集，调用建树过程，所建立的FP树如图6-16所示。

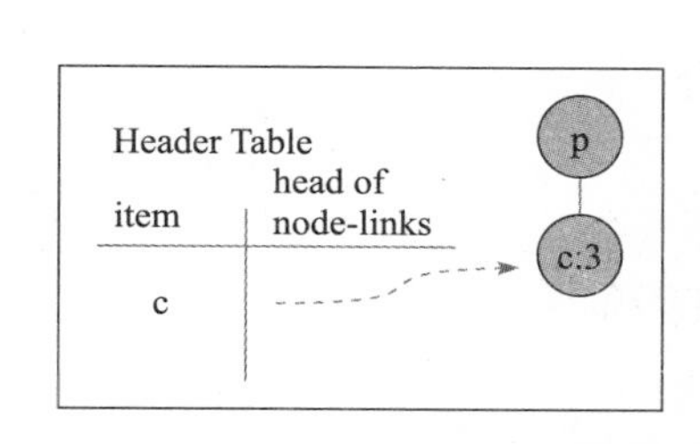

图6-15 以p项目为根节点建立的FP树

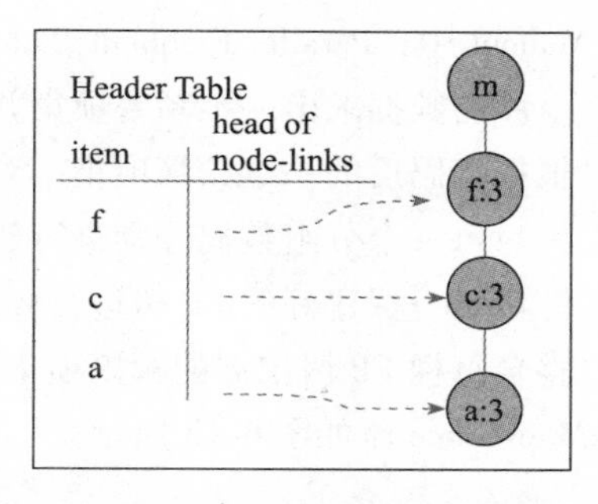

图6-16 以m项目为根节点建立的FP树

建立好树后，可以对这棵树进行挖掘，挖掘过程和上面的一样。所以根据Header Table建立好的树分别如图6-17所示。

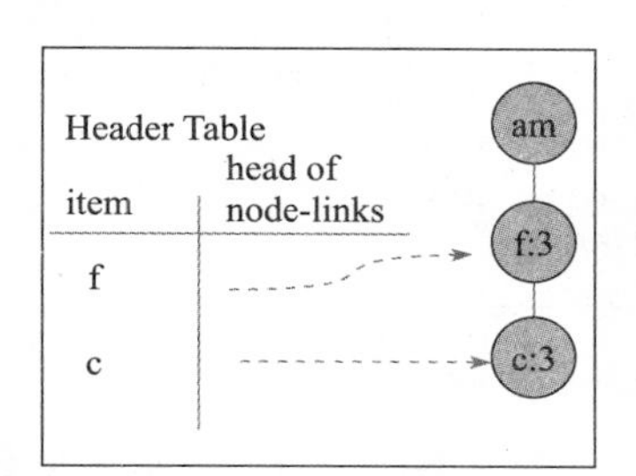

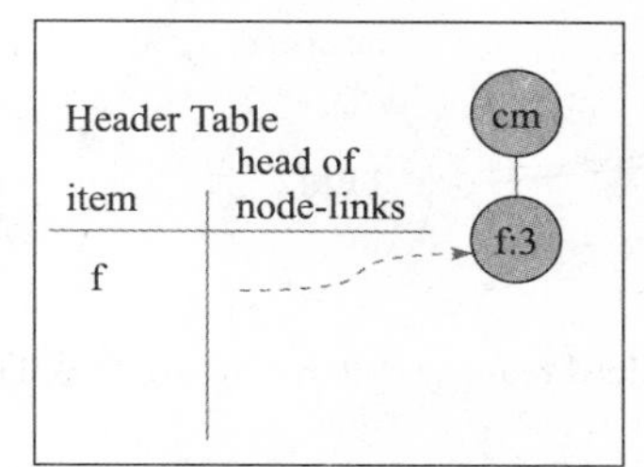

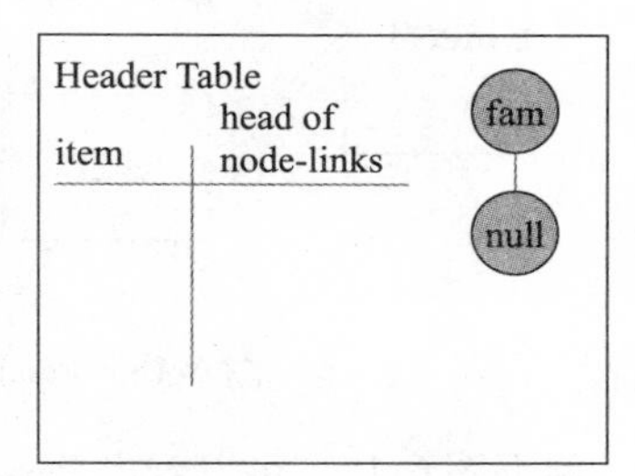

图6-17 以m项目为根节点建立的子FP树

根据图6-17，m项目输出的频繁项集如下：

<am:3 >, <cam:3 >, <fam:3 >, <fcam:3 >, <cm:3 >, <fcm:3 >, <fm:3 >

按照上面的挖掘过程，挖掘出的所有频繁项集如表 6-17 所示。

表 6-17 频繁项集

项目	频繁项集
p	<cp: 3 >
m	<am: 3 >, <cam: 3 >, <fam: 3 >, <fcam: 3 >, <cm: 3 >, <fcm: 3 >, <fm: 3 >
b	<Φ >
a	<ca: 3 >, <fa: 3 >, <fca: 3 >
c	<fc: 3 >
f	<Φ >

就第一条输出结果进行解释：客户同时点菜品 c 和 p 的支持度是 3，所以客户点了菜品 c，再点菜品 p 的概率是比较大的。知道了这些，就可以对顾客进行智能推荐，增加销量同时满足客户需求。

6.3.3 Mahout 中 Parallel Frequent Pattern Mining 算法的实现原理

在 Mahout 中，Parallel Frequent Pattern Mining 算法一共包含以下 5 个过程：

1）由原始数据求出一维频繁项集并进行编码；

2）根据编码后的一维频繁项集，对原始数据进行分组；

3）针对每一个分组数据分别进行建树操作；

4）针对每一棵建好的 FP 树进行频繁项集挖掘；

5）整合每棵 FP 树挖掘的频繁项集，得到最终的频繁项集。

其 Mapreduce 流如图 6-18 所示。

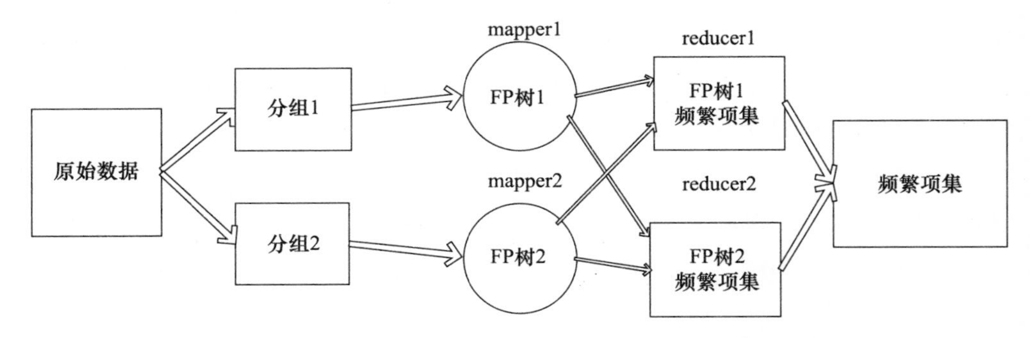

图 6-18 Parallel Frequent Pattern Mining 算法的 Mapreduce 流

根据图 6-18，可以看出 Parallel Frequent Pattern Mining 算法的并行策略：首先，将原始数据集进行分组，针对每组数据可以使用集群中的一个节点来运行 FP 树算法，分别进行建树和挖掘操作，这样可以达到并行的目的。最后，整合每个子节点挖掘的频繁项集得到最终的结果。但是，这里有个问题：把数据分组后，对每棵子树进行挖掘得到的频繁项集在最后汇总后会不会有一些被漏掉了？答案是肯定的，如果采用的是随机分组数据，比如按照文件中数据的位置，直接把其分为两个部分，这样肯定会漏掉频繁项集。所以，这里在Mahout中提出了一种分数据的方案，使用这种方案对原始数据进行分组，对分组后的数据建树挖掘，得到的频繁项集在整合后是不会被漏掉的。下面根据上面介绍的5个过程一一进行分析。

（1）求一维频繁项集并编码

这里使用表6-15的数据集。首先求一维频繁项集：利用单词计数算法求出各个项目出现的次数，然后将这个输出文件读取到一个列表中，这个列表是按照项目出现的次数从大到小排序的，接着进行项目编码，即次数出现最多的项目编码为0，以此类推，最后把编码后的列表写入HDFS文件系统中的一个文件中。这个文件就是一维频繁项集编码后的数据文件。参考前面的一维频繁项集，可以得到表6-18的编码表。

（2）分组原始数据

假设把原始数据集分为2组，那么组编号就是分组0和分组1。根据分组的规则（接下来会解释这个规则）可以得到分组0包含的项目为<f，c，a，b，m，p>，分组1包含的项目为<b，m，p>。所谓的分组规则就是：针对一条事务，若其中包含组0和组1的项目，则输出两条事务，分别归为组0和组1，组0为此条事务，组1为此条事务截取相应的部分得到；若其中只含组0的项目，而不含有组1的项目，则此条事务只归为组0；若其中只含有组1的项目，则此条事务只归为组1。首先根据表6-16得到更新数据集的编码数据集，如表6-19所示。

表6-18　项目编码表

item	Code
f	0
c	1
a	2
b	3
m	4
p	5

表6-19　更新数据编码表

原始事务	编码事务
f，c，a，m，p	0，1，2，4，5
f，c，a，b，m	0，1，2，3，4
f，b	0，3
c，b，p	1，3，5
f，c，a，m，p	0，1，2，4，5

然后根据分组规则对表6-19的数据编码表进行分组，分组后的数据如表6-20所示。

表6-20　分组数据表

组0	组1
0，1，2，4，5 -->f，c，a，m，p	4，5 -->m，p
0，1，2，3，4 -->f，c，a，b，m	3，4 -->b，m
0，3 -->f，b	3 -->b
1，3，5 -->c，b，p	3，5 -->b，p
0，1，2，4，5 -->f，c，a，m，p	4，5 -->m，p

例如，第一条事务<f，c，a，m，p>同时包含了分组0和分组1的项目，所以要输出到两个分组中，其中分组0就是<f，c，a，m，p>，分组1就是<m，p>。这里有读者可能会误解，那么是不是分组0就是原始事务集呢？答案是否定的，分组0不是原始事务集。比如，有一条事务集是<m，p>，针对这条事务进行分组，得到的输出只会是一条记录，且是分组1的，分组0没有输出。

按照这样的规则可以保证分别对组0和组1的数据进行建树挖掘而不会漏掉可能的频繁项集，不过最后整合时会有重复的频繁项集记录，需要去重。

经过上面的步骤就可以对分组数据进行建树挖掘了。

（3）建立FP树以及挖掘FP树

经过（2）分组原始数据过程后，原始数据被分为两组，这样就可以针对每个分组中的数据采用FP-Growth算法简介中介绍的方法来建立及挖掘FP树了。

（4）整合频繁项集

针对在（3）过程中生成的频繁项集，在整合频繁项集这一步使用一个Job，包括mapper和reducer来进行操作。Mapper主要整合所有分组的频繁项集，输出给reducer进行处理。Reducer的主要任务是对整合后的频繁项集进行去重及排序处理。去重就是去除重复的频繁项集，排序主要是针对频繁项集的次数降序。

6.3.4 动手实践

这里使用编译好的Mahout 0.9版本进行上机实验。

1）下载“02-上机实验/fp.txt”数据到Hadoop集群客户端，并上传到云平台。

```
# hadoop fs -put /opt/fp.txt /user/root/fp.txt
# hadoop fs -ls -R /user/root
-rw-r--r--   3 root supergroup          69 2015-05-30 19:53 /user/root/fp.txt
```

2）执行Mahout的FP-Growth算法任务。

```
# hadoop jar /opt/mahout-examples-0.9-job.jar org.apache.mahout.fpm.pfpgrowth.FPGrowthDriver -i /user/root/fp.txt -o /user/root/fp/output -s 3 -k 10 -regex '[,]' -method mapreduce
15/05/30 23:01:28 INFO common.AbstractJob: Command line arguments: {--encoding=[UTF-8], --endPhase=[2147483647], --input=[/user/root/fp.txt], --maxHeapSize=[10], --method=[mapreduce], --minSupport=[3], --numGroups=[1000], --numTreeCacheEntries=[5], --output=[/user/root/fp/output], --splitterPattern=[[,]], --startPhase=[0], --tempDir=[temp]}
15/05/30 23:01:30 INFO client.RMProxy: Connecting to ResourceManager at master/192.168.222.131:8032
…
15/05/30 23:02:10 INFO mapreduce.Job: Job job_1432825607351_0151 completed successfully
…
            Map input records=5
            Map output records=33
            Map output bytes=330
            …
            Combine input records=33
            Combine output records=17
            Reduce input groups=17
            Reduce shuffle bytes=79
            Reduce input records=17
            Reduce output records=17
```

```
        ...
15/05/30 23:02:10 INFO client.RMProxy: Connecting to ResourceManager at master/192.168.222.
131:8032
...
15/05/30 23:02:43 INFO mapreduce.Job: Job job_1432825607351_0152 completed successfully
...
        Map input records =5
        Map output records =20
        Map output bytes =214
        ...
        Combine input records =20
        Combine output records =6
        Reduce input groups =6
        Reduce shuffle bytes =70
        Reduce input records =6
        Reduce output records =6
        ...
15/05/30 23:02:44 INFO client.RMProxy: Connecting to ResourceManager at master/192.168.222.
131:8032
...
15/05/30 23:03:16 INFO mapreduce.Job: Job job_1432825607351_0153 completed successfully
...
        Map input records =6
        Map output records =14
        Map output bytes =360
        ...
        Combine input records =14
        Combine output records =6
        Reduce input groups =6
        Reduce shuffle bytes =105
        Reduce input records =6
        Reduce output records =6
        ...
```

3）查看结果。

```
# hadoop jar /opt/mahout-examples-0.9-job.jar org.apache.mahout.utils.SequenceFileDumper
-i /user/root/fp/output/frequentpatterns/part-r-00000 -n 4
15/05/30 23:11:14 INFO common.AbstractJob: Command line arguments: {--endPhase =
[2147483647], --input = [/user/root/fp/output/frequentpatterns/part-r-00000], --num-
mItems = [4], --startPhase = [0], --tempDir = [temp]}
Input Path: /user/root/fp/output/frequentpatterns/part-r-00000
Key class: class org.apache.hadoop.io.Text Value Class: class org.apache.mahout.fpm.pfp-
growth.convertors.string.TopKStringPatterns
Max Items to dump: 4
Key: a: Value: ([c, f, a, m],3), ([c, f, a],3)
Key: b: Value: ([b],3)
Key: c: Value: ([c],4), ([c, f, a, m],3), ([c, f, a],3), ([c, p],3), ([c, f],3)
Key: f: Value: ([f],4), ([c, f, a, m],3), ([c, f, a],3), ([c, f],3)
Count: 4
```

6.4 协同过滤

餐饮企业有时会碰到这样的问题：

1）如何根据会员数据，来对会员进行点餐推荐？

2）如何针对一般客户进行点餐推荐？

餐饮企业遇到的这些问题，可以通过协同过滤智能推荐分析解决。

6.4.1 常用的协同过滤算法

协同过滤推荐（collaborative filtering recommendation）与传统的基于内容过滤直接分析内容进行推荐不同，协同过滤分析用户兴趣，在用户群中找到指定用户的相似（兴趣）用户，综合这些相似用户对某一信息的评价，形成系统对该指定用户对此信息的喜好程度预测。

在餐饮系统中，针对会员的数据进行协同过滤分析，可以找到相似（兴趣）用户，使用相似用户的数据来进行推荐。

常用的协同过滤算法见表6-21。

表6-21 常用的协同过滤算法

类别	包括的主要算法
基于项目的协同过滤	通过用户对不同项目的评分来评测项目之间的相似性，基于项目之间的相似性做出推荐
基于用户的协同过滤	通过不同用户对项目的评分来评测用户之间的相似性，基于用户之间的相似性做出推荐

6.4.2 基于项目的协同过滤算法简介

基于项目的协同过滤算法是根据用户已有的信息（这里的情景是用户已经购买的商品），去推算出用户可能含有或即将含有的信息（在这里就是用户可能会购买的商品），这个是应用情景，算法就是如何推导出用户可能会购买哪些商品的过程。基于项目的协同过滤算法，简单来说就是通过项目之间的相似性来为用户做推荐。下面介绍该算法的基本原理，其算法数据流程图如图6-19所示。

根据图6-19可以得到下面的基于项目的协同过滤算法原理。

1）根据原始矩阵进行抽取，得到项目矩阵。所谓的项目矩阵，就是把评价过某个项目的所有用户全部找出来，作为这个项目的项目向量，所有的项目都按照这种方式求出其对应的项目向量，共同组成项目矩阵。

2）针对1）求出的项目矩阵，使用向量距离计算公式（可以使用皮尔逊距离、余弦距离、对数似然距离等）求得每两个项目向量之间的相似度，得到项目相似度矩阵。

3）根据原始数据进行抽取，得到用户矩阵。所谓的用户矩阵，就是整合某个用户评价过的所有项目，得到这个用户的用户向量。所有的用户都按照这种方式求出其对应的用户向量，共同组成用户矩阵。

4）根据步骤2）、3）求出的项目相似矩阵、用户矩阵，找出和某个用户评价过的商品最相似的 K 个项目，作为用户推荐项目矩阵。

对于上面的算法原理，其中1）、2）联合过程与3）的过程其实是可以互换的，即先进行哪个步骤没有固定的要求。在最后求得用户评价过的商品最相似的 K 个项目，其实首先求得的应该是与用户评价过商品最相似的一个项目集合，然后排除这个集合中用户已经评价过的项目，最后根据这个集合中剩余项目的相似度大小进行降序排序，取出前面的 K 个项目，即得到用户推荐项目矩阵。

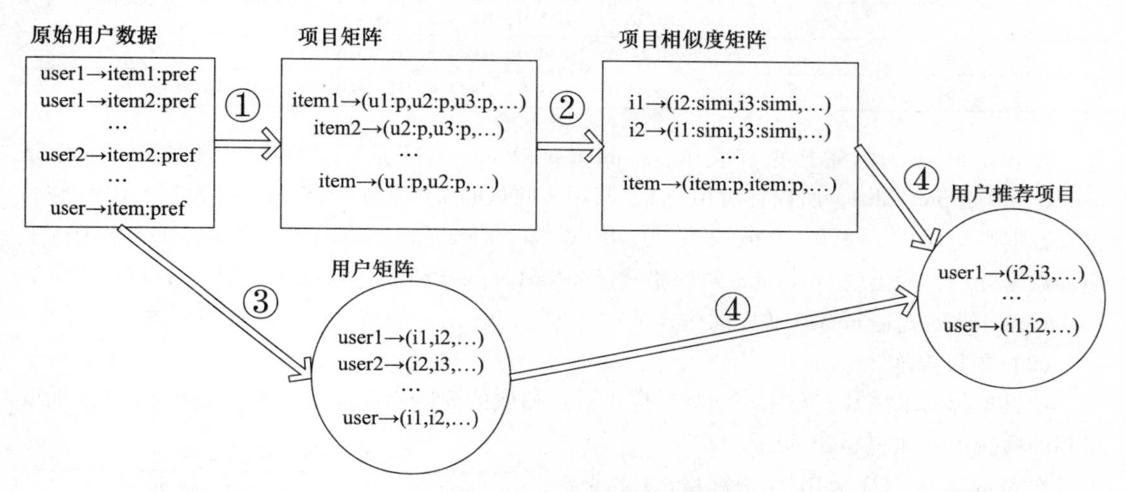

图6-19　基于项目的协同过滤算法数据流程图

6.4.3　Mahout 中 Itembased Collaborative Filtering 算法的实现原理

在 Mahout 中，基于项目的协同过滤算法的实现包含以下6个步骤：

1）求出用户矩阵；

2）求出项目矩阵；

3）求出项目矩阵的平方和；

4）根据项目矩阵、项目矩阵平方和求出项目相似度矩阵；

5）整合用户矩阵、项目相似度矩阵，得到用户－项目相似度矩阵；

6）根据用户－项目相似度矩阵求出用户推荐矩阵。

这6个步骤使用了七个 Job 任务来进行数据处理，其实第1个 Job 任务是转换项目的数据格式，就是把项目的编号由长整型转换为整型，这里不再进行介绍。下面使用如表6-22（这里只列出了一部分数据，具体

表6-22　用户－项目－评分原始数据表

userID	itemID	prefValue
1	101	5
1	102	3
1	103	2.5
2	101	2
…	…	…

参考“01-示例数据/user. txt”）所示的数据分析 Mahout 中该算法的数据流处理流程。

（1）用户矩阵

求用户矩阵，其实就是一个数据抽取的过程，针对原始用户 - 项目 - 评分原始数据，整合同一个用户评价过的所有项目。针对表 6-22 的数据，抽取后的用户矩阵如表 6-23 所示。

表 6-23 用户矩阵表

userID	itemID:prefValue
1	103:2.5，102:3.0，101:5.0
2	101:2.0，104:2.0，103:5.0，102:2.5
3	101:2.5，107:5.0，105:4.5，104:4.0
4	101:5.0，106:4.0，104:4.5，103:3.0
5	106:4.0，105:3.5，104:4.0，103:2.0，102:3.0，101:4.0

在表 6-23 所示的用户矩阵表中，itemID: prefValue 其实是一个向量，该向量的下标是 itemID，值是 prefValue，所以针对用户 1，其用户向量的实际表示应该是（如从下标 101 开始，没有数据则记为 0）[5.0，3.0，2.5，0，0，0，0]。Mahout 中使用了一个 Job 任务来进行上面的数据处理，输出的 key/value 对的格式是 < VarLongWritable，VectorWritable >，这里对应的 VarLongWritable 就是 itemID 对应的格式，VectorWritable 对应的就是用户向量的格式。

（2）项目矩阵

项目矩阵的求法其实与用户矩阵一样，只是抽取的规则不同而已。根据表 6-22 可以抽取得到的项目矩阵如表 6-24 所示。

表 6-24 项目矩阵表

itemID	userID:prefValue
101	5:4.0，4:5.0，3:2.5，2:2.0，1:5.0
102	5:3.0，2:2.5，1:3.0
103	5:2.0，4:3.0，2:5.0，1:2.5
104	5:4.0，4:4.5，3:4.0，2:2.0
105	5:3.5，3:4.5
106	5:4.0，4:4.0
107	3:5.0

在 Mahout 中同样使用了一个 Job 任务来完成，输出的 key/value 对的格式是 < IntWritable，VectorWritable >，这里 IntWritable 就是 itemID 对应的格式，VectorWritable 对应的就是项目向量对应的格式。

（3）项目矩阵平方和

针对（2）中的项目矩阵，在 Mahout 中使用另外的一个 Job 任务来对其进行处理，得到项目矩阵平方和，如表 6-25 所示。

表 6-25 项目矩阵平方和表

itemID	norms
101	76.25
102	24.25
103	44.25
104	56.25
105	32.5
106	32.0
107	25.0

其实项目矩阵平方和就是针对每个项目向量，求其所有项的平方和而已。例如，项目 101 的项目向量为 [5.0，2.0，2.5，4.0，5.0]，然后求其平方和得到值 76.25。

（4）项目相似度矩阵

在 Mahout 中求项目相似度矩阵是由 2 个 Job 任务共同处理完成的：第一个 Job 任务是其项目

与项目之间的相似度，首先针对项目 101 进行计算，然后是 102，以此类推（这里项目是按照升序排序的）。因为在计算项目 101 时，已经计算过项目 101 和项目 102 的相似度，所以在计算 102 项目与其他项目的相似度时就不考虑 101 项目了。第二个 Job 任务是续接，所谓的续接，就是把没有计算的项目也加入其他项目中。例如，在项目 101 中有项目 101 和 102 的相似度，但是在项目 102 中没有项目 102 和项目 101 的相似度，这时要把 101 项目中 101 项目和 102 项目的相似度续接到项目 102 中，最后输出，输出的数据如表 6-26 所示。

表 6-26 项目相似度矩阵表

itemID	similarity
101	107: 0.10，106: 0.14，105: 0.11，104: 0.16，103: 0.15，102: 0.14
102	101: 0.14，106: 0.15: 0.14，104: 0.13，103: 0.20
103	101: 0.15，106: 0.14，105: 0.11，104: 0.14，102: 0.20
104	107: 0.13，106: 0.18，105: 0.16，103: 0.14，102: 0.13，101: 0.16
105	107: 0.22，106: 0.14，104: 0.16，103: 0.11，102: 0.14，101: 0.11
106	101: 0.14，105: 0.14，104: 0.18，103: 0.14，102: 0.15
107	105: 0.22，104: 0.13，101: 0.10

项目相似度的计算参考下面的公式。

$$dot_{I1*I2} = \sum_{i=1}^{U} P_{uiI1} * P_{uiI2} \tag{6-11}$$

$$Simi_{I1*I2} = \frac{1}{1 + \sqrt{norms_{I1} - 2 * dot_{I1*I2} + norms_{I2}}} \tag{6-12}$$

其中，$I1$、$I2$ 分别代表项目 $I1$ 和项目 $I2$，P_{uiI1}代表用户 ui 对项目 $I1$ 的评分，P_{uiI2}代表用户 ui 对项目 $I2$ 的评分，$norms_{I1}$是 $norms$ 中对应 $I1$ 的平方和。假设有 102 项目和 103 项目：102 = {5:3.0，2: 2.5，1: 3.0}，103 = {5: 2.0，4: 3.0，2: 5.0，1: 2.5}，可以得到 $dot_{102*103} = 26$，$norms_{102} = 24.25$，$norms_{103} = 44.25$，带入上面的公式，可以得到 $simi_{102*103} = 0.20$，可见计算的项目相似度与表 6-26 中的数据相同。

（5）用户 - 项目相似度矩阵

用户 - 项目相似度矩阵其实就是用户矩阵和项目相似度矩阵的一个拼接。在 Mahout 中使用了一个 Job 来进行处理，输出 key/value 对的格式为 < VarIntWritale，VectorAndPrefsWritable >，即用户对应的输出格式是 VarIntWritable，用户 - 项目相似度矩阵的格式为 VectorAndPrefsWritable，拼接后的用户相似度矩阵如表 6-27 所示。

表 6-27 用户 - 项目相似度矩阵表

userID	user-itemID-similarity
1	[3.0，[106: 0.15，105: 0.14，104: 0.13，103: 0.20，102: NaN，101: 0.14]
1	[2.5，[106: 0.14，105: 0.11，104: 0.14，103: NaN，102: 0.20，101: 0.15]
1	[5.0，[107: 0.108，106: 0.14，105: 0.118，104: 0.16，103: 0.15，102: 0.14，101: NaN]]

由于数据比较多，所以表6-27只列出了用户1的用户-项目相似度矩阵向量。

（6）用户推荐矩阵

在Mahout中使用一个Job任务根据（5）中产生的用户-项目相似度矩阵来计算用户推荐矩阵，最后得到的结果如表6-28所示。

表6-28 用户推荐矩阵表

userID	user-itemID-similarity
1	[104:3.5838122，106:3.4916115，105:3.473163]
2	[106:2.8146582，105:2.7573717，107:2.0]
3	[106:3.694073，102:3.657834，103:3.5656683]
4	[107:4.716343，105:4.1627345，102:4.0136285]
5	[107:3.7592773]

表6-28的数据是根据公式6-13使用表6-27的数据得到的。

$$U1 = \frac{\sum_{m=0}^{M} simi_{lm} * pref_{lm}}{\sum_{m=0}^{M} simi_{lm}} \tag{6-13}$$

其中，$simi_{lm}$是用户$U1$针对项目lm的相似度矩阵，$pref_{lm}$是用户$U1$针对项目lm的评分，公式求得的只是用户$U1$的推荐向量。针对所有的用户，同样执行公式（6-13），即可得到用户推荐矩阵。

6.4.4 动手实践

1）将“02-上机实验/user.txt”数据下载到Hadoop集群客户端，并上传到云平台。

```
# hadoop fs -put /opt/user.txt /user/root/user.txt
# hadoop fs -ls -R /user/root
-rw-r--r--   3 root supergroup        229 2015-05-30 22:17 /user/root/user.txt
```

2）执行Mahout的recommenditembased命令，执行基于项目的协同过滤算法任务。

```
# ./mahout recommenditembased  -i /user/root/user.txt -o /user/root/output -n 3 -b false
-s SIMILARITY_EUCLIDEAN_DISTANCE --maxPrefsPerUser 7 --minPrefsPerUser 2 --maxPrefsIn-
ItemSimilarity 7 --tempDir /item/temp
Running on hadoop, using /opt/hadoop-2.6.0/bin/hadoop and HADOOP_CONF_DIR =
MAHOUT-JOB: /opt/mahout-distribution-0.10.0/mahout-examples-0.10.0-job.jar
15/05/30 22:22:15 INFO AbstractJob: Command line arguments: {--booleanData = [false], --end-
Phase = [2147483647], --input = [/user/root/user.txt], --maxPrefsInItemSimilarity = [7], -
-maxPrefsPerUser = [7], --maxSimilaritiesPerItem = [100], --minPrefsPerUser = [2], --num-
Recommendations = [3], --output = [/user/root/output], --similarityClassname = [SIMILARITY_
EUCLIDEAN_DISTANCE], --startPhase = [0], --tempDir = [/item/temp]}
15/05/30 22:22:15 INFO AbstractJob: Command line arguments: {--booleanData = [false], --end-
Phase = [2147483647], --input = [/user/root/user.txt], --minPrefsPerUser = [2], --output =
```

```
[/item/temp/preparePreferenceMatrix], --ratingShift=[0.0], --startPhase=[0], --temp-
Dir=[/item/temp]}
...
15/05/30 22:22:22 INFO Job: The url to track the job: http://master:8088/proxy/application_
1432825607351_0141/
15/05/30 22:22:22 INFO Job: Running job: job_1432825607351_0141
...
15/05/30 22:23:09 INFO Job: Job job_1432825607351_0141 completed successfully
...
        Map input records=21
        Map output records=21
        ...
15/05/30 22:23:10 INFO RMProxy: Connecting to ResourceManager at master/192.168.222.131:8032
...
15/05/30 22:23:47 INFO Job: Job job_1432825607351_0142 completed successfully
...
        Map input records=21
        Map output records=21
    ...
15/05/30 22:23:47 INFO RMProxy: Connecting to ResourceManager at master/192.168.222.131:8032
...
15/05/30 22:24:23 INFO Job: Job job_1432825607351_0143 completed successfully
...
        Map input records=5
        Map output records=21
    ...
        Combine input records=21
        Combine output records=7
        Reduce input groups=7
        Reduce shuffle bytes=118
        Reduce input records=7
        Reduce output records=7
        ...
15/05/30 22:24:24 INFO AbstractJob: Command line arguments: {--endPhase=[2147483647], --
excludeSelfSimilarity=[true], --input=[/item/temp/preparePreferenceMatrix/ratingMa-
trix], --maxObservationsPerColumn=[7], --maxObservationsPerRow=[7], --maxSimilari-
tiesPerRow=[100], --numberOfColumns=[5], --output=[/item/temp/similarityMatrix], --
randomSeed=[-9223372036854775808], --similarityClassname=[SIMILARITY_EUCLIDEAN_DIS-
TANCE], --startPhase=[0], --tempDir=[/item/temp], --threshold=[4.9E-324]}
...
15/05/30 22:24:57 INFO Job: Job job_1432825607351_0144 completed successfully
...
        Map input records=7
        Map output records=1
        Map output bytes=52
        ...
        Combine input records=1
```

```
            Combine output records=1
            Reduce input groups=1
            Reduce shuffle bytes=42
            Reduce input records=1
            Reduce output records=0
            ...
15/05/30 22:24:57 INFO RMProxy: Connecting to ResourceManager at master/192.168.222.131:8032
...
15/05/30 22:25:33 INFO Job: Job job_1432825607351_0145 completed successfully
...
            Map input records=7
            Map output records=24
            ...
            Combine input records=24
            Combine output records=8
            Reduce input groups=8
            Reduce shuffle bytes=158
            Reduce input records=8
            Reduce output records=5
            ...
15/05/30 22:25:33 INFO RMProxy: Connecting to ResourceManager at master/192.168.222.131:8032
...
15/05/30 22:26:06 INFO Job: Job job_1432825607351_0146 completed successfully
...
            Map input records=5
            Map output records=21
            Map output bytes=744
            ...
            Combine input records=21
            Combine output records=7
            Reduce input groups=7
            Reduce shuffle bytes=164
            Reduce input records=7
            Reduce output records=7
      ...
15/05/30 22:26:06 INFO RMProxy: Connecting to ResourceManager at master/192.168.222.131:8032
...
15/05/30 22:26:41 INFO Job: Job job_1432825607351_0147 completed successfully
...
            Map input records=7
            Map output records=25
            ...
            Combine input records=25
            Combine output records=7
            Reduce input groups=7
            Reduce shuffle bytes=273
            Reduce input records=7
```

```
        Reduce output records = 7
    …
15/05/30 22:26:41 INFO RMProxy: Connecting to ResourceManager at master/192.168.222.131:8032
…
15/05/30 22:27:42 INFO Job: Job job_1432825607351_0148 completed successfully
…
        Map input records = 12
        Map output records = 28
        Map output bytes = 453
        …
        Combine input records = 0
        Combine output records = 0
        Reduce input groups = 7
        Reduce shuffle bytes = 324
        Reduce input records = 28
        Reduce output records = 7
    …
15/05/30 22:27:42 INFO RMProxy: Connecting to ResourceManager at master/192.168.222.131:8032
…
15/05/30 22:28:18 INFO Job: Job job_1432825607351_0149 completed successfully
…
        Map input records = 7
        Map output records = 21
        …
        Combine input records = 0
        Combine output records = 0
        Reduce input groups = 5
        Reduce shuffle bytes = 298
        Reduce input records = 21
        Reduce output records = 5
        …
15/05/30 22:28:18 INFO MahoutDriver: Program took 362485 ms (Minutes: 6.041416666666667)
```

3）查看输出结果。

```
# hadoop fs -cat /user/root/output/part-r-00000
15/05/30 22:51:03 WARN util.NativeCodeLoader: Unable to load native-hadoop library for your
platform... using builtin-java classes where applicable
1  [104:3.5838122,106:3.4916115,105:3.473163]
2  [106:2.8146582,105:2.7573717,107:2.0]
3  [106:3.694073,102:3.657834,103:3.5656683]
4  [107:4.716343,105:4.1627345,102:4.0136285]
5  [107:3.7592773]
```

6.5 小结

本章主要根据数据挖掘的应用分类，重点介绍对应的数据挖掘建模方法及传统和 Mahout

实现过程。通过对本章的学习，可在以后的数据挖掘过程中，采用适当的算法实现综合应用，更希望能给读者一些启发，思考如何改进或创造更好的挖掘算法。

归纳起来，数据挖掘技术的基本任务主要体现在分类、聚类、关联规则、智能推荐4个方面。分类主要介绍了决策树算法的原理以及Mahout实现决策树算法的原理，聚类主要介绍K-Means算法的原理以及Mahout实现K-Means算法的原理，关联规则主要介绍FP-Growth算法的原理以及Mahout实现FP-Growth算法的原理，智能推荐主要介绍基于项目的协同过滤算法以及Mahout实现基于项目的协同过滤算法的原理。介绍完每个算法的原理后，提供每个算法对应的上机实践，使读者加深对算法的理解。

实 战 篇

Chapter 7 第7章

法律咨询数据分析与服务推荐

7.1 背景与挖掘目标

随着互联网和信息技术快速发展，电子商务、网上服务与交易等网络业务越来越普及，大量的信息聚集起来形成海量信息。用户想要从海量信息中快速准确地寻找到自己感兴趣的信息已经变得越来越困难，在电子商务领域这点显得更加突出。因此，信息过载的问题已经成为互联网技术中的一个重要难题。为了解决这个问题，搜索引擎就诞生了，如Google、百度等。搜索引擎在一定程度上缓解了信息过载问题，用户输入关键词，搜索引擎就会返回给用户与输入的关键词相关的信息。但是无法解决用户的很多其他需求，如用户无法找到准确描述自己需求的关键词时，搜索引擎就无能为力了。

与搜索引擎不同，推荐系统并不需要用户提供明确的需求，而是通过分析用户的历史行为，主动为用户推荐能够满足他们兴趣和需求的信息。因此，对于用户而言，推荐系统和搜索引擎是两个互补的工具。搜索引擎满足有明确目的的用户需求，而推荐系统能够帮助用户发现其感兴趣的内容。因此在电子商务领域中，推荐技术可以起到以下作用：

- 帮助用户发现其感兴趣的物品，节省用户时间，提升用户体验。
- 提高用户对电子商务网站的忠诚度，如果推荐系统能够准确发现用户的兴趣点，并将合适的资源推荐给用户，用户就会对该电子商务网站产生依赖，从而建立稳定的企业忠实顾客群，进而提高用户满意度。

本例主要研究北京某家法律网站，它是一家电子商务类的大型法律资讯网站，其致力于为用户提供丰富的法律信息与专业咨询服务，并为律师与律师事务所提供卓有成效的互联网整合营销解决方案。随着其网站访问量的增大，其数据信息量也在大幅增长。用户在面对大量信息时，无法及时从中获得自己需要的信息，对信息的使用效率越来越低。这种浏览大量无关信息的过程，造成了用户需要花费大量的时间才能找到自己需要的信息，从而使用户不断流失，对企业造成巨大的损失。

为了能够更好地满足用户需求，依据其网站海量的数据，研究用户的兴趣偏好，分析用户的需求和行为，发现用户的兴趣点，从而引导用户发现自己的信息需求，将长尾网页（长尾网页是指网页的点击情况满足长尾理论中尾巴部分的网页）准确地推荐给所需用户，帮助用户发现他们感兴趣，但很难发现的网页信息。为用户提供个性化的服务，并建立网站与用户之间的密切关系，让用户对推荐系统产生依赖，从而建立稳定的企业忠实顾客群，实现客户链式反应增值，提高消费者满意度。通过提高服务效率帮助消费者节约交易成本等，制定有针对性的营销战略方针，促进企业长期稳定、高速发展。

目前网站上已经存在部分推荐，例如，当访问主页时，可以在婚姻栏目发现如图 7-1 所示的热点推荐。当访问具体的知识页面时，在页面的右边和下面发现也存在一些热点推荐和基于内容的关键字推荐，如图 7-2 所示。

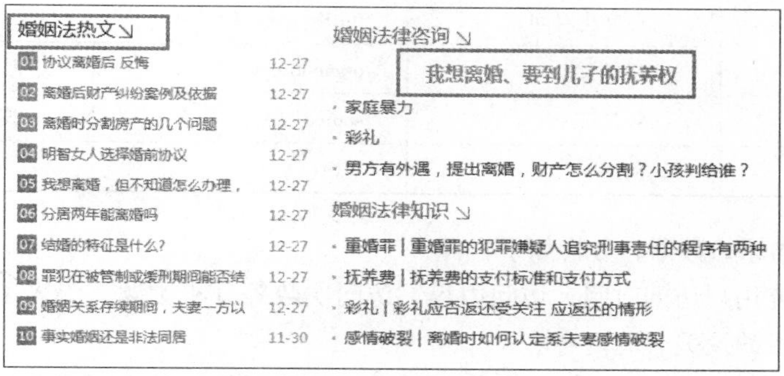

婚姻法热文
01 协议离婚后 反悔 12-27
02 离婚后财产纠纷案例及依据 12-27
03 离婚时分割房产的几个问题 12-27
04 明智女人选择婚前协议 12-27
05 我想离婚，但不知道怎么办理， 12-27
06 分居两年能离婚吗 12-27
07 结婚的特征是什么? 12-27
08 罪犯在被管制或缓刑期间能否结 12-27
09 婚姻关系存续期间，夫妻一方以 12-27
10 事实婚姻还是非法同居 11-30

婚姻法律咨询
我想离婚、要到儿子的抚养权
· 家庭暴力
· 彩礼
· 男方有外遇，提出离婚，财产怎么分割？小孩判给谁？

婚姻法律知识
· 重婚罪 | 重婚罪的犯罪嫌疑人追究刑事责任的程序有两种
· 抚养费 | 抚养费的支付标准和支付方式
· 彩礼 | 彩礼应否返还受关注 应返还的情形
· 感情破裂 | 离婚时如何认定系夫妻感情破裂

图 7-1　主页热点推荐

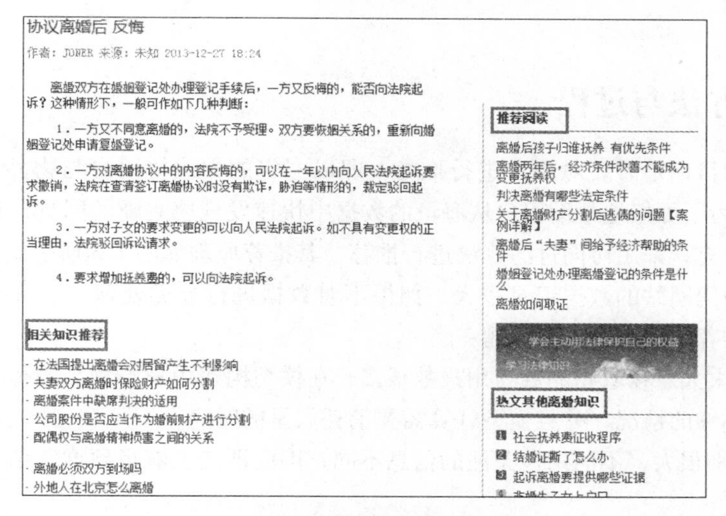

图 7-2　婚姻知识目前的推荐

当用户访问网站页面时，系统会记录用户访问网站的日志，其访问的数据记录见表7-2，其中记录了用户IP（已做数据脱敏处理）、用户访问的时间、访问内容等多项属性，并说明其中的各个属性，见表7-1。

表7-1 访问记录属性表

属性名称	属性说明	属性名称	属性说明
realIP	真实IP	fullURLId	网址类型
realAreacode	地区编号	hostname	源地址名
userAgent	浏览器代理	pageTitle	网页标题
userOS	用户浏览器类型	pageTitleCategoryId	标题类型ID
userID	用户ID	pageTitleCategoryName	标题类型名称
clientID	客户端ID	pageTitleKw	标题类型关键字
timestamp	时间戳	fullReferrer	入口源
timestamp_format	标准化时间	fullReferrerURL	入口网址
pagePath	路径	organicKeyword	搜索关键字
ymd	年月日	source	搜索源
fullURL	网址		

依据表7.2的原始数据，分析如下目标：

- ❑ 按地域研究用户访问时间、访问内容、访问次数等分析主题，深入了解用户访问网站的行为、目的及关心的内容。
- ❑ 借助大量的用户访问记录，发现用户的访问行为习惯，对不同需求的用户推荐相关的服务页面。

7.2 分析方法与过程

这个案例的目标是需要对用户进行推荐，即以一定的方式使用户与物品（本文指网页）建立联系[7-1]。为了更好地帮助用户从海量的数据中快速发现感兴趣的网页，在目前相对单一的推荐系统上补充，采用协同过滤算法进行推荐，其推荐原理如图7-3所示。

由于用户访问网站的数据记录很大，如果不对数据进行分类处理，对所有记录直接采用推荐系统进行推荐，会存在以下问题：

1）数据量太大意味着物品数与用户数很多，在模型构建用户与物品的稀疏矩阵时，出现设备内存空间不够的情况，并且模型计算需要消耗大量的时间；

2）用户区别很大，不同用户关注的信息不同，因此即使能够得到推荐结果，其推荐效果也会不好。

表 7-2 用户访问记录表

realIP	real-Areacode	userAgent	userOS	userID	clientID	timestamp	timestamp_format	pagePath	ymd	fullURL	fullURLId	hostname	pageTitle	pageTitle-CategoryId	page	Title-Category-Name
1531222030	140100	UCWEB/2.0(MIDP-2.0;U;zh-CN;HTC 9060) U2/1.0.0 UCBrowser/10.1.3.546 U2/1.0.0 Mobile	Other	499670012.1	499670012.1	1428041479371	2015/4/3 14:11	/ask/question_8399551.html	20150403	http://www.lawtime.cn	/ask/question_8399551.html	101003	www.lawtime.cn	做作住房公积金的担保人有什么风险-法律快车法律咨询	69	房产买卖纠纷
1531222030	140100	UCWEB/2.0(MIDP-2.0;U;zh-CN;HTC 9060) U2/1.0.0 UCBrowser/10.1.3.546 U2/1.0.0 Mobile	Other	499670012.1	499670012.1	1428041479536	2015/4/3 14:11	/ask/question_8399551.html	20150403	http://www.lawtime.cn	/ask/question_8399551.html	101003	www.lawtime.cn	做作住房公积金的担保人有什么风险-法律快车法律咨询	69	房产买卖纠纷
1706656375	140100	Mozilla/5.0(Windows NT 6.1) AppleWebKit/537.36 (KHTML,like Gecko) Chrome/31.0.1650.63 Safari/537.36	Windows 7	1259341818	1259341818	1429353422107	2015/4/18 18:37	/ask/question_10937991.html	20150418	http://www.lawtime.cn	/ask/question_10937991.html	101003	www.lawtime.cn	做资金监管后业主毁约赔偿问题-法律快车法律咨询	37	立案侦查
4223238775	140100	Mozilla/5.0(Windows NT 6.1) AppleWebKit/537.36 (KHTML,like Gecko) Chrome/31.0.1650.63 Safari/537.36	Windows 7	908370090.1	908370090.1	1426579834667	2015/3/17 16:10	/ask/question_421092.html	20150317	http://www.lawtime.cn	/ask/question_421092.html	101003	www.lawtime.cn	做庄赌博会判什么罪-法律快车法律咨询	26	定罪量刑
1110054106	140100	Mozilla/5.0(Windows NT 5.1) AppleWebKit/537.36 (KHTML, like Gecko) Chrome/31.0.1650.63 Safari/537.36	Windows XP	2068832749	2068832749	1423635850415	2015/2/11 14:24	/ask/question_6925984.html	20150211	http://www.lawtime.cn	/ask/question_6925984.html	101003	www.lawtime.cn	做重伤的伤残鉴定,有没有时间限制规定-法律快车法律咨询	68	工伤赔偿纠纷
1046706190	140100	Mozilla/5.0(Windows NT 6.1; WOW64) AppleWebKit/537.36 (KHTML, like Gecko) Chrome/31.0.1650.63 Safari/537.36	Windows 7	847612256.1	847612256.1	1427852615867	2015/4/1 9:43	/ask/exp/8587.html	20150401	http://www.lawtime.cn	/ask/exp/8587.html	1999001	www.lawtime.cn	做钟点工要签劳动合同吗?-法律快车法律经验	62	劳动合同纠纷
465868558	140100	Mozilla/5.0(Windows NT 5.1) AppleWebKit/537.36 (KHTML, like Gecko) Chrome/31.0.1650.48 Safari/537.36 QQBrowser/7.7.26110.400	Windows XP	1610868312	1610868312	1428394886464	2015/4/7 16:21	/ask/exp/8587.html	20150407	http://www.lawtime.cn	/ask/exp/8587.html	1999001	www.lawtime.cn	做钟点工要签劳动合同吗?-法律快车法律经验	62	劳动合同纠纷
1571227319	140100	Mozilla/5.0(Windows NT 5.1) AppleWebKit/537.36 (KHTML, like Gecko) Chrome/31.0.1650.63 Safari/537.36	Windows XP	371696939.1	371696939.1	1429849254956	2015/4/24 12:20	/ask/exp/8587.html	20150424	http://www.lawtime.cn	/ask/exp/8587.html	1999001	www.lawtime.cn	做钟点工要签劳动合同吗?-法律快车法律经验	62	劳动合同纠纷
2092450417	140100	Mozilla/5.0(Windows NT 6.1) AppleWebKit/537.36 (KHTML, like Gecko) Chrome/36.0.1985.125 Safari/537.36	Windows 7	1632334036	1632334036	1427170907797	2015/3/24 12:21	/ask/question_5598369.html	20150324	http://www.lawtime.cn	/ask/question_5598369.html	101003	www.lawtime.cn	做直销产品甲方应该给开发票吗?-法律快车法律咨询	51	违约赔偿
1121454201	140100	Mozilla/4.0 (compatible; MSIE 8.0; Windows NT 5.1; Trident/4.0;.NET CLR 2.0.50727;.NET CLR 3.0.4506.2152;.NET CLR 3.5.30729; qihu theworld)	Windows XP	2136917696	2136917696	1428039745607	2015/4/3 13:42	/ask/question_3432948.html	20150403	http://www.lawtime.cn	/ask/question_3432948.html	101003	www.lawtime.cn	做侄子的法定监护人-法律快车法律咨询	17	儿童监护
2561650547	140100	Mozilla/5.0(Macintosh;Intel Mac OS X 10_9_5) AppleWebKit/537.78.2 (KHTML, like Gecko) Version/7.0.6 Safari/537.78.2	Mac OS X	1316725305	1316725305	1425978540658	2015/3/10 17:09	/info/yiliao/zrsb/201007214319.html	20150310	http://www.lawtime.cn	/info/yiliao/zrsb/201007214319.html	107001	www.lawtime.cn	做整形手术被毁容如何索赔?-法律快车医疗事故	64	医疗事故赔偿

（续）

realIP	real-Areacode	userAgent	userOS	userID	clientID	timestamp	timestamp_format	pagePath	ymd	fullURL	fullURLId	hostname	pageTitle	pageTitle-CategoryId	page	Title-Category-Name
409120636	140100	Mozilla/5.0(Windows NT 5.1) AppleWebKit/537. 36 (KHTML, like Gecko) Chrome/31. 0. 1650. 63 Safari/537. 36	Windows XP	362380012. 1	362380012. 1	1429463755830	2015/4/20 1:15	/ask/question_3764976. html	20150420	http://www. lawtime. cn	/ask/question_3764976. html	101003	www. lawtime. cn	做杂志,使用网上找来的图片作为背景算不算侵权? - 法律快车法律咨询	26	定罪量刑
1699823729	140100	Mozilla/5.0(Windows NT 6.1; rv: 37. 0) Gecko/20100101 Firefox/37.0	Windows 7	38549427. 14	38549427. 14	1429871000544	2015/4/24 18:23	/ask/question_3764976. html	20150424	http://www. lawtime. cn	/ask/question_3764976. html	101003	www. lawtime. cn	做杂志,使用网上找来的图片作为背景算不算侵权? - 法律快车法律咨询	26	定罪量刑
1257332336	140100	Mozilla/5.0(Windows NT 6.1; WOW64) AppleWebKit/537. 36 (KHTML, like Gecko) Chrome/38. 0. 2125. 122 Safari/537. 36	Windows 7	1242996761	1242996761	1430292457522	2015/4/29 15:27	/ask/question_3764976. html	20150429	http://www. lawtime. cn	/ask/question_3764976. html	101003	www. lawtime. cn	做杂志,使用网上找来的图片作为背景算不算侵权? - 法律快车法律咨询	26	定罪量刑
2586839161	140100	Mozilla/5.0(Windows NT 6.1) AppleWebKit/537. 36 (KHTML, like Gecko) Chrome/31. 0. 1650. 63 Safari/537. 36	Windows 7	1283840943	1283840943	1423489880092	2015/2/9 21:51	/ask/question_3173773. html	20150209	http://www. lawtime. cn	/ask/question_3173773. html	101003	www. lawtime. cn	做有限责任公司的股东条件 - 法律快车法律咨询	41	股权纠纷
2828223345	140100	Mozilla/5.0(Macintosh; Intel Mac OS X 10_9_5) AppleWebKit/537. 78. 2 (KHTML, like Gecko) Version/7. 0. 6 Safari/537. 78. 2	Mac OS X	980744139. 1	980744139. 1	1425095196930	2015/2/28 11:46	/ask/question_3173773. html	20150228	http://www. lawtime. cn	/ask/question_3173773. html	101003	www. lawtime. cn	做有限责任公司的股东条件 - 法律快车法律咨询	41	股权纠纷
1018329870	140100	Mozilla/5.0(Windows NT 6.1; WOW64) AppleWebKit/537. 36 (KHTML, like Gecko) Chrome/31. 0. 1650. 63 Safari/537. 36 SE 2. X MetaSr 1.0	Windows 7	967084001. 1	967084001. 1	1428378107184	2015/4/7 11:41	/ask/question_3173773. html	20150407	http://www. lawtime. cn	/ask/question_3173773. html	101003	www. lawtime. cn	做有限责任公司的股东条件 - 法律快车法律咨询	41	股权纠纷
2119376756	140100	Mozilla/5.0(Windows NT 6.1; Trident/7. 0; rv: 11. 0) like Gecko	Windows 7	1599121760	1599121760	1428486243962	2015/4/8 17:44	/ask/question_3173773. html	20150408	http://www. lawtime. cn	/ask/question_3173773. html	101003	www. lawtime. cn	做有限责任公司的股东条件 - 法律快车法律咨询	41	股权纠纷
2249626126	140100	Mozilla/5.0(Windows NT 6.1) AppleWebKit/537. 36 (KHTML, like Gecko) Chrome/38. 0. 2125. 122 Safari/537. 36	Windows 7	1796985316	1796985316	1423798297363	2015/2/13 11:31	/ask/question_6617278. html	20150213	http://www. lawtime. cn	/ask/question_6617278. html	101003	www. lawtime. cn	做有限公司监事人要负什么责任 - 法律快车法律咨询	41	股权纠纷
3020128887	140100	Mozilla/5.0(Windows NT 6.1; WOW64) AppleWebKit/537. 36 (KHTML, like Gecko) Chrome/31. 0. 1650. 63 Safari/537. 36	Windows 7	1188934890	1188934890	1429697248802	2015/4/22 18:07	/ask/question_6617278. html	20150422	http://www. lawtime. cn	/ask/question_6617278. html	101003	www. lawtime. cn	做有限公司监事人要负什么责任 - 法律快车法律咨询	41	股权纠纷
3423224433	140100	Mozilla/5. 0 (compatible; MSIE 10. 0; Windows NT 6. 1; WOW64; Trident/6. 0; 2345Explorer 5.0.0.14136)	Windows 7	1150849692	1150849692	1430291567285	2015/4/29 15:12	/ask/question_6617278. html	20150429	http://www. lawtime. cn	/ask/question_6617278. html	101003	www. lawtime. cn	做有限公司监事人要负什么责任 - 法律快车法律咨询	41	股权纠纷

3423224433	140100	Mozilla/5.0 (compatible; MSIE 10.0; Windows NT 6.1; WOW64; Trident/6.0; 2345Explorer 5.0.0.14136)	Windows 7	1150849692	1150849692	1430291685261	2015/4/29 15:14	/ask/question_6617278.html	20150429	http://www.lawtime.cn	/ask/question_6617278.html	101003	www.lawtime.cn	做有限公司监事人要负什么责任－法律快车法律咨询	41	股权纠纷
1859491598	140100	Mozilla/5.0(Windows NT 6.1; WOW64) AppleWebKit/537.36 (KHTML, like Gecko) Chrome/31.0.1650.63 Safari/537.36	Windows 7	1102973681	1102973681	1422725918555	2015/2/1 1:38	/ask/question_914636.html	20150201	http://www.lawtime.cn	/ask/question_914636.html	101003	www.lawtime.cn	做游戏外挂会被判刑吗－法律快车法律咨询	26	定罪量刑
1242119863	140100	Mozilla/5.0(Windows NT 6.1; WOW64; Trident/7.0; rv: 11.0) like Gecko	Windows 7	984584705.1	984584705.1	1423536816616	2015/2/10 10:53	/ask/question_3402035.html	20150210	http://www.lawtime.cn	/ask/question_3402035.html	101003	www.lawtime.cn	做引产犯法么－法律快车法律咨询	26	定罪量刑
3609131066	140100	Mozilla/4.0 (Windows; U; Windows NT 5.1; zh-TW; rv:1.9.0.11)	Windows XP	1221287319	1221287319	1429685946200	2015/4/22 14:59	/ask/question_6548781.html	20150422	http://www.lawtime.cn	/ask/question_6548781.html	101003	www.lawtime.cn	做银行黑户贷款中介 别人钱还不上 银行可以找我吗－法律快车法律咨询	78	信用卡恶意透支和套现
2731637774	140100	Mozilla/5.0(Windows NT 5.1) AppleWebKit/537.36 (KHTML, like Gecko) Chrome/31.0.1650.63 Safari/537.36	Windows XP	1204438324	1204438324	1427360738669	2015/3/26 17:05	/ask/question_7658765.html	20150326	http://www.lawtime.cn	/ask/question_7658765.html	101003	www.lawtime.cn	做银行黑户贷款不用还吗?－法律快车法律咨询	78	信用卡恶意透支和套现
2731637774	140100	Mozilla/5.0(Windows NT 5.1) AppleWebKit/537.36 (KHTML, like Gecko) Chrome/31.0.1650.63 Safari/537.36	Windows XP	1204438324	1204438324	1427369024680	2015/3/26 19:23	/ask/question_7658765.html	20150326	http://www.lawtime.cn	/ask/question_7658765.html	101003	www.lawtime.cn	做银行黑户贷款不用还吗?－法律快车法律咨询	78	信用卡恶意透支和套现
2601561724	140100	Mozilla/5.0 (iPad; U; CPU OS 7 like Mac OS X; zh-CN; iPad4,1) AppleWebKit/534.46 (KHTML, like Gecko) UCBrowser/2.8.3.529 U3/Mobile/10A403 Safari/7543.48.3	Other	118385063.1	118385063.1	1423150087176	2015/2/5 23:28	/ask/question_1152117.html	20150205	http://www.lawtime.cn	/ask/question_1152117.html	101003	www.lawtime.cn	做银行贷款担保人有是什么要求?需要什么证件? －法律快车法律咨询	52	金融债务
3787742832	140100	Mozilla/5.0(Windows NT 6.1) AppleWebKit/537.36 (KHTML, like Gecko) Chrome/31.0.1650.63 Safari/537.36	Windows 7	1342347607	1342347607	1425099001584	2015/2/28 12:50	/ask/question_10382308.html	20150228	http://www.lawtime.cn	/ask/question_10382308.html	101003	www.lawtime.cn	做银保工作,保险公司业务员离职不给小账会被追究法律责任处罚嘛? 因为给银行的回扣小账是从我们佣金走账,然后再私下给现金的,我不想被公司剥削,不想给回扣－法律快车法律咨询	26	定罪量刑
1296711793	140100	Mozilla/5.0(Windows NT 6.1; WOW64) AppleWebKit/537.36 (KHTML, like Gecko) Chrome/31.0.1650.63 Safari/537.36	Windows 7	1546761287	1546761287	1422889805462	2015/2/2 23:10	/ask/question_3653924.html	20150202	http://www.lawtime.cn	/ask/question_3653924.html	101003	www.lawtime.cn	做遗产继承公证怎么收费－法律快车法律咨询	21	医患纠纷
2059693169	140100	Mozilla/5.0(Windows NT 5.1) AppleWebKit/537.36 (KHTML, like Gecko) Chrome/31.0.1650.63 Safari/537.36	Windows XP	202229259.1	202229259.1	1423645371761	2015/2/11 17:02	/ask/question_3653924.html	20150211	http://www.lawtime.cn	/ask/question_3653924.html	101003	www.lawtime.cn	做遗产继承公证怎么收费－法律快车法律咨询	21	医患纠纷

（续）

realIP	real-Areacode	userAgent	userOS	userID	clientID	timestamp	timestamp_format	pagePath	ymd	fullURL	fullURLId	host-name	pageTitle	pageTitle-CategoryId	page	Title-Category-Name
364932977	140100	Mozilla/5.0(Windows NT 6.3; WOW64) AppleWebKit/537.36 (KHTML, like Gecko) Chrome/40.0.2214.94 Safari/537.36	Windows 8.1	1911420797	1911420797	1424879011165	2015/2/25 23:43	/ask/question_3653924.html	20150225	http://www.lawtime.cn	/ask/question_3653924.html	101003	www.lawtime.cn	做遗产继承公证怎么收费-法律快车法律咨询	21	医患纠纷
698003068	140100	Mozilla/5.0(Windows NT 6.1) AppleWebKit/537.36 (KHTML, like Gecko) Chrome/38.0.2125.122 Safari/537.36	Windows 7	601074264.1	601074264.1	1425913507611	2015/3/9 23:05	/ask/question_3653924.html	20150309	http://www.lawtime.cn	/ask/question_3653924.html	101003	www.lawtime.cn	做遗产继承公证怎么收费-法律快车法律咨询	21	医患纠纷
460808305	140100	Mozilla/5.0(Windows NT 6.1) AppleWebKit/537.36 (KHTML, like Gecko) Chrome/31.0.1650.63 Safari/537.36	Windows 7	812125454.1	812125454.1	1426514986691	2015/3/16 22:09	/ask/question_3653924.html	20150316	http://www.lawtime.cn	/ask/question_3653924.html	101003	www.lawtime.cn	做遗产继承公证怎么收费-法律快车法律咨询	21	医患纠纷
3080340593	140100	Mozilla/4.0 (compatible; MSIE 8.0; Windows NT 5.1; Trident/4.0; Mozilla/4.0(compatible; MSIE 6.0; Windows NT 5.1; SV1);. NET CLR 1.1.4322;. NET CLR 2.0.50727; CIBA)	Windows XP	919277708.1	919277708.1	1427280973102	2015/3/25 18:56	/ask/question_3653924.html	20150325	http://www.lawtime.cn	/ask/question_3653924.html	101003	www.lawtime.cn	做遗产继承公证怎么收费-法律快车法律咨询	21	医患纠纷
221596127	140100	Mozilla/5.0(Windows NT 6.1; WOW64) AppleWebKit/537.36 (KHTML, like Gecko) Chrome/31.0.1650.48 Safari/537.36 QQBrowser/8.0.3345.400	Windows 7	372903090.1	372903090.1	1428398837055	2015/4/7 17:27	/ask/question_3653924.html	20150407	http://www.lawtime.cn	/ask/question_3653924.html	101003	www.lawtime.cn	做遗产继承公证怎么收费-法律快车法律咨询	21	医患纠纷
705385592	140100	Mozilla/5.0(Windows NT 6.1; WOW64; Trident/7.0; rv: 11.0) like Gecko	Windows 7	690991433.1	690991433.1	1428475106146	2015/4/8 14:38	/ask/question_3653924.html	20150408	http://www.lawtime.cn	/ask/question_3653924.html	101003	www.lawtime.cn	做遗产继承公证怎么收费-法律快车法律咨询	21	医患纠纷
3827394762	140100	Mozilla/5.0(Windows NT 5.1) AppleWebKit/537.36 (KHTML, like Gecko) Chrome/30.0.1599.101 Safari/537.36	Windows XP	730261919.1	730261919.1	1428567244656	2015/4/9 16:14	/ask/question_3653924.html	20150409	http://www.lawtime.cn	/ask/question_3653924.html	101003	www.lawtime.cn	做遗产继承公证怎么收费-法律快车法律咨询	21	医患纠纷
1011128334	140100	Mozilla/5.0 (Linux; U; Android 4.2.2; zh-CN; Hol-T00 Build/HUAWEIHol-T00) AppleWebKit/534.30 (KHTML, like Gecko) Version/4.0 UCBrowser/10.1.3.546 U3/0.8.0 Mobile Safari/534.30	Android	1963560652	1963560652	1423496417446	2015/2/9 23:40	/ask/question_100745.html	20150209	http://www.lawtime.cn	/ask/question_100745.html	101003	www.lawtime.cn	做医疗事故司法鉴定程序-法律快车法律咨询	31	故意伤害
2228186993	140100	Mozilla/5.0(Windows NT 6.1; WOW64) AppleWebKit/537.36 (KHTML, like Gecko) Chrome/35.0.1916.153 Safari/537.36 SE 2.X MetaSr 1.0	Windows 7	1328923830	1328923830	1426219851133	2015/3/13 12:10	/ask/question_100745.html	20150313	http://www.lawtime.cn	/ask/question_100745.html	101003	www.lawtime.cn	做医疗事故司法鉴定程序-法律快车法律咨询	31	故意伤害

注：数据详见01-示例数据/data.zip。

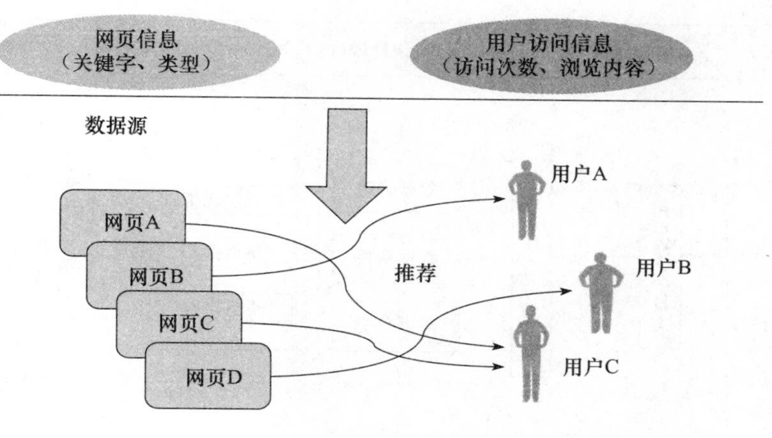

图 7-3　推荐系统原理

为了避免出现上述问题，需要对其进行分类处理与分析，如图 7-4 所示。正常的情况下，需要对用户的兴趣爱好以及需求进行分类。用户访问记录中，没有记录用户访问网页时间的长短，因此不容易判断用户兴趣爱好。本文根据用户浏览的网页信息进行分类处理，主要采用以下方法处理：以用户浏览网页的类型分类，然后推荐每个类型中的内容。

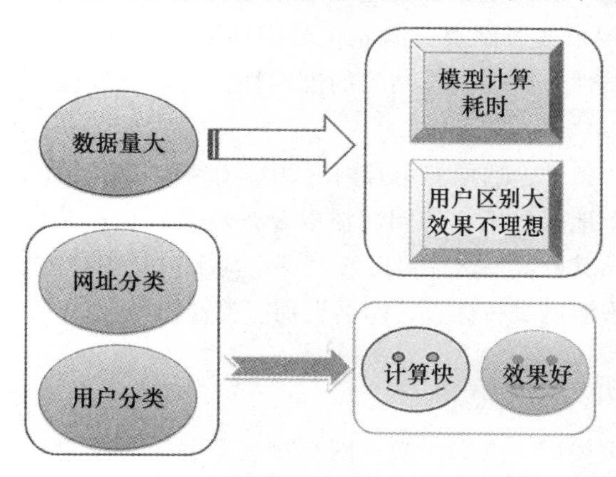

图 7-4　数据处理分析

采用上述的分析方法与思路，结合本例的原始数据以及分析目标，可得到整个分析的流程图，如图 7-5 所示。其分析过程主要包含以下步骤：

1）从系统中获取用户访问网站的原始记录。

2）对数据进行多纬度分析，用户访问内容、流失用户分析以及用户分类等分析。

3）对数据进行预处理，包含数据去重、数据删选、数据分类等处理过程。

4）以用户访问 html 后缀的网页为关键条件，对数据进行处理。

5）对比多种推荐算法进行推荐，通过模型评价，得到比较好的智能推荐模型。通过模型对样本数据进行预测，获得推荐结果。

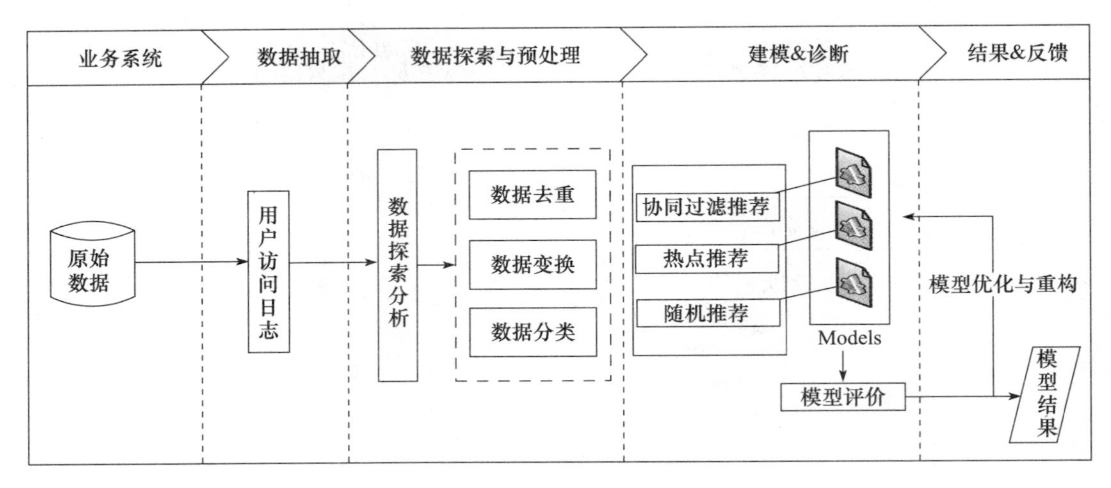

图 7-5 智能推荐系统整理流程图

7.2.1 数据抽取

因为本例以协同过滤算法为主导，其他的推荐算法为辅，而协同过滤算法的特性就是通过历史数据找出相似的用户或者网页，因此在数据抽取的过程中，尽可能选择大量的数据，这样能降低推荐结果随机性，提高推荐结果的准确性，更好地发掘长尾网页中用户感兴趣的网页。

以用户的访问时间为条件，选取三个月内（2015-02-01 ~ 2015-04-29）用户的访问数据作为原始数据集。由于每个地区的用户访问习惯以及兴趣爱好存在差异，因此抽取广州地区的用户访问数据进行分析，其总共有 837 450 条记录，其中包括用户号、访问时间、来源网站、访问页面、页面标题、来源网页、标签、网页类别、关键词等。

7.2.2 数据探索分析

对原始数据中的网页类型、点击次数、网页排名等各个纬度进行分布分析，获得其内在的规律，并通过验证数据，解释其出现结果可能的原因。

1. 网页类型分析

针对原始数据中用户点击的网页类型进行统计，结果见表 7-3，从中发现点击与咨询相关（网页类型为 101，http://www. ＊＊＊＊.com/ask/）的记录占了 49.16%，其次是其他类型（网页类型为 199）的占比为 24% 左右，然后是知识相关（网页类型为 107，http://www. ＊＊＊＊.com/info/）占比为 22% 左右。

表 7-3 网页类型统计

记录数	百分比	网页类型
411 665	49.157	101
201 426	24.0523	199
182 900	21.8401	107
18 430	2.2007	301
17 357	2.0726	102
3957	0.4725	106
1715	0.2048	103

因此可以得到用户点击的页面类型的排行榜为：咨询相关、知识相关、其他方面的网页、法规（类型为 301）、律师相关（类型为 102）。可以初步得出相对于长篇的知识，用户更加偏向于查看咨询或者进行咨询。进一步对咨询类别内部进行统计分析，其结果见表 7-4。其中浏览咨询内容页（101003）记录最多，其次是咨询列表页（101002）和咨询首页（101001）。结合上述初步结论，可以得出用户都喜欢通过浏览问题的方式找到自己需要的信息，而不是以提问的方式或者查看长篇知识的方式。

表 7-4 咨询类别内部统计

记录数	百分比	101 开头类型
396 612	96.3434	101003
7776	1.8889	101002
5603	1.3611	101001
1674	0.4067	其他

统计分析知识类型内部的点击情况，因为知识类型中只有一种类型（107001），所以利用网址对其进行分类，获得知识内容页（http://www.****.com/info/*/数字.html）以及知识首页（http://www.****.com/info/*/）和知识列表页（http://www.****.com/info/*）的分布情况，其结果见表 7-5。

表 7-5 知识类型内部统计

记录数	百分比	107 类型
164 239	89.7972	知识内容页
17 843	9.76	知识首页
818	0.45	知识列表页

分析其他（199）页面的情况，其中网址中带有“?”的占了 32% 左右，其他咨询相关与法规专题占比达到 43% 左右，地区和律师占比为 26% 左右。在网页的分类中，有律师、地区、咨询相关的网页分类，为何这些还会存在其他类别中？查看数据后，发现大部分是以如下网址的形式存在：

- http://www.****.com/guangzhou/p2lawfirm　地区律师事务所
- http://www.****.com/guangzhou　地区网址
- http://www.****.com/ask/ask.php
- http://www.****.com/ask/midques_10549897.html 中间类型网页
- http://www.****.com/ask/exp/4317.html　咨询经验
- http://www.****.com/ask/online/138.html　在线咨询页

带有标记的三类网址本应该有相应的分类，但是由于分类规则的匹配问题，没有相应的匹配。带有 Lawfirm 关键字的对应律师事务所，带有 ask/exp、ask/online 关键字的对应咨询经验和在线咨询页。因此在处理数据过程中，将其清楚分类，便于后续分析数据。

综上分析的三种情况，可以发现大部分用户浏览网页的情况为：咨询内容页、知识内容页、法规专题页，咨询经验（在线咨询页）。因此在后续的分析中，选取其中占比最多的两类（咨询内容页、知识内容页）进行模型分析。

上述在其他类别中，发现网址中存在带“?”的情况，对其进行统计，一共有 65 492 条记录，占所有记录比为 7.8%，统计分析此情况，其结果见表 7-6。可以从表 7-6 中得出网址中带有“?”的情况不仅仅出现在其他类别中，也会出现在咨询内容页和知识内容页中。但其他类型中（1999001）占了大部分（98.8%），因此需要进一步分析其类型内部的规律。

统计分析结果见表7-7，在1999001类型中，标题为“快车－律师助手”的这类信息占比为77%，通过业务了解这是律师的一个登录页面。标题为“咨询发布成功页面”是自动跳转的页面。其他剩下的带有“?”的页面记录，占其记录的15%左右，占所有记录的1%左右。其他类型中的大部分为 http://www. ****. com/ask/question _ 9152354. html? &from = androidqq，该类型网页是被分享过的，可以对其进行处理，截取？前面的网址，还原其原类型。因为快搜和免费发布咨询网址中，类型很混杂，不能直接采用？进行截取，无法还原其原类型，且整个数据集中占比很小，因此在处理数据环节，可以删除这部分数据，并分析其他类别中的网址情况。网址中不包含主网址和关键字的网址的记录有101条，类似的网址为 http://www. baidu. com/link? url = O7iBD2KmoJdkHWTZHagDXrxfBFM0AwLmpid12j2d _ aejNfq6bwSBeqT-1Ov2jWOFMpIt5XUpXGmNiLDlGg0rMCwstskhB5ftAYtO2_voEnu。

表7-6　带？字符网址类型统计表

总数	网页ID	百分比
64 718	1999001	98.8182
356	301001	0.5436
346	107001	0.5283
47	101003	0.0718
25	102002	0.0382

表7-7　其他类型统计表

1999001 总数	网页标题	百分比
49 894	快车－律师助手	77.0945
6166	免费发布咨询	9.5275
5220	咨询发布成功	8.0658
1943	快搜	3.0023
1495	其他类型	2.3102

在查看数据的过程中，发现存在一部分这样的用户，他们没有点击具体的网页（以.html后缀结尾），他们点击的大部分是目录网页，这样的用户可以称为“瞎逛”，总共有7668条记录。统计其中的网页类型，结果见表7-8。可以从中看出，小部分是与知识、咨询相关，大部分是地区、律师和事务所相关的。这部分用户有可能是找律师服务或者是瞎逛的。

从上述网址类型分布分析中，可以发现一些与分析目标无关的规则：咨询发布成功页面；中间类型网页（带有 midques_关键字）；网址中带有“?”类型，无法还原其本身类型的快搜页面与发布咨询网页；重复数据（同一时间、同一用户，访问相同网页）；其他类别的数据（主网址不包含关键字）；无点击.html行为的用户记录；律师的行为记录（通过快车－律师助手判断）。记录这些规则，有利于在数据清洗阶段对数据的清洗操作。

表7-8　“瞎逛”用户点击行为分析

总数	网页ID
3689	199
1764	102
1079	106
846	107
241	101
49	301

上述过程就是对网址类型进行统计得到的分析结果，针对网页的点击次数也进行类似分析。

2. 点击次数分析

统计分析原始数据用户浏览网页次数的情况，其结果见表7-9，可以从中发现浏览一次的用户占所有用户的 58% 左右，大部分用户浏览的次数在 2 ~ 7，用户浏览的平均次数是 3。

表 7-9　用户点击次数统计表

点击次数	用户数	用户百分比	记录百分比
1	132 084	58. 13	20. 26
2	44 137	19. 42	13. 54
3	17 529	7. 71	8. 07
4	10 112	4. 45	6. 21
5	5903	2. 60	4. 53
6	4092	1. 80	3. 77
7	2597	1. 14	2. 79
7 次以上	12 274	5. 04	40. 84

从上述表 7-9 中可以看出大约 77% 的用户只提供了接近 33. 8% 的浏览量（几乎满足二八定律）。在数据中，点击次数最大值为 42 790，对其进行分析，发现是律师的浏览信息（通过律师助手判断）。表 7-10 是浏览 7 次以上的情况进行分析，可以从中看出大部分用户的浏览次数为 8 ~ 100 次。

表 7-10　浏览 7 次以上的用户分析表

点击次数	用户数
8 ~ 100	12 952
101 ~ 1000	439
1000 以上	19

针对浏览一次的用户进行分析，其结果如表 7-11 所示。其中问题咨询页占比为 78%，知识页占比为 15%，而且这些记录基本上全都是通过搜索引擎进入的。由此可以猜测两种可能：一是用户为流失用户，在问题咨询与知识页面上没有找到相关的需要；二是用户找到其需要的信息，因此直接退出。综合这些情况，可以将这些点击一次的用户行为定义为网页的跳出率。为了降低网页的跳出率，就需要对用户进行个性化推荐，帮助发现其感兴趣或者需要的网页。

表 7-11　浏览一次的用户行为分析

网页类型 ID	个数	百分比
101003	102 560	77. 63
107001	19 443	14. 72
1999001	9381	7. 10
301001	515	0. 39
其他	202	0. 15

针对点击一次的用户浏览的网页进行统计分析，其结果见表 7-12。可以看出排名靠前都是知识与咨询页面，因此可以猜测大量用户的关注都在知识或咨询方面上。

表 7-12　点击一次用户浏览网页统计

网页	点击数
http://www. ****. com/info/shuifa/slb/2012111978933. html	1013
http://www. ****. com/info/hunyin/lhlawlhxy/20110707137693. html	501
http://www. ****. com/ask/question_925675. html	423
http://www. ****. com/ask/exp/13655. html	301
http://www. ****. com/ask/exp/8495. html	241
http://www. ****. com/ask/exp/13445. html	199
http://www. ****. com/ask/exp/17357. html	171

3. 网页排名

由分析目标可知，个性化推荐主要针对html后缀的网页（与物品的概念类似）。从原始数据中统计html后缀网页的点击率，其点击率排名的结果见表7-13。从表7-13中可以看出，点击次数排名前20名中，“法规专题”占了大部分，其次是“知识”，然后是“咨询”。但是从前面分析的结果中可知，原始数据中与咨询主题相关的记录占了大部分。但是在其html后缀的网页排名中，“专题与知识”的占了大部分。通过业务了解，专题属于知识大类里的一个小类。统计html后缀的网页类型的点击排名时，其中“知识”页面相对“咨询”页面要少很多，见表7-14。出现这种现象的原因在于，当大量的用户在浏览咨询页面时，呈现一种比较分散的浏览次数，即其各个页面点击率不高，但是其总的浏览量高于“知识”。所以造成网页排名中其“咨询”方面的排名比较低。

表7-13 点击率排名表

网址	点击数
http://www. ****. com/faguizt/23. html	6503
http://www. ****. com/info/hunyin/lhlawlhxy/20110707137693. html	4938
http://www. ****. com/faguizt/9. html	4562
http://www. ****. com/info/shuifa/slb/2012111978933. html	4495
http://www. ****. com/faguizt/11. html	3976
http://www. ****. com/info/hunyin/lhlawlhxy/20110707137693_2. html	3305
http://www. ****. com/faguizt/43. html	3251
http://www. ****. com/faguizt/15. html	2718
http://www. ****. com/faguizt/117. html	2670
http://www. ****. com/faguizt/41. html	2455
http://www. ****. com/info/shuifa/slb/2012111978933_2. html	2161
http://www. ****. com/faguizt/131. html	1561
http://www. ****. com/ask/browse_a1401. html	1305
http://www. ****. com/faguizt/21. html	1210
http://www. ****. com/ask/exp/13655. html	1060
http://www. ****. com/faguizt/39. html	1059
http://www. ****. com/faguizt/79. html	916
http://www. ****. com/ask/question_925675. html	879
http://www. ****. com/faguizt/7. html	845
http://www. ****. com/ask/exp/8495. html	726

表7-14　类型点击数

html网页类型	总点击次数	用户数	平均点击率
知识类（包含专题和知识）	231 702	65 483	3. 54
咨询类	437 132	185 478	2. 37

从原始html的点击率排行榜中可以发现如下情况，排行榜中存在这样两种类似的网址http://www. ****. com/info/hunyin/lhlawlhxy/20110707137693_2. html和http://www. ****. com/info/hunyin/lhlawlhxy/20110707137693. html。通过简单访问其网址，发现其本身属于同一网页，但由于系统在记录用户访问网址的信息时会将其记录在数据中。因此在用户访问网址的数据中存在这些翻页的情况，针对这些翻页的网页进行统计，结果如表7-15所示。

表7-15　翻页网页统计表

网页	次数	比例
http://www. ****. com/info/gongsi/slbgzcdj/201312312876742. html	243	
http://www. ****. com/info/gongsi/slbgzcdj/201312312876742_2. html	190	0. 782
http://www. ****. com/info/hetong/ldht/201311152872128. html	197	0. 468
http://www. ****. com/info/hetong/ldht/201311152872128_2. html	421	
http://www. ****. com/info/hetong/ldht/201311152872128_3. html	293	0. 696
http://www. ****. com/info/hetong/ldht/201311152872128_4. html	180	0. 614
http://www. ****. com/info/hunyin/hunyinfagui/20110813143541. html	299	
http://www. ****. com/info/hunyin/hunyinfagui/20110813143541_2. html	234	0. 783
http://www. ****. com/info/hunyin/hunyinfagui/20110813143541_3. html	175	0. 748

通过业务了解，同一网页中登录次数最多都是从外部搜索引擎直接搜索到的网页。分析其中的浏览翻页情况，平均大概60% ~80%的人会选择看下一页，基本每一页都会丢失20% ~40%的点击率，点击率会出现衰减的情况。同时对“知识”类型网页进行检查，可以发现页面上并无全页显示功能，但是“知识”页面中大部分都存在翻页的情况。这样就造成了大量的用户选择浏览了2 ~5页后，很少会选择浏览完全部内容。因此用户会直接放弃此次的搜索，从而增加了网站的跳出率，降低了客户的满意度，不利于企业的长期稳定发展。

7.2.3　数据预处理

本案例在探索分析原始数据的基础上，发现与分析目标无关或模型需要处理的数据，针对此类数据进行处理。其中涉及的数据处理方式有：数据清洗、数据集成和数据变换。

通过这几类处理方式，将原始数据处理成模型需要的输入数据，其数据处理流程图如图 7-6 所示。

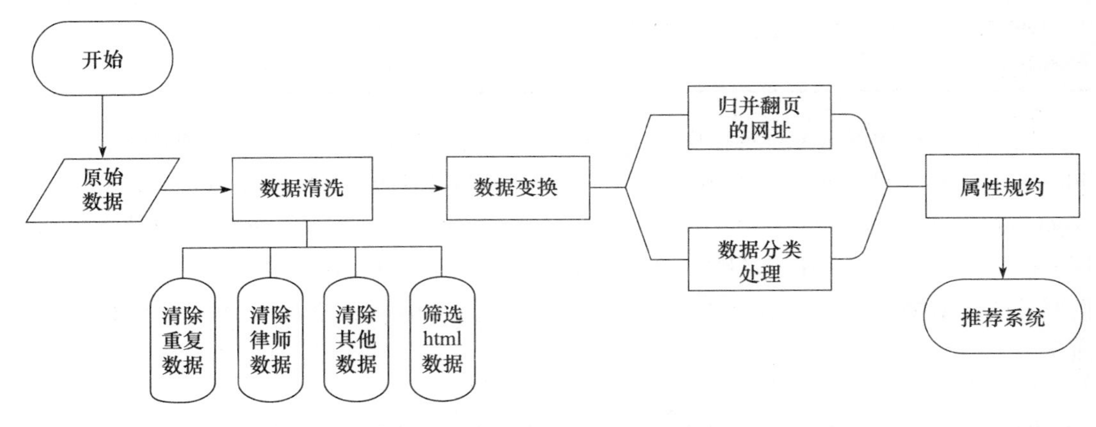

图 7-6 数据处理流程图

1. 数据清洗

从探索分析的过程中发现与分析目标无关的数据，归纳总结其数据满足如下规则：中间页面的网址、咨询发布成功页面、律师登录助手的页面等。将其整理成删除数据的规则，其清洗的结果见表 7-16。从表 7-16 中可以发现，律师用户信息占所有记录的 22% 左右。其他类型的数据占比很小，大概为 5% 左右。

表 7-16 规则清洗表

删除数据规则	删除数据记录	原始数据记录	百分比
中间类型网页（带 midques_关键字）	2036	837 450	0. 24
（快车 - 律师助手）律师的浏览信息	185 437	837 450	22. 14
咨询发布成功	4819	837 450	0. 58
主网址不包含关键字	92	837 450	0. 01
快搜与免费发布咨询的记录	9982	837 450	1. 19
其他类别带有？的记录	571	837 450	0. 07
无 . html 点击行为的用户记录	7668	837 450	0. 92
重复记录	25 598	837 450	3. 06

经过上述数据清洗后的记录中仍然存在大量的目录网页（可理解为用户浏览信息的路径），在进入推荐系统时，这些信息的作用不大，反而会影响推荐的结果，因此需要从中进一步筛选 html 后缀的网页。根据分析目标以及探索结果可知，咨询与知识是其主要业务来源，故需筛选咨询与知识相关的记录。将此部分数据作为模型分析需要的数据，其数据表见表 7-17。

表7-17　数据清洗后的数据表

realIP	realAreac	userAgent	userOS	userID	clientID	timestamp	timestamp_fo	pagePath	ymd	fullURL	fullURLId	hostname	pageTitle	pageTitleCate	pageTitleCate	pageTitleKw	fullReferrer	fullReferrerUR	organicKeywo	source
2683657840	140100	Mozilla/5.0 (W	Windows XP	785022225.1	785022225	14229732682	2015-02-03 2	/info/hunyin/h	20150203	http://www.lawtime.cn/info/hunyin/hunyinfagui/201404	107001	www.lawtim	广东省人口与计划生育	31	故意伤害	计划生育				
973705742	140100	Mozilla/5.0 (W	Windows 7	2048326726.	204832671	14229732683	2015-02-03 2	/ask/exp/1719	20150203	http://www.lawtime.cn/ask/exp/17199.html	1999001	www.lawtim	非广州户籍人员可以在	20	劳资纠纷	出入境	baidu	http://www.ba	非广州户籍人	baidu
3104681075	140100	Mozilla/5.0 (W	Windows XP	1639801603.	16398016	14229732773	2015-02-03 2	/ask/question	20150203	http://www.lawtime.cn/ask/question_3893276.html	101003	www.lawtim	汽车碰撞自行车或两轮	26	定罪量刑	法律咨询	www.haosou.	http://www.haosou.com/s?q		www.haosou.
308351962	140106	Mozilla/4.0 (c	Windows XP	1597050740.	15970507	14229732827	2015-02-03 2	/ask/question	20150203	http://www.lawtime.cn/ask/question_5281741.html	101003	www.lawtim	交通事故销案后不满意	12	伤害赔偿	法律咨询	baidu	http://www.ba	交通事故赔偿	baidu
2683657840	140100	Mozilla/5.0 (W	Windows XP	785022225.1	785022225	14229732900	2015-02-03 2	/info/hunyin/h	20150203	http://www.lawtime.cn/info/hunyin/hunyinfagui/201404	107001	www.lawtim	广东省人口与计划生育	31	故意伤害	计划生育				
207452174	140100	Mozilla/5.0 (W	Windows XP	589522884.1	58952288	14229732952	2015-02-03 2	/ask/question	20150203	http://www.lawtime.cn/ask/question_4314579.html	101003	www.lawtim	b2驾驶证提交身体条件	26	定罪量刑	法律咨询	www.haosou.	http://www.haosou.com/s?i		www.haosou.
432282638	140100	Mozilla/5.0 (W	Windows 7	225597321.1	22559732	14229733050	2015-02-03 2	/info/laodong/	20150203	http://www.lawtime.cn/info/laodong/zhiyebing/201403	107001	www.lawtim	2014职业病分类和目录	23	妇女权益	劳动法				
285097530	140100	Mozilla/5.0 (i	iOS	2105429197.	21054291	14229733091	2015-02-03 2	/ask/question	20150203	http://www.lawtime.cn/ask/question_10190986.html	101003	www.lawtim	在银行购买保险到期了	60	其他险种问题	法律咨询	baidu	http://www.ba	银行买保险到	baidu
776247310	140100	Mozilla/5.0 (i	iOS	1577666249.	15776662	14229733171	2015-02-03 2	/ask/question	20150203	http://www.lawtime.cn/ask/question_77070.html	101003	www.lawtim	请问事业单位退休死亡	62	劳动合同纠纷	法律咨询	zhidao.baidu.	http://zhidao.baidu.com/que		zhidao.baidu.
1275347569	140100	Mozilla/5.0 (W	Windows 7	303317099.1	30331709	14229733194	2015-02-03 2	/info/hunyin/lh	20150203	http://www.lawtime.cn/info/hunyin/lhlawlhxy/2011070	107001	www.lawtim	离婚协议书范本（2015	43	财产分割	婚姻法				
1768232564	140100	Mozilla/5.0 (W	Windows 7	385670441.1	38567044	14229733215	2015-02-03 2	/info/zhaiquan	20150203	http://www.lawtime.cn/info/zhaiquan/zhaiquanguanli/z	107001	www.lawtim	债务免除协议书 - 法律	52	金融债务	协议书	www.haosou.	http://www.haosou.com/s?q		www.haosou.
2891940471	140100	Mozilla/5.0 (W	Windows XP	1468293794.	14682937	14229733242	2015-02-03 2	/ask/question	20150203	http://www.lawtime.cn/ask/question_5026422.html	101003	www.lawtim	网签商品房买卖合同与	69	房产买卖纠纷	法律咨询	www.haosou.	http://www.haosou.com/s?i		www.haosou.
2962015864	140100	Mozilla/5.0 (W	Windows 7	33209881.14	33209881.	14229733283	2015-02-03 2	/ask/question	20150203	http://www.lawtime.cn/ask/question_4552129.html	101003	www.lawtim	邻里宅基地纠纷调解书	13	侵权纠纷	法律咨询	www.haosou.	http://www.haosou.com/s?q		www.haosou.
2977395726	140100	Mozilla/5.0 (W	Windows 7	946774240.1	94677424	14229733304	2015-02-03 2	/ask/question	20150203	http://www.lawtime.cn/ask/question_9065370.html	101003	www.lawtim	网上扣缴社保扣款时为	48	资金被盗	法律咨询	baidu	http://www.ba	社保卡未签约	baidu
4207369840	140100	Mozilla/5.0 (W	Windows 7	256955339.1	25695533	14229733332	2015-02-03 2	/ask/question	20150203	http://www.lawtime.cn/ask/question_10229039.html	101003	www.lawtim	急急急，关于请假的问	61	劳动合同效力	法律咨询				
4173218417	140100	Mozilla/5.0 (W	Windows XP	1474658488.	14746584	14229733389	2015-02-03 2	/ask/question	20150203	http://www.lawtime.cn/ask/question_2106944.html	101003	www.lawtim	我不是在医院出生的所	7	五险一金	法律咨询	www.haosou.	http://www.haosou.com/s?q		www.haosou.
3552806875	140107	Mozilla/5.0 (i	iOS	184458049.1	18445804	14229733400	2015-02-03 2	/ask/question	20150203	http://www.lawtime.cn/ask/question_513323.html	101003	www.lawtim	公司帐户能开支票给私	26	定罪量刑	法律咨询	baidu	http://www.ba	公司支票能对	baidu
3051663228	140100	Mozilla/5.0 (W	Windows 7	830848664.1	83084866	14229733445	2015-02-03 2	/ask/question	20150203	http://www.lawtime.cn/ask/question_2255044.html	101003	www.lawtim	两个小孩的离婚协议书	43	财产分割	法律咨询	www.haosou.	http://www.haosou.com/s?q		www.haosou.
3017251342	140100	Mozilla/5.0 (W	Windows 7	1696163108.	16961631	14229733507	2015-02-03 2	/ask/question	20150203	http://www.lawtime.cn/ask/question_7007797.html	101003	www.lawtim	我在别的驾校报的名考	51	违约赔偿	法律咨询	baidu	http://www.ba	报了名的驾校	baidu
2631167857	140100	Mozilla/5.0 (W	Windows 7	1474537889.	14745378	14229733520	2015-02-03 2	/ask/browse_	20150203	http://www.lawtime.cn/ask/browse_a1401.html	101002	www.lawtim	广州法律咨询 - 全部问	31	故意伤害	法律咨询				
114516081	140100	Mozilla/4.0 (c	Windows XP	911092104.1	91109210	14229733532	2015-02-03 2	/ask/question	20150203	http://www.lawtime.cn/ask/question_9097023.html	101003	www.lawtim	小规模纳税人未达到起	26	定罪量刑	法律咨询	baidu	http://www.ba	收入未达起征	baidu
3802099569	140100	Mozilla/4.0 (c	Windows XP	2027551247.	20275512	14229733536	2015-02-03 2	/ask/question	20150203	http://www.lawtime.cn/ask/question_105139.html	101003	www.lawtim	如果想买房子，但没有	8	产权转移	法律咨询	www.haosou.	http://www.haosou.com/s?i		www.haosou.
3561453326	140100	Mozilla/5.0 (i	iOS	1887865469.	18878654	14229733586	2015-02-03 2	/ask/question	20150203	http://www.lawtime.cn/ask/question_6365652.html	101003	www.lawtim	一店铺老营业执照没有	20	劳资纠纷	法律咨询	baidu	http://www.ba	转让的铺子如	baidu
1561948430	140100	Mozilla/5.0 (W	Windows XP	1610370014.	16103700	14229733602	2015-02-03 2	/ask/question	20150203	http://www.lawtime.cn/ask/question_3262403.html	101003	www.lawtim	退职与退休的区别 - 法	23	妇女权益	法律咨询	baidu	http://www.ba	退职和退休的	baidu

2. 数据变换

由于在用户访问知识的过程中，存在翻页的情况，不同的网址属于同一类型的网页，见表7-18。数据处理过程中需要对这类网址进行处理，最简单的处理方法是删除翻页的网址。但是用户在访问页面的过程中，是通过搜索引擎进入网站的，所以其入口网页不一定是其原始类别的首页，采用删除的方法会损失大量的有用数据，在进入推荐系统时，会影响推荐结果。针对这些网页需要还原其原始类别，首先需要识别翻页的网址，然后还原翻页的网址，最后针对每个用户访问的页面进行去重操作，其操作结果见表7-19。

表7-18 用户翻页网址表

用户ID	时间	访问网页
978851598	2015-02-11 15:24:25	http://www. ****. com/info/jiaotong/jtlawdljtaqf/201410103308246. html
978851598	2015-02-11 15:25:46	http://www. ****. com/info/jiaotong/jtlawdljtaqf/201410103308246_2. html
978851598	2015-02-11 15:25:52	http://www. ****. com/info/jiaotong/jtlawdljtaqf/201410103308246_4. html
978851598	2015-02-11 15:26:00	http://www. ****. com/info/jiaotong/jtlawdljtaqf/201410103308246_5. html
978851598	2015-02-11 15:26:10	http://www. ****. com/info/jiaotong/jtlawdljtaqf/201410103308246_6. html

表7-19 数据变换后的用户翻页表

用户ID	时间	访问网页
978851598	2015-02-11 15:26:10	http://www. ****. com/info/jiaotong/jtlawdljtaqf/201410103308246. html

由于在探索阶段发现有部分网页的所属类别是错误的，需对其数据进行网址分类，且分析目标是分析“咨询”类别与“知识”类别，因此对这些网址进行手动分类，其分类的规则和结果见表7-20，其中对网址中包含ask、askzt关键字的记录人为归类至“咨询”类别，将包含zhishi、faguizt关键字的网址归类为“知识”类别。

表7-20 网页类别规则

类型	总记录数	百分比	说明
咨询类	384 092	66.6%	网址中包含ask、askzt关键字
知识类	188 421	32.7%	网址中包含zhishi、faguizt关键字

因为目标是为用户提供个性化的推荐，在处理数据的过程中需要进一步对数据进行分类，其分类方法如图7-7所示图中的“知识”部分是由很多小的类别组成的。由于在提供的原始数据中“知识”类别无法进行内部分类，所以从业务上分析，可以采用其网址的构成对其进行分类。对表7-21中的用户访问记录进行分类，其分类结果见表7-22。

表7-21 网页分类表

用户	网址
863142519	http://www. ****. com/info/minshi/fagui/2012111982349. html
863142519	http://www. ****. com/info/shuifa/yys/201403042882164_2. html
863142519	http://www. ****. com/info/jiaotong/jtnews/20130123121426. html

表 7-22　网页分类结果表

用户	类别 1	类别 2	类别 3
863142519	zhishi	minshi	fagui
863142519	zhishi	shuifa	yys
863142519	zhishi	jiaotong	jtnews

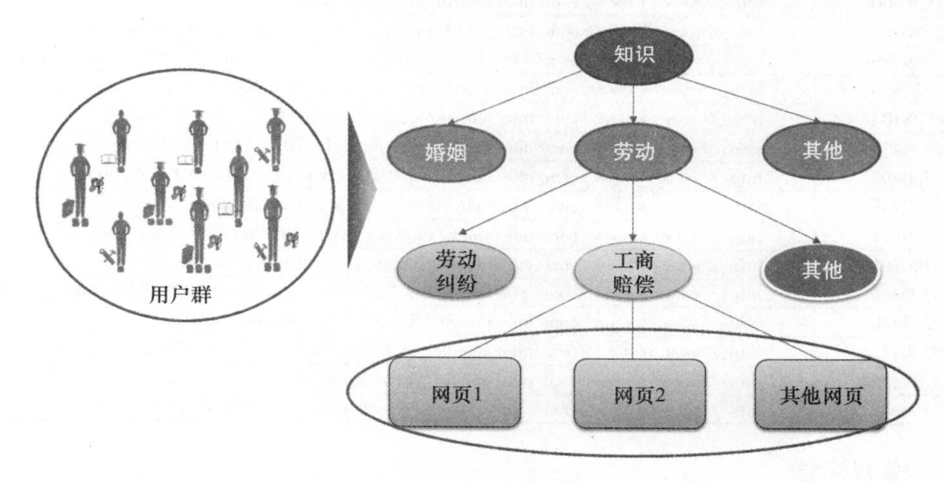

图 7-7　网页分类图

统计分析每一类中的记录，以“知识”类别中的婚姻法为例进行统计分析，结果见表 7-23。可以发现其网页的点击率基本满足二八定律，即“80% 的网页只占了浏览量的 20% 左右”，通过这个规则，按点击行为进行分类分析，20% 的网页是热点网页，其他 80% 的页面属于点击次数少的。因此在进行推荐过程中，需要将其分开推荐，以达到推荐的最优效果。

表 7-23　婚姻知识点击次数统计表

点击次数	网页个数（3314）	网页百分比	记录数（16 849）	记录百分比
1	1884	56. 85	1884	11. 18
2	618	18. 65	1236	7. 34
3	247	7. 45	741	4. 4
4	151	4. 56	604	3. 58
5 ~ 4679	414	12. 49	12 384	73. 5

3. 属性规约

由于推荐系统模型的输入数据需要，需对处理后的数据进行属性规约，提取模型需要的属性。本案例中模型需要的数据属性为用户和用户访问的网页。因此将其他属性删除，只保留用户与用户访问的网页数据，其输入数据集见表 7-24。

表 7-24　模型输入数据集

用户	网页
2018622772	http://www. ****. com/info/hunyin/hunyinfagui/201312112874686. html
1032300855	http://www. ****. com/info/hunyin/lihuntiaojian/201408273306990. html
1032300856	http://www. ****. com/info/gongsi/gzczgqgz/2010090150526. html
3029700497	http://www. ****. com/info/xingshisusongfa/xingshipanjueshu/20110427115148. html
1971856960	http://www. ****. com/info/hunyin/lhlawlhxy/20110707137693. html
1875780750	http://www. ****. com/info/xingshisusongfa/xingshipanjueshu/20110706119307. html
1032299799	http://www. ****. com/info/xingshisusongfa/xingshipanjueshu/20110503115363. html
1033227430	http://www. ****. com/info/hunyin/yizhu/20120924165440. html
1928928104	http://www. ****. com/info/hunyin/hunyinfagui/20111012157587. html
2937714434	http://www. ****. com/info/jiaotong/jtaqchangshi/20121218120961. html
3029700498	http://www. ****. com/info/fangdichan/tudizt/zhaijidi/20111019165581. html
1033227430	http://www. ****. com/info/hunyin/yizhudingli/2010102668080. html
1032299831	http://www. ****. com/info/yimin/England/yymtj/20100119259. html
3029700501	http://www. ****. com/info/hunyin/lihuntiaojian/2011010894137. html
3029700365	http://www. ****. com/info/fangdichan/tudizt/zhaijidi/201405152978392. html
1033227430	http://www. ****. com/info/hunyin/yizhu/20120924165440. html
3029700372	http://www. ****. com/info/fangdichan/tudizt/zhaijidi/201405152978392_2. html
1033227430	http://www. ****. com/info/hunyin/yizhu/20120924165439. html
1875780622	http://www. ****. com/info/hunyin/wuxiaohunyin/201412193311538. html

7.2.4　模型构建

在实际应用中，构造推荐系统时，并不是采用单一的某种推荐方法进行推荐。为了实现较好的推荐效果，大部分都结合多种推荐方法组合推荐结果，最后得出推荐结果，在组合推荐结果时，可以采用串行或者并行的方法。本例展示的是并行的组合方法，如图 7-8[㊀]所示。

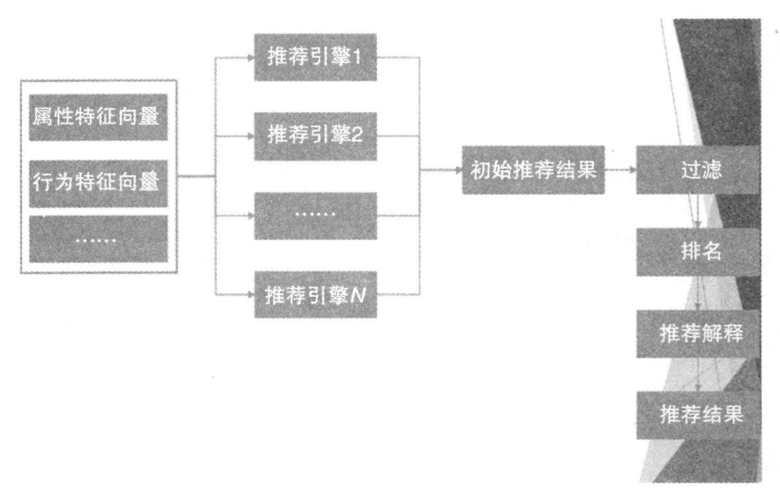

图 7-8　推荐系统流程图

㊀ 图片来源于网页 http://www. docin. com/p-613240540. html

针对此项目的实际情况，其分析目标的特点为：长尾网页丰富、用户个性化需求强烈、推荐结果实时变化，以及结合原始数据的特点：网页数明显小于用户数。本例采用基于物品的协同过滤推荐系统对用户进行个性化推荐，以其推荐结果作为推荐系统结果的重要部分。同时，推荐的结果是利用用户的历史行为进行推荐，使用户更容易信服其推荐结果的可靠性。

基于物品的协同过滤系统的一般处理过程为：分析用户与物品的数据集，通过用户对项目的浏览与否（喜好）找到相似的物品，然后根据用户的历史喜好，推荐相似的项目给目标用户。图 7-9 是基于物品的协同过滤推荐系统图[⊖]，从图中可知用户 A 喜欢物品 A 和物品 C，用户 B 喜欢物品 A、物品 B 和物品 C，用户 C 喜欢物品 A。从这些用户的历史喜好可以分析出物品 A 和物品 C 是比较类似的，喜欢物品 A 的人都喜欢物品 C，基于这个数据可以推断用户 C 很有可能也喜欢物品 C，所以系统会将物品 C 推荐给用户 C。

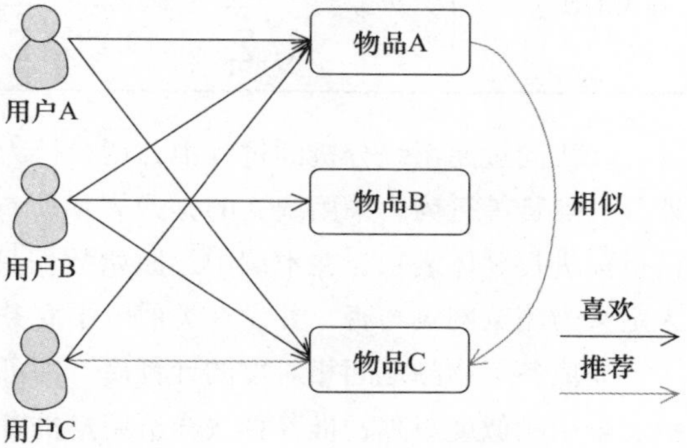

图 7-9　基于物品的推荐系统原理

根据上述处理过程可知，基于物品的协同过滤算法主要分为两步：

1）计算物品之间的相似度。

2）根据物品的相似度和用户的历史行为给用户生成推荐列表。

其中关于物品相似度计算的方法有：夹角余弦、杰卡德（Jaccard）相似系数和相关系统等。将用户对某一个物品的喜好或者评分作为一个向量，例如所有用户对物品 1 的评分或者喜好程度表示为 $A_1=(x_{11}, x_{21}, x_{31}\cdots x_{n1})$，所有用户对物品 M 的评分或者喜好程度表示为 $A_M=(x_{1m}, x_{2m}, x_{3m}\cdots x_{nm})$，其中 m 为物品，n 为用户数。可以采用上述几种方法计算两个物品之间的相似度，其计算公式见表 7-25。由于用户的行为是二元选择（0-1 型），因此本例在计算物品的相似度过程中，采用杰卡德相似系数的方法。

表 7-25　相似度计算公式

方法	公式	说明
夹角余弦	$sim_{1m}=\dfrac{\sum_{k=1}^{n}x_{k1}x_{km}}{\sqrt{\sum_{k=1}^{n}x_{k1}^2}\sqrt{\sum_{k=1}^{n}x_{km}^2}}$ $\left(sim_{1m}=\dfrac{A_1\cdot A_M}{\lvert A_1\rvert\times\lvert A_M\rvert}\right)$	取值范围为［-1，1］，余弦值接近±1 时，表明两个向量有较强的相似性。当余弦值为 0 时，表示不相关

[⊖] 图片引用网站 http://www.haodaima.net/art/2167399 中有关于物品的协同过滤推荐的原理图

（续）

方法	公式	说明
杰卡德相似系数	$J(A_1, A_M) = \frac{\lvert A_1 \cap A_M \rvert}{\lvert A_1 \cup A_M \rvert}$	分母 $A_1 \cup A_M$ 表示喜欢物品 1 与喜欢物品 M 的用户总数，分子 $A_1 \cap A_M$ 表示同时喜欢物品 1 和物品 M 的用户数
相关系数	$sim_{1m} = \frac{\sum_{k=1}^{n}(x_{k1} - \overline{A_1})(x_{km} - \overline{A_M})}{\sqrt{\sum_{k=1}^{n}(x_{k1} - \overline{A_1})^2}\sqrt{\sum_{k=1}^{n}(x_{km} - \overline{A_M})^2}}$	相关系数的取值范围是［-1，1］。相关系数的绝对值越大，表明两者相关度越高

在协同过滤系统分析的过程中，用户行为有很多种，如浏览网页与否、是否购买、评论、评分、点赞等行为。采用统一的方式表示所有这些行为是很困难的，因此只能针对具体的分析目标进行具体表示。在本例中，原始数据只记录了用户访问网站浏览行为，因此用户的行为定义为浏览网页与否，并没有类似电子商务网站上的购买、评分和评论等用户行为。

完成各个物品之间相对度的计算后，即可构成一个物品之间的相似度矩阵，如表 7-26 所示。采用相似度矩阵，推荐算法会给用户推荐与其物品最相似的 K 个物品。公式 $P = SIM * R$ 度量了推荐算法中用户对所有物品的感兴趣程度。其中 R 代表用户对物品的兴趣，SIM 代表所有物品之间的相似度，P 为用户对物品感兴趣的程度。因为用户的行为是二元选择（是与否），所以用户对物品的兴趣 R 矩阵中只取值为 0 或 1。

表 7-26　相似度矩阵

物品	A	B	C	D
A	1	0.763	0.251	0
B	0.763	1	0.134	0.529
C	0.251	0.134	1	0.033
D	0	0.529	0.033	1

由于推荐系统是根据物品的相似度以及用户的历史行为，对用户的兴趣度进行预测并推荐，因此在评价模型时需要用到一些评测指标。为了得到评测指标，一般是将数据集分成两部分：大部分作为模型训练集，小部分数据作为测试集。通过训练集得到的模型，在测试集上进行预测，然后统计出相应的评测指标，通过各个评测指标的值可以知道预测效果的好与坏。

本例采用交叉验证的方法完成模型的评测，具体方法为：将用户行为数据集按照均匀分布随机分成 M 份（本例取 $M = 10$），挑选一份作为测试集，将剩下的 $M - 1$ 份作为训练集。然后在训练集上建立模型，并在测试集上预测用户行为，统计出相应的评测指标。为了保证评测指标不出现过拟合的结果，需要进行 M 次实验，并且每次都使用不同的测试集。然后将 M 次实验测出的评测指标的平均值作为最终的评测指标。

1. 基于物品的协同过滤

基于协同过滤推荐算法包括两部分：基于用户的协同过滤推荐和基于物品的协同过滤推荐。本文结合实际的情况，选择基于物品的协同过滤算法进行推荐，其模型构建的流程如图 7-10 所示。

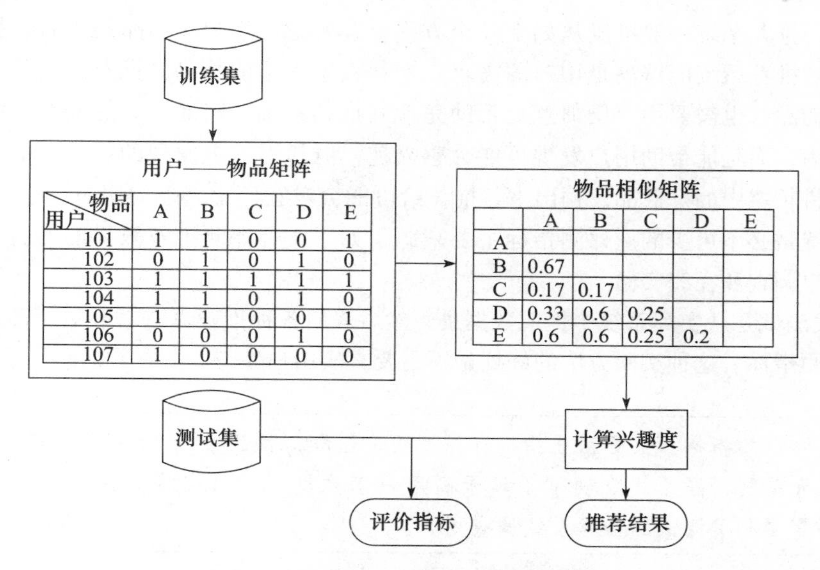

图 7-10　基于物品协同过滤建模流程图

其中训练集与测试集是通过交叉验证的方法划分后的数据集。由协同过滤算法的原理可知，在建立推荐系统时，建模的数据量越大，越能消除数据中的随机性，但是数据量越大，模型建立以及模型计算耗时越久。本文选择数据处理后的婚姻与咨询的数据，其数据分布情况如表 7-27 所示。在实际应用中，应当以大量的数据构建模型，这样得到的推荐结果相对好些。

表 7-27　模型数据统计表

数据类型	训练数据总数	物品个数	访问平均次数	测试数据总数
婚姻类型	16 499	4428	4	1800
咨询类型	8000	4017	2	893

由于实际数据中，物品数目过多，建立的用户物品矩阵与物品相似度矩阵很庞大，因此图 7-10 中采用一个简单示例，在用户物品矩阵的基础上采用杰卡德相似系数的方法，计算出物品相似度矩阵。通过物品相似矩阵与测试集的用户行为，计算用户的兴趣度，获得推荐结果，进而计算出各种评价指标。

为了对比个性化推荐算法与非个性化推荐算法的好坏，本文选择了两种非个性化算法和一种个性化算法进行相应的建模并对模型进行评价与分析。其中两种非个性化算法为：Random 算法、Popular 算法，其中 Random 算法每次都随机挑选用户没有产生过行为的物品推荐给当前用户。Popular 算法是按照物品的流行度给用户推荐他没有产生过行为的物品中最热门的物品。个性化算法为：基于物品的协同过滤算法。利用这 3 种算法，采用相同的交叉验证方法，对数据进行建模分析，获得各个算法的评价指标。

2. 模型评价

评价一个推荐系统一般可以从如下几个方面整体考虑：用户、物品提供者、提供推荐系统网站。好的推荐系统能够满足用户的需求，推荐其感兴趣的物品。推荐的物品中，不能全都是热门的物品，也需要用户反馈意见帮助完善其推荐系统。因此，好的推荐系统不仅能预测用户的行为，而且能帮助用户发现可能会感兴趣，但却不易被发现的物品。推荐系统还应该帮助商家将长尾中的好商品发掘出来，推荐给可能会对它们感兴趣的用户。在实际应用中，评测推荐系统是必不可少的。评测指标主要来源于如下 3 种评测推荐效果的实验方法，即离线测试、用户调查和在线实验。

1）离线测试是从实际系统中提取数据集，然后采用各种推荐算法对其进行测试，获得各个算法的评测指标。这种实验方法的好处是不需要真实用户参与。

注意　离线测试的指标和实际商业指标存在差距，比如，预测准确率和用户满意度之间就存在很大差别，高预测准确率不等于高用户满意度。所以在推荐系统投入实际应用之前，需要利用测试的推荐系统调查用户。

2）用户调查利用测试的推荐系统调查真实用户，观察并记录他们的行为，并让他们回答一些相关的问题。通过分析用户的行为和他们反馈的结果，判断测试推荐系统的好坏。

3）在线测试顾名思义就是直接将系统投入实际应用中，通过不同的评测指标比较与不同推荐算法的结果，如点击率、跳出率等。

由于本例中的模型是采用离线的数据集构建的，因此在模型评价阶段采用离线测试的方法获取评价指标。因为不同表现方式的数据集的评测指标也不同，针对不同的数据方式，其评测指标的公式见表 7-28。

表 7-28　评测指标表

数据表现方式	指标 1	指标 2	指标 3
预测准确度	$RMSE=\sqrt{\frac{1}{N}\sum(r_{ui}-r_{vi})^2}$	$MAE=\frac{1}{N}\sum\lvert r_{ui}-r_{vi}\rvert$	
分类准确度	$precesion=\frac{TP}{TP+FP}$	$recall=\frac{TP}{TP+FN}$	$F1=\frac{2PR}{P+R}$

某些电子商务网站具有对物品打分的功能。在此种数据情况下，如果要预测用户对某个物品的评分，就需要用到预测准确度的数据表现方式，其中评测的指标有均方根误差（*RMSE*）和平均绝对误差（*MAE*）。其中 r_{ui} 代表用户 u 对物品 i 的实际评分，r_{vi} 代表推荐算法预测的评分，N 代表实际参与评分的物品总数。

在电子商务网站中，用户只有二元选择，如：喜欢与不喜欢、浏览与否等。针对这类数据预测，需要用分类准确度，其中的评测指标有准确率（*P*、*precesion*），它表示用户对一个被推荐产品感兴趣的可能性。召回率（*R*、*recall*）表示一个用户喜欢的产品被推荐的概率。F1 指标表示综合考虑准确率与召回率因素，更好地评价算法的优劣。其中相关的指标说明见表 7-29。

表 7-29　分类准确度指标说明

		预测		合计
		推荐物品数（正）	未被推荐物品数（负）	
实际	用户喜欢物品数（正）	TP	FN	TP + FN
	用户不喜欢物品数（负）	FP	TN	FP + TN
合计		TP + FP	TN + FN	

除了上述指标外，还有如下一些评价指标：

- 真正率 TPR = TP/(TP + FN)：正样本预测结果数/正样本实际数，即召回率。
- 假正率 FPR = FP/(FP + TN)：被预测为正的负样本结果数/负样本实际数。

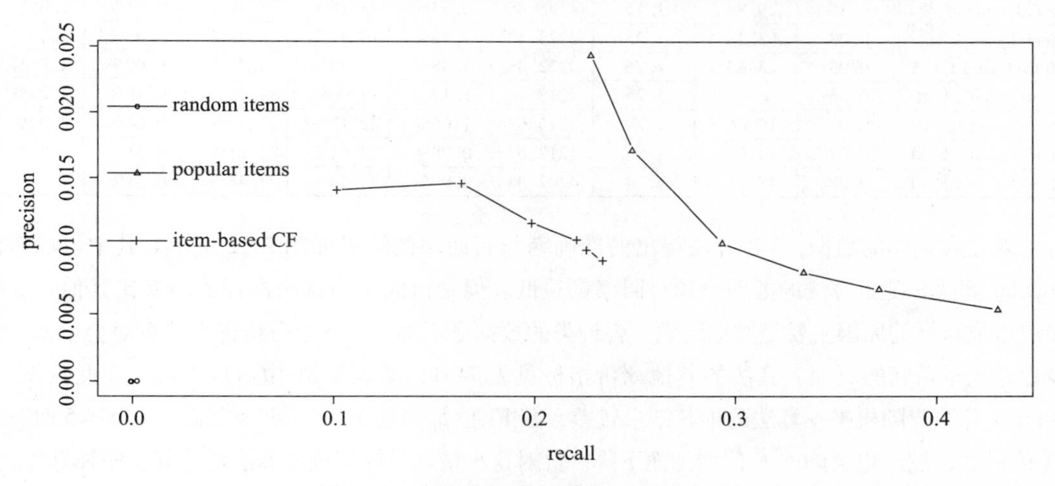

图 7-11　婚姻知识类准确率 - 召回率图

由于本例用户的行为是二元选择，因此评价模型的指标为分类准确度指标。针对婚姻知识类与咨询类的数据构造模型，通过 3 种推荐算法，以及不同 *K* 值（推荐个数，在 *K* 取值为 3、5、10、15、20、30）的情况下，得出的准确率与召回率的评价指标。其中婚姻知识类的评价指标如图 7-11 所示，从图中可以看出，Popular 算法随着推荐个数 *K* 的增加，其召回率 *R* 变大，准确率 *P* 变小。基于物品的协同过滤算法确不同，随着推荐个数 *K* 的增加，其召回率 *R* 变大，准确率 *P* 也会上升。当达到某一临界点时，其准确率 *P* 随着 *K* 的增大而变小。这 3 种算法的其他评价指标见表 7-30，从表 7-30 中可以看出，在此数据下，随机推荐的结果最差，但是随着 *K* 值的增加，其 F1 值也在增加，而 Popular 算法的推荐效果随着 *K* 值的增加会越来越差，其 F1 值一直在下降，相对协同过滤算法，在 $K=5$ 时，其 F1 值最大，然后也会随着 *K*

值增加而下降。比较不同算法之间的差异，从图 7-11 中可以看出，随机推荐的效果最差。*K* 取值为 3 和 5 时，Popular 算法优于协同过滤算法。但是当 *K* 值增加时，其推荐效果就不如协同过滤算法。从图 7-11 中可以看出协同过滤算法相对较“稳定”。

表 7-30 婚姻知识类模型评价指标

算法	TP	FP	FN	TN	Precision	recall	TPR	FPR	fvalue
random items 3	0.00	3.00	1.31	4222.69	0.00%	0.00%	0.00%	0.07%	NA
random items 5	0.00	5.00	1.31	4220.69	0.00%	0.00%	0.00%	0.12%	NA
random items 10	0.00	10.00	1.31	4215.69	0.01%	0.00%	0.00%	0.24%	0.00%
random items 15	0.00	15.00	1.31	4210.69	0.01%	0.00%	0.00%	0.35%	0.00%
random items 20	0.00	20.00	1.31	4205.69	0.01%	0.00%	0.00%	0.47%	0.00%
random items 30	0.00	30.00	1.31	4195.69	0.01%	0.20%	0.20%	0.71%	0.02%
popular items 3	**0.07**	**2.93**	**1.24**	**4222.76**	**2.45%**	**22.86%**	**22.86%**	**0.07%**	**4.42%**
popular items 5	0.09	4.91	1.22	4220.78	1.72%	24.98%	24.98%	0.12%	3.21%
popular items 10	0.10	9.90	1.21	4215.79	1.02%	29.48%	29.48%	0.23%	1.97%
popular items 15	0.12	14.88	1.19	4210.81	0.81%	33.48%	33.48%	0.35%	1.58%
popular items 20	0.14	19.86	1.17	4205.83	0.68%	37.29%	37.29%	0.47%	1.34%
popular items 30	0.16	29.84	1.15	4195.85	0.53%	43.19%	43.19%	0.71%	1.05%
item-based CF 3	0.03	2.26	1.28	4223.43	1.42%	10.33%	10.33%	0.05%	2.49%
item-based CF 5	**0.05**	**3.63**	**1.26**	**4222.05**	**1.48%**	**16.29%**	**16.29%**	**0.09%**	**2.71%**
item-based CF 10	0.06	6.93	1.25	4218.76	1.17%	19.90%	19.90%	0.16%	2.21%
item-based CF 15	0.07	10.06	1.24	4215.63	1.05%	22.17%	22.17%	0.24%	2.01%
item-based CF 20	0.07	13.02	1.24	4212.67	0.98%	22.61%	22.61%	0.31%	1.87%
item-based CF 30	0.08	18.61	1.24	4207.08	0.90%	23.48%	23.48%	0.44%	1.73%

对于咨询类的数据，3 种算法得出的准确率与召回率的结果如图 7-12 所示。其中可以看出 Popular 算法、随机算法的准确率和召回率都很低。但是协同过滤算法推荐的结果比其他要好得多。造成这样的原因主要是数据问题：咨询类的数据量不够；业务上分析咨询的页面会很多，很少存在大量访问的页面。算法的其他评价指标见表 7-31，从表 7-31 中可以看出，在此数据下，Popular 算法与随机推荐算法的推荐结果较差，其 F1 值都接近 0。协同过滤算法，在 $K=5$ 时，其 F1 值最大，然后也会随着 *K* 值增加而下降。针对这种情况，协同过滤算法优于其他两种算法。

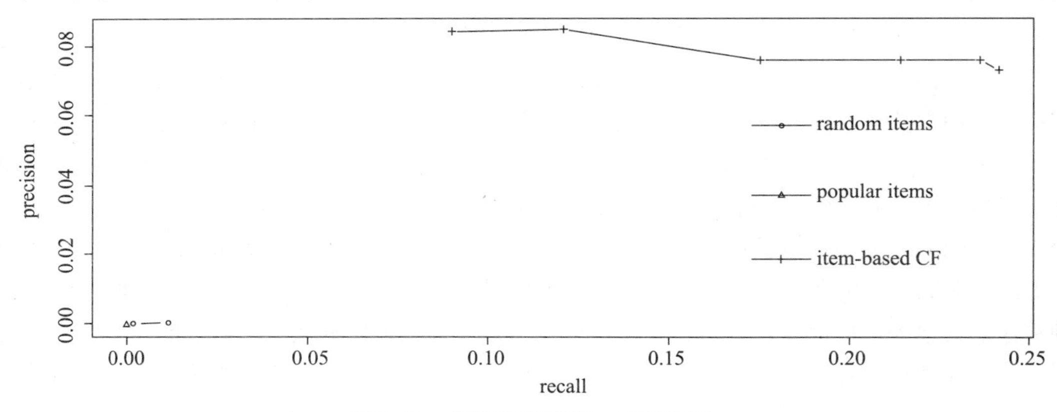

图 7-12 咨询类准确率 – 召回率图

表 7-31　咨询类模型评价指标

算法	TP	FP	FN	TN	precision	recall	TPR	FPR	fvalue
random items 3	0.00	3.00	1.19	3877.81	0.00%	0.00%	0.00%	0.08%	0.00%
random items 5	0.00	5.00	1.19	3875.81	0.00%	0.00%	0.00%	0.13%	0.00%
random items 10	0.00	10.00	1.19	3870.81	0.00%	0.00%	0.00%	0.26%	0.00%
random items 15	0.00	15.00	1.19	3865.81	0.02%	0.18%	0.18%	0.39%	0.04%
random items 20	**0.01**	**19.99**	**1.18**	**3860.82**	**0.05%**	**1.13%**	**1.13%**	**0.52%**	**0.10%**
random items 30	0.01	29.99	1.18	3850.82	0.03%	1.13%	1.13%	0.77%	0.07%
popular items 3	0.00	3.00	1.19	3877.81	0.00%	0.00%	0.00%	0.08%	0.00%
popular items 5	0.00	5.00	1.19	3875.81	0.00%	0.00%	0.00%	0.13%	0.00%
popular items 10	0.00	10.00	1.19	3870.81	0.00%	0.00%	0.00%	0.26%	0.00%
popular items 15	0.00	15.00	1.19	3865.81	0.00%	0.00%	0.00%	0.39%	0.00%
popular items 20	0.00	20.00	1.19	3860.81	0.00%	0.00%	0.00%	0.52%	0.00%
popular items 30	0.00	30.00	1.19	3850.81	0.00%	0.00%	0.00%	0.77%	0.00%
item-based CF 3	0.08	0.85	1.11	3879.96	8.41%	8.98%	8.98%	0.02%	16.83%
item-based CF 5	**0.13**	**1.32**	**1.06**	**3879.49**	**8.48%**	**12.10%**	**12.10%**	**0.03%**	**16.95%**
item-based CF 10	0.22	2.40	0.97	3878.41	7.62%	17.51%	17.51%	0.06%	15.24%
item-based CF 15	0.31	3.23	0.88	3877.58	7.61%	21.41%	21.41%	0.08%	15.21%
item-based CF 20	0.36	3.88	0.83	3876.92	7.58%	23.63%	23.63%	0.10%	15.16%
item-based CF 30	0.37	4.81	0.83	3876.00	7.29%	24.14%	24.14%	0.12%	14.57%

3. 结果分析

通过基于项目的协同过滤算法，针对每个用户推荐相似度排名前五的项目，其婚姻知识类推荐结果如表 7-32 所示，其咨询类的推荐结果见表 7-33。

表 7-32　婚姻知识类推荐结果

用户	访问网址	推荐网址
116010	"http://www. ****. com/info/hunyin/lhlawlhxy/20110707137693. html"	[1]"http://www. ****. com/info/hunyin/lihunshouxu/201312042874014. html" [2]"http://www. ****. com/info/hunyin/lhlawlhxy/201403182883138. html" [3]"http://www. ****. com/info/hunyin/hunyinfagui/201411053308986. html" [4]"http://www. ****. com/info/hunyin/jihuashengyu/20120215163891. html" [5]"http://www. ****. com/info/hunyin/hynews/201407073018800. html"

（续）

用户	访问网址	推荐网址
11175899	"http://www. **** . com/info/hunyin/lhlawlhss/2010120781273. html" "http://www. **** . com/info/hunyin/lhlawlhzx/20120821165124. html" "http://www. **** . com/info/hunyin/lhlawlhzx/201311292873596. html" "http://www. **** . com/info/hunyin/lhlawlhzx/201408253306854. html"	[1]"http://www. **** . com/info/hunyin/fuyangyiwu/201404222884700. html" [2]"http://www. **** . com/info/hunyin/hunyinfagui/201410153308460. html" [3]"http://www. **** . com/info/hunyin/hunyinjiufen/pohuaijunhunzui/20130719167114. html" [4]"http://www. **** . com/info/hunyin/jiehuncaili/2011011297291. html" [5]"http://www. **** . com/info/hunyin/lhlawlhxy/2011010492149. html"
418673	"http://www. **** . com/info/hunyin/lihunfangchan/20110310125984. html"	null

表 7-33　咨询类推荐结果

用户	访问网址	推荐网址
3951071	"http://www. **** . com/ask/question_10244513. html" "http://www. **** . com/ask/question_10244238. html"	[1]"http://www. ****. com/ask/question_10243783. html" [2]"http://www. ****. com/ask/question_10244541. html" [3]"http://www. ****. com/ask/question_10223080. html" [4]"http://www. ****. com/ask/question_10223488. html" [5]"http://www. ****. com/ask/question_10246475. html"
21777264	"http://www. **** . com/ask/question_10383635. html" "http://www. **** . com/ask/question_10383635. html"	[1]"http://www. ****. com/ask/question_10162051. html"
22027534	"http://www. **** . com/ask/question_10290587. html"	null

从上述推荐结果的表中可知，根据用户访问的相关网址，对用户进行推荐。但是其推荐结果存在 null 的情况。这种情况是由于在目前的数据集中，出现访问此网址的只有单独一个用户，在协同过滤算法中计算它与其他物品的相似度为 0，所以就出现无法推荐的情况。一般出现这样的情况，在实际中可以考虑采用其他非个性化推荐方法进行推荐，如基于关键字、基于相似行为的用户进行推荐等。

由于本例采用的是最基本的协同过滤算法进行建模，因此得出的模型结果也是初步的效果，在实际应用的过程中要结合业务进行分析，对模型进一步改造。首先需要改造的是一般情况下，最热门物品往往具有较高的“相似性”。比如，热门的网址，访问各类网页的大部分人都会访问，在计算物品相似度的过程中，就可以知道各类网页都和某些热门的网址有关。因此处理热门网址的方法有：在计算相似度的过程中，可以加强对热门网址的惩罚，降低其权重，如对相似度平均化，或者对数化等方法；将推荐结果中的热门网址过滤掉，推荐其他的网址，将热门网址以热门排行榜的形式进行推荐，见表 7-34。

表 7-34　婚姻知识类热门排行榜

网址	内容	点击次数
http://www. ****. com/info/hunyin/lhlawlhxy/20110707137693. html	离婚协议书范本（2015 年版）	4697
http://www. ****. com/info/hunyin/jihuashengyu/20120215163891. html	2015 最新产假规定	574
http://www. ****. com/info/hunyin/hunyinfagui/201411053308986. html	新婚姻法 2015 全文	531
http://www. ****. com/info/hunyin/jiehun/hunjia/20110920152787. html	广州法定婚假多少天	222
http://www. ****. com/info/hunyin/jihuashengyu/201411053308990. html	男人陪产假国家规定 2015	211

在协同过滤推荐过程中，两个物品相似是因为它们共同出现在很多用户的兴趣列表中，也可以说是每个用户的兴趣列表都对物品的相似度产生贡献。但是并不是每个用户的贡献度都相同。通常不活跃的用户要么是新用户，要么是只来过网站一两次的老用户。在实际分析中，一般认为新用户倾向于浏览热门物品，首先他们对网站还不熟悉，只能点击首页的热门物品，而老用户会逐渐开始浏览冷门的物品。因此可以说，活跃用户对物品相似度的贡献应该小于不活跃的用户。所以在改进相似度的过程中，取用户活跃度对数的倒数作为分子，即本例中相似度的公式为：

$$J(A_1, A_M) = \frac{\sum_{N \in |A_1 \cap A_M|} \frac{1}{\log 1 + A(N)}}{|A_1 \cup A_M|}$$

然而在实际应用中，为了尽量提高推荐的准确率，还会将基于物品的相似度矩阵按最大值归一化，其不仅增加推荐的准确度，还提高推荐的覆盖率和多样性。由于本例是针对某一类数据进行推荐，不存在类间的多样性，所以在此就不讨论了。

当然，除了个性化推荐列表，还有另外一个重要的推荐应用就是相关推荐列表。有过网购经历的用户都知道，当在电子商务平台上购买一个商品时，会在商品信息下面展示相关的商品。一种是包含购买了这个商品的用户也经常购买的其他商品，另一种是包含浏览过这个商品的用户经常购买的其他商品。这两种相关推荐列表的区别是：使用了不同用户行为计算物品的相似性。

7.3　上机实验

1. 实验目的

- □ 了解云协同过滤推荐算法的输入与输出的数据形式。
- □ 掌握云协同过滤推荐算法的应用范围和解决实际应用问题的方法。

2. 实验内容

根据本例的数据处理方法，得到用户与物品（访问网页）的记录，因为云协同过滤算法只支持数值型的数据，不支持用户与物品为字符型的数据，因此在输入数据集时，需要对其进行相关数值化处理。

- 用户点击网页体现了用户对某些网页的关注程度，利用协同过滤算法能计算出与某些网页相似的网页的相似程度，根据相似程度的高低，将用户未点击过的并且有可能感兴趣的网页推荐给用户，实现智能推荐。

3. 实验方法与步骤

登录 TipDM-HB 数据挖掘平台后，执行下面的步骤。

（1）数据准备

下载“02-上机实验/hunyi. txt”，该数据如表 7-24 所示，并且需要进一步自行处理数据，将数据数值化。

（2）创建方案

登录 TipDM-HB 数据挖掘平台，在“方案管理”页面选择“数值预测”创建一个新方案。

方案名称：基于云协同过滤的网站智能推荐。

方案描述：通过对用户访问的网站进行协同过滤挖掘，估计出用户未点击的网页的评分数，推荐评分高的网页。

（3）上传数据

进入“非结构化数据管理”标签页，选择下载的数据并上传（或者通过 FTP 上传），上传的数据将自动显示在列表框中或者单击“刷新”按钮刷新数据。

（4）协同过滤推荐

选择“系统菜单”→“云算法”→“云推荐”。

1）导入数据：选择文件“电影评分数据 . txt”导入即可。

2）参数设置：“推荐个数”为 5，“最多相似项目”为 100，“最小评分”为 0，“最大相似度”为 10，“最大评分”为 1，“相似距离”为欧氏距离。

3）协同过滤推荐：对导入的样本数据进行协同过滤挖掘，分析协同过滤挖掘过程中输出的相关信息。

4. 思考与实验总结

1）采用其他相似距离计算的相似度，并对其进行推荐。

2）如何改进目前云协同过滤算法只支持数值型数据的情况？

7.4 拓展思考

本例中目前主要分析婚姻知识类别与婚姻咨询类别的有关记录，其结果比目前网页上基于关键词的推荐发散性更强，达到互补的效果。但由于公司目前主营业务侧重于咨询方面，且在探索分析的环节可以看出咨询记录占整个记录的 50% 左右，因此需要进一步改造咨询类别页面的推荐，其数据可以从用户访问的原始数据个提取见表 7-35 所示。

表 7-35　原始数据

realIP	real-Areacode	userAgent	userOS	userID	clientID	timestamp	timestamp_format	pagePath	ymd	fullURL	fullURLId	hostname	pageTitle	pageTitle-CategoryId	page	Title-Category-Name
1531222030	140100	UCWEB/2.0(MIDP-2.0;U;zh-CN;HTC 9060)U2/1.0.0 UCBrowser/10.1.3.546 U2/1.0.0 Mobile	Other	499670012.1	499670012.1	1428041479371	2015/4/3 14:11	/ask/question_8399551.html	20150403	http://www.lawtime.cn	/ask/question_8399551.html	101003	www.lawtime.cn	做作住房公积金的担保人有什么风险-法律快车法律咨询	69	房产买卖纠纷
1531222030	140100	UCWEB/2.0(MIDP-2.0;U;zh-CN;HTC 9060)U2/1.0.0 UCBrowser/10.1.3.546 U2/1.0.0 Mobile	Other	499670012.1	499670012.1	1428041479536	2015/4/3 14:11	/ask/question_8399551.html	20150403	http://www.lawtime.cn	/ask/question_8399551.html	101003	www.lawtime.cn	做作住房公积金的担保人有什么风险-法律快车法律咨询	69	房产买卖纠纷
1706656375	140100	Mozilla/5.0(Windows NT 6.1) AppleWebKit/537.36 (KHTML,like Gecko) Chrome/31.0.1650.63 Safari/537.36	Windows 7	1259341818	1259341818	1429353422107	2015/4/18 18:37	/ask/question_10937991.html	20150418	http://www.lawtime.cn	/ask/question_10937991.html	101003	www.lawtime.cn	做资金监管后业主毁约赔偿问题-法律快车法律咨询	37	立案侦查
4223238775	140100	Mozilla/5.0(Windows NT 6.1) AppleWebKit/537.36 (KHTML,like Gecko) Chrome/31.0.1650.63 Safari/537.36	Windows 7	908370090.1	908370090.1	1426579834667	2015/3/17 16:10	/ask/question_421092.html	20150317	http://www.lawtime.cn	/ask/question_421092.html	101003	www.lawtime.cn	做庄赌博会判什么罪-法律快车法律咨询	26	定罪量刑
1110054106	140100	Mozilla/5.0(Windows NT 5.1) AppleWebKit/537.36 (KHTML, like Gecko) Chrome/31.0.1650.63 Safari/537.36	Windows XP	2068832749	2068832749	1423635850415	2015/2/11 14:24	/ask/question_6925984.html	20150211	http://www.lawtime.cn	/ask/question_6925984.html	101003	www.lawtime.cn	做重伤的伤残鉴定,有没有时间限制规定-法律快车法律咨询	68	工伤赔偿纠纷
1046706190	140100	Mozilla/5.0(Windows NT 6.1;WOW64) AppleWebKit/537.36 (KHTML, like Gecko) Chrome/31.0.1650.63 Safari/537.36	Windows 7	847612256.1	847612256.1	1427852615867	2015/4/1 9:43	/ask/exp/8587.html	20150401	http://www.lawtime.cn	/ask/exp/8587.html	1999001	www.lawtime.cn	做钟点工要签劳动合同吗?-法律快车法律经验	62	劳动合同纠纷
465868558	140100	Mozilla/5.0(Windows NT 5.1) AppleWebKit/537.36 (KHTML, like Gecko) Chrome/31.0.1650.48 Safari/537.36 QQBrowser/7.7.26110.400	Windows XP	1610868312	1610868312	1428394886464	2015/4/7 16:21	/ask/exp/8587.html	20150407	http://www.lawtime.cn	/ask/exp/8587.html	1999001	www.lawtime.cn	做钟点工要签劳动合同吗?-法律快车法律经验	62	劳动合同纠纷
1571227319	140100	Mozilla/5.0(Windows NT 5.1) AppleWebKit/537.36 (KHTML, like Gecko) Chrome/31.0.1650.63 Safari/537.36	Windows XP	371696939.1	371696939.1	1429849254956	2015/4/24 12:20	/ask/exp/8587.html	20150424	http://www.lawtime.cn	/ask/exp/8587.html	1999001	www.lawtime.cn	做钟点工要签劳动合同吗?-法律快车法律经验	62	劳动合同纠纷
2092450417	140100	Mozilla/5.0(Windows NT 6.1) AppleWebKit/537.36 (KHTML,like Gecko) Chrome/36.0.1985.125 Safari/537.36	Windows 7	1632334036	1632334036	1427170907797	2015/3/24 12:21	/ask/question_5598369.html	20150324	http://www.lawtime.cn	/ask/question_5598369.html	101003	www.lawtime.cn	做直销产品甲方应该给开发票吗?-法律快车法律咨询	51	违约赔偿
1121454201	140100	Mozilla/4.0 (compatible; MSIE 8.0; Windows NT 5.1; Trident/4.0;.NET CLR 2.0.50727;.NET CLR 3.0.4506.2152;.NET CLR 3.5.30729; qihu theworld)	Windows XP	2136917696	2136917696	1428039745607	2015/4/3 13:42	/ask/question_3432948.html	20150403	http://www.lawtime.cn	/ask/question_3432948.html	101003	www.lawtime.cn	做侄子的法定监护人-法律快车法律咨询	17	儿童监护
2561650547	140100	Mozilla/5.0(Macintosh;Intel Mac OS X 10_9_5) AppleWebKit/537.78.2 (KHTML, like Gecko) Version/7.0.6 Safari/537.78.2	Mac OS X	1316725305	1316725305	1425978540658	2015/3/10 17:09	/info/yiliao/zrsb/201007214319.html	20150310	http://www.lawtime.cn	/info/yiliao/zrsb/201007214319.html	107001	www.lawtime.cn	做整形手术被毁容如何索赔?-法律快车医疗事故	64	医疗事故赔偿

（续）

realIP	real-Areacode	userAgent	userOS	userID	clientID	timestamp	timestamp_format	pagePath	ymd	fullURL	fullURLId	hostname	pageTitle	pageTitle-CategoryId	page	Title-Category-Name
409120636	140100	Mozilla/5.0(Windows NT 5.1) AppleWebKit/537.36 (KHTML, like Gecko) Chrome/31.0.1650.63 Safari/537.36	Windows XP	362380012.1	362380012.1	1429463755830	2015/4/20 1:15	/ask/question_3764976.html	20150420	http://www.lawtime.cn	/ask/question_3764976.html	101003	www.lawtime.cn	做杂志，使用网上找来的图片作为背景算不算侵权？ - 法律快车法律咨询	26	定罪量刑
1699823729	140100	Mozilla/5.0(Windows NT 6.1; rv: 37.0) Gecko/20100101 Firefox/37.0	Windows 7	38549427.14	38549427.14	1429871000544	2015/4/24 18:23	/ask/question_3764976.html	20150424	http://www.lawtime.cn	/ask/question_3764976.html	101003	www.lawtime.cn	做杂志，使用网上找来的图片作为背景算不算侵权？ - 法律快车法律咨询	26	定罪量刑
1257332336	140100	Mozilla/5.0(Windows NT 6.1; WOW64) AppleWebKit/537.36 (KHTML, like Gecko) Chrome/38.0.2125.122 Safari/537.36	Windows 7	1242996761	1242996761	1430292457522	2015/4/29 15:27	/ask/question_3764976.html	20150429	http://www.lawtime.cn	/ask/question_3764976.html	101003	www.lawtime.cn	做杂志，使用网上找来的图片作为背景算不算侵权？ - 法律快车法律咨询	26	定罪量刑
2586839161	140100	Mozilla/5.0(Windows NT 6.1) AppleWebKit/537.36 (KHTML, like Gecko) Chrome/31.0.1650.63 Safari/537.36	Windows 7	1283840943	1283840943	1423489880092	2015/2/9 21:51	/ask/question_3173773.html	20150209	http://www.lawtime.cn	/ask/question_3173773.html	101003	www.lawtime.cn	做有限责任公司的股东条件 - 法律快车法律咨询	41	股权纠纷
2828223345	140100	Mozilla/5.0(Macintosh; Intel Mac OS X 10_9_5) AppleWebKit/537.78.2 (KHTML, like Gecko) Version/7.0.6 Safari/537.78.2	Mac OS X	980744139.1	980744139.1	1425095196930	2015/2/28 11:46	/ask/question_3173773.html	20150228	http://www.lawtime.cn	/ask/question_3173773.html	101003	www.lawtime.cn	做有限责任公司的股东条件 - 法律快车法律咨询	41	股权纠纷
1018329870	140100	Mozilla/5.0(Windows NT 6.1; WOW64) AppleWebKit/537.36 (KHTML, like Gecko) Chrome/31.0.1650.63 Safari/537.36 SE 2.X MetaSr 1.0	Windows 7	967084001.1	967084001.1	1428378107184	2015/4/7 11:41	/ask/question_3173773.html	20150407	http://www.lawtime.cn	/ask/question_3173773.html	101003	www.lawtime.cn	做有限责任公司的股东条件 - 法律快车法律咨询	41	股权纠纷
2119376756	140100	Mozilla/5.0(Windows NT 6.1; Trident/7.0; rv: 11.0) like Gecko	Windows 7	1599121760	1599121760	1428486243962	2015/4/8 17:44	/ask/question_3173773.html	20150408	http://www.lawtime.cn	/ask/question_3173773.html	101003	www.lawtime.cn	做有限责任公司的股东条件 - 法律快车法律咨询	41	股权纠纷
2249626126	140100	Mozilla/5.0(Windows NT 6.1) AppleWebKit/537.36 (KHTML, like Gecko) Chrome/38.0.2125.122 Safari/537.36	Windows 7	1796985316	1796985316	1423798297363	2015/2/13 11:31	/ask/question_6617278.html	20150213	http://www.lawtime.cn	/ask/question_6617278.html	101003	www.lawtime.cn	做有限公司监事人要负什么责任 - 法律快车法律咨询	41	股权纠纷
3020128887	140100	Mozilla/5.0(Windows NT 6.1; WOW64) AppleWebKit/537.36 (KHTML, like Gecko) Chrome/31.0.1650.63 Safari/537.36	Windows 7	1188934890	1188934890	1429697248802	2015/4/22 18:07	/ask/question_6617278.html	20150422	http://www.lawtime.cn	/ask/question_6617278.html	101003	www.lawtime.cn	做有限公司监事人要负什么责任 - 法律快车法律咨询	41	股权纠纷
3423224433	140100	Mozilla/5.0 (compatible; MSIE 10.0; Windows NT 6.1; WOW64; Trident/6.0; 2345Explorer 5.0.0.14136)	Windows 7	1150849692	1150849692	1430291567285	2015/4/29 15:12	/ask/question_6617278.html	20150429	http://www.lawtime.cn	/ask/question_6617278.html	101003	www.lawtime.cn	做有限公司监事人要负什么责任 - 法律快车法律咨询	41	股权纠纷

3423224433	140100	Mozilla/5. 0 (compatible; MSIE 10. 0; Windows NT 6. 1; WOW64; Trident/6. 0; 2345Explorer 5.0.0.14136)	Windows 7	1150849692	1150849692	1430291685261	2015/4/29 15:14	/ask/question_6617278. html	20150429	http://www. lawtime. cn	/ask/question_6617278. html	101003	www. lawtime. cn	做有限公司监事人要负什么责任 - 法律快车法律咨询	41	股权纠纷
1859491598	140100	Mozilla/5.0(Windows NT 6.1; WOW64) AppleWebKit/537.36 (KHTML, like Gecko) Chrome/31.0.1650.63 Safari/537.36	Windows 7	1102973681	1102973681	1422725918555	2015/2/1 1:38	/ask/question_914636. html	20150201	http://www. lawtime. cn	/ask/question_914636. html	101003	www. lawtime. cn	做游戏外挂会被判刑吗 - 法律快车法律咨询	26	定罪量刑
1242119863	140100	Mozilla/5.0(Windows NT 6.1; WOW64; Trident/7. 0; rv: 11. 0) like Gecko	Windows 7	984584705. 1	984584705. 1	1423536816616	2015/2/10 10:53	/ask/question_3402035. html	20150210	http://www. lawtime. cn	/ask/question_3402035. html	101003	www. lawtime. cn	做引产犯法么 - 法律快车法律咨询	26	定罪量刑
3609131066	140100	Mozilla/4. 0 (Windows; U; Windows NT 5.1; zh-TW; rv:1.9.0.11)	Windows XP	1221287319	1221287319	1429685946200	2015/4/22 14:59	/ask/question_6548781. html	20150422	http://www. lawtime. cn	/ask/question_6548781. html	101003	www. lawtime. cn	做银行黑户贷款中介 别人钱还不上 银行可以找我吗 - 法律快车法律咨询	78	信用卡恶意透支和套现
2731637774	140100	Mozilla/5.0(Windows NT 5.1) AppleWebKit/537. 36 (KHTML, like Gecko) Chrome/31. 0. 1650. 63 Safari/537. 36	Windows XP	1204438324	1204438324	1427360738669	2015/3/26 17:05	/ask/question_7658765. html	20150326	http://www. lawtime. cn	/ask/question_7658765. html	101003	www. lawtime. cn	做银行黑户贷款不用还吗? - 法律快车法律咨询	78	信用卡恶意透支和套现
2731637774	140100	Mozilla/5.0(Windows NT 5.1) AppleWebKit/537. 36 (KHTML, like Gecko) Chrome/31. 0. 1650. 63 Safari/537. 36	Windows XP	1204438324	1204438324	1427369024680	2015/3/26 19:23	/ask/question_7658765. html	20150326	http://www. lawtime. cn	/ask/question_7658765. html	101003	www. lawtime. cn	做银行黑户贷款不用还吗? - 法律快车法律咨询	78	信用卡恶意透支和套现
2601561724	140100	Mozilla/5. 0 (iPad; U; CPU OS 7 like Mac OS X; zh-CN; iPad4,1) AppleWebKit/534. 46 (KHTML, like Gecko) UCBrowser/2.8.3.529 U3/Mobile/10A403 Safari/7543.48.3	Other	118385063. 1	118385063. 1	1423150087176	2015/2/5 23:28	/ask/question_1152117. html	20150205	http://www. lawtime. cn	/ask/question_1152117. html	101003	www. lawtime. cn	做银行贷款担保人有是什么要求?需要什么证件? - 法律快车法律咨询	52	金融债务
3787742832	140100	Mozilla/5.0(Windows NT 6.1) AppleWebKit/537. 36 (KHTML, like Gecko) Chrome/31. 0. 1650. 63 Safari/537. 36	Windows 7	1342347607	1342347607	1425099001584	2015/2/28 12:50	/ask/question_10382308. html	20150228	http://www. lawtime. cn	/ask/question_10382308. html	101003	www. lawtime. cn	做银保工作,保险公司业务员离职不给小账会被追究法律责任处罚嘛? 因为给银行的回扣小账是从我们佣金走账,然后再私下给现金的,我不想被公司剥削,不想给回扣 - 法律快车法律咨询	26	定罪量刑
1296711793	140100	Mozilla/5.0(Windows NT 6.1; WOW64) AppleWebKit/537.36 (KHTML, like Gecko) Chrome/31.0.1650.63 Safari/537.36	Windows 7	1546761287	1546761287	1422889805462	2015/2/2 23:10	/ask/question_3653924. html	20150202	http://www. lawtime. cn	/ask/question_3653924. html	101003	www. lawtime. cn	做遗产继承公证怎么收费 - 法律快车法律咨询	21	医患纠纷
2059693169	140100	Mozilla/5.0(Windows NT 5.1) AppleWebKit/537. 36 (KHTML, like Gecko) Chrome/31. 0. 1650. 63 Safari/537. 36	Windows XP	202229259. 1	202229259. 1	1423645371761	2015/2/11 17:02	/ask/question_3653924. html	20150211	http://www. lawtime. cn	/ask/question_3653924. html	101003	www. lawtime. cn	做遗产继承公证怎么收费 - 法律快车法律咨询	21	医患纠纷

（续）

realIP	real-Areacode	userAgent	userOS	userID	clientID	timestamp	timestamp_format	pagePath	ymd	fullURL	fullURLId	hostname	pageTitle	pageTitle-CategoryId	page	Title-Category-Name
364932977	140100	Mozilla/5.0(Windows NT 6.3; WOW64) AppleWebKit/537.36 (KHTML, like Gecko) Chrome/40.0.2214.94 Safari/537.36	Windows 8.1	1911420797	1911420797	1424879011165	2015/2/25 23:43	/ask/question_3653924.html	20150225	http://www.lawtime.cn	/ask/question_3653924.html	101003	www.lawtime.cn	做遗产继承公证怎么收费 - 法律快车法律咨询	21	医患纠纷
698003068	140100	Mozilla/5.0(Windows NT 6.1) AppleWebKit/537.36 (KHTML, like Gecko) Chrome/38.0.2125.122 Safari/537.36	Windows 7	601074264.1	601074264.1	1425913507611	2015/3/9 23:05	/ask/question_3653924.html	20150309	http://www.lawtime.cn	/ask/question_3653924.html	101003	www.lawtime.cn	做遗产继承公证怎么收费 - 法律快车法律咨询	21	医患纠纷
460808305	140100	Mozilla/5.0(Windows NT 6.1) AppleWebKit/537.36 (KHTML, like Gecko) Chrome/31.0.1650.63 Safari/537.36	Windows 7	812125454.1	812125454.1	1426514986691	2015/3/16 22:09	/ask/question_3653924.html	20150316	http://www.lawtime.cn	/ask/question_3653924.html	101003	www.lawtime.cn	做遗产继承公证怎么收费 - 法律快车法律咨询	21	医患纠纷
3080340593	140100	Mozilla/4.0 (compatible; MSIE 8.0; Windows NT 5.1; Trident/4.0; Mozilla/4.0(compatible; MSIE 6.0; Windows NT 5.1; SV1); .NET CLR 1.1.4322; .NET CLR 2.0.50727; CIBA)	Windows XP	919277708.1	919277708.1	1427280973102	2015/3/25 18:56	/ask/question_3653924.html	20150325	http://www.lawtime.cn	/ask/question_3653924.html	101003	www.lawtime.cn	做遗产继承公证怎么收费 - 法律快车法律咨询	21	医患纠纷
221596127	140100	Mozilla/5.0(Windows NT 6.1; WOW64) AppleWebKit/537.36 (KHTML, like Gecko) Chrome/31.0.1650.48 Safari/537.36 QQBrowser/8.0.3345.400	Windows 7	372903090.1	372903090.1	1428398837055	2015/4/7 17:27	/ask/question_3653924.html	20150407	http://www.lawtime.cn	/ask/question_3653924.html	101003	www.lawtime.cn	做遗产继承公证怎么收费 - 法律快车法律咨询	21	医患纠纷
705385592	140100	Mozilla/5.0(Windows NT 6.1; WOW64; Trident/7.0; rv:11.0) like Gecko	Windows 7	690991433.1	690991433.1	1428475106146	2015/4/8 14:38	/ask/question_3653924.html	20150408	http://www.lawtime.cn	/ask/question_3653924.html	101003	www.lawtime.cn	做遗产继承公证怎么收费 - 法律快车法律咨询	21	医患纠纷
3827394762	140100	Mozilla/5.0(Windows NT 5.1) AppleWebKit/537.36 (KHTML, like Gecko) Chrome/30.0.1599.101 Safari/537.36	Windows XP	730261919.1	730261919.1	1428567244656	2015/4/9 16:14	/ask/question_3653924.html	20150409	http://www.lawtime.cn	/ask/question_3653924.html	101003	www.lawtime.cn	做遗产继承公证怎么收费 - 法律快车法律咨询	21	医患纠纷
1011128334	140100	Mozilla/5.0 (Linux; U; Android 4.2.2; zh-CN; Hol-T00 Build/HUAWEIHol-T00) AppleWebKit/534.30 (KHTML, like Gecko) Version/4.0 UCBrowser/10.1.3.546 U3/0.8.0 Mobile Safari/534.30	Android	1963560652	1963560652	1423496417446	2015/2/9 23:40	/ask/question_100745.html	20150209	http://www.lawtime.cn	/ask/question_100745.html	101003	www.lawtime.cn	做医疗事故司法鉴定程序 - 法律快车法律咨询	31	故意伤害
2228186993	140100	Mozilla/5.0(Windows NT 6.1; WOW64) AppleWebKit/537.36 (KHTML, like Gecko) Chrome/35.0.1916.153 Safari/537.36 SE 2.X MetaSr 1.0	Windows 7	1328923830	1328923830	1426219851133	2015/3/13 12:10	/ask/question_100745.html	20150313	http://www.lawtime.cn	/ask/question_100745.html	101003	www.lawtime.cn	做医疗事故司法鉴定程序 - 法律快车法律咨询	31	故意伤害

数据详见：01-示例数据/data.zip

首先需要解决冷启动问题，如何对新用户进行推荐？在设计相似度的过程中，未考虑到对热门网址的处理以及那些无法得到推荐结果的网页。由于在原始数据中，每个网页都有一个标题，可以采用文本挖掘的分析方法，找出其每个网页文本中的隐含语义，然后通过文本中的隐含特征，将用户与物品联系在一起，相关的方法有 LSI、pLSA、LDA 和 Topic Model。当然也可以通过中文分词的方法提取出关键字，通过 tf-idf 方法对其关键字进行定义权重，然后采用 KNN 最近邻的方法求出那些无法得到推荐列表的结果。因此针对本例的数据，可以采用隐语义模型实现推荐，同样采用离线的方法对其进行测试，然后对比各种推荐方法的评价指标，最后整合各种推荐结果。

7.5　小结

本章主要介绍协同过滤算法在电子商务领域中的应用，实现对用户的个性化推荐。通过对用户访问日志的数据进行分析与处理，采用基于物品的协同过滤算法对处理好的数据进行建模分析，最后通过模型评价与结果分析，发现基于物品的协同过滤算法的优缺点，并对其缺点提出了改进的方法。最后结合上机实验，帮助更好地理解协同过滤推荐算法的原理以及处理过程。

Chapter 8 第8章

电商产品评论数据情感分析

8.1 背景与挖掘目标

随着网上购物越来越流行，人们对于网上购物的需求变得越来越高，这给京东、淘宝等电商平台提供了很大的发展机会，但是与此同时，这种需求也推动了更多电商平台的崛起，引发了激烈的竞争。在电商平台激烈竞争的大背景下，除了提高商品质量、压低商品价格外，了解更多消费者的心声对于电商平台来说也变得越来越有必要，其中非常重要的方式就是对消费者的文本评论数据进行内在信息的数据挖掘分析。通过挖掘得到的这些信息，也会有利于提升对应商品的生产厂家自身的竞争力。

本章对京东平台上的热水器评论做文本挖掘分析，本次数据挖掘建模目标如下：

1）分析某一热水器的用户情感倾向。

2）从评论文本中挖掘出该热水器的优点与不足。

3）提炼不同品牌热水器的卖点。

8.2 分析方法与过程

本次建模针对京东商城上美的品牌型号的热水器的消费者文本评论数据，在对文本进行基本的机器预处理、中文分词、停用词过滤后，通过建立栈式自编码深度学习、语义网络与LDA主题模型等多种数据挖掘模型，判断文本评论数据的倾向性以及挖掘与分析隐藏的信息，以期得到有价值的内在信息。

图 8-1 为基于情感分析、语义网络和主题模型的评论文本分析流程，主要包括以下步骤：

1）利用爬虫工具——八爪鱼采集器采集京东商城热水器评论的数据；

2）对获取的数据进行基本的处理操作，包括数据预处理、中文分词、停用词过滤等；

3）文本评论数据经过处理后，运用多种手段对评论数据进行多方面的分析；

4）从对应结果的分析中获取文本评论数据中有价值的内容。

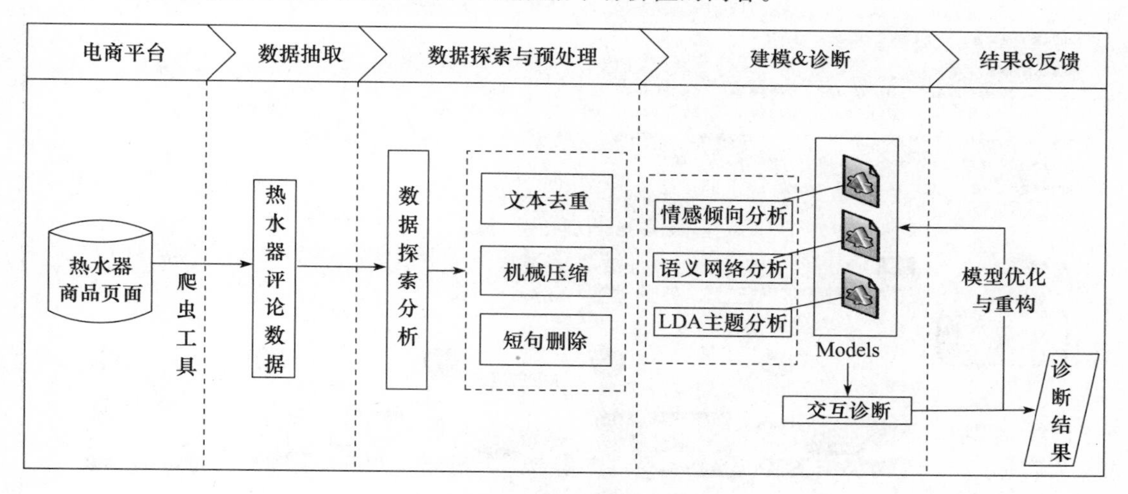

图 8-1　评论文本挖掘流程

8.2.1　评论数据采集

要分析电商平台热水器的评论数据，需要先采集评论数据，对比多种网络爬虫工具后发现，八爪鱼采集器属于“易用型”，它主要通过模仿用户的网页操作来采集数据，只需指定数据采集逻辑和可视化选择采集的数据，即可制定采集规则。因此，在本案例中选择八爪鱼采集器作为网页数据抓取工具。

首先在八爪鱼采集器中新建任务，设置打开页面为“http://list.jd.com/list.html? cat = 737%2C794%2C1706&ev = 998_28702%40&page = 1&JL = 3_产品类型_电热水器”，页面如图 8-2 所示。

由于热水器下有多种产品，而且呈分页显示，所以抓取数据时，需要制定翻页循环列表，再点击每个产品，进入产品的详细页面，如图 8-3 所示。

在本页面下需要抓取产品的名称、价格和评论信息。评论信息可见产品详细页面下方，如图 8-4 所示，这里需要采集用户评论、评论时间、购买信息和用户名。由于评论是多页显示，所以需要制定翻页循环列表，循环抓取每页评论信息。

经过以上分析，可在八爪鱼采集器设计出如图 8-5 所示的流程，单机采集后得到的结果截图如图 8-6 所示。

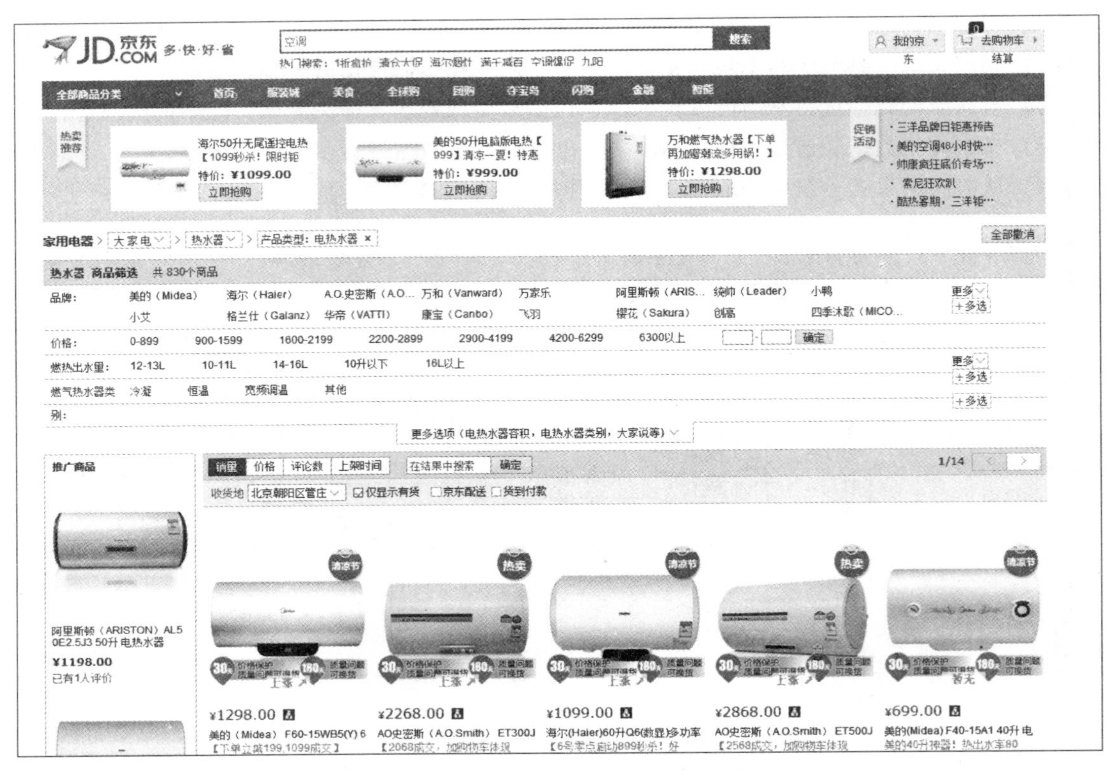

图 8-2 热水器列表页面

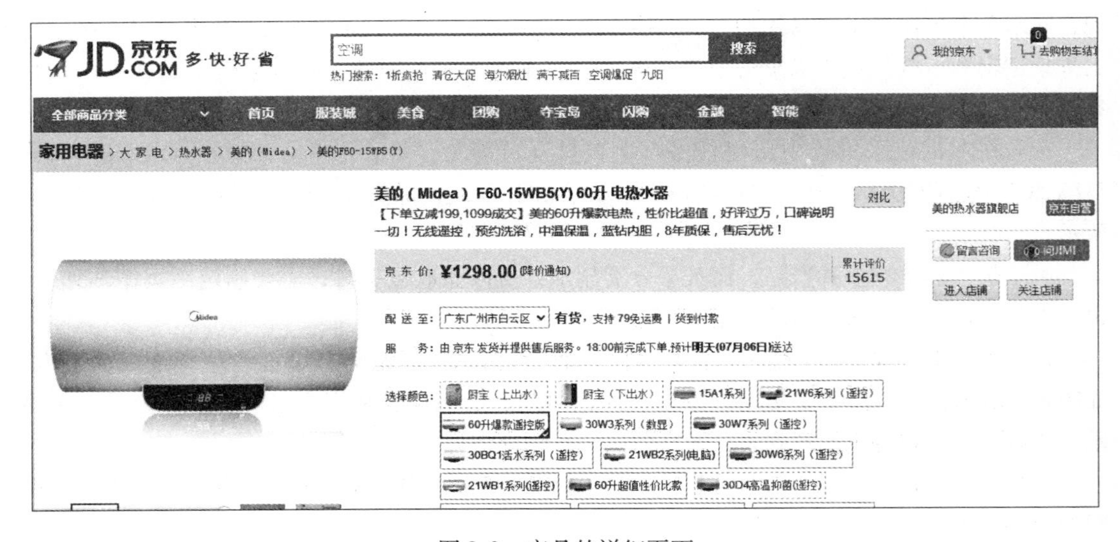

图 8-3 产品的详细页面

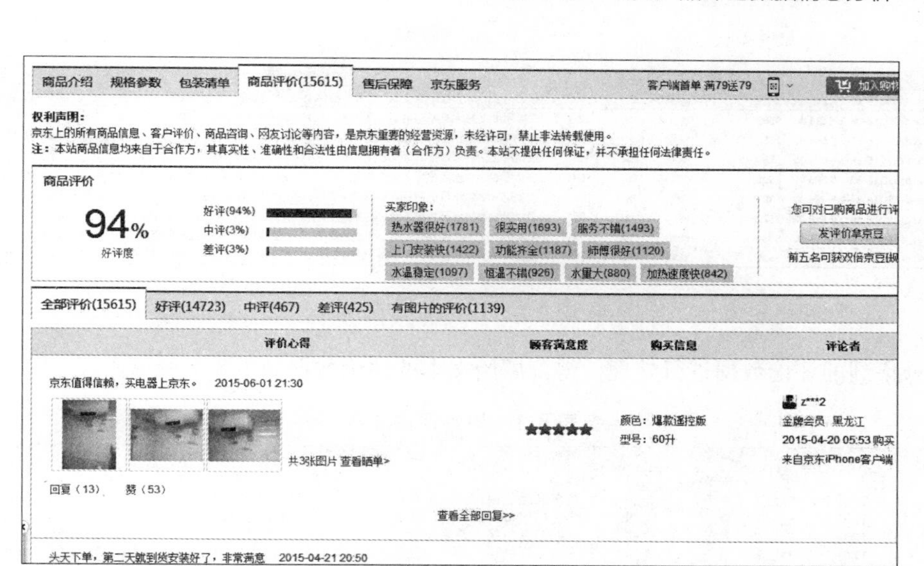

图 8-4　产品评论

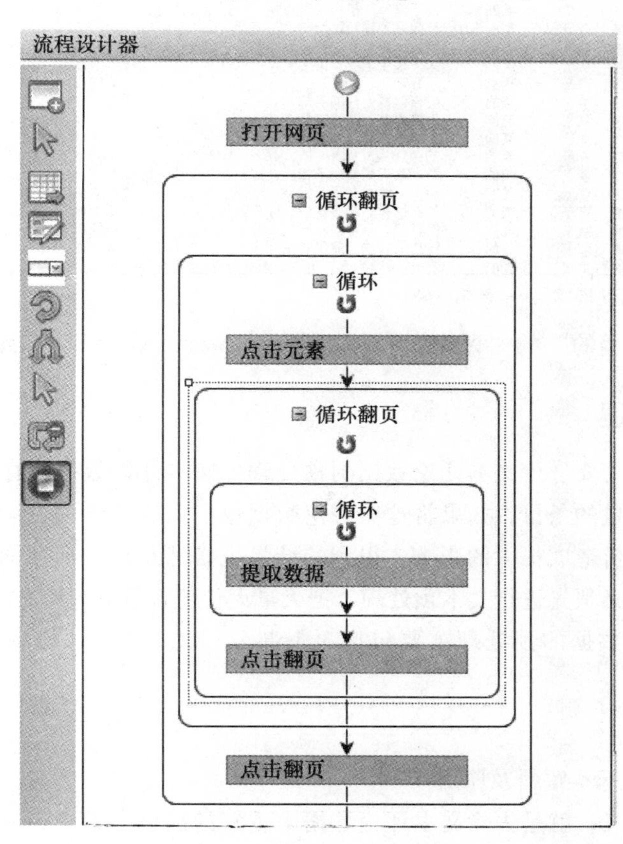

图 8-5　流程设计

商品名称	价格	累计评价数	好评度	中评度	差评度	买家印象	评价	评价时间	购买信息	用户名	购买时间
万和(Vanward) JSQ16-8B-2	¥698.00	5589	(88%)	(7%)	(5%)	很实用(812)热水器	刚刚安装，师傅人很	2015-02-07 11:33	颜色：强排 B系列	s***5	2015-02-04 22:13 购买
万和(Vanward) JSQ16-8B-2	¥698.00	5589	(88%)	(7%)	(5%)	很实用(812)热水器	新屋用，东西不错....	2014-03-18 16:04	颜色：8B-20	有***期	2014-03-15 14:49 购买
万和(Vanward) JSQ16-8B-2	¥698.00	5589	(88%)	(7%)	(5%)	很实用(812)热水器	热水器的保温效果不	2014-02-17 16:42	颜色：8B-20	刘青CON	2013-12-28 14:54 购买
万和(Vanward) JSQ16-8B-2	¥698.00	5589	(88%)	(7%)	(5%)	很实用(812)热水器	外观大气，很上档次	2015-05-19 13:18	颜色：强排 B系列	g***1	2015-05-11 17:08 购买
万和(Vanward) JSQ16-8B-2	¥698.00	5589	(88%)	(7%)	(5%)	很实用(812)热水器	很好，挺喜欢的。万	2015-05-19 09:53	颜色：强排 B系列	j***8	2014-11-11 09:14 购买
万和(Vanward) JSQ16-8B-2	¥698.00	5589	(88%)	(7%)	(5%)	很实用(812)热水器	送货及时,快递员服务	2015-05-19 09:25	颜色：强排 B系列	j***k	2015-05-13 15:47 购买
万和(Vanward) JSQ16-8B-2	¥698.00	5589	(88%)	(7%)	(5%)	很实用(812)热水器	质量不错，值得推荐	2015-05-19 07:57	颜色：强排 B系列	我***主	2015-02-17 10:11 购买
万和(Vanward) JSQ16-8B-2	¥698.00	5589	(88%)	(7%)	(5%)	很实用(812)热水器	用着不错，性价比很	2015-05-19 07:04	颜色：强排 B系列	j***4	2015-01-24 13:26 购买
万和(Vanward) JSQ16-8B-2	¥698.00	5589	(88%)	(7%)	(5%)	很实用(812)热水器	有三个档的，还有个	2015-05-18 23:07	颜色：强排 B系列	j***a	2015-04-26 09:16 购买

图 8-6 评论采集结果

对采集到的评论数据进行处理，得到原始文本的评论数据如表 8-1 所示。

表 8-1 原始评论文本

	A	B	C	D	E	F	G	H	I	J	K	L
1	Id	已采	已发	电商平台	品牌	评论	时间	型号	PageUrl			
5900	1	TRUE	FALSE	京东	美的	京东商城信得过，买的放心，用的	2014-11-2	美的(Mide	http://s.club.jd.com/productpage			
5901	2	TRUE	FALSE	京东	美的	给公司宿舍买的，上门安装很快，	2014-11-1	美的(Mide	http://s.club.jd.com/productpage			
5902	3	TRUE	FALSE	京东	美的	美的值得信赖，质量不错	2014-09-0	美的(Mide	http://s.club.jd.com/productpage			
5903	4	TRUE	FALSE	京东	美的	不错不错的哦，第一次在京东买这	2014-11-1	美的(Mide	http://s.club.jd.com/productpage			
5904	5	TRUE	FALSE	京东	美的	很满意，水方一晚上都还是热的早	2014-11-1	美的(Mide	http://s.club.jd.com/productpage			
5905	6	TRUE	FALSE	京东	美的	自己动手安装的，买材料发了不到	2014-11-2	美的(Mide	http://s.club.jd.com/productpage			
5906	7	TRUE	FALSE	京东	美的	几套出租房一直用这款。	2014-09-2	美的(Mide	http://s.club.jd.com/productpage			
5907	8	TRUE	FALSE	京东	美的	还不错，就是快递有点慢，不打电	2014-12-0	美的(Mide	http://s.club.jd.com/productpage			
5908	9	TRUE	FALSE	京东	美的	东西很不错 双十一抢的 物美价廉	2014-11-1	美的(Mide	http://s.club.jd.com/productpage			
5909	10	TRUE	FALSE	京东	美的	性价比高！下次还会光顾的！	2014-11-1	美的(Mide	http://s.club.jd.com/productpage			
5910	11	TRUE	FALSE	京东	美的	前天晚上定货，第二天早上就送货	2014-12-0	美的(Mide	http://s.club.jd.com/productpage			
5911	12	TRUE	FALSE	京东	美的	还好吧	2014-12-0	美的(Mide	http://s.club.jd.com/productpage			
5912	13	TRUE	FALSE	京东	美的	应该值得信任的品牌。。。。。。	2014-12-0	美的(Mide	http://s.club.jd.com/productpage			
5913	14	TRUE	FALSE	京东	美的	价格便宜，购物方便快捷	2014-11-2	美的(Mide	http://s.club.jd.com/productpage			
5914	15	TRUE	FALSE	京东	美的	很好很好很好很好很好很好很好很	2014-12-0	美的(Mide	http://s.club.jd.com/productpage			
5915	16	TRUE	FALSE	京东	美的	的(Midea) F40-15A1 40升 电热	2014-11-2	美的(Mide	http://s.club.jd.com/productpage			
5916	17	TRUE	FALSE	京东	美的	帮同事买的他说不错，送货到家！	2014-11-2	美的(Mide	http://s.club.jd.com/productpage			
5917	18	TRUE	FALSE	京东	美的	用了一段时间了，好用，没什么问	2014-09-3	美的(Mide	http://s.club.jd.com/productpage			
5918	19	TRUE	FALSE	京东	美的	怎么这样，前天买的，今天到货，	2014-11-3	美的(Mide	http://s.club.jd.com/productpage			
5919	20	TRUE	FALSE	京东	美的	很好用，很方便！第二次购买了&h	2014-12-0	美的(Mide	http://s.club.jd.com/productpage			
5920	21	TRUE	FALSE	京东	美的	给公司买的，就是方便而已	2014-11-0	美的(Mide	http://s.club.jd.com/productpage			
5921	22	TRUE	FALSE	京东	美的	2个人洗澡的水还可以，再多就最	2014-09-2	美的(Mide	http://s.club.jd.com/productpage			

注：数据详见 01-示例数据/汇总 – 京东 . xlsx。

再抽取品牌为“美的”的“评论”一列，另存为\data\meidi_jd.txt，编码为 UTF-8。

8.2.2 评论预处理

取到文本后，首先要进行文本评论数据的预处理。文本评论数据中存在大量价值含量很低，甚至没有价值含量的条目，如果将这些评论数据也引入进行分词、词频统计乃至情感分析等，则必然会对分析造成很大的影响，得到的结果也必然是存在问题的。因此在利用这些文本评论数据之前，必须先进行文本预处理，把大量无价值含量的评论去除。

对这些文本评论数据的预处理主要包括 3 个部分：文本去重、机械语料压缩以及短句删除。

1. 文本去重

（1）文本去重的基本解释及原因

文本去重顾名思义，就是去除文本评论数据中重复的部分。无论获取到什么样的文本评论数据，首先要进行的预处理应当都是文本去重。文本去重的主要原因如下：

1）一些电商平台（如国美）为了避免一些客户长时间不评论，往往设置一道程序，如果用户超过规定的时间仍然没有做出评论，系统会自动替客户做出评论，当然这种评论大多都会是好评。但是这类数据显然没有任何分析价值，而且这种评论是大量重复出现的，必须去除。

2）同一个人可能会出现重复的评论，因为同一个人可能会购买多种热水器，然后在评论过程中可能为了省事，就在多个热水器中采用同样或相近的评论，这里当然可能不乏有价值的评论，但是即使有价值，也只有第一条有作用。

3）由语言的特点可知，在大多数情况下，不同人之间有价值的评论都不会完全重复，如果不同人的评论完全重复，则这些评论一般都是毫无意义的，诸如，“好好好好好”“××牌热水器　××升”，等等或者说就是直接复制粘贴上一人的评论，这种评论显然只有最早评论出的才有意义（即只有第一条有作用）。如果不是完全重复，而比较相近的，也存在一些无意义的评论。

（2）常见的文本去重算法概述及缺陷

在前人的研究下，许多文本去重算法大多都是先计算文本之间的相似度，再以此为基础进行去重，包括编辑距离去重、Simhash 算法去重，等等，但是大多存在一些缺陷。以编辑距离算法去重为例，编辑距离算法去重实际上是先计算两条语料的编辑距离，然后判断阈值，如果编辑距离小于某个阈值，则进行去除重复处理，这种方法针对类似：

“××牌热水器 ××升 大品牌 高质量”

以及

“××牌热水器 ××升 大品牌 高质量 用起来真的不错”

的接近重复而又无任何意义的评论文本的去除效果是很好的，主要为了去除接近重复或完全重复的评论数据，而并不要求完全重复，当这种方法遇到有意义，但有相近的表达时可能也会采取删除操作，这样会造成错删问题，例如：

“还没正式使用，不知道怎样，但安装的材料费确实有点高，380”

以及

“还没使用，不知道质量如何，但安装的材料费确实贵，380”。

这组语句的编辑距离只是比上一组大 2 而已，但是很明显这两句都是有意义的，如果阈值设为 10（该组为 9），就会带来错删问题。可惜的是，这一类的评论数据组还是不少的，特别是差评的语料，许多顾客不会用太多的言语表达，直至中心，问题就来了。

（3）文本去重选用的方法及原因

既然这一类相对复杂的文本去重算法容易去除有用的数据，那么需要考虑一些相对简单的文本去重思路。由于相近的语料有不少是有用的评论，去除这类语料显然不合适，为了存留更多有用的语料，就只能针对完全重复的语料下手。处理完全重复的语料直接采用最简单的比较删除法，即“两两对比，完全相同就去除”的方法。

从上述的总结知道，存在文本重复问题的条目归结到底只有 1 条语料甚至 0 条语料是有用的，透过观察评论知道存在重复，但是起码有1条评论有用的语料，即1.1中情况②的语料很多，而运用比较删除法显然只能定为留1条或者全去除，因此只能设为留1条，以尽可能存留有用的文本评论信息。

2. 机械压缩去词

(1) 机械压缩去词的思想

由于电商平台的文本评论数据质量参差不齐，没有意义的文本数据很多，因此透过文本去重已经可以删除非常多没有意义的评论文本。但是文本去重远远不够，经过文本去重后的评论仍然有很多评论需要处理，例如：

"非常好非常好非常好非常好非常好非常好非常好"

以及

"好呀好呀好呀好呀好呀好呀好呀好呀好呀"。

这一类语料是存在连续重复的语料，也是最常见的较长的无意义语料。因为大多数给出无意义评论的人都只是为了获得一些额外奖励等，并不对评论真正抱有兴趣，而他们为了省事就很可能进行这样的评论。显然这一类语料并不显得就会重复，但是也是毫无意义的，是需要删除的。

可惜的是，计算机不可能自动识别出所有这种类型的语料，比如，"非常好"可以有从1到无上限的有穷个的叠加，即使运用词典透过某些方式识别了这一类的文本评论数据，比如，算出"非常好"比较多意味着可能是无意义评论，一位制造无意义评论的顾客还可以以任何一个词重复，还可以重复某词，但次数不一定多，而这种显然只需要保留第一个即可，若不处理，可能会影响情感倾向的判断，比如：

"15分钟就出热水了，感觉还不错，但是安装费实在是太贵太贵太贵太贵"

与

"15分钟就出热水了，感觉还不错，但是安装费实在是太贵太贵太贵"

是没有差别的，但是若不处理，就会出现差别。

因此，需要对语料进行机械压缩去词处理，也就是要去掉一些连续重复累赘的表达，比如把：

"哈哈哈哈哈哈哈哈哈哈哈"

缩成

"哈"

不过这样仍然会保留无意义的评论，但是这些评论在经过这步处理后，在最后一个预处理环节：短句删除环节就会被去除。当然，机械压缩去词法不能像分词那样识别词语。

(2) 机械压缩去词处理的语料结构

机械压缩去词实际上要处理的语料就是语料中有连续累赘重复的部分，从一般的评论偏好角度来讲，一般人制造无意义的连续重复只会在开头或者结尾进行，例如：

"为什么为什么为什么安装费这么贵，毫无道理！"

以及

“真的很好好好好好好好好”

等等，而中间的连续重复虽然也有，但是非常少见（中间重复在输入上显得麻烦，无意义评论本身就是为了随意了事），而且中间容易有成语的问题，比如：

“安装师傅滔滔不绝的向我阐述这款热水器有多好”

这种语料显然在去掉一个“滔”字后肯定就会出现问题，因此只对开头以及结尾的连续重复进行机械压缩去词处理。

（3）判断机械压缩去词处理过程的连续累赘重复及阐述压缩规则

连续累赘重复的判断可通过建立两个存放国际字符的列表来完成，先放第一个列表，再放第二个列表，一个个读取国际字符，并按照不同情况，将其放入带第一或第二个列表或触发压缩判断，若得出重复（及列表1与列表2有意义的部分完全一对一相同），则压缩去除，这样当然要有相关的放置判断及压缩规则。在判断机械压缩去词处理的连续累赘重复及设定压缩规则时，必然要考虑到词法结构的问题，综合文字表达特点，设定如下7条规则（说明：这里为了初始化列表而放入的空格不算输入了国际字符；由于批量的评论中可能会存在某些评论无法识别，因此在进行这一步时，需要结合运行进程人工删除一些无法识别语句）：

规则1：如果读入的字符与第一个列表的第一个字符相同，而第二个列表没有任何放入的国际字符，则将这个字符放入第二个列表中。

解释：因为一般情况下，同一个字再次出现时大多数都意味着上一个词或是一个语段的结束以及下一个词或下一个语段的开始，例如：

真的很快加热完毕，真的马上就能用。

规则2：如果读入的字符与第一个列表的第一个字符相同，而且第二个列表也有国际字符，则触发压缩判断，若得出重复，则进行压缩去除，清空第二个列表。

解释：判断连续重复最直接的方法，例如：

重复！

为什么为什么为什么安装费这么贵，毫无道理！

列表1　列表2

规则3：如果读入的字符与第一个列表的第一个字符相同，而且第二个列表也有国际字符，则触发压缩判断，若得出不重复，则清空两个列表，把读入的字符放入第一个列表的第一个位置。

解释：即判断得出两个词是不相同的，都应保留，例如：

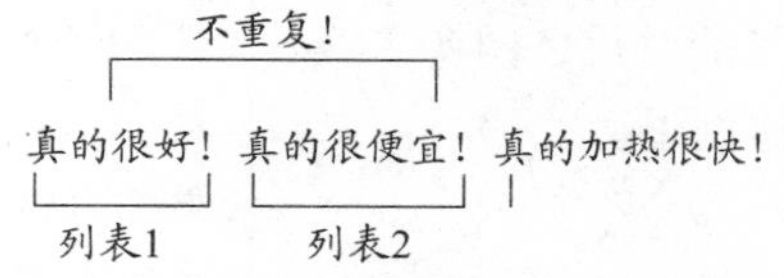
不重复！
真的很好！真的很便宜！真的加热很快！
列表1
列表2

规则4：如果读入的字符与第一个列表的第一个字符不相同，则触发压缩判断，如果得出重复，且列表所含国际字符数目大于等于2，则进行压缩去除，清空两个列表，把读入的字符放入第一个列表的第一个位置。

解释：用以去除如下情况的重复，避免类如“滔滔不绝”这种情况的“滔”被删除，并可顺带压缩去除另一类连续重复。

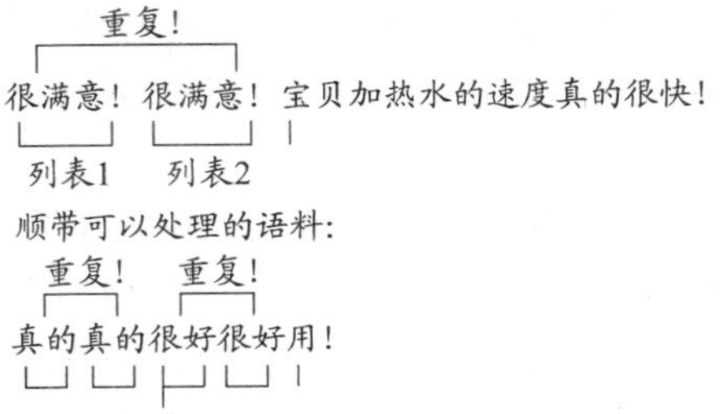

重复！

很满意！很满意！宝贝加热水的速度真的很快！

列表1 列表2

顺带可以处理的语料：

重复！ 重复！

真的真的很好很好用！

规则5：如果读入的字符与第一个列表的第一个字符不相同，则触发压缩判断，若得出不重复，且第二个列表没有放入国际字符，则继续在第一个列表放入国际字符。

解释：没有出现重复字就不会有连续重复语料，第二个列表未启用，则继续填入第一个列表，直至出现重复情况为止。

规则6：如果读入的字符与第一个列表的第一个字符不相同，则触发压缩判断，若得出不重复，且第二个列表已放入国际字符，则继续在第二个列表放入国际字符。

解释：类似规则5，此处省略叙述。

规则7：读完所有国际字符后，触发压缩判断，比较第一个列表以及第二个列表有意义的部分，若得出重复，则进行压缩去除。

解释：由于按照上述规则，在读完所有国际字符后不会再触发压缩判断条件，故为了避免如下实例连续重复情况，补充这一规则。

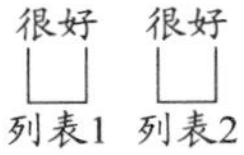

很好 很好

列表1 列表2

（4）机械压缩去词处理的操作流程

根据上述规则，便可以完成对开头连续重复的处理。类似的规则，亦可以对处理过的文本再进行一次结尾连续重复的机械压缩去词，算法思想是相近的，只是从尾部开始读词罢了。从结尾开始的处理结束后就得到了已压缩去词完成的精简语料。

输出被压缩的语句和原语句的对比，图8-7截取了一部分前向机械压缩的对比例子。

可以，可以可以可以可以可以

可以，可以

好用好用好用好用！！！

好用！

不错，不错，价格便宜

不错，价格便宜

不错不错，帮人买的！！！！

不错，帮人买的！！！！

aaaaaaaaaaaaaaaaaaaaaaaaaaaaaaaaaaaaaaaaaaaaaa

a

好好好好好

好

很费电很费电很费电很费电很费电很费电

很费电

图8-7 被压缩的语句和原语句对比

3. 短句删除

（1）短句删除的原因及思想

完成机械压缩去词处理后，进行最后的预处理步骤：短句删除。虽然精简的辞藻在很多时候是一种比较良好的习惯，但是由语言的特点知道，从根本上说，字数越少，能够表达的意思越少，要想表达一些相关的意思就一定要有相应量的字数，过少的字数评论必然是没有任何意义的，比如三个字，就只能表达诸如“很不错”“质量差”，等等。为此，要删除过短的评论文本数据，以去除没有意义的评论，包括：

1）原本就过短的评论文本，如“很不错”。

2）经机械压缩去词处理后过短的评论文本，即原本为存在连续重复的且无意义的长文本，如“好好好好好好好好好好好好好好好”。

（2）确定保留的评论字数的下限

显然，短句删除最重要的环节就确定保留的评论字数的下限，这个没有精确的标准，可以结合特定语料来确定，一般4~8个国际字符都是较为合理的下限，在此处设定下限为7个国际字符，即经过前两步预处理后得到的语料若小于等于4个国际字符，则将该语料删去。

经过前两步的处理后，第三步（短句删除）的效果比较明显，可以看出该步骤能过滤掉众多的垃圾信息。

8.2.3 文本评论分词

在中文中，只有字、句和段落能够通过明显的分界符进行简单划界，而对于“词”和“词组”来说，它们的边界模糊，没有形式上的分界符。因此，挖掘中文文本时，首先应对文本分词，即将连续的字序列按照一定的规范重新组合成词序列。

分词结果的准确性对后续文本挖掘算法有着不可忽视的影响，如果分词效果不佳，即使后续算法优秀，也无法实现理想的效果。例如，在特征选择的过程中，不同的分词效果，将直接影响词语在文本中的重要性，从而影响特征的选择。

本文采用中文分词模块“结巴分词”，对TXT文档中的商品评论数据进行中文分词。“结巴分词”提供分词、词性标注、未登录词识别，支持用户词典等功能。经过相关测试，此系统的分词精度高达97%以上。为进一步统计词频，分词过程将去掉词性标注作用。

8.2.4 构建模型

1. 情感倾向性模型

（1）训练生成词向量

首先训练以得到词向量，为了将文本情感分析（情感分类）转化为机器学习问题，首先需要将符号数学化。在NLP中，最常见的词表示方法是One-hot Representation：将一个词映射成一个很长的单位向量，向量的长度就是词表的大小，如“学习”表示成 [0 0 0 **1** 0 0 0 0 0 0 0 0 0 0 0 0 ...]，“复习”表示成 [0 0 0 0 0 0 0 0 **1** 0 0 0 0 0 0 0 ...]，这样就完成了词语的数学化表示。

但是，这样就存在“词汇鸿沟”的问题：即使两个词之间存在明显的联系，但在向量表示法中却体现不出来，无法反映语义关联。Distributed Representation却能反映出词语之间的距离远近关系，而用 Distributed Representation 表示的向量专门称为词向量，如“学习”可能被表示成［0.1，0.1，0.1，0.15，0.2...］，“复习”可能被表示成［0.11，0.12，0.1，0.15，0.22...］，这样，两个词义相近的词语被表示成词向量后，它们的距离也是较近的，词义关联不大的两个词的距离会比较远。一般而言，不同的训练方法或语料库训练得到的词向量是不同的，它们的维度常见为 50 和 100 维。

word2vec 采用神经网络语言模型 NNLM 和 N-gram 语言模型，每个词都可以表示成一个实数向量。模型如图 8-8 所示。

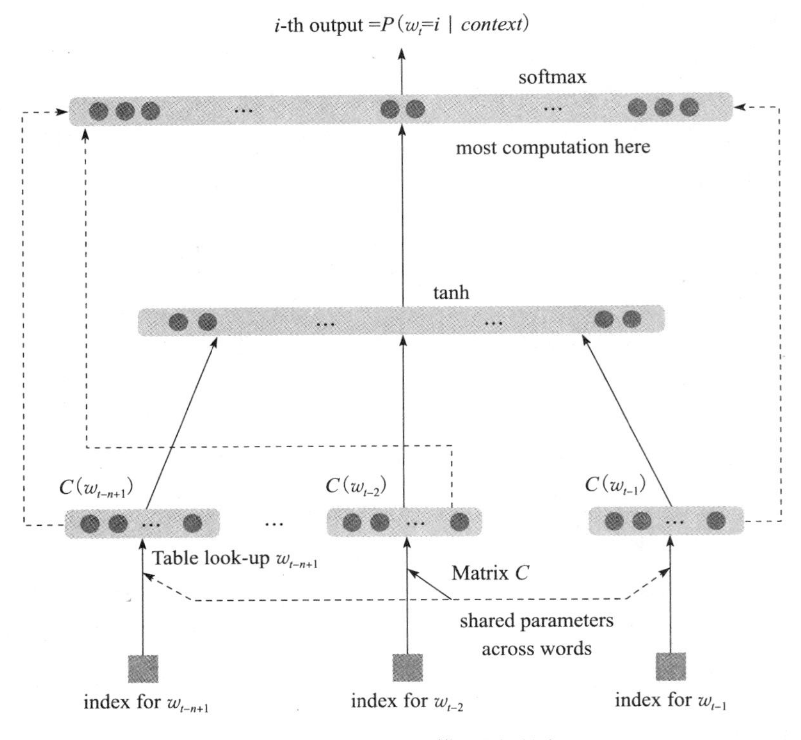

图 8-8　word2vec 模型展示图

图 8-8 最下方的 w_{t-n+1}，...，w_{t-2}，w_{t-1} 就是前 $n-1$ 个词。现在需要根据这已知的 $n-1$ 个词预测下一个词 w_t。$C(w)$ 表示词 w 对应的词向量，存在矩阵 C（一个 $|V| \times m$ 的矩阵）中。其中 $|V|$ 表示词表的大小（语料中的总词数），m 表示词向量的维度。w 到 $C(w)$ 的转化就是从矩阵中取出一行。

网络的第一层（输入层）是将 $C(w_{t-n+1})$，...，$C(w_{t-2})$，$C(w_{t-1})$ 这 $n-1$ 个向量首尾相接拼起来，形成一个 $(n-1)m$ 维的向量，记为 x。

网络的第二层（隐藏层）就如同普通的神经网络，直接使用 $d+Hx$ 计算得到。d 是一个偏置项。在此之后，使用 tanh 作为激活函数。

网络的第三层（输出层）一共有 $|V|$ 个节点，每个节点 y_i 表示下一个词为 i 的未归一化

log 概率。最后使用 softmax 激活函数将输出值 y 归一化成概率。最终，y 的计算公式为：

$$y = b + Wx + U\tanh(d + Hx)$$

其中 U 是隐藏层到输出层的参数，整个模型的多数计算集中在 U 和隐藏层的矩阵乘法中。矩阵 W（一个 $|V| \times (n-1)m$ 的矩阵）包含了从输入层到输出层的直连边。

（2）评论集子集的人工标注与映射

利用词向量构建的结果，再人工标注评论集子集，正面评论标为1，负面评论标记为2（或者采用 python 的 NLP 包 snownlp 的 sentiment 功能做简单的机器标注，减少人为工作量），然后将每条评论映射为一个向量，将分词后评论中所有词语对应的词向量相加做平均，使一条评论对应一个向量。

（3）训练栈式自编码网络

自编码网络由原始的 BP 神经网络演化而来，在原始的 BP 神经网络中，从特征空间输入神经网络中，并用类别标签与输出空间来衡量误差，用最优化理论不断求得极小值，从而得到一个与类别标签相近的输出。但是在编码网络并不是如此，不用类别标签来衡量与输出空间的误差，而是用从特征空间的输入来衡量与输出空间的误差。其结构如图8-9所示。

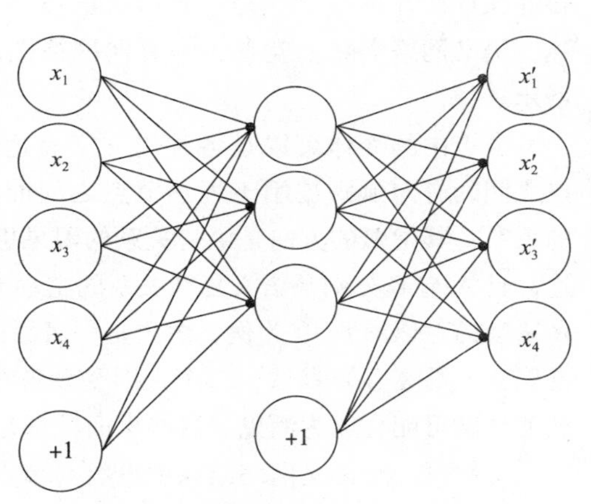

图8-9　自编码网络结构示意图

把特征空间的向量（x_1，x_2，x_3，x_4）作为输入，把经过神经网络训练后的向量（x_1'，x_2'，x_3'，x_4'）与输入向量（x_1，x_2，x_3，x_4）作为衡量误差，最终得到一个能从原始数据中自主学习特征的一个特征提取的神经网络。从代数角度而言，即从一个线性相关的向量中，寻找出了一组低维的基，而这组基线性组合之后又能还原成原始数据。自编码网络正是寻找了一组这样的基。

神经网络的出现，时来已久，但是因为局部极值、梯度弥散、数据获取等问题而构建不出深层的神经网络，直到2007年深度学习的提出，才让神经网络的相关算法得到质的改变。而栈式自编码就属于深度学习理论中一种能够得到优秀深层神经网络的方法。

栈式自编码神经网络是一个由多层稀疏自编码器组成的网络。它的思想是利用逐层贪婪训练的方法，把原来多层的神经网络剖分成一个个小的自编码网络，每次只训练一个自编码器，然后将前一层自编码的输出作为其后一层自编码器的输入，最后连接一个分类器，可以是 SVM、SoftMax 等。上述步骤是为了得到一个好的初始化深度神经网络的权重，连接好一个分类器后，还可以用 BP 神经网络的思想，反向传播微调神经元的权重，以期得到一个分类准确率更好的栈式自编码神经网络。

完成评论映射后，将标注的评论划分为训练集和测试集，利用标注好的训练集（标注值和向量）训练栈式自编码网络（SAE），对原始向量做深度学习提取特征，并后接 Softmax 分类器做分类，并用测试集测试训练好的模型的正确率。

2. 基于语义网络的评论分析

下面使用语义网络分析进一步分析评论，包括各产品独有优势、各产品抱怨点以及顾客购买原因等，并结合以上分析对品牌产品的改进提出建议。

这一部分主要通过由三种品牌型号的好、差评文本数据生成的语义网络图，结合共词矩阵以及评论定向筛选回查来分析评论。

（1）语义网络的概念、结构与构建本质

语义网络是由 R. F. Simon 提出的用于理解自然语言并获取认知的概念，是一种语言的概念及关系的表达。语义网络实际上就是一幅有向网络图，如图 8-10 所示。

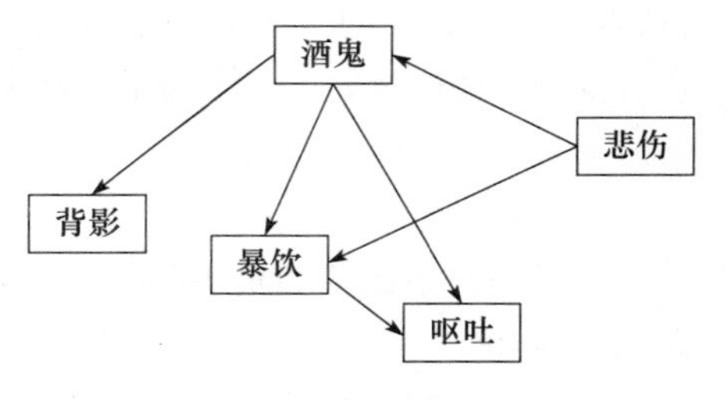

图 8-10 语义网络举例示意图

节点中的物体可以是各种用文字表达的事物，节点之间的有向弧则被用于表达节点之间的语言意义上的关系，其中弧的方向是语言关系的因果指向，比如，A 指向 B 意味着 A 与 B 有语言关系牵连，且 A 与 B 分别是语义复杂关系的主动方与从动方。当然，这种用语言意义上的关系往往是复杂的。以图 8-10 为例，由于是一名酒鬼，那么他或她就经常会在特定情况之下（诸如朋友聚会、婚宴等）暴饮；一个人因受到各种挫折而显得悲伤，长期的悲伤无法释怀，通过借酒消愁就可能会成为酒鬼。这些里面就都是些复杂的关系。

虽然每一个语义网络结构中事物（节点）之间的关系是复杂的，但是语义网络每一道弧的形成从本质上看就是由于这种语义关系的存在。不同的用词语表达的特定事物之间就是因为存在千丝万缕的联系，才会形成一个个的语义网络。

（2）基于语义网络进行评论分析的优势

从前面的论述当中知道，要想对中文的热水器评论进行合理的分析必须采取的一项措施是分词，因为计算机不可能像人一样识别每一个整句的语义，不能直接识别语句的整体结构思想，但是分词又会使得语句的整体结构变得凌乱，从而对分词后的语句直接进行诸如产品差异等复杂的分析变得不合实际，所以必须采取方法尽可能将这种原已凌乱的关系重新整合起来，使复杂的分析重新变为可能。建立起事物之间（这里分出的每一个词料代表一项事物）的语义网络关系就能够使原已凌乱的关系得以整合，特别是那些可以连成通顺语料的词语的关系（即连接“因果”关系）的重新整合，而这种关系的成功重建能够清晰地还原语料中反映出来的许多内容，特别是单独的词语无法清晰表达相应的情况时，比如：“安装”与“方便”分开时，任何一方都不能清晰表达相关的情况，单独一个“安装”可以表达很多的东西，可以是“安装很容易”，也可以是“有师傅上门帮忙安装”，还可以是“安装要收手续费”，等等。单独一个“方便”也可以表达很多的东西，可以是“使用十分方便”，也可以是“商品签收方便快捷”，还可以是“交款方式方便简易”，等等，但是如果“安装”和“方便”通过语义网络方式连接起来，如图 8-11 所示，就可以清晰地反映出是相关热水器产品在安装时比较便利。再比如，“热水”与“不足”也是这样的情况，此处不再赘述。

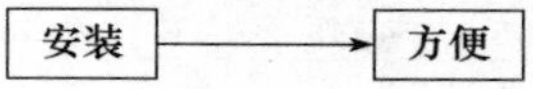

安装 → 方便

图8-11　“安装”和“方便”的语义网络连接示意图

当这种语义网络建立起来后，可以借助它分析各种各样的特定，特别是在判断特定产品优点、抽取各品牌的顾客关注点等上都具有一定的优势。以判断特定产品优点为例，如果某种产品相对于其他产品具有某种特定的优势，那么由该种商品的正面评论形成的语义网络上就会生成与其他产品正面评论形成的语义网络不同的且蕴含这种优势的关系连接，透过可视化，就能够从中抽取出来。

（3）基于语义网络进行评论分析的前期步骤与解释

进行语义网络分析所需的前期步骤实际上就是二分类文本情感分析，语义网络分析要以二分类文本情感分析的结果为基础的原因在于评论是正面的和负面的大多都会具有不同的语意结构，且对于同一商品而言，正面和负面的评论必然从根本上关注的点和信息是不完全相同的，毕竟正面和负面评论之间存在逻辑冲突。而这种正面、负面评论的分割需要用到情感分析技术。具体前期步骤如下：

1）数据预处理，分词以及对停用词的过滤；

2）进行情感倾向性分析，并借助此将评论数据分割成正面（好评）、负面（差评）、中性（中评）三大组；

3）抽取正面（好评）、负面（差评）两组，以构建与分析语义网络。

第一步可以直接按照原有的流程来进行，第三步只需要在第二步分成的三组结果中抽取即可，不对中性评论进行分析是因为中性评论往往携带着比较复杂的信息，难以对细节进行倾向性提取。

第二步的情感倾向性分析并将评论数据分类可以在原有的情感分析工作基础上修改来完成，但是在此处使用 ROSTCM 6（ROSTCM 6 的全称为 ROST Content Mining System（Version 6.0））来完成该项操作。ROST 系统是由武汉大学开发的一款免费反剽窃系统，可用于检测论文抄袭的现象；ROST 系统还是一款大型的免费用于社会计算的软件，可以用来实现多种类型的分析，包括情感倾向性分析以及后面将要进行的语义网络构建等。之所以使用 ROSTCM 6 来完成情感分析是因为 ROSTCM 6 软件的情感倾向性分析使用的是基于优化的情感词典方法，其准确率目前来讲会比基于词向量和神经网络的情感分析方法高，而前述用于情感倾向性分析的方法是基于词向量和神经网络的。另外，受限于现今中文分词技术的缺陷以及评论本身的特性，能够透过中文评论挖掘出来的内容还是偏少的，因此对情感倾向性分析的正确率要求就更高。当需要以此为基础进一步分析时，就需要利用基于情感词典的方法。第二步的具体流程如下：

单击“功能性分析”，再单击“情感分析”，然后将待分析的文件地址输入“待分析文件路径”对应框内，单击“分析”选项，得到情感倾向性分析的结果，3 种情感倾向被放入三个不同的 txt 文件内。

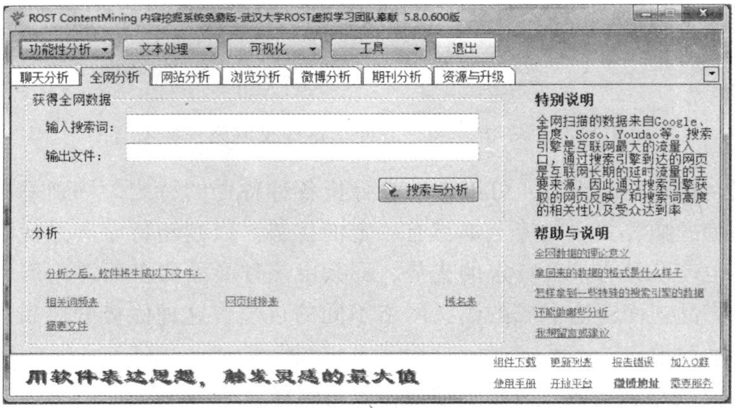

ROST ContentMining 内容挖掘系统免费版-武汉大学ROST虚拟学习团队奉献 5.8.0.600版

功能性分析 文本处理 可视化 工具 退出

聊天分析 全网分析 网站分析 浏览分析 微博分析 期刊分析 资源与升级

获得全网数据

输入搜索词：

输出文件：

搜索与分析

分析

分析之后，软件将生成以下文件：

相关词频表 网页链接表 域名表

摘要文件

特别说明

全网扫描的数据来自Google、百度、Soso、Youdao等。搜索引擎是互联网最大的流量入口，通过搜索引擎到达的网页是互联网长期的延时流量的主要来源，因此通过搜索引擎获取的网页反映了和搜索词高度的相关性以及受众达到率

帮助与说明

全网数据的理论意义

拿回来的数据的格式是什么样子

怎样拿到一些特殊的搜索引擎的数据

还能做哪些分析

我想留言或建议

组件下载 更新列表 报告错误 加入Q群

使用手册 开放平台 微博地址 需要服务

用软件表达思想，触发灵感的最大值

a）

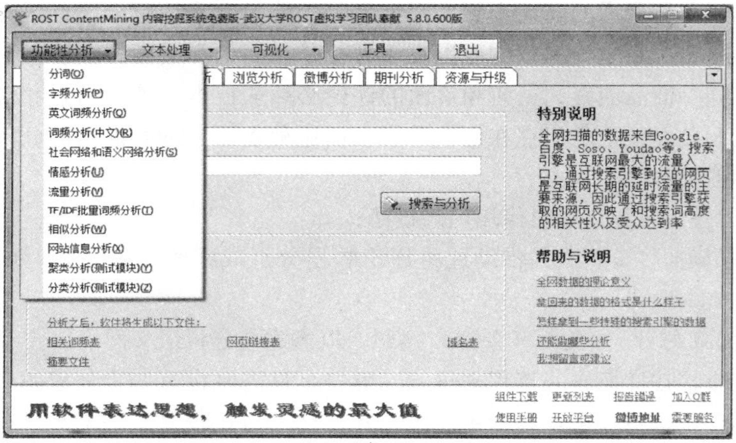

ROST ContentMining 内容挖掘系统免费版-武汉大学ROST虚拟学习团队奉献 5.8.0.600版

功能性分析 文本处理 可视化 工具 退出

分词(O)

字频分析(P)

英文词频分析(Q)

词频分析(中文)(R)

社会网络和语义网络分析(S)

情感分析(U)

流量分析(V)

TF/IDF批量词频分析(T)

相似分析(W)

网站信息分析(X)

聚类分析(测试模块)(Y)

分类分析(测试模块)(Z)

b）

ROST Emotion Analysis Tool 情感倾向分析工具 1.7.1.1

分析内容

待分析文件路径 打开

自定义词表 F:\swbs\ROSTCM6\tools\ROST EA TOOLS\user\userDict.txt 打开

停用自定义词表

分析结果

情感分析详细结果 查看

情感分段统计结果 查看

正面情绪结果文件 查看

中性情绪结果文件 查看

负面情绪结果文件 查看

情感分布统计视图 查看

分析 退出

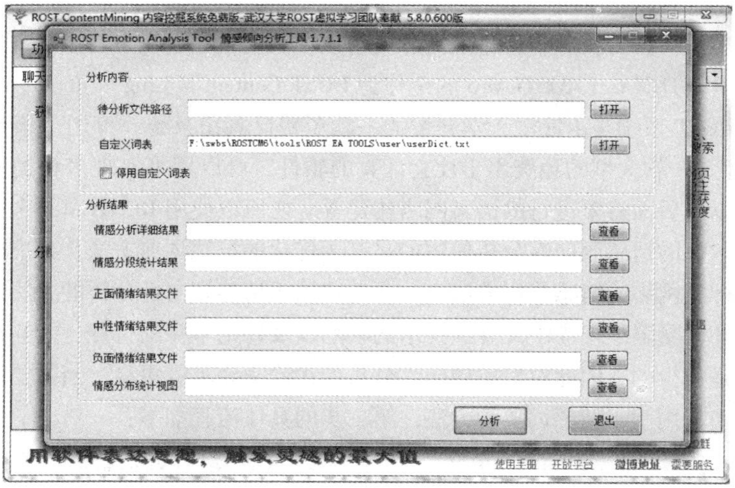

c）

图 8-12 ROSTCM 6 实现情感倾向性分析的步骤示意图

这三步完成后，便可以开始分析语义网络。

（4）基于语义网络进行评论分析的实现过程

要进行语义网络分析，首先要分别对两大组重新进行分词处理，并提取出高频词（为了实现更好的分词效果，在分词词典中引入更多的词汇）。因为只有高频词之间的语义联系才是真正有意义的，个性化词语间的关系不具代表性。然后在此基础上过滤掉明显无意义的成分，减少分析干扰。最后抽取行特征，处理完后便可构建两组的语义网络。

同时亦利用 ROSTCM 6 来完成这一部分及构建语义网络的操作。打开 ROSTCM 6 软件，单击“功能性分析”选项，再单击“社会网络与语义网络分析”，打开社会网络与语义网络分析的界面，如图 8-13 所示。

将分好的好差评两个文本文档中的好评文档的地址输入“待处理文件”对应框内，并单击“提取高频词”“过滤无意义词”以及“提取行特征”，完成对应的操作，系统自动生成对应处理后的文件。在此之后，依次单击“构建网络”与“启动 NetDraw”，得到好评文档的语义网络图（其生成的语义网络图可能不便于观察，可以移动 NetDraw 生成的语义网络结果中的节点，以增强该网络的可读性），为了方便分析，单击“构建矩阵”，生成被挑选出的节点词的矩阵词表，该操作会生成一个 xls 文件。构建好评文档的语义网络图后，对差评文档进行同样的操作，也将得到相应的语义网络图。3 种品牌 3 种型号对应 6 个好评文档及差评文档，从而生成 6 个语义网络图，并以此为基础，结合共词矩阵（可在语义网络生成后单击“构建矩阵”形成）与评论定向筛选回查，便可分析相关评论。

3. 基于 LDA 模型的主题分析

对基于语义网络的评论进行初步数据分析后，从统计学习的角度，对主题特征词出现的频率进行量化表示。本文运用 LDA 主题模型挖掘 3 种品牌评论中更多的信息。

主题模型在机器学习和自然语言处理等领域用来在一系列文档中发现抽象主题的一种统计模型。从直观上说，传统判断两个文档相似性的方法是查看两个文档共同出现的单词的多少，如 TF、TF-IDF 等，这种方法没有考虑到文字背后的语义关联，可能两个文档共同出现的单词很少甚至没有，但两个文档是相似的，因此在判断文档相似性时，应进行语义挖掘，而语义挖掘的有效工具即为主题模型。

如果一篇文档有多个主题，则一些特定的可代表不同主题的词语会反复出现，此时，运用主题模型，能够发现文本中使用词语的规律，并把规律相似的文本联系到一起，以寻求非结构化的文本集中的有用信息。例如，对于热水器的商品评论，代表热水器特征的词语如“安装”“出水量”“服务”等会频繁地出现在评论中，运用主题模型，将与热水器代表性特征相关的情感描述性词语，同相应的特征词语联系起来，从而深入了解热水器评价的聚焦点及用户对于某一特征的情感倾向。LDA 模型作为其中一种主题模型，属于无监督的生成式主题概率模型。

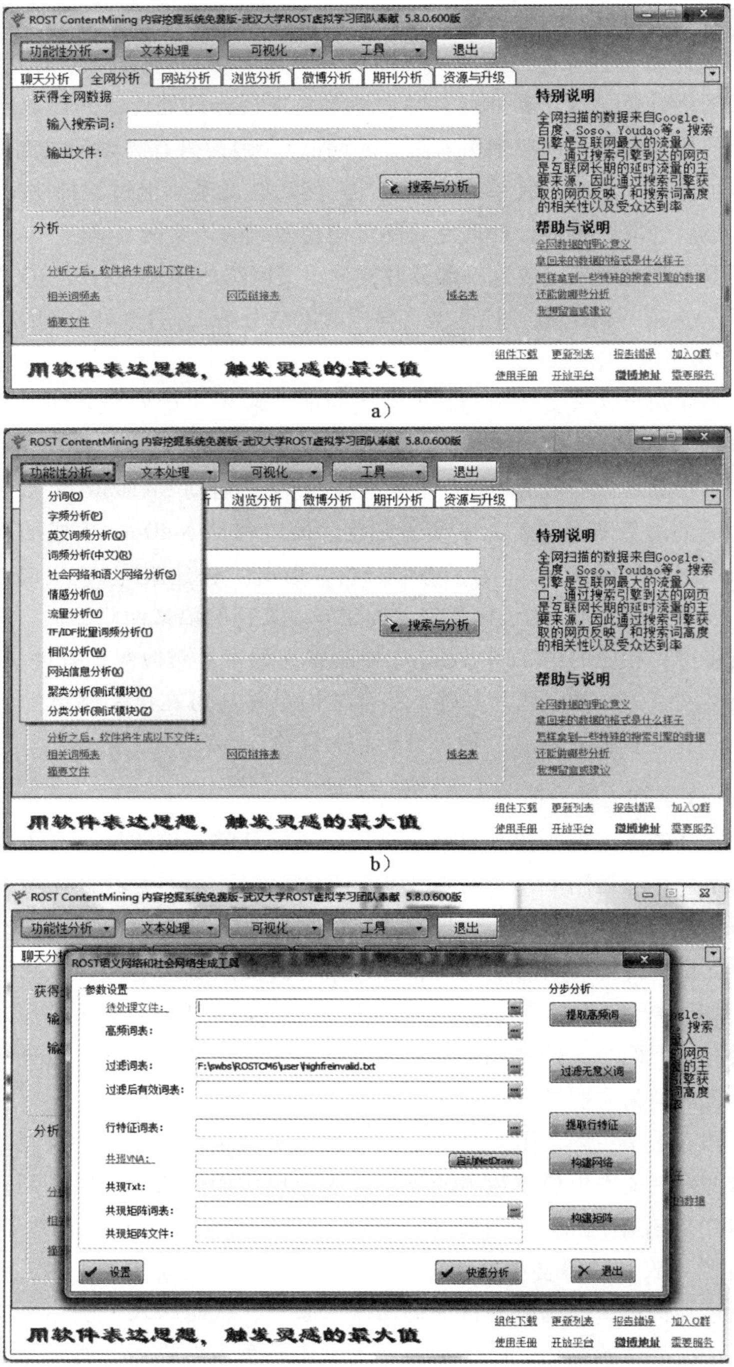

ROST ContentMining 内容挖掘系统免费版-武汉大学ROST虚拟学习团队奉献 5.8.0.600版

功能性分析 文本处理 可视化 工具 退出

聊天分析 全网分析 网站分析 浏览分析 微博分析 期刊分析 资源与升级

获得全网数据

输入搜索词：

输出文件：

搜索与分析

分析

分析之后，软件将生成以下文件：

相关词频表 网页链接表 域名表

摘要文件

特别说明

全网扫描的数据来自Google、百度、Soso、Youdao等。搜索引擎是互联网最大的流量入口，通过搜索引擎到达的网页是互联网长期的延时流量的主要来源，因此通过搜索引擎获取的网页反映了和搜索词高度的相关性以及受众达到率

帮助与说明

全网数据的理论意义

拿回来的数据的格式是什么样子

怎样拿到一些特殊的搜索引擎的数据

还能做哪些分析

我想留言或建议

用软件表达思想，触发灵感的最大值

组件下载 更新列表 报告错误 加入Q群

使用手册 开放平台 微博地址 需要服务

a）

ROST ContentMining 内容挖掘系统免费版-武汉大学ROST虚拟学习团队奉献 5.8.0.600版

功能性分析 文本处理 可视化 工具 退出

分词(O)

字频分析(P)

英文词频分析(Q)

词频分析(中文)(R)

社会网络和语义网络分析(S)

情感分析(U)

流量分析(V)

TF/IDF批量词频分析(T)

相似分析(W)

网站信息分析(X)

聚类分析(测试模块)(Y)

分类分析(测试模块)(Z)

b）

ROST ContentMining 内容挖掘系统免费版-武汉大学ROST虚拟学习团队奉献 5.8.0.600版

ROST语义网络和社会网络生成工具

参数设置

待处理文件：

高频词表：

过滤词表： F:\pwbs\ROSTCM6\user\highfreinvalid.txt

过滤后有效词表：

行特征词表：

共现VNA： 启动NetDraw

共现Txt：

共现矩阵词表：

共现矩阵文件：

分步分析

提取高频词

过滤无意义词

提取行特征

构建网络

构建矩阵

设置 快速分析 退出

用软件表达思想，触发灵感的最大值

组件下载 更新列表 报告错误 加入Q群

使用手册 开放平台 微博地址 需要服务

c）

图 8-13　ROSTCM 6 实现语义网络构建的步骤示意图

（1）LDA主题模型

潜在狄利克雷分配（Latent Dirichlet Allocation，LDA）是由Blei等人在2003年提出的生成式主题模型。生成模型，即认为每一篇文档的每一个词都是通过“一定的概率选择了某个主题，并从这个主题中以一定的概率选择了某个词语”。LDA模型也被称为三层贝叶斯概率模型，包含文档（d）、主题（z）、词（w）三层结构，能够有效对文本进行建模，和传统的空间向量模型（VSM）相比，增加了概率的信息。通过LDA主题模型，能够挖掘数据集中的潜在主题，进而分析数据集的集中关注点及其相关特征词。

LDA模型采用词袋模型（Bag Of Words，BOW）将每一篇文档视为一个词频向量，从而将文本信息转化为易于建模的数字信息。

定义词表大小为L，一个L维向量（1，0，0，...，0，0）表示一个词。由N个词构成的评论记为$d=(w_1, w_2, ..., w_N)$。假设某一商品的评论集D由M篇评论构成，记为$D=(d_1, d_2, ..., d_M)$。M篇评论分布着K个主题，记为$z_i(i=1, 2, ..., K)$。记α和β为狄利克雷函数的先验参数，θ为主题在文档中的多项分布的参数，其服从超参数为α的Dirichlet先验分布，ϕ为词在主题中的多项分布的参数，其服从超参数β的Dirichlet先验分布。LDA模型图示如图8-14所示。

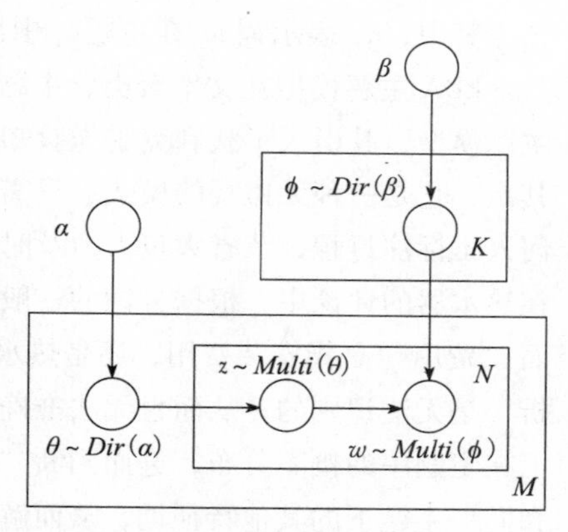

图8-14 LDA模型结构示意图

LDA模型假定每篇评论由各个主题按一定比例随机混合而成，混合比例服从多项分布，记为：

$$Z \mid \theta = Multinomial(\theta)$$

而每个主题由词汇表中的各个词语按一定比例混合而成，混合比例也服从多项分布，记为：

$$W \mid Z,\phi = Multinomial(\phi)$$

在评论d_j条件下生成词w_i的概率表示为：

$$P(w_i \mid d_j) = \sum_{s=1}^{K} P(w_i \mid z = s) \times P(z = s \mid d_j)$$

其中，$P(w_i \mid z=s)$表示词w_i属于第s个主题的概率，$P(z=s \mid d_j)$表示第s个主题在评论d_j中的概率。

（2）LDA主题模型估计

LDA模型对参数θ、ϕ的近似估计通常使用马尔科夫链蒙特卡洛（Markov Chain Monte Carlo，MCMC）算法中的一个特例Gibbs抽样。利用Gibbs抽样对LDA模型进行参数估计，依据下式：

$$P(z_i = s \mid Z_{-i},W) \propto (n_{s,-i} + \beta_i) \Big/ \left(\sum_{i=1}^{V} n_{s,-i} + \beta_i \right) \times (n_{s,-j} + \alpha_s)$$

其中，$z_i = s$ | 表示词 w_i 属于第 s | 个主题的概率，Z_{-i}表示其他所有词的概率，$n_{s,-i}$表示不包含当前词 w_i 的被分配到当前主题 z_s 下的个数，$n_{s,-j}$表示不包含当前文档 d_j 的被分配到当前主题 z_s 下的个数。

通过对上式的推导，可以得到词 w_i 在主题 z_s 中分布的参数估计 $\phi_{s,i}$，主题 z_s 在评论 d_j 中的多项分布的参数估计 $\theta_{j,s}$：

$$\phi_{s,i} = (n_{s,i} + \beta_i) \Big/ \left(\sum_{i=1}^{V} n_{s,i} + \beta_i \right)$$

$$\theta_{j,s} = (n_{j,s} + \alpha_s) \Big/ \left(\sum_{s=1}^{K} n_{j,s} + \alpha_s \right)$$

其中，$n_{s,i}$表示词 w_i 在主题 z_s 中出现的次数，$n_{j,s}$表示文档 d_j 中包含主题 z_s 的个数。

LDA 主题模型在文本聚类、主题挖掘、相似度计算等方面都有广泛的应用，相对于其他主题模型，其引入了狄利克雷先验知识，因此，模型的泛化能力较强，不易出现过拟合现象。其次，它是一种无监督的模式，只需要提供训练文档，就可以自动训练出各种概率，无需任何人工标注过程，节省大量人力及时间。再者，LDA 主题模型可以解决多种指代问题。例如，在热水器的评论中，根据分词的一般规则，经过分词的语句会将“费用”一词单独分割出来，而“费用”是指安装费用，还是热水器费用等其他情况，如果简单地进行词频统计及情感分析，是无法识别的，从而也无法准确了解用户反映的情况。运用 LDA 主题模型，可以求得词汇在主题中的概率分布，进而判断“费用”一词属于哪个主题，并求得属于这一主题的概率和同一主题下的其他特征词，从而解决多种指代问题。

（3）运用 LDA 模型进行主题分析的实现过程

在本文商品评论关注点的研究中，即对评论中的潜在主题进行挖掘，评论中的特征词是模型中的可观测变量。一般来说，每则评论中都存在一个中心思想，即主题。如果某个潜在主题同时是多则评论中的主题，则这一潜在主题很可能是整个评论语料集的热门关注点。在这个潜在主题上越高频的特征词，越有可能成为热门关注点中的评论词。

首先，为提高主题分析在不同情感倾向下，热门关注点反映情况的精确度，本文在语义网络的情感分类结果的基础上，对不同情感倾向下的潜在主题分别进行挖掘分析，从而得到不同情感倾向下，用户对热水器不同方面的反映情况。例如，选取差评中的一则评论“售后服务差极了，不买他们的材料不给安装，还谎称免费安装，其实要收挺贵的安装费，十分不合理。这也算了，安装费之前说二百，安好之后要四百，更贵了，更加不合理，不管是安装师傅自己还是美的规定，都是很差很差的体验，我看其他人的了，一样的安装，比别人贵的安装费。而且安装师傅做事粗糙，态度粗鲁。”在这则评论中，“安装费”和“安装师傅”在这则评论中出现频率较高，可作为潜在主题。同时，可以得到潜在主题上特征词的概率分布情况，反映潜在主题“安装费”的特征词包括“贵”“不合理”，反映“安装师傅”的特征词包括“粗糙”“粗鲁”。

接着，分别统计整个评论语料库中正负情感倾向的主题分布情况，对两种情感倾向下，各个主题出现的次数从高到低排序，根据分析需要，选择排在前若干位的主题作为评论集中的热门关注点，然后根据潜在主题上的特征词的概率分布情况，得到对应的热门关注点的评论词。

本节运用 LDA 主题模型的算法，并采用 Gibbs 抽样方法对 LDA 模型的参数进行近似估计，由上文的模型介绍可知，模型中存在 3 个可变量需要确定最佳取值，分别是狄利克雷函数的先验参数 α 和 β、主题个数 K。本文中将狄利克雷函数的先验参数 α 和 β 设置为经验值，分别是 $\alpha = 50/K$，$\beta = 0.1$。而主题个数 K 采用统计语言模型中常用的评价标准困惑度来选取，即令 $K = 50$。

（4）LDA 模型的实现

虽然 LDA 可以直接对文本进行主题分析，但是文本的正面评价和负面评价混淆在一起，并且由于分词粒度的影响（否定词或程度词等），可能在一个主题下生成一些令人迷惑的词语。因此，将文本分为正面评价和负面评价两个文本，再分别进行 LDA 主题分析是一个比较好的主意。

为将文本一分为二，可以手工分类，但是极耗精力和时间。为此，可以进行机器标注。这里采用 COSTCM 6 中的情感分析进行机器分类，生成“正面情感结果”“负面情感结果”和“中性情感结果”，这里抛弃“中性情感结果”文本，分别对“正面情感结果”和“负面情感结果”文本进行 LDA 分析，挖掘出商品的优点与不足。

图 8-15 是对 meidi_jd_process_end. txt 处理后得到的负面评价文本，由于 COSTCM 6 得到的结果还有评分前缀，所以需要删除前缀的评分，并且分类文本是 unicode 编码，统一另存为 UTF-8 编码再删除评分。

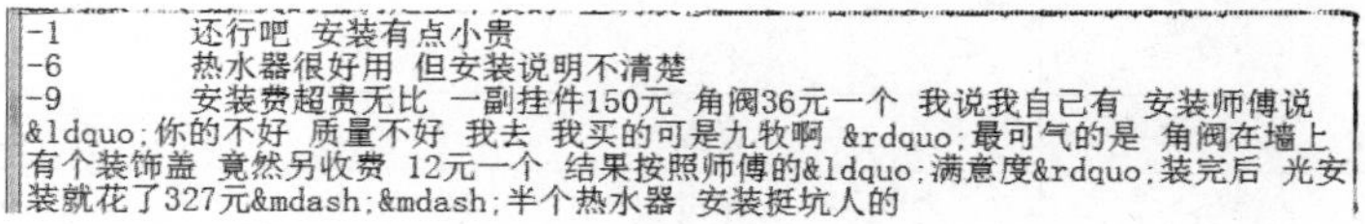

```
-1          还行吧 安装有点小贵
-6          热水器很好用 但安装说明不清楚
-9          安装费超贵无比 一副挂件150元 角阀36元一个 我说我自己有 安装师傅说
&ldquo;你的不好 质量不好 我去 我买的可是九牧啊 &rdquo;最可气的是 角阀在墙上
有个装饰盖 竟然另收费 12元一个 结果按照师傅的&ldquo;满意度&rdquo;装完后 光安
装就花了327元&mdash;&mdash;半个热水器 安装挺坑人的
```

图 8-15　负面评价文本

在分好词的正面评价文件、负面评价文件以及停用词表（过滤用）的基础上，得到处理好的正面评价和负面评价数据。

利用 TipDM-HB 数据挖掘平台的 LDA 主题分析算法对正面评价和负面评价进行主题分析。

先对正面评价进行分析，登录 TipDM-HB 数据挖掘平台后，新建方案，接着导入数据。导入的数据为“01-示例数据/正面评价数据 . csv”，数据加载完成后，刷新即可看到数据（注意：此数据比较大，加载需要较长时间）。调用 TipDM-HB 数据挖掘平台的 LDA 主题分析算法时，导入的数据列属性为“评价”，参数设置为：“主题数”为 3，“算法”为 Gibbs，“每个主题下词语数”为 10。

经过 LDA 主题分析后，正面评价文本被聚成 3 个主题，每个主题下生成 10 个最有可能出现的词语，美的正面评价文本中的潜在主题如表 8-2 所示。

表 8-2　美的正面评价潜在主题

主题 1	主题 2	主题 3
很好	不错	安装
送货	的	了
快	东西	师傅
就是	还不错	自己
好	京东	美的
加热	美的	的
速度	价格	元
很快	感觉	没有
服务	很不错	售后
非常	值得	上门

同理，导入“01-示例数据/负面评价数据 . csv”数据，按同样的参数设置，即可得到美的负面评价文本中的潜在主题，见表 8-3。

表 8-3　美的负面评价潜在主题

主题 1	主题 2	主题 3
安装	就是	了
师傅	不错	的
美的	加热	东西
元	不知道	没有
送货	不过	京东
售后	有点	自己
服务	还可以	还是
不好	使用	但是
上门	速度	这个
好	吧	可以

根据提取到的美的热水器好评的 3 个潜在主题的特征词可知，主题 1 中的高频特征词，即很好、送货快、加热、速度、很快、服务、非常等，主要反映京东送货快、服务非常好；美的热水器加热速度快；主题 2 中的高频特征词，即热门关注点主要是价格、东西、值得等，主要反映美的热水器不错，价格合适值得购买等；主题 3 中的高频特征词，即热门关注点主要是售后、师傅、上门、安装等，主要反映京东的售后服务以及师傅上门安装等。

从美的热水器差评的 3 个潜在主题中，可以看出，主题 1 中的高频特征词主要是安装、服务、元等，即主题 1 主要反映的是美的热水器安装收费高、热水器售后服务不好等；主题 2 中的高频特征词主要是不过、有点、还可以等情感词汇，主题 3 主要反映的是美的热水器可能不满足其需求等；主题 3 中的高频特征词主要是没有、但是、自己等，主题 3 可能主要反映美的热水器自己安装等。

综合以上对主题及其中的高频特征词可以看出，美的热水器的优势有以下几个方面：价格实惠、性价比高、外观好看、热水器实用、使用起来方便、加热速度快、服务好。

相对而言，用户对美的热水器的抱怨点主要体现以下几个方面：美的热水器安装费贵及售后服务差等。

因此，用户的购买原因可以总结为以下几个方面：美的大品牌值得信赖，美的热水器价格实惠，性价比高。

根据对京东平台上，美的热水器的用户评价情况进行 LDA 主题模型分析，对美的品牌提出以下建议：

1）在保持热水器使用方便、价格实惠等优点基础上，对热水器进行改进，从整体上提升热水器的质量。

2）提升安装人员及客服人员的整体素质，提高服务质量。制定安装费用收取明文细则，并公开透明，减少安装过程的乱收费问题。适度降低安装费用和材料费用，以此在大品牌的竞争中凸显优势。

8.3　上机实验

1. 实验目的

- 加深对 LDA 主题分析算法原理的理解及使用。
- 掌握使用 LDA 主题分析算法解决实际问题的方法。

2. 实验内容

- 导入处理好的正面评价数据，进行 LDA 主题分析，分析正面评价的主题内容。

3. 实验方法与步骤

登录 TipDM-HB 数据挖掘平台后，执行以下步骤。

（1）数据准备

下载“02-上机实验/正面评价数据 . csv”。

（2）创建方案

登录 TipDM-HB 数据挖掘平台，在“方案管理”页面选择“LDA 主题分析”创建一个新方案。

方案名称：基于 LDA 模型的主题分析。

方案描述：通过对正面评价数据进行 LDA 主题分析，分析正面评价的主题内容，了解美的热水器的优势所在。

(3) 上传数据

进入“数据管理”标签页，选择下载的数据并上传，上传的数据将自动显示在列表框中或者单击“刷新”按钮刷新数据。

(4) LDA 主题分析

选择“系统菜单”→“LDA 主题分析”。

1) 导入数据：选择“正面评价数据.csv”文件，选择“评价”属性列，点击“导入数据”按钮。

2) 参数设置：“主题数”为 3，“算法”为 Gibbs，“每个主题下词语数”为 10。

3) LDA 主题分析：对导入的样本数据进行 LDA 主题分析，查看页面右侧的输出信息。

4. 思考与实验总结

1) 使用不同的参数，分析比较结果。

2) 针对分析的结果进行解释。

8.4 拓展思考

应用层次分析法（Analytical Hierachy Process，AHP）是匹兹堡大学 T. L. Saaty 教授在 20 世纪 70 年代初期提出的对定性问题进行定量分析的一种渐变灵活的多准则决策方案，其特点是把复杂问题中的各种因素通过划分为相互联系的有序层次，使之条理化，根据对有一定客观现实的主观进行两两比较，把专家意见和分析者的客观判断结果直接有效地结合起来，而后利用数学方法计算每一层元素相对重要性次序的权值，最终通过所有层次间的总排序计算所有元素的相对权重并进行排序，从而分析消费者决策。

模糊综合评判（Fuzzy Comprehensive Evaluation，FCE）是 20 世纪 80 年代初，我国模糊数学领域的汪培庄教授提出的综合评判模型，并通过广大实际工作者的不断补充发展，衍生出的适用于各种领域的评判方法。模糊综合评判的过程可简述为：决策者将价目标看成是由多重因素组成的因素集 U，再设定这些因素所能选取的评审等级，组成评语的评判集合 V，分别求出各单一因素对各个评审等级的模糊矩阵，然后根据各个因素在评价中的权重分配，合成模糊矩阵，求出评价的定量值。

但是这两种方法各有利弊：AHP 能够准确对决策定性，但其决策过程需要经过大量数据比对来最终通过概率确定权重；而 FCE 中虽然有很好的定量评价，但是无法很好地对决策定性。请利用本案例的数据，尝试结合对二者来分析电商平台上热水器的购买决策。

AHP-FCE 模型的建立需要经历以下三个步骤，具体流程如图 8-16 所示。

- 划分因素层；
- 应用 AHP 构造消费者心理的隶属函数和因素权集合；
- 对所求结果进行综合评判。

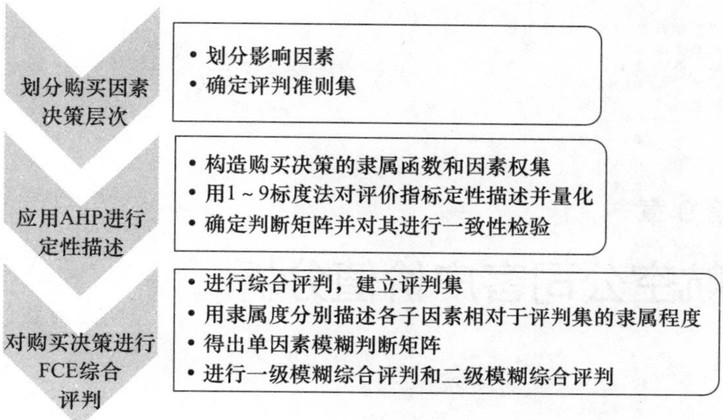

划分购买因素决策层次
- 划分影响因素
- 确定评判准则集

应用AHP进行定性描述
- 构造购买决策的隶属函数和因素权集
- 用1～9标度法对评价指标定性描述并量化
- 确定判断矩阵并对其进行一致性检验

对购买决策进行FCE综合评判
- 进行综合评判，建立评判集
- 用隶属度分别描述各子因素相对于评判集的隶属程度
- 得出单因素模糊判断矩阵
- 进行一级模糊综合评判和二级模糊综合评判

图 8-16　AHP-FCE 模型

8.5　小结

本章通过对处理过的京东三家品牌型号的热水器的文本评论数据，利用栈式自编码神经网络等方法建立多种数据挖掘模型，得到了具有一定价值的结果，实现了对文本评论数据的情感倾向性分析，包括在一定程度上的对用户赞点、抱怨点、购买原因等更细节的文本信息的挖掘与认识，这些结果对于电商平台以及相关生产商家都具有一定的指导意义。

Chapter 9 第9章

航空公司客户价值分析

9.1 背景与挖掘目标

信息时代的来临使得企业营销焦点从产品中心转变为客户中心，客户关系管理成为企业的核心问题。客户关系管理的关键问题是客户分类，通过客户分类，区分无价值客户、高价值客户。企业针对不同价值的客户制定优化的个性化服务方案，采取不同营销策略，将有限营销资源集中于高价值客户，实现企业利润最大化目标。准确的客户分类结果是企业优化营销资源分配的重要依据，客户分类越来越成为客户关系管理中亟待解决的关键问题之一。

面对激烈的市场竞争，各个航空公司都推出了更优惠的营销方式来吸引更多的客户，国内某航空公司面临着常旅客流失、竞争力下降和航空资源未充分利用等经营危机。通过建立合理的客户价值评估模型，对客户进行分群，分析比较不同客户群的客户价值，并制定相应的营销策略，对不同的客户群提供个性化的客户服务是必须的和有效的。目前该航空公司已积累了大量的会员档案信息和其乘坐航班记录，经加工后得到如表9-1所示的数据信息。

表9-1 航空信息属性表

	属性名称	属性说明
客户基本信息	MEMBER_NO	会员卡号
	FFP_DATE	入会时间
	FIRST_FLIGHT_DATE	第一次飞行日期
	GENDER	性别

（续）

	属性名称	属性说明
客户基本信息	FFP_TIER	会员卡级别
	WORK_CITY	工作地城市
	WORK_PROVINCE	工作地所在省份
	WORK_COUNTRY	工作地所在国家
	AGE	年龄
乘机信息	FLIGHT_COUNT	观测窗口内的飞行次数
	LOAD_TIME	观测窗口的结束时间
	LAST_TO_END	最后一次乘机时间至观测窗口结束时长
	AVG_DISCOUNT	平均折扣率
	SUM_YR	观测窗口的票价收入
	SEG_KM_SUM	观测窗口的总飞行公里数
	LAST_FLIGHT_DATE	末次飞行日期
	AVG_INTERVAL	平均乘机时间间隔
	MAX_INTERVAL	最大乘机间隔
积分信息	EXCHANGE_COUNT	积分兑换次数
	EP_SUM	总精英积分
	PROMOPTIVE_SUM	促销积分
	PARTNER_SUM	合作伙伴积分
	POINTS_SUM	总累计积分
	POINT_NOTFLIGHT	非乘机的积分变动次数
	BP_SUM	总基本积分

注：观测窗口，以过去某个时间点为结束时间，某一时间长度作为宽度，得到历史时间范围内的一个时间段。

根据表9-2所示的数据实现以下目标：

1）借助航空公司客户数据，对客户进行分类；

2）对不同的客户类别进行特征分析，比较不同类客户的价值；

3）对不同价值的客户类别提供个性化服务，制定相应的营销策略。

9.2　分析方法与过程

这个案例的目标是识别客户价值，即通过航空公司客户数据识别不同价值的客户。识别客户价值应用最广泛的模型是通过三个指标（最近消费时间间隔 recency、消费频率 frequency、消费金额 monetary）来进行客户细分，识别出高价值的客户，简称 RFM 模型。

表 9-2 航空信息数据表

MEMBER_NO	FFP_DATE	FIRST_FLIGHT_DATE	GENDER	FFP_TIER	WORK_CITY	WORK_PROVINCE	WORK_COUNTRY	AGE	LOAD_TME	FLIGHT_COUNT	BP_SUM
289047040	2013/03/16	2013/04/28	男	6			US	56	2014/03/31	14	147158
289053451	2012/06/26	2013/05/16	男	6	乌鲁木齐	新疆	CN	50	2014/03/31	65	112582
289022508	2009/12/08	2010/02/05	男	5		北京	CN	34	2014/03/31	33	77475
289004181	2009/12/10	2010/10/19	男	4	S. P. S	CORTES	HN	45	2014/03/31	6	76027
289026513	2011/08/25	2011/08/25	男	6	乌鲁木齐	新疆	CN	47	2014/03/31	22	70142
289027500	2012/09/26	2013/06/01	男	5	北京	北京	CN	36	2014/03/31	26	63498
289058898	2010/12/27	2010/12/27	男	4	ARCADIA	CA	US	35	2014/03/31	5	62810
289037374	2009/10/21	2009/10/21	男	4	广州	广东	CN	34	2014/03/31	4	60484
289036013	2010/04/15	2013/06/02	女	6	广州	广东	CN	54	2014/03/31	25	59357
289046087	2007/01/26	2013/04/24	男	6	.	天津	CN	47	2014/03/31	36	55562
289062045	2006/12/26	2013/04/17	女	5	长春市	吉林省	CN	55	2014/03/31	49	54255
289061968	2011/08/15	2011/08/20	男	6	沈阳	辽宁	CN	41	2014/03/31	51	53926
289022276	2009/08/27	2013/04/18	男	5	深圳	广东	CN	41	2014/03/31	62	49224
289056049	2013/03/18	2013/07/28	男	4	Simi Valley		US	54	2014/03/31	12	49121
289000500	2013/03/12	2013/04/01	男	5	北京	北京	CN	41	2014/03/31	65	46618
289037025	2007/02/01	2011/08/22	男	6	昆明	云南	CN	57	2014/03/31	28	45531
289029053	2004/12/18	2005/05/06	男	4			CN	46	2014/03/31	6	41872
289048589	2008/08/15	2008/08/15	男	5	NUMAZU		CN	60	2014/03/31	15	41610
289005632	2011/08/09	2011/08/09	男	5	南阳市	河南	CN	47	2014/03/31	6	40726
289041886	2011/11/23	2013/09/17	女	5	温州	浙江	CN	42	2014/03/31	7	40589
289049670	2010/04/18	2010/04/18	男	5	广州	广东	CN	39	2014/03/31	35	39973
289020872	2008/06/22	2013/06/30	男	6	.	北京	CN	47	2014/03/31	33	39737
289021001	2008/03/09	2013/07/10	男	6			CN	47	2014/03/31	40	39584
289041371	2011/10/15	2013/09/04	男	6	武汉	湖北	CN	56	2014/03/31	30	38089
289062046	2007/10/19	2007/10/19	男	5	上海	上海	CN	39	2014/03/31	48	37188
289037246	2007/08/30	2013/04/18	男	6	贵阳	贵州	CN	47	2014/03/31	40	36471
289045852	2006/08/16	2006/11/08	男	4	ARCADIA	CA	US	69	2014/03/31	8	35707

数据详见：01-示例数据/航空数据.csv

在 RFM 模型中，消费金额表示在一段时间内，客户购买该企业产品的总金额。由于航空票价受到运输距离、舱位等级等多种因素影响，同样消费金额不同的旅客对航空公司的价值是不同的。比如一位购买长航线、低等级舱位票的旅客与一位购买短航线、高等级舱位票的旅客相比，后者对于航空公司而言价值可能更高。因此这个指标并不适用于航空公司的客户价值分析。我们选择客户在一定时间内累积的飞行里程 M 和客户在一定时间内乘坐舱位所对应的折扣系数的平均值 C 两个指标代替消费金额。此外，考虑航空公司会员入会时间的长短在一定程度上能够影响客户价值，所以在模型中增加客户关系长度 L，作为区分客户的另一指标。

本案例将客户关系长度 L、消费时间间隔 R、消费频率 F、飞行里程 M 和折扣系数的平均值 C 五个指标作为航空公司识别客户价值指标（见表 9-3），记为 LRFMC 模型。

表 9-3 指标含义

模型	L	R	F	M	C
航空公司 LRFMC 模型	会员入会时间距观测窗口结束的月数	客户最近一次乘坐公司飞机距观测窗口结束的月数	客户在观测窗口内乘坐公司飞机的次数	客户在观测窗口内累计的飞行里程	客户在观测窗口内乘坐舱位所对应的折扣系数的平均值

针对航空公司 LRFMC 模型，如果采用传统 RFM 模型分析的属性分箱方法（见图 9-1），它是依据属性的平均值进行划分，其中大于平均值的表示为↑，小于平均值的表示为↓），虽然也能够识别出最有价值的客户，但是细分的客户群太多，提高了针对性营销的成本。因此，本案例采用聚类的方法识别客户价值。通过对航空公司客户价值的 LRFMC 五个指标进行 K-Means 聚类，识别出最有价值客户。

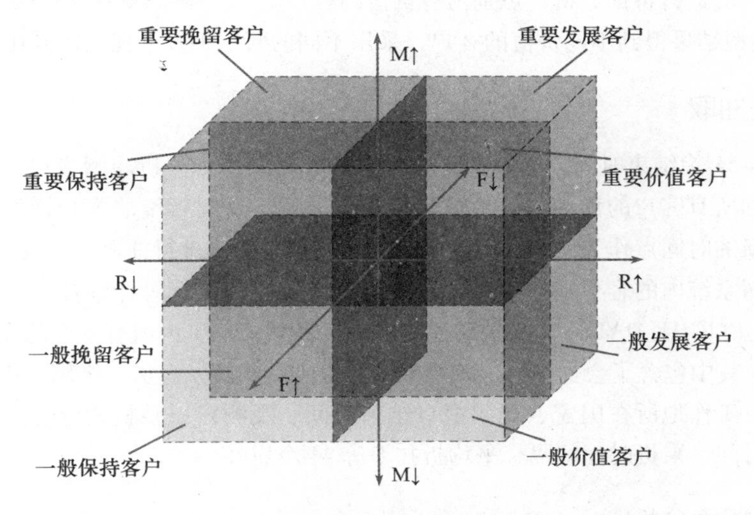

图 9-1 RFM 模型分析

本案例航空客户价值分析的总体流程如图 9-2 所示。

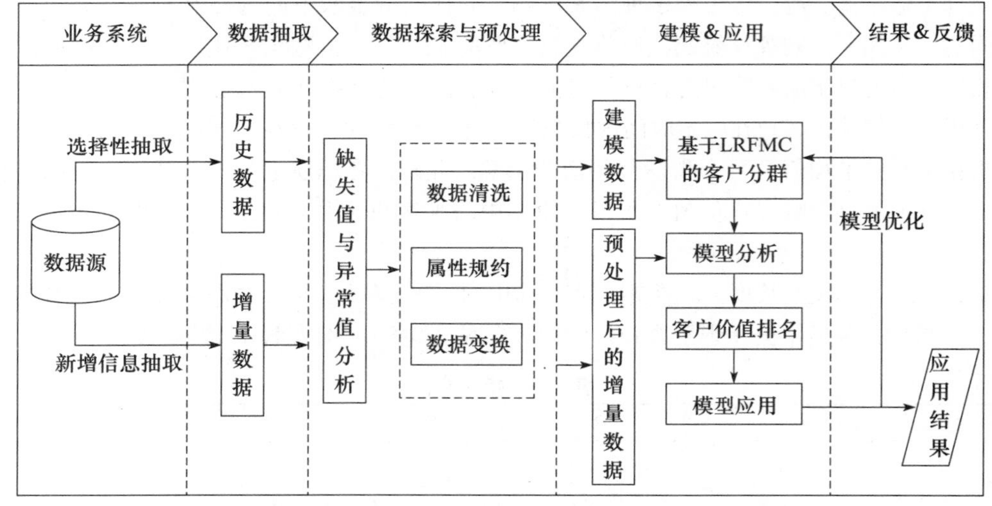

图 9-2　航空客运数据挖掘建模总体流程

航空客运信息挖掘主要包括以下步骤：

1）从航空公司的数据源中进行选择性抽取与新增数据抽取分别形成历史数据和增量数据。

2）对 1）形成的两个数据集进行数据探索分析与预处理，包括数据缺失值与异常值的探索分析，数据的属性规约、清洗和变换。

3）利用 2）形成的已完成数据预处理的建模数据，基于旅客价值 LRFMC 模型进行客户分群，对各个客户群进行特征分析，识别出有价值的客户。

4）针对模型结果得到不同价值的客户，采用不同的营销手段，提供定制化的服务。

9.2.1　数据抽取

以 2014-03-31 为结束时间，选取宽度为两年的时间段作为分析观测窗口，抽取观测窗口内有乘机记录的所有客户的详细数据形成历史数据。对于后续新增的客户详细信息，以后续新增数据中最新的时间点作为结束时间，采用上述同样的方法进行抽取，形成增量数据。

从航空公司系统内的客户基本信息、乘机信息以及积分信息等详细数据中，根据末次飞行日期（LAST_FLIGHT_DATE），抽取 2012-04-01 至 2014-03-31 内所有乘客的详细数据，总共 62 988 条记录。其中包含了会员卡号、入会时间、性别、年龄、会员卡级别、工作地城市、工作地所在省份、工作地所在国家、观测窗口结束时间、观测窗口乘机积分、飞行公里数、飞行次数、飞行时间、乘机时间间隔、平均折扣率等 44 个属性。

9.2.2　数据探索分析

本案例的探索分析是对数据进行缺失值分析与异常值分析，得出数据的规律以及异常值。

通过对数据观察发现原始数据中存在票价为空值，票价最小值为0、折扣率最小值为0、总飞行公里数大于0的记录。票价为空值的数据可能是客户不存在乘机记录造成。其他的数据可能是客户乘坐0折机票或者积分兑换造成。

根据原始数据进行数据探索分析，得到的结果见表9-4。

表9-4　数据探索分析结果表

属性名称	SUM_YR_1	SUM_YR_2	…	SEG_KM_SUM	AVG_DISCOUNT
空值记录数	551	138	…	0	0
最大值	239 560	234 188	…	580 717	1.5
最小值	0	0	…	368	0

9.2.3　数据预处理

本案例主要采用数据规约、数据清洗与数据变换的预处理方法。

1. 数据清洗

通过数据探索分析，发现数据中存在缺失值，票价最小值为0、折扣率最小值为0、总飞行公里数大于0的记录。由于原始数据量大，这类数据所占比例较小，对问题影响不大，因此对其进行丢弃处理。具体处理规则如下：

- 丢弃票价为空的记录。
- 丢弃票价为0、平均折扣率不为0、总飞行公里数大于0的记录。

2. 属性规约

原始数据中的属性太多，根据航空公司客户价值LRFMC模型，选择与LRFMC指标相关的6个属性：FFP_DATE、LOAD_TIME、FLIGHT_COUNT、AVG_DISCOUNT、SEG_KM_SUM、LAST_TO_END。删除与其不相关、弱相关或冗余的属性，如会员卡号、性别、工作地城市、工作地所在省份、工作地所在国家、年龄等属性。经过属性选择后的数据集如表9-5所示。

表9-5　属性选择后的数据集

LOAD_TIME	FFP_DATE	LAST_TO_END	FLIGHT_COUNT	SEG_KM_SUM	AVG_DISCOUNT
2014/3/31	2013/3/16	23	14	126 850	1.02
2014/3/31	2012/6/26	6	65	184 730	0.76
2014/3/31	2009/12/8	2	33	60 387	1.27
2014/3/31	2009/12/10	123	6	62 259	1.02
2014/3/31	2011/8/25	14	22	54 730	1.36
2014/3/31	2012/9/26	23	26	50 024	1.29
2014/3/31	2010/12/27	77	5	61 160	0.94
2014/3/31	2009/10/21	67	4	48 928	1.05
2014/3/31	2010/4/15	11	25	43 499	1.33
2014/3/31	2007/1/26	22	36	68 760	0.88

（续）

LOAD_TIME	FFP_DATE	LAST_TO_END	FLIGHT_COUNT	SEG_KM_SUM	AVG_DISCOUNT
2014/3/31	2006/12/26	4	49	64 070	0. 91
2014/3/31	2011/8/15	22	51	79 538	0. 74
2014/3/31	2009/8/27	2	62	91 011	0. 67
2014/3/31	2013/3/18	9	12	69 857	0. 79
2014/3/31	2013/3/12	2	65	75 026	0. 69
2014/3/31	2007/2/1	13	28	50 884	0. 86
2014/3/31	2004/12/18	56	6	73 392	0. 66
2014/3/31	2008/8/15	23	15	36 132	1. 07
2014/3/31	2011/8/9	48	6	55 242	0. 79
2014/3/31	2011/11/23	36	7	44 175	0. 89

3. 数据变换

数据变换是将数据转换成“适当的”格式，以适应挖掘任务及算法的需要。本案例中主要采用的数据变换方式有属性构造和数据标准化。

原始数据中并没有直接给出 LRFMC 5 个指标，需要通过原始数据提取这 5 个指标，具体的计算方式如下：

- L = LOAD_TIME-FFP_DATE：会员入会时间距观测窗口结束的月数 = 观测窗口的结束时间 - 入会时间 [单位：月]
- R = LAST_TO_END：客户最近一次乘坐公司飞机距观测窗口结束的月数 = 最后一次乘机时间至观察窗口末端时长 [单位：月]
- F = FLIGHT_COUNT：客户在观测窗口内乘坐公司飞机的次数 = 观测窗口的飞行次数 [单位：次]
- M = SEG_KM_SUM：客户在观测时间内在公司累计的飞行里程 = 观测窗口总飞行公里数 [单位：公里]
- C = AVG_DISCOUNT：客户在观测时间内乘坐舱位所对应的折扣系数的平均值 = 平均折扣率 [单位：无]

提取 5 个指标的数据后，对每个指标数据分布情况进行分析，其数据的取值范围如表 9-6 所示。从表中数据可以发现，5 个指标的取值范围数据差异较大，为了消除数量级数据带来的影响，需要对数据进行标准化处理。

表 9-6 LRFMC 指标取值范围

属性名称	L	R	F	M	C
最小值	12. 23	0. 03	2	368	0. 14
最大值	114. 63	24. 37	213	580 717	1. 5

标准化处理后，形成ZL、ZR、ZF、ZM、ZC 5个属性的数据，如表9-7所示。

表9-7　标准化处理后的数据集

ZL	ZR	ZF	ZM	ZC
1.690	0.140	-0.636	0.069	-0.337
1.690	-0.322	0.852	0.844	-0.554
1.682	-0.488	-0.211	0.159	-1.095
1.534	-0.785	0.002	0.273	-1.149
0.890	-0.427	-0.636	-0.685	1.232
-0.233	-0.691	-0.636	-0.604	-0.391
-0.497	1.996	-0.707	-0.662	-1.311
-0.869	-0.268	-0.281	-0.262	3.396
-1.075	0.025	-0.423	-0.521	0.150
1.907	-0.884	2.979	2.130	0.366
0.478	-0.565	0.852	-0.068	-0.662
0.469	-0.939	0.073	0.104	-0.013
0.469	-0.185	-0.140	-0.220	-0.932
0.453	1.517	0.073	-0.301	3.288
0.369	0.747	-0.636	-0.626	-0.283
0.312	-0.896	0.498	0.954	-0.500
-0.026	-0.681	0.073	0.325	0.366
-0.051	2.723	-0.636	-0.749	0.799
-0.092	2.879	-0.707	-0.734	-0.662
-0.150	-0.521	1.278	1.392	1.124

注：数据详见：01-示例数据/标准化处理后数据.xls。

9.2.4　模型构建

客户价值分析模型构建主要由两个部分构成，第一个部分根据航空公司客户5个指标的数据，对客户作聚类分群。第二部分结合业务对每个客户群进行特征分析，分析其客户价值，并对每个客户群进行排名。

1. 客户聚类

利用TipDM-HB数据挖掘平台的云K-Means聚类算法对客户数据进行客户分群，聚成5类（此类别数目是结合业务的理解与分析来确定的）。

登录TipDM-HB数据挖掘平台后，新建方案，接着导入数据“01-示例数据/标准差处理后数据.csv”，数据加载完成后，刷新即可看到数据（注意：此数据比较大，加载需要较长时间。调用TipDM-HB数据挖掘平台的云K-Means算法时，导入的数据列属性为：“ZL、ZR、ZF、ZM、ZC”，参数设置为：“距离计算方法”为欧氏距离，“收敛系数”为0.5，“阈值”为0.5，“最大迭代次数”为5，“分群数量”为5，“Canopy t1”为10，“Canopy t2”为5。

TipDM-HB 数据挖掘平台聚类完成后，可以在右边界面看到输出信息，如表 9-8 所示。

表 9-8 TipDM-HB 数据挖掘平台云 K-Means 算法聚类输出结果

簇中心：

Attribute	Full Data (62044)	Cluster# 0 (5337)	1 (15735)	2 (12130)	3 (24644)	4 (4198)
ZL	0	0.483	1.160	-0.314	-0.701	0.057
ZR	0	-0.799	-0.377	1.686	-0.415	-0.006
ZF	0	2.483	-0.087	-0.574	-0.161	-0.227
ZM	-0.0001	2.424	-0.537	-0.485	-0.165	-0.230
ZC	0	0.308	-0.158	-0.171	-0.255	2.191

对数据进行整理，可以得到如表 9-9 所示的结果。

表 9-9 客户聚类结果

聚类类别	聚类个数	聚类中心				
		ZL	ZR	ZF	ZM	ZC
客户群 1	5337	0.483	-0.799	2.483	2.424	0.308
客户群 2	15 735	1.160	-0.377	-0.087	-0.095	-0.158
客户群 3	12 130	-0.314	1.686	-0.574	-0.537	-0.171
客户群 4	24 644	-0.701	-0.415	-0.161	-0.165	-0.255
客户群 5	4198	0.057	-0.006	-0.227	-0.230	2.191

注：由于 K-Means 聚类是随机选择类标号，因此上机实验得到结果中的类标号可能与此不同。

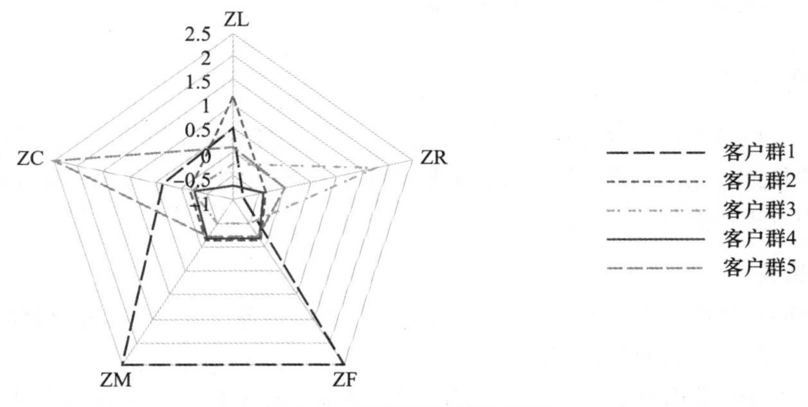

图 9-3 客户群特征分析图

2. 客户价值分析

针对聚类结果进行特征分析，如图 9-3 所示。其中客户群 1 在 F、M 属性上最大，在 R 属性上最小；客户群 2 在 L 属性上最大；客户群 3 在 R 属性上最大，在 F、M 属性上最小；客户群4在L、C属性上最小；客户群5在C属性上最大。结合业务分析，通过比较各个指标在群间的大小对某一个群的特征进行评价分析。如客户群1在F、M属性最大，在R指标最小，因此可以说F、M、R在群1是优势特征；以此类推，F、M、R在群3上是劣势特征。从而总结出每个群的优势和弱势特征，具体结果如表9-10所示。

表9-10　客户群特征描述表

群类别	优势特征			弱势特征		
客户群1	F	M	*R*			
客户群2	L	**F**	**M**			
客户群3				F	M	R
客户群4				L	C	
客户群5	C			**R**	F	M

注：正常字体表示最大值、加粗字体表示次大值、斜体字体表示最小值、带下划线的字体表示次小值。

由上述特征分析的图表说明每个客户群都有显著不同的表现特征，基于该特征描述，本案例定义5个等级的客户类别：重要保持客户、重要发展客户、重要挽留客户、一般客户、低价值客户。他们之间的区别如图9-4所示，其中每种客户类别的特征如下：

- **重要保持客户**：这类客户一般所乘航班的舱位等级（C）较高，最近乘坐过本公司航班（R）低，乘坐的次数（F）或里程（M）较高。他们是航空公司的高价值客户，是最为理想的客户类型，对航空公司的贡献最大，所占比例却较小。航空公司应该优先将资源投放到他们身上，对他们进行差异化管理和一对一营销，提高这类客户的忠诚度与满意度，尽可能延长这类客户的高水平消费。
- **重要发展客户**：这类客户一般所乘航班的舱位等级（C）较高，最近乘坐过本公司航班（R）低，但乘坐次数（F）或乘坐里程（M）较低。这类客户入会时长（L）短，他们是航空公司的潜在价值客户。虽然这类客户的当前价值并不是很高，但却有很大的发展潜力。航空公司要努力促使这类客户增加在本公司的乘机消费和合作伙伴处的消费，也就是增加客户的钱包份额。通过提升客户价值，加强这类客户的满意度，提高他们转向竞争对手的成本，使他们逐渐成为公司的忠诚客户。
- **重要挽留客户**：这类客户过去所乘航班的舱位等级（C）、乘坐次数（F）或者里程（M）较高，但是较长时间没有乘坐本公司的航班（R）高或是乘坐频率变小。他们客户价值变化的不确定性很高。由于这些客户衰退的原因各不相同，所以掌握客户的最新信息、维持与客户的互动就显得尤为重要。航空公司应该根据这些客户的最近消费时间、消费次数的变化情况，推测客户消费的异动状况，并列出客户名单，对其重点联系，采取一定的营销手段，延长客户的生命周期。
- **一般与低价值客户**：这类客户所乘航班的舱位等级（C）很低，较长时间没有乘坐过本公司航班（R）高，乘坐的次数（F）或里程（M）较低，入会时长（L）短。他们是航空公司的一般用户与低价值客户，可能只有在航空公司机票打折促销时，才会乘坐本公司航班。

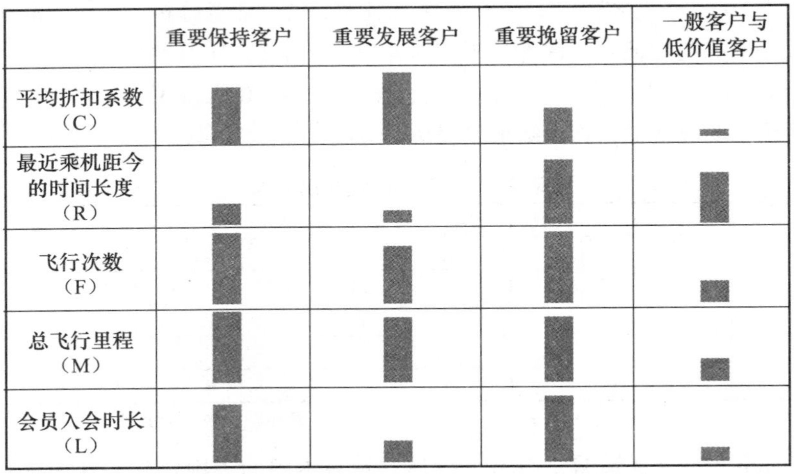

	重要保持客户	重要发展客户	重要挽留客户	一般客户与低价值客户
平均折扣系数（C）				
最近乘机距今的时间长度（R）				
飞行次数（F）				
总飞行里程（M）				
会员入会时长（L）				

图 9-4　客户类别的特征分析

其中，重要发展客户、重要保持客户、重要挽留客户这三类重要客户分别可以归入客户生命周期管理的发展期、稳定期、衰退期 3 个阶段。

根据每种客户类型的特征，对各类客户群进行客户价值排名，其结果如表 9-11 所示。针对不同类型的客户群提供不同的产品和服务，提升重要发展客户的价值、稳定和延长重要客户的高水平消费，防范重要挽留客户流失并积极进行关系恢复。

表 9-11　客户群价值排名

客户群	排名	排名含义
客户群 1	1	重要保持客户
客户群 5	2	重要发展客户
客户群 2	3	重要挽留用户
客户群 4	4	一般客户
客户群 3	5	低价值客户

本模型采用历史数据进行建模，随着时间的变化，分析数据的观测窗口也在变换。因此，对于新增客户详细信息，考虑业务的实际情况，该模型建议每一个月运行一次，对其新增客户信息通过聚类中心判断，同时分析本次新增客户的特征。如果增量数据的实际情况与判断结果差异大，需要业务部门重点关注，查看变化大的原因以及确认模型的稳定性。如果模型稳定性变化大，需要重新训练模型进行调整。目前模型进行重新训练的时间没有统一标准，大部分情况都是根据经验来决定。根据经验建议：每隔半年训练一次模型比较合适。

3. 模型应用

根据对各个客户群进行特征分析，采取下面的一些营销手段和策略，为航空公司的价值客户群管理提供参考。

（1）会员的升级与保级

航空公司的会员可以分为白金卡会员、金卡会员、银卡会员、普通卡会员，其中非普通卡会员可以统称为航空公司的精英会员。虽然各个航空公司都有自己的特点和规定，但会员制的管理方法大同小异。成为精英会员一般都是要求在一定时间内（如一年）积累一定的飞行里程或航段，达到这种要求就会在有效期内（通常为两年）成为精英会员，并享受相应的高级别服务。有效期快结束时，根据相关评价方法确定客户是否有资格继续作为精英会员，然后对该客户进行相应地升级或降级。

然而，由于许多客户并没有意识到或根本不了解会员升级或保级的时间与要求（相关的文件说明往往复杂且不易理解），经常在评价期过后才发现自己其实只差一点就可以实现升级或保级，却错过了机会，使之前的里程积累白白损失。同时，这种认知还可能导致客户的不满，干脆放弃在本公司消费。

因此，航空公司可以在对会员升级或保级进行评价的时间点之前，对那些接近但尚未达到要求的较高消费客户进行适当提醒甚至采取一些促销活动，刺激他们通过消费达到相应标准。这样既可以获得收益，又提高了客户的满意度，增加了公司的精英会员。

（2）首次兑换

航空公司常旅客计划中最能够吸引客户的内容就是客户可以通过消费积累的里程来兑换免票或免费升舱等。各个航空公司都有一个首次兑换标准，也就是只有客户的里程或航段积累到一定程度时，才可以实现第一次兑换。这个标准会高于正常的里程兑换标准。但是很多公司的里程积累随着时间会进行一定的削减，例如有的公司会在年末对该年积累的里程进行折半处理。这样会导致许多不了解情况的会员白白损失自己好不容易积累的里程，甚至总是难以实现首次兑换。同样，这也会引起客户的不满或流失。可以采取的措施是从数据库中提取出接近但尚未达到首次兑换标准的会员，对他们进行提醒或促销，使他们通过消费达到标准。一旦实现了首次兑换，客户在本公司进行再次消费兑换就比在其他公司进行兑换要容易许多，在一定程度上等于提高了转移的成本。另外，在一些特殊的时间点（如里程折半的时间点）之前可以给客户一些提醒，这样可以增加客户的满意度。

（3）交叉销售

通过发行联名卡等与非航空类企业的合作，使客户在其他企业的消费过程中获得本公司的积分，增强与公司的联系，提高他们的忠诚度。如可以查看重要客户在非航空类合作伙伴处的里程积累情况，找出他们习惯的里程积累方式（是否经常在合作伙伴处消费、更喜欢消费哪些类型合作伙伴的产品），对他们进行相应促销。

客户识别期和发展期为客户关系打下基石，但是这两个时期带来的客户关系是短暂的、不稳定的。企业要获取长期的利润，必须具有稳定、高质量的客户。保持客户对于企业是至关重要的，不仅因为争取一个新客户的成本远远高于维持老客户的成本，更重要的是客户流失会造成公司收益的直接损失。因此，在这一时期，航空公司应该努力维系客户关系水平，使之处于较高的水准，最大化生命周期内公司与客户的互动价值，并使这样的高水平尽可能延长。对于这一阶段的客户，主要通过提供优质的服务产品和提高服务水平来提高客户的满意度。通过对常旅客数据库的数据挖掘、进行客户细分，可以获得重要保持客户的名单。这类客户一般所乘航班的舱位等级（C）较高，最近乘坐过本公司航班（R低），乘坐的频率（F）或里程（M）也较高。他们是航空公司的价值客户，是最为理想的客户类型，对航空公司的贡献最大，所占比例却比较小。

航空公司应该优先将资源投放到他们身上，对他们进行差异化管理和一对一营销，提高这类客户的忠诚度与满意度，尽可能延长这类客户的高水平消费。

9.3 上机实验

1. 实验目的

- 加深对云平台 K-Means 算法原理的理解及使用。
- 了解云平台 K-Means 聚类算法在客户价值分析实例中的应用。
- 掌握使用云平台 K-Means 算法解决实际问题的方法。

2. 实验内容

- 依据航空公司客户价值分析的 LRFMC 模型提取客户信息的 LRFMC 指标。利用标准差标准化后的数据，采用云平台 K-Means 算法完成客户的聚类，分析每类的客户特征，从而获得每类的客户价值。

3. 实验方法与步骤

登录 TipDM-HB 数据挖掘平台后，可直接双击打开方案“基于聚类分析的航空公司客户价值分析”，从而跳过步骤（1）～（3）。

（1）数据准备

下载“02-上机实验/标准差处理后数据.csv”，该数据如表 9-7 所示。

（2）创建方案

登录 TipDM-HB 数据挖掘平台，在“方案管理”页面选择“聚类分析”创建一个新方案。

方案名称：基于聚类分析的航空公司客户价值分析。

方案描述：通过提取航空公司客户的 LRFMC 5 个指标数据，利用云平台 K-Means 聚类分析来进行客户价值聚类，以区别不同价值的客户。使用云平台 K-Means 聚类分析进行训练得到各个价值用户的中心向量。

（3）上传数据

进入“数据管理”标签页，选择下载的数据并上传，上传的数据将自动显示在列表框中或者单击“刷新”按钮刷新数据。这里上传的数据是标准差化后的数据，所以其属性名已经做了修改。

（4）聚类分析

选择“系统菜单”→“云算法”→“云聚类算法”。

1）导入数据：选择“标准差处理后数据.csv”文件，选择“ZL、ZR、ZF、ZM、ZC”属性列，点击“导入数据”按钮。

2）参数设置：设置“距离计算方法”为欧氏距离，“收敛系数”为 0.5，“阈值”为 0.5，“最大迭代次数”为 5，“分群数量”为 5，“Canopy t1”为 10，“Canopy t2”为 5。

3）聚类分析：对导入的样本数据，进行聚类分析，查看页面右侧的输出信息。

4. 思考与实验总结

1）尝试使用没有经过标准差标准化处理的数据进行云 K-Means 聚类分析，对比经过标准差标准化的结果，分析标准差标准化的好处。

2）云 K-Means 聚类分析的初始聚类中心可以使用什么算法得到？

3）使用其他聚类分析算法来对数据进行分析，对比分析结果，分析各种聚类分析算法的优劣。

9.4 拓展思考

本章主要针对客户价值进行分析，但客户流失并没有具体分析。由于在航空客户关系管理中，客户流失的问题未被重视，故对航空公司造成了巨大的损害。客户流失对利润增长造成的负面影响非常大，仅次于公司规模、市场占有率、单位成本等因素的影响。客户与航空公司之间的关系越长久，给公司带来的利润就会越高。所以流失一个客户，比获得一个新客户对公司的损失更大。因为要获得新客户，需要在销售、市场、广告和人员工资上花费很多的费用，并且大多数新客户产生的利润还不如那些流失的老客户多。

因此，在国内航空市场竞争日益激烈的背景下，航空公司在客户流失方面应该引起足够重视。如何改善流失问题，继而提高客户满意度、忠诚度是航空公司维护自身市场并面对激烈竞争的一件大事，客户流失分析将成为帮助航空公司开展持续改进活动的指南。

客户流失分析可以针对目前老客户进行分类预测。针对航空公司客户信息数据（见表9-2），可以定义老客户以及客户类型（其中将飞行次数大于6次的客户定义为老客户，已流失客户定义为：第二年飞行次数与第一年飞行次数比例小于50%的客户；准流失客户定义为：第二年飞行次数与第一年飞行次数比例在［50%，90%）内的客户；未流失客户定义为：第二年飞行次数与第一年飞行次数比例大于90%的客户）。同时需要选取客户信息中的关键属性，如会员卡级别、客户类型（流失、准流失、未流失）、平均乘机时间间隔、平均折扣率、积分兑换次数、非乘机积分总和、单位里程票价、单位里程积分等。随机选取数据的80%作为分类的训练样本，剩余的20%作为测试样本。构建客户的流失模型，运用模型预测未来客户的类别归属（未流失、准流失，或已流失）。

9.5 小结

本章结合航空公司客户价值分析的案例，重点介绍了数据挖掘算法中 K-Means 聚类算法在实际案例中的应用。针对客户价值识别传统 RFM 模型的不足，即依据属性的平均值进行划分，提出了一种采用 K-Means 算法进行分析的方法，该方法对客户进行价值分类，可以在有效识别最有价值客户的前提下，降低营销成本。本章详细描述了数据挖掘的整个过程，并针对其中的 K-Means 聚类分析进行了上机实验，方便读者加深对 K-Means 算法的理解以及提高应用算法解决实际问题的能力。

Chapter 10　第 10 章

基站定位数据商圈分析

10.1　背景与挖掘目标

随着当今个人手机终端的普及，出行群体中手机拥有率和使用率已达到相当高的比例，手机移动网络也基本实现了城乡空间区域的全覆盖。根据手机信号在真实地理空间上的覆盖情况，将手机用户时间序列的手机定位数据，映射至现实的地理空间位置，即可完整、客观地还原出手机用户的现实活动轨迹，从而挖掘出人口空间分布与活动联系特征信息。移动通信网络的信号覆盖从逻辑上被设计成由若干六边形的基站小区相互邻接而构成的蜂窝网络面状服务区，如图 10-1 所示。手机终端总是与其中某一个基站小区保持联系，移动通信网络的控制中心会定期或不定期地主动或被动地记录每个手机终端时间序列的基站小区编号信息。

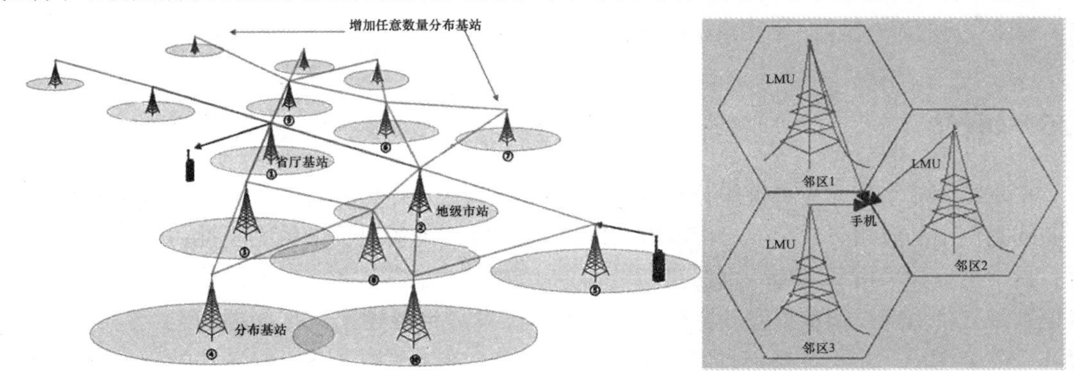

图 10-1　某市移动基站分布图

商圈是现代市场中企业市场活动的空间，最初是站在商品和服务提供者的产地角度提出来的，后来逐渐扩展到商圈，同时也是商品和服务享用者的区域。商圈划分的目的之一是研究潜在顾客的分布，以制定适宜的商业对策。

从某通信运营商提供的特定接口解析得到用户的定位数据，见表 10-1，定位数据各属性如表 10-2 所示。定位数据以基站小区进行标识，利用基站小区的覆盖范围作为商圈区域的划分，那么如何科学地分析用户的历史定位数据，归纳出商圈的人流特征和规律，识别出不同类别的商圈，选择合适的区域进行运营商的促销活动呢？

表 10-1　某市某区域的定位数据示例

年	月	日	时	分	秒	毫秒	网络类型	LOC 编号	基站编号	EMASI 号	信令类型
2014	1	1	0	53	46	96	2	962947809921085	36902	55555	333789CA
2014	1	1	0	31	48	38	2	281335167708768	36908	55555	333333CA
2014	1	1	0	17	25	46	3	187655709192839	36911	55558	333477CA
2014	1	1	0	5	40	83	3	232648776184248	36908	55561	333381CA
2014	1	1	0	50	29	4	2	611763545227777	36906	55563	333405CA
2014	1	1	0	1	40	31	2	44710067012246	36909	55563	333717CA
2014	1	1	0	27	32	17	2	975579082112825	36912	55563	333981CA
2014	1	1	0	52	35	83	2	820798260690697	36906	55564	333861CA
2014	1	1	0	11	2	21	3	380420663155326	36910	55564	334149CA
2014	1	1	0	43	38	95	2	897743952380637	36903	55565	334053CA
2014	1	1	0	40	30	87	3	7775693027472	36910	55565	333453CA
2014	1	1	0	1	30	68	3	113404095624425	36911	55565	334125CA
2014	1	1	0	39	20	24	3	393808837659011	36905	55566	334077CA

表 10-2　定位数据属性列表

序号	属性编码	属性名称	数据类型	备注
1	year	年	int	
2	month	月	int	
3	day	日	int	
4	hour	时	int	
5	minute	分	int	
6	second	秒	int	
7	millisecond	毫秒	int	
8	generation	网络类型	int	2 代表 2G，3 代表 3G，4 代表 4G
9	loc	LOC 编号	string	15 位字符串
10	cell_id	基站编号	string	基站 ID，15 位字符串
11	emasi	EMASI 号	string	需要关联用户表取用户号码（用户号码需要关联用户表得到用户 ID）
12	type	信令类型	string	小于 15 个字符

本次数据挖掘建模目标如下：

1）对用户的历史定位数据，采用数据挖掘技术，对基站进行分群；

2）分析不同商圈分群的特征，比较不同商圈类别的价值，选择合适的区域进行运营商的促销活动。

10.2 分析方法与过程

手机用户在使用短信业务、通话业务、开关机、正常位置更新、周期位置更新和切入呼叫时均产生定位数据，定位数据记录手机用户所处基站的编号、时间和唯一标识用户的EMASI号等。历史定位数据描绘了用户的活动模式，一个基站覆盖的区域可等价于商圈，通过归纳经过基站覆盖范围的人口特征，识别出不同类别的基站范围，即可等同地识别出不同类别的商圈。因为衡量区域的人口特征可从人流量和人均停留时间的角度分析，所以在归纳基站特征时，可针对这两个特点进行提取。

由图10-2知，基于移动基站定位数据的商圈分析主要包括以下步骤：

1）从移动通信运营商提供的特定接口上解析、处理，并滤除用户属性后得到用户定位数据；

2）以单个用户为例，进行数据探索分析，研究在不同基站的停留时间，并进一步进行预处理，包括数据规约和数据变换；

3）利用2）形成的已完成数据预处理的建模数据，基于基站覆盖范围区域的人流特征进行商圈聚类，分析各个商圈分群的特征，选择合适的区域进行运营商的促销活动。

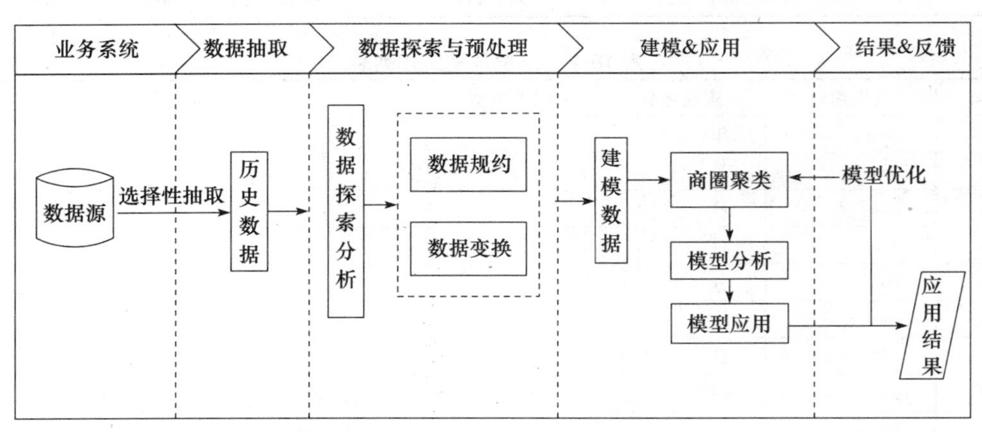

图10-2 基于基站定位数据的商圈分析流程

10.2.1 数据抽取

从移动通信运营商提供的特定接口上解析、处理，并滤除用户属性后得到位置数据，以

2014-1-1 为开始时间，以 2014-6-30 为结束时间作为分析的观测窗口，抽取观测窗口内某市某区域的定位数据形成建模数据，部分数据见表 10-1。

10.2.2　数据探索分析

为了便于观察数据，先提取 EMASI 号为 55555 的用户在 2014 年 1 月 1 日的定位数据，如表 10-3 所示。可以发现该用户在 2014 年 1 月 1 日 00:31:48 处于 36908 基站的范围，下一个记录是该用户在 2014 年 1 月 1 日 00:53:46 处于 36902 基站的范围，这表明了用户从 00:31:48 到 00:53:46 都处于 36908 基站，共停留了 21 分 58 秒，并且在 00:53:46 进入了 36902 基站的范围。再下一条记录是用户在 2014 年 1 月 1 日 01:26:11 处于 36902 基站的范围，这可能是由于用户在进行通话或者其他产生定位数据记录的业务，此时的基站编号未发生改变，用户仍处于 36902 基站的范围，若要计算用户在 36902 基站范围停留的时间，则需要继续判断下一条记录，可以发现用户在 2014 年 1 月 1 日 02:13:46 处于 36907 基站的范围，故用户从 00:53:46 到 02:13:46 都处于 36902 基站，共停留了 80 分。停留示意图如图 10-3 所示。

表 10-3　EMASI 号为 55555 的用户在 2014 年 1 月 1 日的位置数据

年	月	日	时	分	秒	毫秒	网络类型	LOC 编号	基站编号	EMASI 号	信令类型
2014	1	1	0	31	48	38	2	281335167708768	36908	55555	333333CA
2014	1	1	0	53	46	96	2	962947809921085	36902	55555	333789CA
2014	1	1	1	26	11	23	2	262095068434776	36902	55555	333334CA
2014	1	1	2	13	46	28	2	712890120478723	36907	55555	333551CA
2014	1	1	7	57	18	92	2	85044254500058	36902	55555	333796CA
2014	1	1	8	20	32	93	2	995208321887481	36903	55555	334109CA
2014	1	1	9	43	31	45	2	555114267094822	36908	55555	333798CA
2014	1	1	12	20	47	35	2	482996504023472	36907	55555	333393CA
2014	1	1	14	40	4	26	2	329606106134793	36903	55555	333587CA
2014	1	1	14	50	32	82	2	645164951070747	36908	55555	333731CA
2014	1	1	15	19	2	17	2	830855298094409	36902	55555	334068CA
2014	1	1	18	26	43	88	2	323108074844193	36912	55555	334023CA
2014	1	1	19	0	21	82	2	553245971859183	36909	55555	333952CA
2014	1	1	19	50	7	90	2	987606797101505	36906	55555	334096CA
2014	1	1	22	35	0	4	2	756416566337609	36908	55555	333427CA
2014	1	1	23	28	7	98	2	919108833174494	36904	55555	333500CA

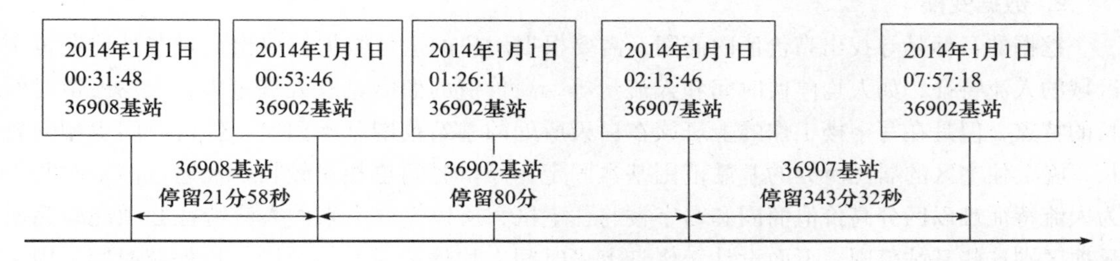

图 10-3　停留示意图

10.2.3 数据预处理

1. 数据规约

原始数据的属性较多，但网络类型、LOC 编号和信令类型这三个属性对于挖掘目标没有用处，故剔除这三个冗余的属性。而衡量用户的停留时间，并不需要精确到毫秒级，故可把毫秒这一属性删除。

同时在计算用户的停留时间时，只计算两条记录的时间差，为了减少数据维度，把年、月和日合并记为日期，时、分和秒合并记为时间，则表 10-3 可处理得到表 10-4。

表 10-4 数据规约后的数据

日期	时间	基站编号	EMASI 号
2014 年 1 月 1 日	00:31:48	36908	55555
2014 年 1 月 1 日	00:53:46	36902	55555
2014 年 1 月 1 日	01:26:11	36902	55555
2014 年 1 月 1 日	02:13:46	36907	55555
2014 年 1 月 1 日	07:57:18	36902	55555
2014 年 1 月 1 日	08:20:32	36903	55555
2014 年 1 月 1 日	09:43:31	36908	55555
2014 年 1 月 1 日	12:20:47	36907	55555
2014 年 1 月 1 日	14:40:04	36903	55555
2014 年 1 月 1 日	14:50:32	36908	55555
2014 年 1 月 1 日	15:19:02	36902	55555
2014 年 1 月 1 日	18:26:43	36912	55555
2014 年 1 月 1 日	19:00:21	36909	55555
2014 年 1 月 1 日	19:50:07	36906	55555
2014 年 1 月 1 日	22:35:00	36908	55555
2014 年 1 月 1 日	23:28:07	36904	55555

2. 数据变换

挖掘的目标是寻找出高价值的商圈，需要根据用户的定位数据提取出衡量基站覆盖范围区域的人流特征，如人均停留时间和人流量等。高价值的商圈具有人流量大，人均停留时间长的特点，但是在写字楼工作的上班族在白天所处的基站范围基本固定，停留时间也相对较长，晚上住宅区的居民所处的基站范围基本固定，停留时间也相对较长，仅通过停留时间作为人流特征难以区分高价值商圈和写字楼与住宅区，所以提取出来的人流特征必须能较为明显地区别这些基站范围。下面设计工作日上班时间人均停留时间、凌晨人均停留时间、周末人均停留时间和日均人流量作为基站覆盖范围区域的人流特征。

工作日上班时间人均停留时间是所有用户在工作日上班时间处在该基站范围内的平均时间，居民一般的上班工作时间是在 9:00 至 18:00，所以工作日上班时间人均停留时间是计算所有用户在工作日 9:00 至 18:00 处在该基站范围内的平均时间。

凌晨人均停留时间是指所有用户在 00:00 至 07:00 处在该基站范围内的平均时间，一般居民在 00:00 至 07:00 都是在住处休息，利用这个指标可以表征出住宅区基站的人流特征。

周末人均停留时间是指所有用户周末处在该基站范围内的平均时间，高价值商圈在周末的逛街人数和时间都会大幅增加，利用这个指标可以表征出高价值商圈的人流特征。

日均人流量是指平均每天曾经在该基站范围内的人数，日均人流量大，说明经过该基站区域的人数多，利用这个指标可以表征出高价值商圈的人流特征。

这 4 个指标直接从原始数据计算比较复杂，需先处理成中间过程数据，再从中计算出这 4 个指标。

中间过程数据的计算以单个用户在一天内的定位数据为基础，计算在各个基站范围下的工作日上班时间停留时间、凌晨停留时间、周末停留时间和是否处于基站范围。假设原始数据所有用户在观测窗口期间（L 天）曾经经过的基站有 N 个，用户有 M 个，用户 i 在 j 天经过的基站有 $num1$、$num2$ 和 $num3$，则用户 i 在 $num1$ 基站的 j 个工作日上班时间停留时间为 $weekday\_num1_{ij}$，在 $num2$ 基站的工作日上班时间停留时间为 $weekday\_num2_{ij}$，在 $num3$ 基站的工作日上班时间停留时间为 $weekday\_num3_{ij}$；在 $num1$ 基站的凌晨停留时间为 $night\_num1_{ij}$，在 $num2$ 基站的凌晨停留时间为 $night\_num2_{ij}$，在 $num3$ 基站的凌晨停留时间为 $night\_num3_{ij}$；在 $num1$ 基站的周末停留时间为 $weekend\_num1_{ij}$，在 $num2$ 基站的周末停留时间为 $weekend\_num2_{ij}$，在 $num3$ 基站的周末停留时间为 $weekend\_num3_{ij}$；在 $num1$ 基站是否停留为 $stay\_num1_{ij}$，在 $num2$ 基站是否停留为 $stay\_num2_{ij}$，在 $num3$ 基站是否停留为 $stay\_num3_{ij}$，其中 $stay\_num1_{ij}$、$stay\_num2_{ij}$ 和 $stay\_num3_{ij}$ 的值均为 1；对于未停留的其他基站，工作日上班时间停留时间、凌晨停留时间、周末停留时间和是否处于基站范围的值均为 0。

对于 $num1$ 基站，4 个基站覆盖范围区域的人流特征的计算公式如下：

- 工作日上班时间人均停留时间：$weekday_{num1}=\frac{1}{LM}\sum_{j=1}^{L}\sum_{i=1}^{M}weekday\_num1_{ij}$
- 凌晨人均停留时间：$night_{num1}=\frac{1}{LM}\sum_{j=1}^{L}\sum_{i=1}^{M}night\_num1_{ij}$
- 周末人均停留时间：$weekend_{num1}=\frac{1}{LM}\sum_{j=1}^{L}\sum_{i=1}^{M}weekend\_num1_{ij}$
- 日均人流量：$stay_{num1}=\frac{1}{L}\sum_{j=1}^{L}\sum_{i=1}^{M}stay\_num1_{ij}$

对于其他基站，计算公式一致。

对采集到的数据，按基站覆盖范围区域的人流特征计算得到各个基站的样本数据，见表 10-5。

表 10-5 样本数据

基站编号	工作日上班时间人均停留时间	凌晨人均停留时间	周末人均停留时间	日均人流量
36902	78	521	602	2863
36903	144	600	521	2245
36904	95	457	468	1283
36905	69	596	695	1054
36906	190	527	691	2051
36907	101	403	470	2487
36908	146	413	435	2571
36909	123	572	633	1897
36910	115	575	667	933
36911	94	476	658	2352
36912	175	438	477	861
35138	176	477	491	2346
37337	106	478	688	1338
36181	160	493	533	2086
38231	164	567	539	2455
38015	96	538	636	960
38953	40	469	497	1059
35390	97	429	435	2741
36453	95	482	479	1913
36855	159	554	480	2515

注：数据详见01-示例数据/基站样本数据.xls。

但由于各个属性之间的差异较大，为了消除数量级数据带来的影响，在进行聚类前，需要进行离差标准化处理，离差标准化后的样本数据见表10-6。

表 10-6 标准化后的样本数据

基站编号	标准化后工作日上班时间人均停留时间	标准化后凌晨人均停留时间	标准化后周末人均停留时间	标准化后日均人流量
36902	0.103 865	0.856 364	0.850 539	0.169 153
36903	0.263 285	1	0.725 732	0.118 21
36904	0.144 928	0.74	0.644 068	0.038 909
36905	0.082 126	0.992 727	0.993 837	0.020 031
36906	0.374 396	0.867 273	0.987 673	0.102 217
36907	0.159 42	0.641 818	0.647 149	0.138 158
36908	0.268 116	0.66	0.593 22	0.145 083
36909	0.212 56	0.949 091	0.898 305	0.089 523
36910	0.193 237	0.954 545	0.950 693	0.010 057
36911	0.142 512	0.774 545	0.936 826	0.127 03

（续）

基站编号	标准化后工作日上班时间人均停留时间	标准化后凌晨人均停留时间	标准化后周末人均停留时间	标准化后日均人流量
36912	0.338 164	0.705 455	0.657 935	0.004 122
35138	0.340 58	0.776 364	0.679 507	0.126 535
37337	0.171 498	0.778 182	0.983 051	0.043 442
36181	0.301 932	0.805 455	0.744 222	0.105 103
38231	0.311 594	0.94	0.753 467	0.135 521
38015	0.147 343	0.887 273	0.902 928	0.012 283
38953	0.012 077	0.761 818	0.688 752	0.020 443
35390	0.149 758	0.689 091	0.593 22	0.159 097
36453	0.144 928	0.785 455	0.661 017	0.090 842
36855	0.299 517	0.916 364	0.662 558	0.140 467

注：数据详见 01-示例数据/标准化后样本数据.xls。

10.2.4 构建模型

1. 构建商圈聚类模型

数据经过预处理过后，形成建模数据。利用 TipDM-HB 大数据挖掘平台的 DBSCAN 聚类算法对基站数据进行聚类分群。

登录 TipDM-HB 大数据挖掘平台后，新建方案，接着导入数据。导入的数据为“01-示例数据/标准化后样本数据.csv”，数据加载完成后，刷新即可看到数据。调用 TipDM-HB 大数据挖掘平台的云聚类算法时，导入的数据列属性为：“标准化后工作日上班时间人均停留时间、标准化后凌晨人均停留时间、标准化后周末人均停留时间、标准化后日均人流量”，参数设置为：设置“距离计算方法”为欧氏距离，“收敛系数”为 0.5，“阈值”为 0.5，“最大迭代次数”为 5，“分群数量”为 3，“Canopy t1”为 10，“Canopy t2”为 5。

TipDM-HB 数据挖掘平台聚类完成后，可以在右边界面看到输出信息，如表 10-7 所示。

表 10-7 TipDM-HB 数据挖掘平台云聚类算法聚类输出结果

```
=== 聚类中心 ===
标准化后工作日上班时间人均停留时间  标准化后凌晨人均停留时间  标准化后周末人均停留时间  标准化后日均人流量
0.189  0.802  0.763  0.091
0.864  0.048  0.121  0.329
0.132  0.045  0.200  0.710
=== 聚类分析结果统计 ===

各簇中样本数及百分比
0      148(34%)
1      137(32%)
2      146(34%)
```

对数据进行整理，可以得到如表 10-8 所示的结果。

表 10-8 聚类结果

聚类类别	聚类个数	聚类中心			
		标准化后工作日上班时间人均停留时间	标准化后凌晨人均停留时间	标准化后周末人均停留时间	标准化后日均人流量
商圈类别 1	148	0.189	0.802	0.763	0.091
商圈类别 2	137	0.864	0.048	0.121	0.329
商圈类别 3	146	0.132	0.045	0.200	0.710

2. 模型分析

针对聚类结果按不同类别画出 4 个特征的折线图，如图 10-4 ~ 图 10-6 所示。对于商圈类别 1，凌晨人均停留时间和周末人均停留时间相对较长，而工作日上班时间人均停留时间较短，日均人流量较少，该类别基站覆盖的区域类似于住宅区。对于商圈类别 2，这部分基站覆盖范围的工作日上班时间人均停留时间较长，同时凌晨人均停留时间、周末人均停留时间相对较短，该类别基站覆盖的区域类似于白领上班族的工作区域。对于商圈类别 3，日均人流量较大，同时工作日上班时间人均停留时间、凌晨人均停留时间和周末人均停留时间相对较短，该类别基站覆盖的区域类似于商业区。

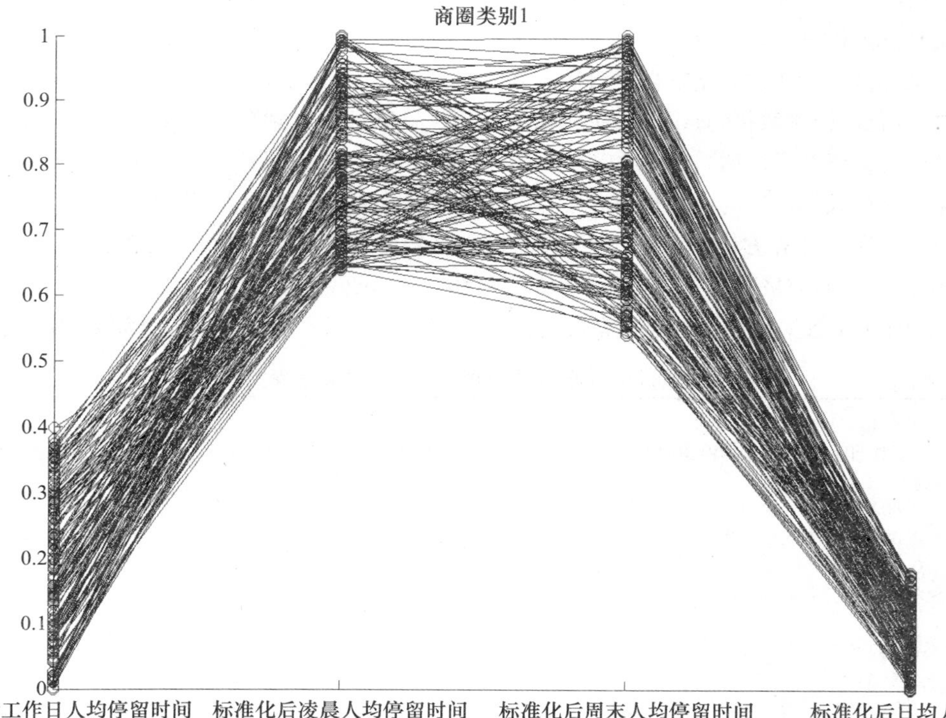

图 10-4 商圈类别 1 折线图

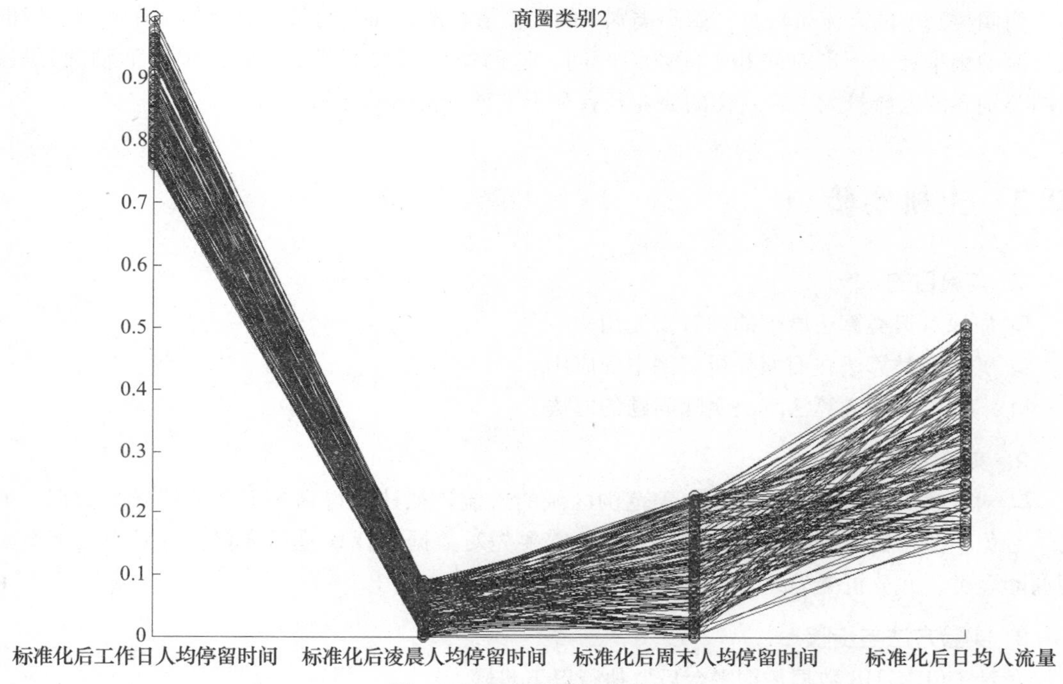

图 10-5　商圈类别 2 折线图

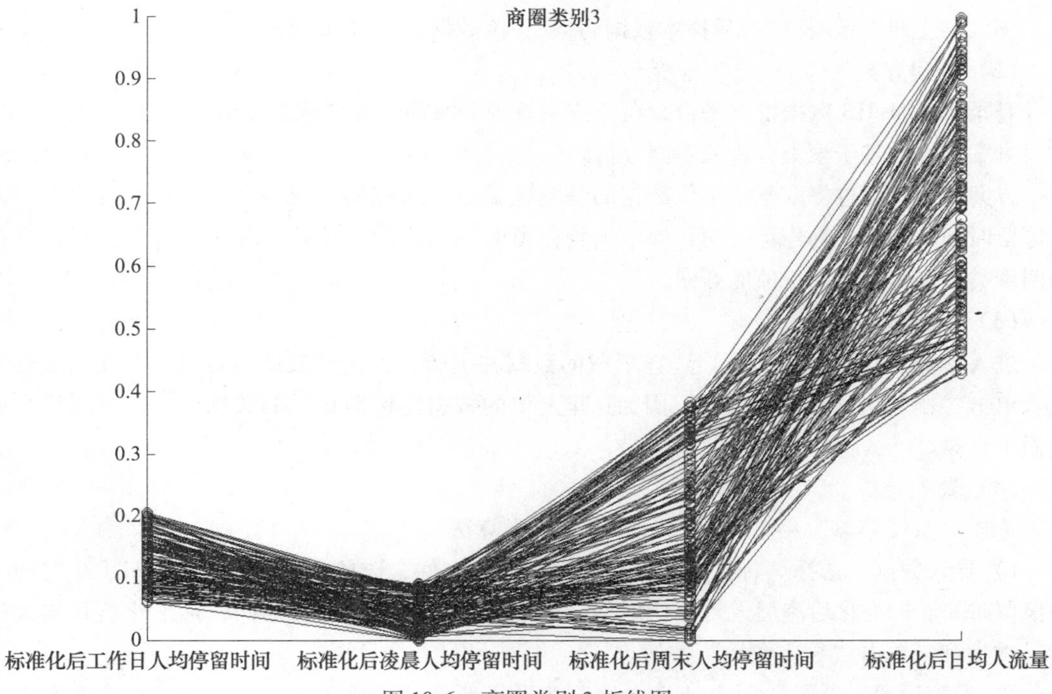

图 10-6　商圈类别 3 折线图

商圈类别 1 的人流量较少，商圈类别 2 的人流量一般，而且白领上班族的工作区域一般的人员流动集中在上下班时间和午间吃饭时间，这两类商圈均不利于运营商促销活动的开展，商圈类别 3 的人流量大，在这样的商业区有利于进行运营商的促销活动。

10.3 上机实验

1. 实验目的

- ❑ 加深对聚类算法原理的理解及使用。
- ❑ 了解聚类算法在商圈分析实例中的应用。
- ❑ 掌握使用聚类算法解决实际问题的方法。

2. 实验内容

❑ 对采集到的数据，按基站覆盖范围区域的人流特征计算得到各个基站的样本数据。但为了避免单个特征的值过大影响聚类效果，需要先对数据进行离差标准化，再采用云聚类实现商圈聚类，并分析聚类结果。

3. 实验方法与步骤

登录 TipDM-HB 数据挖掘平台后，执行以下步骤。

（1）数据准备

下载“上机实验/标准化后样本数据 . csv”，该数据如表 10-6 所示。

（2）创建方案

登录 TipDM-HB 数据挖掘平台，在“方案管理”页面选择“聚类分析”创建一个新方案。

方案名称：基于聚类分析的商圈分析。

方案描述：通过提取基站定位数据的基站覆盖范围区域的人流特征：工作日上班时间人均停留时间、凌晨人均停留时间、周末人均停留时间和日均人流量，利用云聚类分析来进行商圈聚类，以区别不同价值的商圈。

（3）上传数据

进入“数据管理”标签页，选择下载的数据并上传，上传的数据将自动显示在列表框中或者单击“刷新”按钮刷新数据。因为这里上传的数据是标准化后的数据，所以其属性名已经做了修改。

（4）聚类分析

选择“系统菜单”→“云算法”→“云聚类算法”。

1）导入数据：选择“标准差处理后数据 . csv”文件，选择“标准化后工作日上班时间人均停留时间、标准化后凌晨人均停留时间、标准化后周末人均停留时间、标准化后日均人流量”属性列，单击“导入数据”按钮。

2）参数设置：设置“距离计算方法”为欧氏距离，“收敛系数”为 0.5，“阈值”为

0.5，“最大迭代次数”为5，分群数量为3，“Canopy t1”为10，“Canopy t2”为5。

3）聚类分析：对导入的样本数据进行聚类分析，查看页面右侧的输出信息。

4. 思考与实验总结

1）使用云平台其他聚类算法来对数据进行聚类分析，对比分析结果。

2）当数据量达到多少，云平台的处理优势才能体现？

10.4　拓展思考

轨迹挖掘可以定义为从移动定位数据中提取隐含的、人们预先不知道的，但又潜在有用的移动轨迹模式的过程。轨迹挖掘可应用到多个重要领域，如社交网络、公共安全、智能交通管理、城市规划与发展等。面向拼车推荐应用是轨迹挖掘的新兴研究主题。拼车是指相同路线的人乘坐同一辆车上下班、上学及放学回家、节假日出游等，车费由乘客平均分摊。拼车不仅能节省出行费用，而且有利于缓解城市交通。现在大部分拼车网站的普遍做法仍然是通过拼车司机在拼车服务网站上发布出发地、目的地、出发时间等信息，再由拼车客户在网站上输入出发地和目的地来搜索符合自己情况的拼车对象。这在很大程度上浪费了拼车用户在网上搜索拼车伙伴的时间，使用户的拼车体验变差。而面向拼车推荐应用需要先挖掘用户的定位数据轨迹，发现用户的轨迹模式集合，再根据两个用户之间移动轨迹模式的相似性，推荐合适的拼车路线。

10.5　小结

本章结合基于基站定位数据的商圈分析的案例，重点介绍了数据挖掘算法中聚类算法在实际案例中的应用。研究用户的定位数据，总结出人流特征，并采用云平台聚类算法进行商圈聚类，识别出不同类别的商圈，最后选择合适的区域进行运营商的促销活动。案例详细描述了数据挖掘的整个过程，并提供了云平台聚类算法的上机实验，方便读者加深对该算法的理解以及提高应用算法解决实际问题的能力。

Chapter 11 第 11 章

互联网电影智能推荐

11.1 背景与挖掘目标

随着信息技术的发展，互联网视频内容充斥了整个网络，视频网站上存有大量的电影内容，如果用户通过翻页的方式来寻找自己想看的电影可能会感到疲劳甚至放弃观看，虽然很多视频网站都有搜索引擎可供用户直接搜索目标电影，但这类搜索是针对有明确目标的用户，对于无明确观看目标的用户而言，急需一种能使用户发现可能想看的电影的工具。推荐系统的任务就是联系用户和内容，一方面帮助用户发现自己喜欢的内容，另一方面让电影内容能够展现在对它感兴趣的用户面前，从而实现内容提供商和用户间的双赢。推荐系统通过分析用户对电影的评分行为，对用户兴趣建模，从而预测用户的兴趣并给用户做推荐。近年来，以 Netflix 为首的视频提供商纷纷实现了个性化智能推荐功能，Netflix 60% 的内容通过推荐获取。优酷土豆、爱奇艺、乐视、CNTV 等内容提供商都不同程度地实现了个性化推荐。

智能推荐系统是数据挖掘的一个重要应用，在网络中已经有很多应用的范例，互联网视频的崛起为这一技术提供了新的应用领域。所谓互联网电影推荐系统，就是运用数据挖掘的方法实现对用户行为分析，把合适的电影内容推荐给喜欢它的用户。

表 11-1 给出了某视频网站的用户对电影的评分数据，包含用户对不同电影的评分数据，见表 11-1。评分的取值范围为 1 ~ 10，评分越高，表明用户对电影的评价越高。根据这些数据，利用智能推荐技术，实现电影智能推荐。

表 11-1　用户对不同电影评分数据

用户 ID	电影 ID	评分	用户 ID	电影 ID	评分
1	4633	10	2	134835	10
1	21184	6	3	13895	5
1	35707	1	4	27357	10
1	104944	7	4	52830	10
1	109117	6	4	122500	3
1	113261	5	4	192791	9
1	120458	2	5	93172	8
1	140278	2	5	126956	8
1	150113	5	5	188927	7
1	201897	10	7	41202	1
2	133	10	7	112897	5
2	88419	8	7	162768	1
2	129450	5	7	217222	5

注：数据详见 01-示例数据/电影评分数据 . txt。

11.2　分析方法与过程

本案例是希望给用户推荐互联网视频，目前推荐算法有基于内容的推荐算法、协同过滤推荐算法和基于网络结构的推荐算法等。基于内容的推荐算法是最原始的推荐算法，它主要采用内容过滤技术在大量项目中过滤出与用户兴趣相似的项目，从而推荐给用户。其主要用于一些包含文本项目的推荐系统中，如新闻、科技论文等系统，也可以用于包含可以表示成文本的项目的推荐系统中，如电影、音乐等系统。

协同过滤是信息过滤和推荐系统领域研究最多的算法之一。由于用户的兴趣不是孤立的，用户是处于群体之中的，所以用户的兴趣可以通过群体中与他有相似行为的用户的兴趣来推测，这有点类似于现实生活中的朋友推荐。

协同过滤推荐的主要研究方向分为基于内存的算法和基于模型的算法两类，其中基于内存的协同过滤推荐算法按照相似度比较对象的不同，又可分为基于用户和基于项目两种，但基于用户的协同过滤随着用户数的增加，计算的复杂度会越来越大，因此基于项目的协同过滤应用相对较多。与基于内存的协同过滤推荐算法不同的是，基于模型的协同过滤推荐算法不是基于启发式规则预测用户对项目的评分，而是基于对已有数据采用统计和机器学习的方法建立模型，利用建立好的模型进行预测评分。基于网络结构的推荐算法不考虑用户和项目的内容特征信息，而把它们看作抽象的节点，所有的算法信息均隐藏在用户和项目的选择关系中。

基于项目的协同过滤推荐算法的基本思想是，用户项目的预测评分可以由与该项目相似度最高的 k 个邻居项目的评分加权平均计算得到，如图 11-1 所示，对项目 1 感兴趣的用户也都对项目 2 ~ 项目 n 感兴趣，因此项目 1 和项目 2 ~ 项目 n 的相似度较高，它们是相似项目，而用户 t 目前对项目 2 ~ 项目 n 感兴趣，但还没发现项目 1，因此可将项目 1 推荐给用户 t。

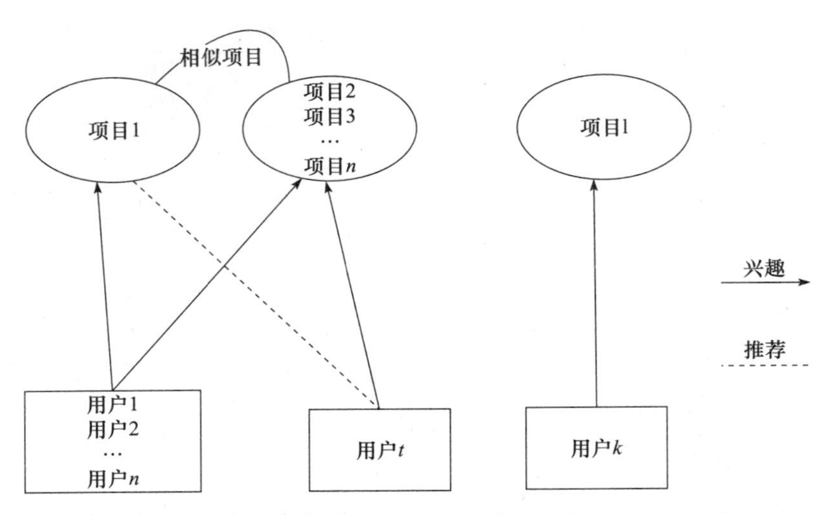

图 11-1 基于项目的协同过滤推荐原理图

本案例的数据是用户对互联网电影的评分数据，可考虑基于项目的协同过滤进行互联网电影推荐。图 11-2 为基于协同过滤的互联网电影智能推荐建模过程，主要包括以下步骤：

1）从视频网站的数据库中选择性抽取用户对电影的评分数据和电影元数据；

2）利用用户对电影的评分数据构造用户 - 项目评分矩阵；

3）利用 2）形成的用户 - 项目评分矩阵，计算电影项目之间的相似度；

4）利用 2）的用户 - 项目评分矩阵和 3）的电影项目之间的相似度，计算用户的电影项目评分预测，并把预测评分高的电影项目作为推荐结果。

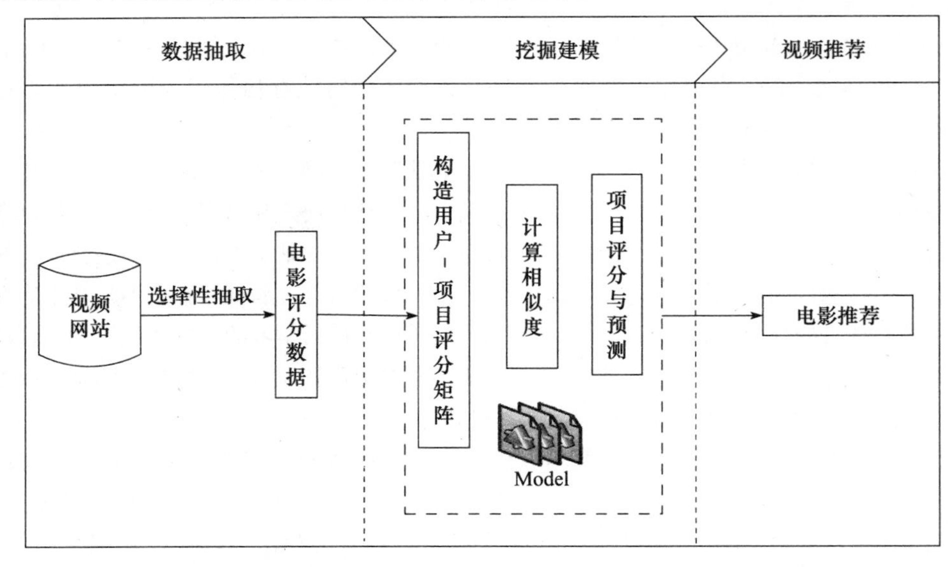

图 11-2 基于协同过滤的互联网电影智能推荐建模过程

11.2.1　数据抽取

用户对电影的评分数据主要包括用户 ID、电影 ID 和用户对电影的评分，如表 11-1 所示。同时也需要采集电影元数据，包括电影 ID、电影名称、演员、导演、类型、国家、语言、年代等，如表 11-2 所示。以上所有数据均在视频网站的数据库中抽取。

表 11-2　电影元数据

电影 ID	电影名称	年代	国家	语言	导演	演员	类型
155	合租客	2013	内地	普通话	任弛	苏菲/赵予琦	爱情片/风月片
3452	连理枝	2006	韩国	韩语	金成中	徐英姬/崔智友	爱情片/喜剧片
897	活死人归来 3	1993	美国	英语	布莱恩・尤慈纳	肯特・麦克珂	爱情片/科幻片
447	逃出生天	2013	内地	普通话	彭发/彭顺	古天乐/李心洁	动作片/剧情片
1645	Hold 住爱	2012	内地	普通话	张琦	杨幂/杨恺威	爱情片/喜剧片
4438	烈火情人	1992	英国	英语	路易・马勒	杰瑞米・艾恩	爱情片
1513	年轻的亚当	2003	美国	英语	大卫・马肯慈	伊万・麦格雷	剧情片/惊悚片
2346	激战	2013	香港	粤语/普通话	林超贤	张家辉/彭于晏	剧情片/动作片
4419	人在囧途之泰囧	2012	内地	普通话	徐峥	徐峥/王宝强	喜剧片/动作片
3896	神枪手	2009	香港	粤语/普通话	林超贤	任贤齐/黄晓明	剧情片/动作片

11.2.2　构建模型

1. 构造用户 – 项目评分矩阵

用户对项目的评分包括显式评分和隐式评分两种，显示评分是指用户直接对项目的打分，是形成评分矩阵的主要途径；隐式评分是指根据用户的历史行为记录，如浏览频率、评论等信息间接推测出的评分。综合两类评分得到一个 $N \times M$ 的用户 – 项目评分矩阵 R。在本案例中抽取到的电影评分数据包含显示评分，而用户的历史行为记录没被抽取，故不考虑隐式评分。其中 N 表示用户数目，M 表示电影数目，横向量代表一个用户对各个电影项目的评分，纵向量代表一个电影项目得到各个用户的评分，$r_{u_i v_j}$ 表示用户 u_i 对电影 v_j 的评分，若用户 u_i 没对电影 v_j 评分，则 $r_{u_i v_j}=0$。

$$R=\begin{pmatrix} r_{u_1v_1} & \cdots & r_{u_1v_j} & \cdots & r_{u_1v_M} \\ \cdots & \cdots & \cdots & \cdots & \cdots \\ r_{u_iv_1} & \cdots & r_{u_iv_j} & \cdots & r_{u_iv_M} \\ \cdots & \cdots & \cdots & \cdots & \cdots \\ r_{u_Nv_1} & \cdots & r_{u_Nv_j} & \cdots & r_{u_Nv_M} \end{pmatrix}_{N\times M} \tag{11-1}$$

2. 计算相似度

相似度计算是协同过滤推荐算法最核心的部分，这里采用基于项目的协同过滤算法，考虑利用两个电影项目之间，所有用户对这两个电影项目的评分，建立电影 v_s 与电影 v_t 的相似度如下：

$$sim(\nu_s,\nu_t) = \frac{1}{1 + \sqrt{\sum_{i=1}^{N}(r_{u_i\nu_s^2}) - 2\sum_{i=1}^{N} r_{u_i\nu_s} r_{u_i\nu_t} + \sum_{i=1}^{N}(r_{u_i\nu_t^2})}} \quad (11\text{-}2)$$

其中 $r_{u_i\nu_j}$表示用户 u_i 对电影 ν_j 的评分。

3. 项目评分预测与推荐

计算好电影项目两两之间的相似度后，对于目标用户 u'需要预测其对电影 ν'的评分，利用 k 近邻算法思想，给电影 ν'找到与其相似度最大的 k 个电影作为其邻居，目标用户 u'对电影 ν'的评分可以根据目标用户 u'对这 k 个邻居电影的评分来预测。

$$r'_{u'\nu'} = \frac{\sum_{i\in n(\nu',k)} sim(\nu_i,\nu') \times r_{u'\nu_i}}{\sum_{i\in n(\nu',k)} sim(\nu_i,\nu')} \quad (11\text{-}3)$$

其中 $r'_{u'\nu'}$表示用户 u'对电影 ν'的预测评分，n （ν'，k）表示电影 ν'的 k 个电影邻居的下标号，sim （ν_i，ν'）表示电影 ν_i 与电影 ν'的相似度，$r_{u'\nu_i}$表示用户 u'对电影 ν_i 的评分。

得到目标用户 u'对未评分电影的评分预测值后，按照评分进行降序排序，取评分最大的若干电影作为最终的推荐结果。

登录 TipDM-HB 数据挖掘平台后，新建云方案，接着管理云方案数据，导入的数据为“01-示例数据/电影评分数据 . txt”（这里也可以使用 FTP 数据自动扫描上传，此属于云平台数据管理特有的功能），数据加载完成后，刷新即可看到数据。调用 TipDM-HB 数据挖掘平台的协同过滤算法时，直接选择导入的数据文件即可（即“电影评分数据 . txt”文件）。参数设置为：“推荐个数”为 3，“最多相似项目”为 100，“最小评分”为 1，“最大相似度”为 10，“最大评分”为 10，“相似距离”为欧氏距离。

TipDM-HB 数据挖掘平台协同过滤算法完成后，可以在右边界面看到输出信息，如表 11-3 所示。

表 11-3 TipDM-HB 数据挖掘平台协同过滤算法部分输出信息

1	[162155: 8. 561002，56675: 8. 559533，111832: 8. 551345]
4	[116580: 7. 324454]
7	[82645: 1. 0]
9	[59434: 10. 0，5574: 10. 0，13754: 10. 0]
15	[127432: 10. 0，206260: 10. 0，166613: 10. 0]
17	[45523: 6. 015289，22920: 5. 99866]
18	[118279: 6. 9066653，187840: 6. 2239604，169385: 6. 2130904]
21	[5730: 5. 4776945]
25	[157035: 4. 3233075]
26	[30858: 10. 0，106963: 10. 0，13843: 10. 0]
31	[197927: 10. 0，20410: 10. 0，182832: 10. 0]
32	[204302: 6. 730925]
33	[191720: 9. 407126，49142: 9. 407039，205657: 9. 0]
35	[164736: 10. 0，165666: 8. 732799，168536: 8. 634465]
37	[137881: 5. 990177]

（续）

39	[94346:10.0，180645:10.0，213766:10.0]
42	[18311:4.8491926，113441:4.8442636，36969:4.844106]
46	[46837:5.600557，171397:5.5993614，39439:5.5967846]
55	[177229:6.143647，18007:1.5634073]
63	[28130:8.463275]
65	[186417:9.635464，164804:8.001972，64587:8.001897]
73	[74293:10.0，135683:10.0，92764:10.0]
74	[125662:7.604069，71801:7.6004744，54741:2.9958315]
80	[56501:4.0]
…	

注：数据第一列为用户 ID，中括号里面是对当前行用户的推荐，冒号前面是项目 ID，后面是该项目的推荐分。

4. 结果及分析

表 11-3 的输出结果如表 11-4 所示，表中列出了用户的推荐电影和评分。

表 11-4　用户推荐结果

用户 1		用户 4		用户 7		用户 9	
电影 ID	评分	电影 ID	评分	电影 ID	评分	电影 ID	评分
162155	8.561 002	116580	7.324 454	82645	1.0	59434	10.0
56675	8.559 533					5574	10.0
111832	8.551 345					13754	10.0

推荐结果的第一条记录说明可以给用户 1 推荐电影 162155、56675 和 111832，电影 162155 的预测评分为 8.561 002，电影 56675 的预测评分为 8.559 533，电影 111832 的预测评分为 8.551 345。

推荐结果的第二条记录说明可以给用户 4 推荐电影 116580，电影 116580 的预测评分为 7.324 454。

推荐结果的第三条记录说明可以给用户 7 推荐电影 82645，电影 82645 的预测评分为 1.0。从这条记录可以看到其实电影 82645 的推荐分是不高的，这样进行的推荐可能不是用户感兴趣的，所以可以考虑使用 Top 推荐。

推荐结果的第四条记录说明可以给用户 9 推荐电影 59434、5574 和 13754，电影 59434 的预测评分为 10.0，电影 5574 的预测评分为 10.0，电影 13754 的预测评分为 10.0。

11.3　上机实验

1. 实验目的

- ❑ 了解云协同过滤推荐算法的输入与输出的数据形式。
- ❑ 掌握云协同过滤推荐算法的特性和应用范围及使用云协同过滤推荐解决实际应用问题的方法。

2. 实验内容

- ❑ 电影评分数据体现了用户对电影的喜好，利用协同过滤算法能计算出用户未评分电影的预测评分，根据预测的评分可把高评分的电影推荐给用户，实现智能推荐。

3. 实验方法与步骤

登录 TipDM-HB 数据挖掘平台后，执行下面的步骤。

（1）数据准备

下载“02-上机实验/电影评分数据.txt”，该数据如表 11-1 所示。

（2）创建方案

登录 TipDM-HB 数据挖掘平台，在“方案管理”页面选择“数值预测”新建一个方案。

方案名称：基于云协同过滤的电影智能推荐。

方案描述：通过协同过滤挖掘用户的电影评分数据，估计出用户未评分电影的评分数，对评分高的电影进行推荐。

（3）上传数据

进入“非结构化数据管理”标签页，选择下载的数据并上传（或者通过 FTP 上传），上传的数据将自动显示在列表框中或者单击“刷新”按钮刷新数据。

（4）协同过滤推荐

选择“系统菜单”→“云算法”→“云推荐”。

1）导入数据：选择文件“电影评分数据.txt”导入即可。

2）参数设置：“推荐个数”为 3，“最多相似项目”为 100，“最小评分”为 1，“最大相似度”为 10，“最大评分”为 10，“相似距离”为欧氏距离。

3）协同过滤推荐：对导入的样本数据进行协同过滤挖掘，分析协同过滤挖掘过程中输出的相关信息。

4. 思考与实验总结

1）针对没有评分的数据应该如何处理？

2）云协同过滤算法的参数应该如何选择？

11.4 拓展思考

上述案例采用基于项目的协同过滤实现电影推荐，基于项目的协同过滤考虑的是项目与项目之间的相似度，推荐给用户那些与他历史记录中的项目具有较高相似度的项目。在这里可用基于用户的协同过滤实现电影推荐，基本思想是用户对项目的预测评分可以由与该用户相似度最高的 k 个邻居用户对该项目的评分加权平均计算得到，如图 11-3 所示，用户 1 感兴趣的项目，对于用户 2 ~ 用户 n 也是感兴趣的，因此用户 1 和用户 2 ~ 用户 n 的相似度较高，它们是相似用户，而用户 2 ~ 用户 n 除了对项目 1 ~ 项目 n 感兴趣外，还对项目 t 感兴趣，因此可将项目 t 推荐给用户 1。

考虑利用两个用户之间对共同项目的评分，建立用户 u_s 与用户 u_t 的相似度如下：

$$sim(u_s, u_t) = \frac{\sum_{i=1}^{M} r_{u_s v_i} r_{u_t v_i}}{\sqrt{\sum_{i=1}^{M} (r_{u_s v_i}^2)} \cdot \sqrt{\sum_{i=1}^{M} (r_{u_t v_i}^2)}} \tag{11-4}$$

其中 $r_{u_s v_i}$ 表示用户 u_s 对电影 $\boldsymbol{\nu}_i$ 的评分。

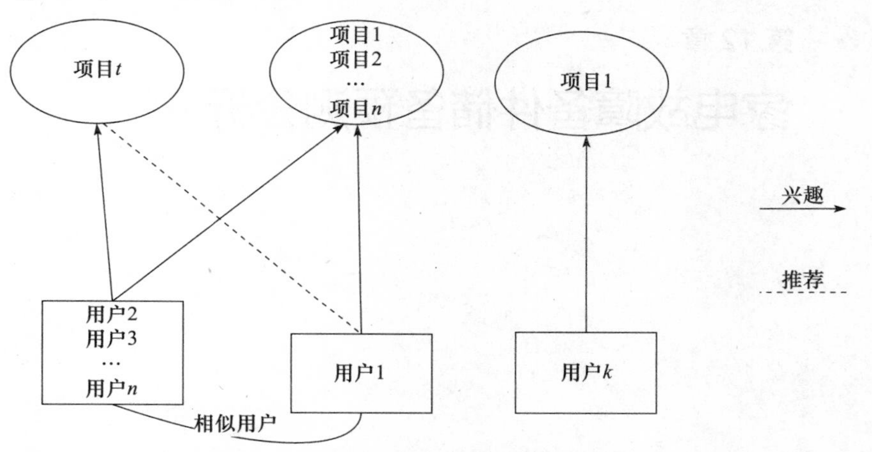

图 11-3　基于用户的协同过滤推荐原理图

在计算好用户两两之间的相似度后，对于目标用户 u' 需要预测其对电影 ν' 的评分，利用 k 近邻算法思想，找到与目标用户 u' 相似度最大的 k 个用户作为其邻居，目标用户 u' 对电影 ν' 的预测评分可以根据 k 个邻居用户对电影 ν' 的评分来预测。

$$r'_{u'\nu'} = \frac{\sum_{i \in m(u',k)} sim(u_i, u') \times r_{u_i\nu'}}{\sum_{i \in m(u',k)} sim(u_i, u')} \tag{11-5}$$

其中 $r'_{u'\nu'}$ 表示用户 u' 对电影 ν' 的预测评分，$m(u', k)$ 表示用户 u' 的 k 个相似邻居用户的下标号，$sim(u_i, u')$ 表示用户 u_i 与用户 u' 的相似度，$r_{u_i\nu'}$ 表示用户 u_i 对电影 ν' 的评分。

得到目标用户对未评分项目的评分预测值后，按照评分进行降序排序，取评分最大的若干项目作为最终的推荐结果。采用本案例的电影评分数据（完整数据见：03-拓展思考/电影评分数据.txt）基于用户的协同过滤实现电影推荐，将推荐的结果与基于项目协同过滤的推荐结果作对比，找出不同算法的优劣之处。

11.5　小结

本章结合基于协同过滤的互联网电影智能推荐的案例，重点介绍了基于项目协同过滤算法在实际案例中的应用。利用用户对互联网电影的评分数据，基于项目协同过滤算法进行电影推荐，并详细描述了数据挖掘的整个过程，并提供其相应算法的 TipDM-HB 数据挖掘平台的上机实验。

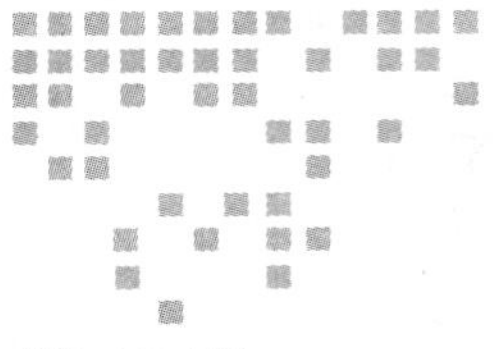

Chapter 12 第 12 章

家电故障备件储备预测分析

12.1 背景与挖掘目标

随着市场竞争的日益激烈，维修售后服务成为了企业的重要竞争能力之一。然而产品故障的不确定性使得备件需求难于预测，维修备件使备件库存维护成本不断增加。这些问题使维修企业面临的负担加重。因此针对产品的备件需求问题，本章利用某设备生产企业的维修数据记录，基于数据挖掘技术对不同型号的手机常见故障进行分析，从而为公司的设备储藏提供参考意见。

设备故障的原始维修数据记录如表 12-1 所示，针对每个属性列的说明参考表 12-2。

对原始数据进行初步分析，可以在对噪音数据，如“服务商代码”进行预处理之后，使用简单统计，得到每个地区的故障类型，根据故障类型的记录数来构建地区、故障以及故障出现率数据，从而构建协同过滤模型来预测每个地区可能出现的故障及其出现率，根据预测结果来指导企业针对每种故障的备件储备做出提前调整，更好地适应市场。

本次数据挖掘建模目标如下：

对不同的地区进行整理分析，构建地区、故障、故障出现率数据，使用协同过滤算法预测各地区故障及故障率。

表 12-1　设备维修原始记录

购机日期	购买商场	购买价格	机型属性	市场级别	安装日期	预约日期	信息编号	工程单号	工程单	工程总数	多次维修	产品大类	品牌	产品型号	序列号	内机编号	服务商代码
2013-08-15	京东	3798		一类地区	2013-09-01	2013/9/1	CC13082401415045		否		否	家用空调	西门子	KFR-50LW/EF01N3	1KK0500B9W00D0LCQPD0844	1KK0500BAN0000L48PC0469	K-CH-532-0332
2011-08-12		0		二类地区	2011-08-15	2013/9/1	ZJ13082601514022		否			家用空调	澳柯玛	KF-72LW/VKFJ-N3(K5)	AK0072014W0010NCQPD0282	AK0072013N0000NCPPD0434	K-CH-020-0311
2013-08-20	淘宝商城	8299		一类地区	2013-08-25	2013/9/1	ZJ13082601514075	USR1308265415233	是	3		家用空调	西门子	KFR-72LW/EF02S3	1KK072068W00B0L43PD0165	1KK072067N0000LCJPD0008	K-CH-028-0275
2013-08-20	淘宝商城	2299		一类地区	2013-08-25	2013/9/1	ZJ13082601514076	USR1308265415233	是	3		家用空调	西门子	KFR-26GW/EF11S3	1KK0260A0W00B0LCTPB0201	1KK02609ZN0000L46PA0069	K-CH-028-0275
2013-08-20	淘宝商城	2299		一类地区	2013-08-25	2013/9/1	ZJ13082601514077	USR1308265415233	是	3		家用空调	西门子	KFR-26GW/EF21S3	1KK0260A2W00D0L1QPB0109	1KK0260A1N0000L24PB0027	K-CH-028-0275
2011-12-28		0		一类地区		2013/9/1	ZJ13082601514280		否			冰箱	西门子	BCD-405WBP-G22	1B040500101000NDFH10005		K-CH-025-0224
2002-08-02		0		二类地区		2013/9/1	ZJ13082601515227		否			家用空调	西门子	KFR-2801GW/BP,			K-CH-021-0022
2013-08-17	成都市金牛区铭信制冷设备商贸部	2500		三类地区	2013-08-24	2013/9/1	ZJ13082601515236		否			家用空调	西门子	KFR-26GW/01FZBp-3	1KK0260AGW00B0L3APA0112	1KK0260AFN0000L33PE0201	K-CH-028-0073
2013-08-25	新津五津诚美电器商场	2480		三类地区	2013-08-25	2013/9/1	ZJ13082601515262		否			家用空调	西门子	KFR-26GW/02FZBpL-3	1KK02609LW00D0L34HD0088	1KK02609LN0000L35HB0054	K-CH-028-0183
2006-08-01		0		一类地区	2006-08-01	2013/9/1	ZJ13082601532272		否			家用空调	西门子	KFR-71QW/S08	888888888	888888888	K-CH-028-0036
2012-03-12		0		三类地区		2013/9/1	ZJ13082601532278		否			洗衣机	西门子	XQG70-A1250S	1WJ7001ACNBSA0M11100272		K-CH-791-0271
2013-08-26	华鑫家电	2600		三类地区	2013-08-26	2013/9/1	ZJ13082601532309		否			家用空调	西门子	KFR-23GW/99-N3	1K0023015W00B1L4YHD0071	1K0023017N0000L4RHB0213	K-CH-028-0119
2013-08-15	国美	2699		一类地区	2013-08-16	2013/9/1	ZJ13082601532422		否			家用空调	西门子	KFR-35GW/01FZBp-4	1K003508CW00D0LD7PA0257	1K003508AN0000L4BPA1828	K-CH-532-0389
2009-09-02		0		一类地区	2009-09-02	2013/9/1	ZJ13082601532499		否			家用空调	澳柯玛	KFR-50LW/VC1(K11)	AK0050041W0011RB6SV1155	AK005003DN0000RB6SW0704	K-CH-028-0036
2010-06-18		0		三类地区	2010-06-18	2013/9/1	ZJ13082601537634		否			家用空调	西门子	KFR-35GW/27FZBPH	1K003503TW0000P16HC0064	1K003503SN0000P14PA0692	P-CH-533-A036
2011-05-02		0		三类地区	2011-05-02	2013/9/1	ZJ13082601537655		否			家用空调	西门子	KFR-35GW/12FZBPJ-3	1K003506YW00A0N22PA0088	1K003506XN0000NARPA0208	P-CH-533-A036
2013-08-24	博山池山新勇家电城	2999		三类地区	2013-08-24	2013/9/1	ZJ13082601537679		否			家用空调	西门子	KFR-35GW/01-N3	1KK0350AAW00D0ND2HD0365	1KK0350A9N0000LD1HA1240	P-CH-533-A036

受理时间	派工时间	故障原因代码	故障原因描述	维修措施	反映问题描述	要求服务类型	要求服务方式	实际服务类型	实际服务方式	保修类型
2013-08-24 15:59	2013-09-01 13:17:58				新机安装,货已送到,用户要求9月X号上午9:XX-XX;3X登门安装,需联系	安装	不带货安装	安装	不带货安装	保内
2013-08-26 13:19	2013-08-26 13:24:52	KKTYY02803	交流接触器线圈短路	更换交流接触器	不制冷	维修	登门维修	维修	登门维修	保内
2013-08-26 13:20	2013-08-26 13:24:53				安装	安装	不带货安装	安装	不带货安装	保内
2013-08-26 13:20	2013-08-26 13:24:53				安装	安装	不带货安装	安装	不带货安装	保内
2013-08-26 13:20	2013-08-26 13:24:53				安装	安装	不带货安装	安装	不带货安装	保内
2013-08-26 13:23	2013-08-26 13:24:57	HBXWYD00609	显示板显示不全	更换按键显示板	冷冻室结冰严重,调在X档也结冰,去前联系XX85XX64XX	维修	登门维修	维修	登门维修	保内
2013-08-26 13:35	2013-08-26 13:37:08				不制冷	维修	登门维修			保外
2013-08-26 13:36	2013-08-26 13:37:08				安装整机	安装	不带货安装	安装	不带货安装	保内
2013-08-26 13:36	2013-08-26 13:37:08				安装	安装	不带货安装	安装	不带货安装	保内
2013-08-26 17:06	2013-08-26 17:10:02	HKTYY02216	功率模块板通电无输出	更换功率模块板	不制冷	维修	登门维修	维修	登门维修	保外
2013-08-26 17:06	2013-08-26 17:10:02	HXYWYY30201	XQG电脑板(程控器)故障	XQG更换电脑板(程控器)	无反应	维修	维修	维修	维修	保内

数据详见：01-示例数据/设备维修原始数据.xls

表 12-2 设备维修原始记录属性列说明

属性	属性描述	数据类型	备注
购机日期	客户购买商品的时间	Date	
购买商场	客户购买商品的商场	String	
购买价格	客户购买商品的价格	Float	
机型属性	例如，节能惠民	String	
市场级别	一类地区、二类地区、三类地区、四类地区	String	
安装日期	设备安装日期	Date	
预约日期	客户预约时间	Date	
信息编号	维修记录信息编号	String	
工程单号	维修工程序列	String	
工程单	是/否	Boolean	
工程总数	同一工程单号的工程数	Integer	
多次维修	是/否	Boolean	
产品大类	TK 特种空调、冰箱、电视、机顶盒、家用空调、冷柜、手	String	
品牌	澳柯玛、哈士奇、华宝、康拜恩、西门子	String	
产品型号	例如，LED42EC260JD	String	
序列号	产品序列号	String	
内机编号	维修设备的序列号	String	例如，1DBC29SW0CNG03M4R360765
服务商代码	例如，H-TV-532-0027	String	TV 代表电视机 532 代表区号
受理时间	维修受理时间	Date	
派工时间	维修派工时间	Date	
故障原因代码	例如，HJDYY91000 JD 代表机顶盒	String	
故障原因描述	例如，交流接触器线圈短路	String	
维修措施	例如，更换交流接触器	String	
反映问题描述	例如，不制冷	String	
要求服务类型	安装、换机、鉴定、调试、退机、维修、咨询	String	
要求服务方式	例如，登门维修	String	
实际服务类型	TF、安装、换机、鉴定、调试、退机、维修	String	
实际服务方式	例如，登门维修	String	
保修类型	例如：保外______保外代表保修期外	String	

12.2 分析方法与过程

针对原始设备维修记录，首先分析数据特点，进行初步数据探索，寻找数据异常值、缺失值，然后对这些数据进行处理，经过属性提取、属性转换，再次经过数据统计，即可构建出各地区、各地区故障、各地区故障出现率数据，根据构建的建模样本数据使用协同过滤算法模型预测每个地区可能出现的故障以及故障率，来指导企业针对每种故障的备件储备做出提前调整。

由图 12-1 知，基于设备故障数据的数据挖掘分析主要包括以下步骤[㊀]：

1）从数据源中抽取出历史数据；

2）根据历史数据，进行数据探索分析，研究数据的缺失和异常情况，并进一步进行预处理；

3）数据预处理的过程中需要对数据进行属性提取、变换，从而得到用于协同过滤算法模型的建模数据；

4）利用 3）形成的已完成数据预处理的建模数据，建立协同过滤算法模型。针对地区、地区故障、地区故障率数据，使用协同过滤算法模型进行预测分析。根据模型的输出结果进行应用，根据应用的情况来优化模型。反复循环，最终得到模型的结果，用于实际应用。

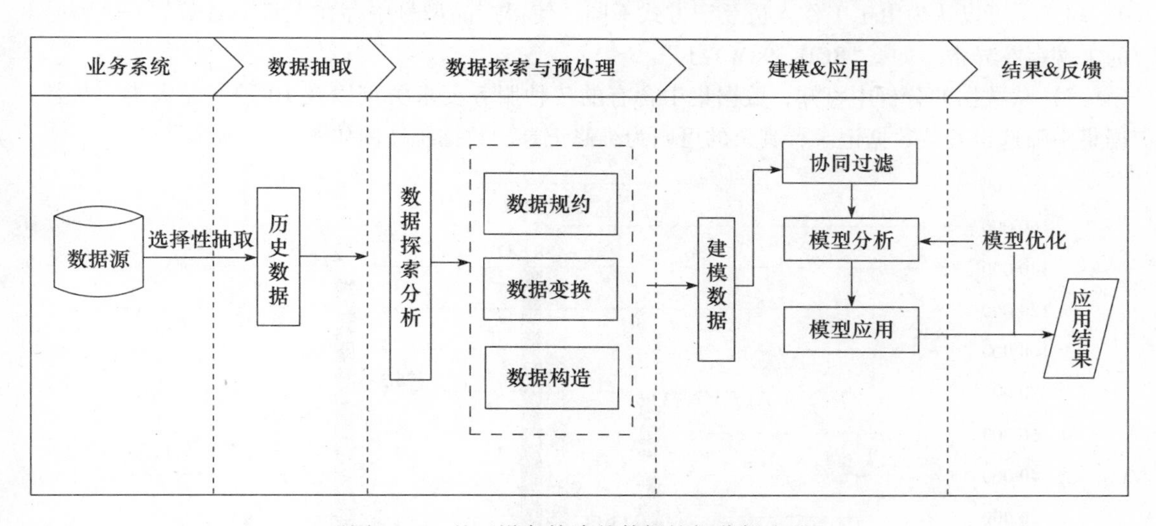

图 12-1 基于设备故障的数据挖掘分析流程

12.2.1 数据探索分析

从不同商家的应用系统中抽取并汇总从 1990 年到 2013 年的设备故障维修数据作为历史数据进行分析。其数据如表 12-1 所示。

设备生产企业伴随着销量的增加，维修也在不断增加，随着时间的推移，越来越多的维

㊀ 周连兰，徐跃，刘晓玲等．设备维修信息挖掘．第二届泰迪杯全国大学生数据挖掘竞赛（http://www.tipdm.org）优秀作品．

修记录被存储到数据库中。当这些数据量积累到一定程度时，必然反映出一定的规则。但是在记录维修数据时，人工操作的失误以及客户的遗忘，使得维修数据集存在缺失、噪音，而这些数据又影响最终的结果。为了得出比较精确的决策，需先对数据集进行探索分析处理。从数据库中导出某设备生产企业的685 413条维修记录数据，分析该维修数据集可以得出其具有以下特点：

1）每条维修记录提供了29个属性，属性的说明如表12-2所示。

2）统计数据集中的要求服务类型，客户要求服务类型为维修的数据记录有314 132条，而安装的数据记录有302 824条，与维修记录条数持平。

3）数据集中各项属性存在部分或大量的数据缺失，缺失严重部分主要集中在购买商场、购机价格、机型属性、工程单号、工程总数、多次维修内机编号、故障原因代码、故障原因描述、维修措施这几个属性。

4）数据集中存在噪音数据，噪音严重的部分集中在购机价格、产品型号。由于客户忘记了当初的购机价格、填写价格错误等原因，该数据集中有484 164条数据记录显示购机价格为0。同样，可以认为由于工作人员登记方式不同，使得产品型号中存在大量噪音数据——型号的末端存在异常，如，“BCD-398WT-J,”。

5）从数据的分析中可知，数据集中含有的7种服务要求类型以及10种产品大类，从数据集中筛选出安装数据记录，其余的可归为维修记录。数据统计图如图12-2所示。

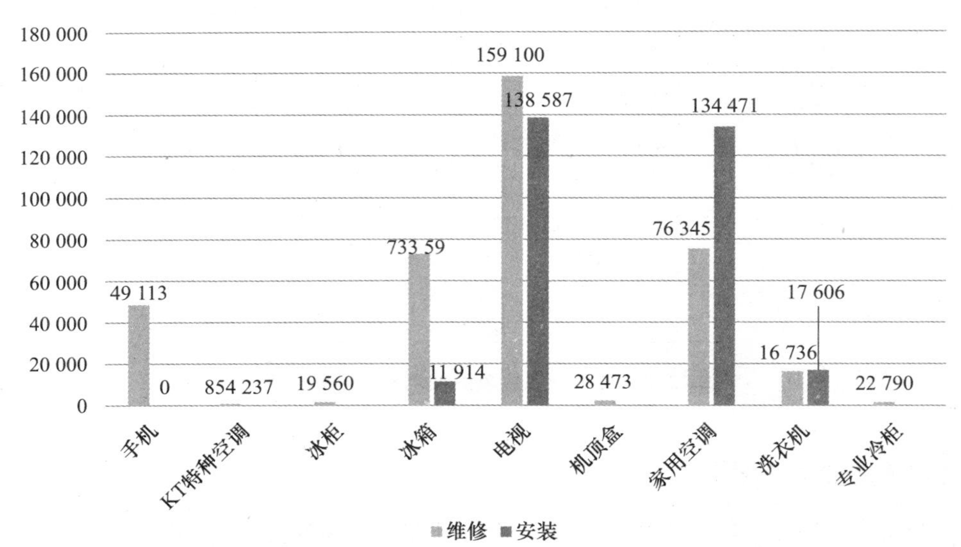

图12-2 维修与安装记录分布

由于不同产品隐含的规则不同，不能一起讨论，需先逐一分析各个产品，而分析方法都相同，不需要对全部进行讨论，只需提取其中的一种产品进行详细分析，其他产品的分析过程类似。在图12-2中可以看到手机只有维修记录，并且记录数不少，便于分析挖掘其中隐含的规则且不失一般性，因此针对设备故障、设备型号、使用时长的关联分析将选择手机设备进行挖掘分析。

12.2.2　数据预处理

1. 缺失值处理

由于数据集中的数据量大，同时数据中的缺失部分规律不明显，无法找到合理的补充数据规律，在数据缺失严重的属性中随意或有限度地补充数据不仅会影响数据的筛选，甚至会影响最终的结论。因此在该步骤中不对缺失数据进行处理，而是在后面的处理中针对不同问题对缺失数据进行不同的处理。

根据多次维修属性的反映，每条记录均为否或空白，因此可以假设客户的手机均为第一次维修。观察数据发现购机日期有 430 个缺失数据，而最早的购机日期为 2011-10-10，故使用 2011-10-01 填补空缺数据。将预约日期减去购机日期所得即为客户手机使用时长。

2. 异常值处理

利用编程语言或者数据处理软件（Java、C++、Matlab、SPSS 等）对数据集中产品型号的错误数据进行修正，去除末端存在异常的型号的末端：比如针对“KF-75LW/3R(G01),”，去掉末端的“,”后，型号数据变为“KF-75LW/3R(G01)”。由于型号与价格的关联不明显，而且有 484 164 条价格记录是由于客户忘记当初的购机价格而填写为 0，从剩余的价格记录中难于寻找合理的规律修正错误的价格，因此不对错误价格进行修正。

3. 数据构造

（1）提取地区属性

数据集中并没有直接提供服务商的所在地，即提供产品售后服务机构的所在地，但是可以从服务商代码中提取出服务商所在地。利用 Excel 表格提取服务商所在地，由于区号在服务商代码的第二个“-”和第三个“-”之间，因此提取服务商所在地的公式为：

MID(服务商代码,FIND("-",服务商代码,3)+1,3)

例如，原始数据中 R58 的服务商代码“H-SJ-010-0014”，根据提取公式 MID(R58,FIND("-",R58,3)+1,3)可得到 010。010 代表服务商所在地的区号，通过网上查找可得 010 是北京的区号，从而得出该服务商所在地为北京。

（2）属性变换

由于数据集中反映问题的描述没有一定的标准，因此对于相同的手机故障，客户反映问题的描述也是各样。例如，针对手机白屏问题，就有“开机白屏”和“白屏”这两种不同的表示方式。不同的标准不仅影响其他属性与反映问题描述属性进行关联规则分析，更严重影响了研究手机某型号设备出现的常见故障现象，因此需要对反映问题描述属性进行统一变换处理。根据手机故障原因标准准则（见表 12-3），利用程序处理筛选包含相同字样的数据记录，并进行替换。

表 12-3 手机故障原因标准准则

手机故障及代号

故障类型	故障代号	故障现象
1. 开机故障	A1	不开机
	A2	开机死机
	A3	开机有电流声
	A4	开机电流大
	A5	开机电流小
	A6	开机无声
	A7	开机掉电
	A8	开机自振
2. LCD 显示故障	B1	LDC 显示白屏
	B2	LCD 显示黑屏
	B3	LCD 显示花屏
	B4	LCD 破屏
	B5	LCD 有蓝点
	B6	LCD 有黑点
	B7	LCD 有条纹
	B8	LCD 有阴影
	B9	LCD 显示错乱
	B10	LCD 图像反
	B11	LCD 无显示
3. 按键故障	C1	按键无效（全部）
	C2	数字键无效
	C3	功能键无效
	C4	侧键无效
	C5	拍照键无效
	C6	导航键无效
	C7	功能键手感不良
	C8	侧键手感不良
	C9	拍照键手感不良
	C10	数字键手感不良
	C11	游戏键手感不良
	C12	数字键丝印不良
	C13	功能键丝印不良
4. 通话故障	D1	无发话
	D2	无受话
	D3	通话声音小
	D4	通话有电流声
	D5	发话声音杂
	D6	受话声音杂
	D7	发话 INT
	D8	受话 INT

故障类型	故障代号	故障现象
5. 网络故障	E1	无网络
	E2	无服务
	E3	无信号
	E4	信号弱
	E5	无法连接
	E6	功率低
6. 灯故障	F1	指示灯不亮
	F2	指示灯暗
	F3	指示灯颜色错
	F4	跑马灯不亮
	F5	跑马灯暗
	F6	跑马灯颜色错
7. 蓝牙故障	G1	蓝牙不能激活
	G2	蓝牙不能搜索
	G3	蓝牙不能关闭
	G4	蓝牙测试死机
	G5	蓝牙不能配对
	G6	
8. 不读卡		不吃卡、不识卡、不读卡
9. 电池故障		电池待机时间短
		电池不耐用
		电池充不进电
10. 拍照故障	H1	无拍照
	H2	拍照花屏
	H3	拍照白屏
	H4	拍照黑屏
	H5	拍照彩屏
	H6	拍照倒屏
	H7	拍照有条纹
	H8	拍照屏闪
	H9	拍照阴影
	H10	拍照颜色失真
	H11	拍照死机
11. 触屏故障	I1	触屏无效
	I2	触屏错乱
	I3	触屏难校准
12. 振动故障	J1	无振动
	J2	无振动 INT
	J3	振动杂音
	J4	振动弱
	J5	振动强

（续）

手机故障及代号

故障类型	故障代号	故障现象	故障类型	故障代号	故障现象
13. MP3、收音故障	K1	不识 T 卡	16. GPRS 故障	O1	搜不到卫星
	K2	MP3 声音小		O2	GPS 打不开
	K3	MP3 杂音		O3	GPS 信号弱
	K4	MP3 播音死机	17. 外观故障	P1	离壳
	K5	无收音		P2	漏螺丝
	K6	收音搜不到台		P3	螺丝滑牙
	K7	MP3 音断续		P4	螺丝生锈
	K8	收音死机		P5	螺丝未打紧
	K9	收音重启		P6	缝隙大
14. 喇叭故障	L1	喇叭声音小		P7	面壳丝印错
	L2	喇叭单边有声音		P8	按键丝印错
	L3	喇叭有杂音		P9	面壳有色差
	L4	插耳机无效		P10	面壳赃污
	L5	耳机单边发音		P11	面壳有暗斑
	L6	耳机有杂音		P12	面壳划伤
	L7	耳机难插难取		P13	面壳变形
	L8	喇叭无声		P14	面壳掉漆
15. 充电故障	M1	无充电		P15	面壳有断差
	M2	充电 INT	18. 其他故障		不能安装软件
	M3	充电器难取难装			程序错乱
	M4	充电死机			短信发不出去

由于本章研究的问题主要是手机常见故障与手机型号、手机各类故障与市场的相互关系，而原始数据共有 29 个属性，所以为了提高算法的效率和精度，这里只需分析对购机日期、预约日期、市场级别、服务商代码、产品型号、反映问题描述即可。为了方便进行基于协同过滤模型的数据挖掘，需要将属性的数据均数值化。利用编程软件对上述属性进行数值化处理，如市场级别属性的处理，其他属性均可如此处理。市场级别数值化对应表如表 12-4 所示，故障数值化对应表如表 12-5 所示。

表 12-4　市场级别数值化对应表

市场级别	一级市场	二级市场	三级市场	四级市场
数值化	1	2	3	4

表 12-5　故障数值化对应表

反映问题描述	GPRS	LCD 显示故障	MP3、收音故障	不读卡	充电故障	其他	喇叭故障	外观故障	开机故障
数值化	1	2	3	4	5	6	7	8	9
反映问题描述	拍照故障	按键故障	振动故障	灯故障	电池故障	网络故障	蓝牙故障	触屏故障	通话故障
数值化	10	11	12	13	14	15	16	17	18

12.2.3 构建模型

1. 构建协同过滤模型

协同过滤算法模型原理描述如下：

（1）构造用户 - 项目评分矩阵

收集用户对商品的评分，通过对原始数据进行清理、转换和录入，最终形成一个 $m \times n$ 维矩阵。其中行代表用户，列代表项目。如表12-6所示，$R_{i,u}$表示第 i 个用户对项目 u 的评分值，评分值为数值型。

表 12-6 用户 - 项目评分矩阵

	项目 1	……	项目 u	……	项目 n
用户 1	$R_{1,1}$	……	$R_{1,u}$	……	$R_{1,n}$
……	……	……	……	……	……
用户 i	$R_{i,1}$	……	$R_{i,u}$	……	$R_{i,n}$
……	……				
用户 m	$R_{m,1}$	……	$R_{m,u}$	……	$R_{m,n}$

地区与故障的关联可通过手机数据集中的记录条数反映。由于原始的手机数据记录集已表明该客户并没有多次手机维修记录，因此地区 i 对故障 y 的评分可用在地区 i 的故障集中故障 y 的记录条数表示。但是考虑到手机使用时长并不完全相同，客户当月购买的手机当月便维修，可见该手机发生故障的概率是很大的，因此对于该条记录，维修次数可修正为手机数据集中最大的使用时长减去当前记录的使用时长。假设 $R_{i,y}$代表地区 i 对故障 y 的评分值，T_w 代表使用时长，那么 $R_{i,y} = \mathop{\mathrm{Max}}\limits_{w \in N}(T_w) - T_{d(d \in i,y)}$。根据该方法计算各地区对所有故障的评分值，形成地区的评分矩阵 $R_{m,n}$。

（2）相邻用户矩阵构建

在评分矩阵中，用户已评分的项目为实际的评分值，未评分项目用0表示。如果用户评分被看作是 n 维项目空间上的向量，余弦相似性就是将用户的相似性通过计算向量间的余弦夹角得到。设用户 i 和用户 j 在 n 维项目空间上的评分分别用$\vec{R_i}$、$\vec{R_j}$表示，那么用户 i 和用户 j 之间的相似性计算公式如下：

$$sim(i,j) = \cos(i,j) = \frac{\vec{R_i} \cdot \vec{R_j}}{\|\vec{R_i}\| \cdot \|\vec{R_j}\|}$$

寻找地区的最近邻的关键是计算各地区之间的相似性。可利用余弦相似性的计算方法，通过地区与故障之间的评分矩阵 R_{mn} 计算相似度得到由各地区之间的相似值组成的矩阵 $sim(m, n)$，并通过 cos() 函数得到数值均处于0和1之间的矩阵。对于地区 i 而言，把计算出的所有相似值按照从小到大选出若干相似值小于阈值∂ 的作为其最近邻居集。

（3）产生推荐

最近邻居集产生后，可计算目标用户对项目的预测评分值进行 Top-N 推荐。通过预测评分值搜索最近邻居而产生推荐，预测评分计算公式如下：

$$P_{i,y} = \overline{R_I} + \frac{\sum_{\substack{j \in NN \\ y \in N}} sim(i,j)(R_{j,y} - \overline{R_J})}{\sum_{\substack{j \in NN \\ y \in N}} sim(i,j)}$$

其中，$P_{i,y}$代表目标用户 i 对项目 y 的预测评分值；$\overline{R_I}$为用户 i 的平均评分值；$R_{j,y}$表示目标用户 i 的最近邻居集的用户 j 对项目 y 的评分。在此，目标用户 i 的最近邻居集用 NN 表示。按评分预测值 $P_{i,y}$的高低排序产生推荐集。

得到各地区的最近邻居集后，利用上述公式，可得到各地区对于所有故障的预测评分矩阵 $P_{m,n}$，按照评分预测值 $P_{i,y}$的高低对地区 i 产生故障推荐集，该集代表地区 i 常出现的故障以及几率。

2. 协同过滤模型分析

得到各地区对于所有故障的预测评分矩阵 $P_{m,n}$后，可生成如图 12-3 所示的地区与故障的评分图。其中 x 轴代表数值化的故障，y 轴代表地区 i 对故障 u 的评分。从图 12-3 中可以看出，各地区在 $x=2$，9，15，17，即 LCD 显示故障、开机故障、网络故障、触屏故障，比较集中，并且各地区对所有故障的数量趋势一样。其中山东省的地区 531 的开机故障尤其突出。

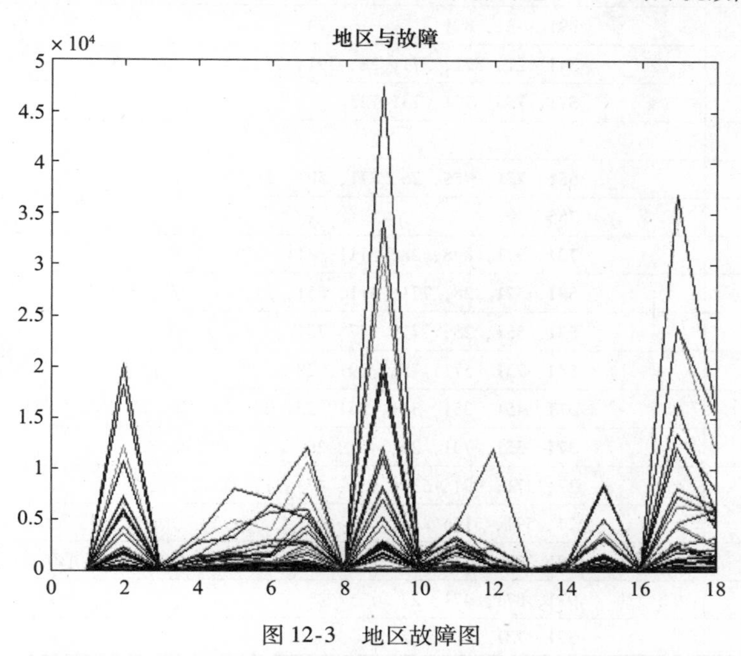

图 12-3　地区故障图

$\alpha=0.3$ 时，各地区产生的最近邻如表 12-7 所示，当 $\alpha=0.2$ 时，各地区产生的最近邻如

表 12-7 的加黑字体部分所示。由表 12-7 可以发现，当 $\alpha=0.2$ 时，查看地图可以发现各地区的最近邻在地理位置上也是其近邻，这表明了地理位置上相近的地区具有相似性。因此地理位置上相近的地区，其手机常见故障也类似。

表 12-7 地区近邻表

地区	近邻值
10	29，27，871，371，351，791
21	**25**，28，791，311，531，371，731，571，871，27
22	851
23	29
24	898，311
25	**21**，**571**，28，791，311，731，371，755，551，531
27	**371**，**29**，351，871，931，10，791，531，991，21，28
28	**311**，**731**，**25**，21，791，571，591，531，371，27，771
29	**351**，**27**，**371**，10，791，23，851，931
311	**28**，**531**，**731**，791，25，21，571，591，371，898，24
351	**371**，**29**，**851**，27，791，451，871，10
371	791，351，27，851，29，871，21，531，25，451，28，311，10
431	
451	791，371，351，851
471	991，931，871
531	**311**，21，871，371，28，791，27，25
551	**571**，**755**，771，731，25
555	
571	**551**，**731**，**755**，**25**，771，591，28，311，21
577	755
591	**731**，571，898，28，5111，311，771
731	**591**，**571**，**28**，**771**，311，551，25，21，755，5111
755	**571**，**551**，25，771，577，731
771	**551**，**731**，571，755，591，28
791	**371**，451，351，311，851，25，28，21，29，27，531，871，10
851	**371**，**351**，791，22，451，29
871	27，371，991，531，931，471，10，351，21，791
898	24，591，311
931	991，27，471，871，29
991	931，871，471，27
5111	591，731

使用协同过滤模型进行运算，得到如表 12-8 所示的结果。

表 12-8 地区预测常见故障表

地区	常见故障
10	9，17，2，18，7，15，6
21	9，17，2，18，7，15，6，11，5，12，4
22	9，17，2，18，7
23	9，17，2，18，7
24	9，17，2，18，7，15，6，11，5，12，4，10，14
25	9，17，2，18，7，15，6，11，5，12，4，10，14，3，13，1，16，8
27	9，17，2，18，7，15
28	9，17，2，18，7，15，11，6，5，12，4，10，14，3，13，1，16，8
29	9，17，2，18，7，15，6，11，5，12，4，10
311	9，17，2，18，7，15，6，11，5，12，4，10，14，3，13，16，1，8
351	9，17，2，18，7，15，6，11，5，12，4，10，14，3，13，16，1，8
371	9，17，2，18，7，15，6，11，5，12，4，10，14，3，13，1，16，8
431	9，17，2，18，7，15
451	9，17，2，18，7，15
471	9，17，2，18，7，15
531	9，17，2，18，7，15，6，11，5，4，12，10，14，3，13，16，1，8
551	9，17，2，18，7，15，6，11，5，12，4，10，14，3，13，16，1，8
555	9，17，2，18，7
571	9，17，2，18，7，15，6，11，5，12，4，10，14，3，13，1，16，8
577	9，17，2，18，7，15，6，5，11
591	9，17，2，18，7，15，6，11
731	9，17，2，18，7，15，6，11
755	9，17，2，18，7，15，6，11，5，12，4，10，14，3，13，16，1，8
771	9，17，2，18，7，15，6，11
791	9，17，2，18，7，15，6，11，5
851	9，17，2，18，7，15
871	9，17，2，18，7，15，6，11，5，12
898	9，17，2，18，7，15，6，11
931	9，17，2，18，7，15，6，11，5
991	9，17，2，18，7，15
5111	9，17，2，18，7，15，6，11

可得到如下结论，每个地区的手机故障主要是：开机故障、触屏故障、LCD 显示故障和通话故障。同时这 4 类手机故障在手机数据集中所占的比重是很大的，而根据推荐结果分析，可以发现各地区的常见手机故障都是这几类故障，表明了该品牌的手机出现故障与各地区的关联较低。

12.3 上机实验

1. 实验目的

- ❑ 加深对协同过滤算法原理的理解及使用。
- ❑ 掌握使用协同过滤算法解决实际问题的方法。

2. 实验内容

- ❑ 原始设备故障数据经过数据预处理以及属性变换后，得到建模数据，使用协同过滤算法建模。根据模型分析结果，预测每个地区出现故障的几率。

3. 实验方法与步骤

登录 TipDM-HB 数据挖掘平台后，执行以下步骤。

（1）数据准备

下载“02-上机实验/aread_malfunction_pref. csv”。

（2）创建方案

登录 TipDM-HB 数据挖掘平台，在“方案管理”页面选择“聚类分析”创建一个新方案。

方案名称：基于设备故障的备件储备预测分析。

方案描述：通过提取、转换设备故障数据，得到地区、地区故障、地区故障评分数据，利用云推荐算法分析预测不同地区出现的故障及其几率，为设备备件的储存提供意见。

（3）上传数据

进入“数据管理”标签页，选择下载的数据并上传，上传的数据将自动显示在列表框中或者单击“刷新”按钮刷新数据。因为这里上传的数据是标准化后的数据，所以其属性名已经做了修改。

（4）聚类分析

选择“系统菜单”→“云算法”→“云协同过滤算法”。

① 导入数据：选择“地区故障评分 . txt”文件，点击“导入数据”按钮。

② 参数设置：“推荐个数”为3，“最多相似项目”为100，“最小评分”为1，“最大相似度”为10，“最大评分”为10，“相似距离”为欧氏距离。

③ 协同过滤推荐：对导入的样本数据进行协同过滤挖掘，分析协同过滤挖掘过程中输出的相关信息。

4. 思考与实验总结

1）评分数据如何构建？

2）如何评价模型的输出结果？

12.4　拓展思考

针对设备故障数据，分析设备故障和哪些属性有较大关系，即推测出故障发生的原因。针对原始数据的 29 个属性，先做属性因子分析以及相关性分析，得到比较重要的属性或和故障相关性比较大的属性。然后在此基础上，应用属性变换提取出相对重要的属性来挖掘分析关联规，以此得到设备故障的原因。

12.5　小结

本章结合基于设备故障的备件储备预测分析的案例，重点介绍了数据挖掘算法中协同过滤算法在实际案例中的应用。通过数据预处理、属性提取、属性变换，得到建模数据，即地区编号、地区设备故障、地区设备故障率数据。然后使用协同过滤算法模型对数据进行建模，得到各个地区的出现故障及其几率，为企业的备件储备做指导。案例详细描述了数据挖掘的整个过程，并提供了云平台推荐算法的上机实验，使读者加深对该算法的理解以及应用算法解决实际问题的能力。

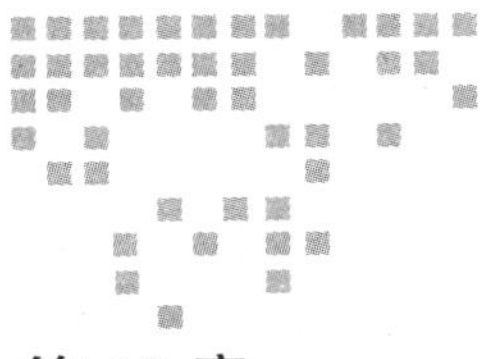

Chapter 13 第13章

市供水混凝投药量控制分析

13.1 背景与挖掘目标

水是生命的源泉，是人类生活不可缺少的成分，然而随着工业发展迅速，人类活动范围的快速扩大，水资源受到的污染日益严重。因此，如何有效地对水进行净化处理，成为了当今国内外学者研究的热点问题。

水的净化处理一般要经过混合、絮凝、沉淀、过滤和消毒5个阶段，絮凝沉淀是水处理的初始环节，是悬浮颗粒、胶体等杂质处理的必需工艺。在这个环节中，投药控制起到至关重要的作用。它通过控制混凝剂的使用量，将水中胶体粒子以及微小悬浮物进行聚集，然后通过沉淀的过程将凝聚物下降，使沉淀池的出水浊度符合相关标准。由于混凝沉淀池是一个大容积对象，因此对于混凝剂投加与对应水絮凝沉淀后的浊度存在一段较长的时间差，造成控制滞后。其投药控制的整个流程如图13-1所示。

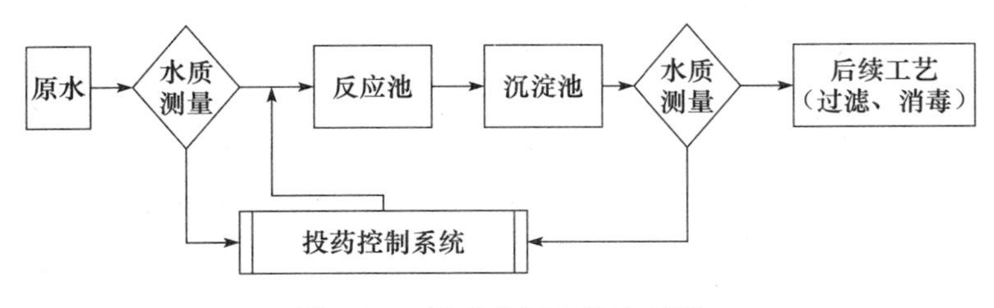

图13-1 投药控制系统流程图

从图13-1中可以看出混凝剂投加量决定了自来水的质量和能源消耗，因此研究投药控制系统中混凝剂的投加量，有助于企业降低能耗，提高供水企业的经济效益和社会效益。

广东某水厂（位于广州市南沙区）投药控制系统采集的数据信息，如表 13-1 所示，其中包含原水 pH 值、原水浊度、沉淀池出水浊度等属性。水厂选用的混凝剂是 PAC，其沉淀池出水浊度的合格标准为不大于 1. 10NTU，同时此水厂有两个沉淀池（即 3 号和 4 号沉淀池）。一般情况下，从原水添加混凝剂反应到沉淀结束出水需要 70min 到 120min。

表 13-1　投药控制系统原始数据

时间	原水 pH	原水浊度	3号沉淀池出水浊度	4号沉淀池出水浊度	每小时取水量	每小时供水量	PAC 损耗
2013/8/21 13:00	6.91	480.01	4.05	3.85	9780	8888	0.23
2013/8/21 14:00	6.91	468.2	3.71	3.73	9760	8362	0.24
2013/8/21 15:00	6.92	457.99	3.84	3.87	9750	7940	0.25
2013/8/21 16:00	6.91	441.28	3.62	3.72	9690	8140	0.25
2013/8/21 17:00	6.92	406.96	1.73	1.6	5900	8267	0.97
2013/8/21 18:00	6.91	397.92	1.21	1.49	5620	8590	0.93
2013/8/21 19:00	6.92	394.43	1.96	1.77	6720	9044	0.22
2013/8/21 20:00	6.91	389.88	3.87	3.4	9620	9418	0.21
2013/8/21 21:00	6.91	381.54	3.43	3.1	9610	9104	0.22
2013/8/21 22:00	6.9	376.01	3.24	2.9	9560	8940	0.22
2013/8/21 23:00	6.9	363.03	2.95	2.76	9600	8721	132.01
2013/8/22 0:00	6.9	356.21	2.78	2.58	9630	7902	135.83
2013/8/22 1:00	6.9	343.78	2.72	2.55	9660	7015	115.42
2013/8/22 2:00	6.91	337.62	2.57	2.2	9680	6414	120.14
2013/8/22 3:00	6.91	332.86	2.31	2.35	9680	6384	110.02
2013/8/22 4:00	6.9	306.04	1.48	1.41	5720	5901	117.83
2013/8/22 5:00	6.91	294.81	0.9	0.84	5580	5787	112.01
2013/8/22 6:00	6.91	293.29	0.79	0.79	5570	6215	120.65
2013/8/22 7:00	6.9	304.15	0.72	0.74	5530	7256	112.84
2013/8/22 8:00	6.9	301.57	0.71	0.72	5490	8092	113.84
2013/8/22 9:00	6.9	307.71	1.46	1.31	9320	8592	109.12
2013/8/22 10:00	6.89	296.26	2.13	1.99	9560	8919	106.38
2013/8/22 11:00	6.89	285.16	2.06	1.95	9640	9065	106.38
2013/8/22 12:00	6.88	244.35	2.3	2.17	9690	8788	110.01
2013/8/22 13:00	6.88	187.48	2.61	2.09	9660	8542	105.28
2013/8/22 14:00	6.88	202.74	2.51	2.04	9680	7844	115.08

数据详见：01-示例数据/投药控制数据集 . xls

针对上述数据，分析出原水水质、出水流量、出水浊度、药物投加量等的相关关系，设计一个对混凝剂投药量进行实时控制的系统模型，从而为水厂受不同条件影响时选择最佳的投药量，具体分析目标如下：

- ❑ 分析原始数据中的数据关系，获取从原水添加混凝剂反应到沉淀结束出水所需时间。
- ❑ 考虑时间滞后性，将历史原水水质、流量及混凝剂投加量作为模型输入参数，建立有效的模型，输出最佳混凝剂投药量结果。
- ❑ 增加输入参数，即增加沉淀池浊度，修改投药控制系统模型，输出新的最佳混凝剂投药量，实现对投药量的反馈调节。

13.2 分析方法与过程

由于水处理中混凝投加过程是一个复杂的物理、化学反应过程，具有时滞和非线性特性。目前的混凝投药控制方法总有一些不足之处，如烧杯实验法需要每天或每周进行频繁试验，耗时很多且对输出水质影响很大；流动电流法中的流动电流检测器在使用过程中会逐渐降低精度，且在高浊度水或某些污染较严重的水质和絮凝剂是有机阴离子高分子时，不能适用。为了得到在不同条件下混凝剂的投加量，需要建立一个混凝剂投药量进行实时控制系统模型。而影响絮凝效果的因素很多，包括取水量、原水水质、原水温度、混凝剂投加量等。在本例中，某水厂的水处理混凝投加过程如图 13-2 所示。

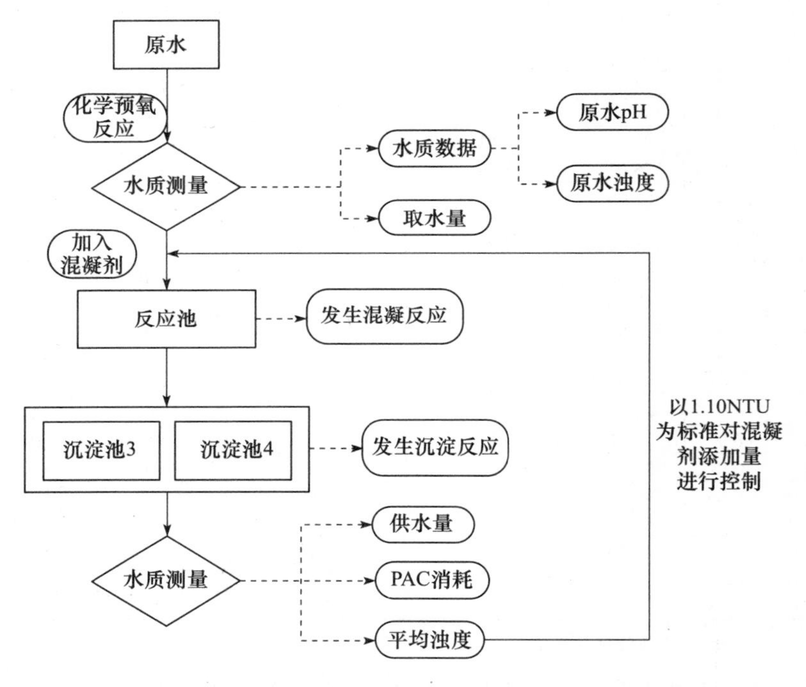

图 13-2　某水厂的水处理混凝投加过程

本例对混凝沉淀过程的投药数学模型进行了深入分析和研究，采用机理法和智能方法来确定投药模型，建立基于 RBF 神经网络的最佳投药量的闭环预测系统，其分析流程图如图 13-3 所示。

投药控制系统模型主要包括如下步骤：

1）从业务系统中的原始数据集中抽取历史数据，包括取水量、原水水质、混凝剂投加量等属性。

2）对历史数据进行数据探索分析，主要采用分布分析。对分析后的数据进行数据清洗、异常值处理以及数据变换等操作，完成数据的探索分析与预处理过程。

3）对预处理后的数据构建模型，建立获取反应时间差模型与基于 BP 神经网络的最佳投药量的模型，并对模型的缺陷进行优化与改进。

4）分析模型结果。

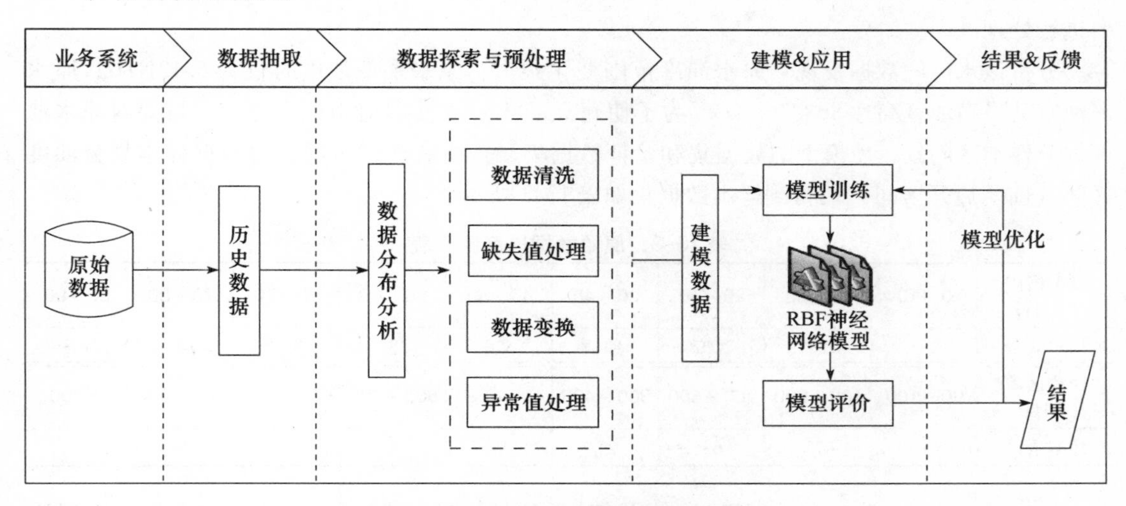

图 13-3　投药控制系统模型流程图

13.2.1　数据抽取

为了分析本例的目标，从水厂的生产系统中抽取数据，它记录了投药和水质的详细数据。从中抽取2013 年 8 月 8 日至2014 年 9 月 5 日每小时的监测数据，一共有 9397 条记录。抽取的字段包括原水 pH、原水浊度、出水浊度、取水量、供水量以及 PAC 消耗量数据，其中取水量是原水的流速，供水量是出厂水的流速（沉淀池后还有部分工艺会造成水的损耗），取水量和供水量的单位是 m^3/h（立方米每小时），PAC 消耗是混凝剂 PAC 的消耗量，单位是 mg/L（1L 原水消耗 PAC 的量）。

13.2.2　数据探索分析

通过分析混凝过程，从图 13-2 中可以看出，出水浊度是因变量，原水 pH、取水量、原水浊度、PAC 投放量等都属于自变量。同时结合相关人员经验，初步确定数据的相关变量之间的影响如表 13-2 所示。

表 13-2　变量影响表

因素变量	原水 pH	取水量	原水浊度	时间
对出水浊度影响	有影响	正向影响	正向影响	反向影响
因素变量	供水量	PAC 投放量	温度	
对出水浊度影响	无影响	反向影响	有影响	

确定各个变量的影响后，对原始数据进行分布分析，分析出数据之间的规律。从原始数据集的数据中可知，8 月 8 日 00:00 至 8 月 19 日 23:00 的数据集中 PAC 消耗量为 NULL，由于该段时间的数据几乎都为缺省值。由于分析的主要目标为 PAC 的消耗量，所以这部分数据需要进行处理。

分析该水厂的数据发现，原水浊度范围变化很大，原水最低浊度时仅为 5.13NTU，原水浑浊时其最高浊度高达 868.36NTU。为了使建立的投药量模型适用范围更广，需要对原水浊度划分样本区间集，使模型的数据集和验证数据集涵盖所有浊度区间，对数据样本划分浊度区间（前闭后开区间）后得到样本数据集如表 13-3 所示。

表 13-3　原始数据浊度区间表

浊度区间（NTU）	0 ~ 10	10 ~ 20	20 ~ 30	30 ~ 40	40 ~ 50	50 ~ 60	60 ~ 70	70 ~ 80	80 ~ 90
样本数量	288	3585	2092	813	550	384	301	191	133
浊度区间（NTU）	90 ~ 100	100 ~ 200	200 ~ 300	300 ~ 400	400 ~ 500	500 ~ 600	600 ~ 700	700 ~ 800	> 800
样本数量	116	472	63	27	17	8	15	16	2

从表 13-3 和图 13-4 可知：该水厂的原水水质比较稳定，其浊度大部分在 10NTU ~ 400NTU 之间，高浊度的原水出现非常少，水质的情况集中于低浊度的区间内。

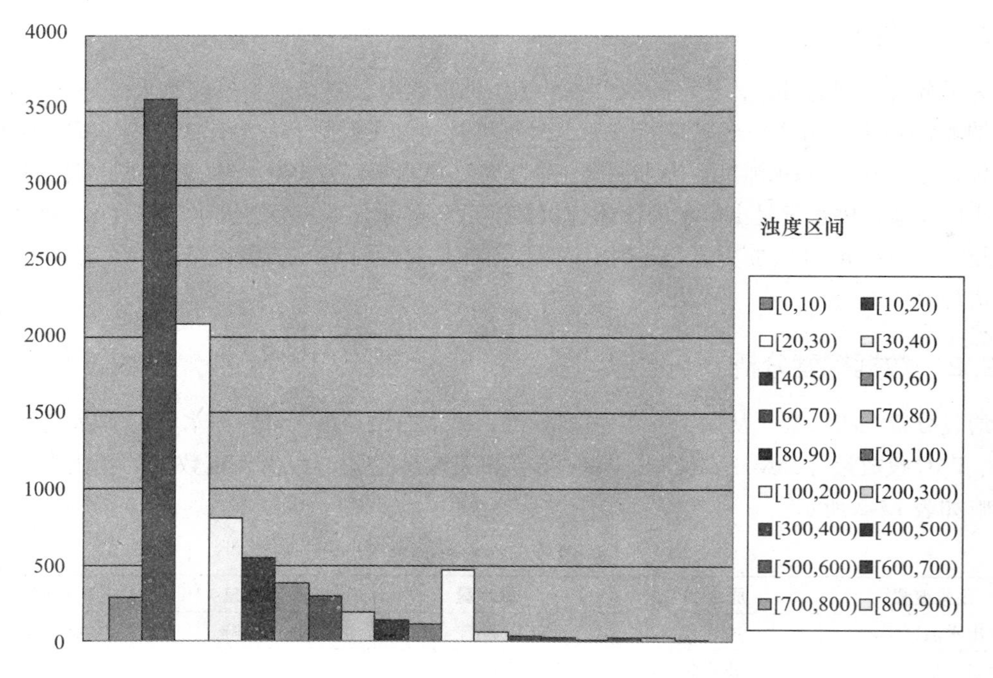

图 13-4　浊度区间直方图

13.2.3　数据预处理

从数据探索分析环节，可知原始数据中存在缺省值与异常值，因此需要对其进行处理。本案例主要从数据清洗、缺失值处理、数据变换等方面对数据进行预处理。

1. 数据清洗

数据清洗的主要目的是从分析目标方面出发，筛选出需要的数据。因为从探索分析环节对变量间的影响可知，供水量属性不影响 PAC 混凝剂的消耗。因此在数据处理时，可以将赘余的数据过滤。本案例主要进行如下操作：去除供水量属性，其数据清洗后的数据集如表 13-4 所示。

表 13-4　数据清洗后的数据集

时间	原水pH	原水浊度	3号沉淀池出水浊度	4号沉淀池出水浊度	每小时取水量	PAC损耗
2013/8/8 0:00	7.077	10.978	0.845	0.747	9541	NULL
2013/8/8 1:00	7.075	7.674	0.884	0.772	9539	NULL
2013/8/8 2:00	7.079	261.624	0.923	0.867	8996	NULL
2013/8/8 3:00	7.069	7.884	0.681	0.657	5677	NULL
2013/8/8 4:00	7.067	7.759	0.474	0.498	5616	NULL
2013/8/8 5:00	7.06	10.28	0.491	0.535	5578	NULL
2013/8/8 6:00	7.048	12.415	0.393	0.427	5540	NULL
2013/8/8 7:00	7.048	20.565	0.391	0.408	6530	NULL
2013/8/8 8:00	7.043	22.147	0.508	0.432	9410	NULL
2013/8/8 9:00	7.038	19.09	0.552	0.537	9407	NULL
2013/8/8 10:00	7.029	20.889	0.601	0.596	9488	NULL
2013/8/8 11:00	7.025	15.545	0.674	0.667	9709	NULL
2013/8/8 12:00	7.009	21.476	0.65	0.613	9712	NULL
2013/8/8 13:00	6.998	20.774	0.547	0.564	9756	NULL
2013/8/8 14:00	6.997	18.609	0.562	0.589	9731	NULL
2013/8/8 15:00	6.988	15.682	0.562	0.571	9752	NULL
2013/8/8 16:00	6.982	13.86	0.586	0.581	9628	NULL
2013/8/8 17:00	6.985	14.235	0.662	0.676	9667	NULL
2013/8/8 18:00	6.978	16.848	0.637	0.679	9621	NULL
2013/8/8 19:00	6.978	23.277	0.608	0.613	9564	NULL
2013/8/8 20:00	6.97	20.76	0.579	0.601	9572	NULL
2013/8/8 21:00	6.969	28.06	0.596	0.579	9514	NULL
2013/8/8 22:00	6.972	38.437	0.755	0.65	9502	NULL
2013/8/8 23:00	6.968	28.782	0.83	0.752	9511	NULL
2013/8/9 0:00	6.965	20.43	0.821	0.733	9587	NULL

2. 缺失值处理

从探索分析环节可以发现在 8 月 8 日 00:00 至 8 月 19 日 23:00 的数据集中，PAC 消耗量为缺省值。由于该段时间的数据几乎都为缺省值，在分析目标时，根据缺省值处理原则以及结合实际业务，可以直接去除该阶段的测量数据。处理后的数据集如表 13-5 所示。

表 13-5 缺失值处理

时间	原水pH	原水浊度	3号沉淀池出水浊度	4号沉淀池出水浊度	每小时取水量	PAC消耗
2013/8/20 1:00	7.15	720.53	4.08	3.98	19 560	0.27
2013/8/20 2:00	7.15	708.9	3.96	3.86	9770	1.24
2013/8/20 3:00	7.14	666.37	2.75	2.61	7120	2.4
2013/8/20 4:00	7.14	653.73	2.1	1.98	5700	1.81
2013/8/20 5:00	7.13	612.51	1.44	1.31	5680	1.45
2013/8/20 6:00	7.13	623.46	1.14	1.05	5680	1.38
2013/8/20 7:00	7.12	628.81	1.07	0.94	5660	2.01
2013/8/20 8:00	7.11	701.41	1.54	1.38	6870	2.03
2013/8/20 9:00	7.1	662.46	4.35	4.44	9780	1.38
2013/8/20 10:00	7.09	689	3.73	3.74	9810	1.33
2013/8/20 11:00	7.07	647	3.92	10	9820	1.11
2013/8/20 12:00	7.06	685.83	1.94	10	7570	1.11
2013/8/20 13:00	7.04	857.37	1.5	4.45	5850	1.18
2013/8/20 14:00	7.02	719.04	4.22	4.37	9810	0.78
2013/8/20 15:00	7.01	774.22	4.26	4.28	9800	1.09
2013/8/20 16:00	7	794.41	4.8	6.16	9810	1.32
2013/8/20 17:00	6.99	813.75	4.17	4.64	9780	1.01
2013/8/20 18:00	6.97	807.38	5.15	4.94	7570	1.2
2013/8/20 19:00	6.96	807.66	4.75	4.4	5850	0.78
2013/8/20 20:00	6.95	801.94	4.65	4.39	9750	0.44
2013/8/20 21:00	6.95	786.38	4.86	4.56	9710	1.14
2013/8/20 22:00	6.94	779.62	5.28	4.61	9690	1.62
2013/8/20 23:00	6.94	751.92	5.4	4.38	9710	1.44
2013/8/21 0:00	6.93	697.49	3.3	2.97	7670	0
2013/8/21 1:00	6.93	682.4	2.48	2.12	5650	0.31

3. 数据变换

处理缺失值后，需要处理沉淀池的数据。因为水厂包含了两个沉淀池，在计算沉淀池的出水浊度时，需要对其进行数据变换。经过相关业务人员确认后，将两个沉淀池3号和4号沉淀池出水浊度的平均值作为沉淀池出水浊度，其处理后的数据情况如表13-6所示：

表 13-6 平均沉淀池的出水浊度

时间	原水 pH	原水浊度	出水浊度	每小时取水量	PAC 消耗
2013/8/20 1:00	7.15	720.53	4.03	19 560	0.27
2013/8/20 2:00	7.15	708.9	3.91	9770	1.24
2013/8/20 3:00	7.14	666.37	2.68	7120	2.4
2013/8/20 4:00	7.14	653.73	2.04	5700	1.81
2013/8/20 5:00	7.13	612.51	1.375	5680	1.45
2013/8/20 6:00	7.13	623.46	1.095	5680	1.38
2013/8/20 7:00	7.12	628.81	1.005	5660	2.01
2013/8/20 8:00	7.11	701.41	1.46	6870	2.03
2013/8/20 9:00	7.1	662.46	4.395	9780	1.38

（续）

时间	原水 pH	原水浊度	出水浊度	每小时取水量	PAC 消耗
2013/8/20 10:00	7.09	689	3.735	9810	1.33
2013/8/20 11:00	7.07	647	6.96	9820	1.11
2013/8/20 12:00	7.06	685.83	5.97	7570	1.11
2013/8/20 13:00	7.04	857.37	2.975	5850	1.18
2013/8/20 14:00	7.02	719.04	4.295	9810	0.78
2013/8/20 15:00	7.01	774.22	4.27	9800	1.09
2013/8/20 16:00	7	794.41	5.48	9810	1.32
2013/8/20 17:00	6.99	813.75	4.405	9780	1.01
2013/8/20 18:00	6.97	807.38	5.045	7570	1.2
2013/8/20 19:00	6.96	807.66	4.575	5850	0.78
2013/8/20 20:00	6.95	801.94	4.52	9750	0.44
2013/8/20 21:00	6.95	786.38	4.71	9710	1.14
2013/8/20 22:00	6.94	779.62	4.945	9690	1.62
2013/8/20 23:00	6.94	751.92	4.89	9710	1.44
2013/8/21 0:00	6.93	697.49	3.135	7670	0
2013/8/21 1:00	6.93	682.4	2.3	5650	0.31

4. 异常值处理

在处理后的数据中，可以得知 2013 年 8 月 20 日 1:00 至 8 月 21 日 22:00 的原水浊度数据为 300～800，出水浊度为 1～7，但消耗的 PAC 量为 0～3，与后面的数据进行比较可知 PAC 量数据明显错误，其所有数据的 PAC 量范围为 20～50，如图 13-5 所示。

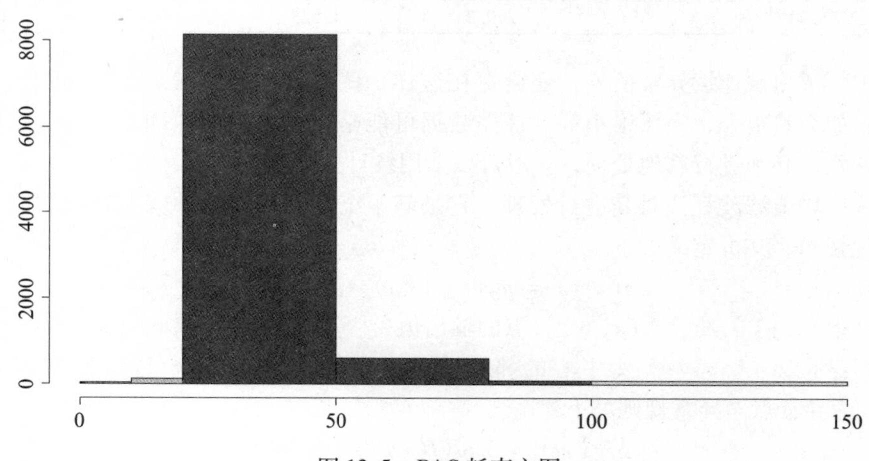

图 13-5　PAC 耗直方图

由于这类型的异常值是连续产生的，因此在处理过程将这段时间内的异常值删除，其处理结果如表 13-7 所示。

表 13-7　去除异常值后的数据集

时间	原水 pH	原水浊度	出水浊度	每小时取水量	PAC 消耗
2013/8/21 23:00	6.9	363.03	2.855	9600	132.01
2013/8/22 0:00	6.9	356.21	2.68	9630	135.83
2013/8/22 1:00	6.9	343.78	2.635	9660	115.42
2013/8/22 2:00	6.91	337.62	2.385	9680	120.14
2013/8/22 3:00	6.91	332.86	2.33	9680	110.02
2013/8/22 4:00	6.9	306.04	1.445	5720	117.83
2013/8/22 5:00	6.91	294.81	0.87	5580	112.01
2013/8/22 6:00	6.91	293.29	0.79	5570	120.65
2013/8/22 7:00	6.9	304.15	0.73	5530	112.84
2013/8/22 8:00	6.9	301.57	0.715	5490	113.84
2013/8/22 9:00	6.9	307.71	1.385	9320	109.12
2013/8/22 10:00	6.89	296.26	2.06	9560	106.38
2013/8/22 11:00	6.89	285.16	2.005	9640	106.38
2013/8/22 12:00	6.88	244.35	2.235	9690	110.01
2013/8/22 13:00	6.88	187.48	2.35	9660	105.28
2013/8/22 14:00	6.88	202.74	2.275	9680	115.08
2013/8/22 15:00	6.876	232.507	2.4505	9670	0
2013/8/22 16:00	6.88	267.17	2.525	9590	111.05
2013/8/22 17:00	6.88	279.33	2.44	9300	114.84
2013/8/22 18:00	6.88	279.33	2.38	10961	110.48
2013/8/22 19:00	6.88	279.33	2.205	8222	123.69
2013/8/22 20:00	6.88	279.33	1.975	9593	110.5
2013/8/22 21:00	6.88	279.33	1.81	9554	110.53
2013/8/22 22:00	6.88	279.33	1.365	9160	118.01
2013/8/22 23:00	6.88	279.33	1.52	9097	111.8

数据中除了出现连续异常值外，还会存在这样一些数据，它们在某些时间点出现数据突变的情况，如突然很大、突然很小等。这类数据可能是由于系统的原因造成的，这些数据不能简单地删除，必须进行其他处理，一般可以采用统计方法纠正。

这里采用均值滤波算法对其进行处理，它是基于统计理论的一种能有效抑制噪音的非线性信号处理技术，其可定义如下：

$$[g(x,y) = mean\{f(s,t),s,t \in S_{xy}\}] \tag{13-1}$$

其中 $[g(x,y)]$ 表示 $[(x,y)]$ 点的输出值，$[S_{xy}]$ 表示以 $[(x,y)]$ 为中心的邻域，$[f(s,t)]$ 表示以 $[(x,y)]$ 为中心的邻域内 $[(s,t)]$ 点输入值。当异常点规则成立时，$[(x,y)]$ 为异常点。异常规则如下：

$$\begin{cases}[\Delta f(x,y) > 3std(f(s,t))] \\ [\Delta f(x,y) = f(x,y) - mean(f(s,t))]\end{cases} \tag{13-2}$$

在对数据使用均值滤波算法时，本例选取该数据前后两个值作为邻域。判别数据异常时其处理方法如下：去掉检测点领域内 5 个数据中的最大值和最小值，剩余的 3 个数据，如果此点的值与均值的差大于剩余 3 个点的 3 倍标准差时，识别其为异常点。在识别异常点的过程中，会存在比较接近的情况，即该数据会与其平均值接近，因而所得的标准差会特别小，在判别时会将异常数据视作正常数据，为此采用以下加权处理：

$$std(f(s,t)) = 0.2 * std(f(X,Y)) + 0.8 * std(f(s,t)) \tag{13-3}$$

其中 $std(f(X, Y))$ 为总体数据标准差，这里为简化计算只取该时间序列的前 100 个数据。通过该种方法处理，最终检测出 70 个异常数据情况如表 13-8 所示。

表 13-8 滤波检测算法下异常值检测结果

变量	原水 pH	原水浊度	出水浊度	取水流量	PAC 消耗量
异常点个数	0	20	1	29	20

13. 2. 4 构建模型

1. BP 神经网络模型

BP 神经网络由输入层、一层或多层隐含层及输出层构成，学习过程由信息的正向传播和误差的反向传播两部分组成，采用梯度最速下降法不断调整权值，使网络总误差达到期望值误差以下，帮助研究人员简化工作，达到根据输入数据智能推理系统输出的目的。本章建立混凝投药过程的变量关系，由上面的分析可知，变量间的关系属于非线性关系，同时也满足神经网络的构建条件，故可以利用神经网络结构来建立彼此之间的联系。

本节利用 BP 神经网络建立系统模型时，其输入输出层节点数目由系统输入输出变量数客观确定。通过前面对投药量影响因素的分析可知，影响投药量的关键因素有取水量、原水浊度、原水 pH 和出水浊度，因此神经网络模型的输入变量为 4 个，分别为取水量、原水浊度、原水 pH、混凝剂的投加量即投药量，输出变量为出水浊度，其神经网络模型结构如图 13-6 所示。

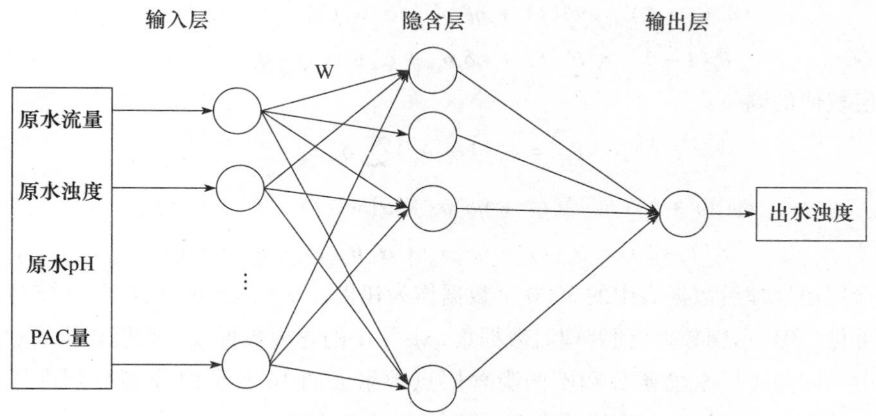

图 13-6 混凝投药神经网络结构图

鉴于模型的准确度和网络结构的复杂性，这里对隐含层神经元节点数分别从 8～17 选取，且隐含层神经元节点的激励函数分别选用 TANSIG 和 LOGSIG 函数，从而构成20 种神经网络模型。对这 20 种模型结构分别进行训练，规定各种模型训练的最大训练次数为 500，网络结束训练的条件是当网络相对误差平方和均值误 E 达到预先设定的精度 0.001，训练结束时得到的网络模型就是所需的混凝剂投加量神经网络模型。

BP 网络学习的过程实际就是在样本输入数据下，根据性能准则函数不断修改各层各节点之间的连接权种，最终获得权值矩阵的过程。在本模型中，输入节点数 $i=3$，中间节点数 $j=9\sim16$，输出节点数 $k=1$，读入样本集后，对每个样本 p 做如下计算。

1）前馈计算各层节点输出。

对隐含单元：

$$net_{pj} = \sum_{i=1}^{3} w_{pi}x_{ij}, \quad o_{pj} = f(net_{pj}) \tag{13-4}$$

对输出层单元：

$$net_{p} = \sum_{j=1}^{k} w_{pj}w_{j}, \quad o_{p} = f(net_{p}) \tag{13-5}$$

计算每个样本 p 的输出误差 E_p：

$$E_p = \frac{1}{2}(d_p - o_p)^2 \tag{13-6}$$

若误差达到指定要求，学习结束，否则进入第 2）步，即从输出层反向传播，逐层修改权值，直到误差满足要求为止。

2）反向传播调整各层权值和阈值。

输出层权系数的调整：

$$\delta_p = o_p(1-o_p)(d_p-o_p) \tag{13-7}$$

$$w_j^p(t+1) = w_j^p(t) + \eta\delta_p o_p + \alpha[w_j^p(t) - w_j^p(t-1)] \tag{13-8}$$

$$\theta_j^p(t+1) = \theta_j^p(t) + \eta\delta_p o_{pj} + \alpha[\theta_j^p(t) - \theta_j^p(t-1)] \tag{13-9}$$

隐含层权值的调整：

$$\delta_{pj} = o_{pj}(1-o_{pj})\sum_k \delta_{pk}w_{kj}^p \tag{13-10}$$

$$w_{ij}^p(t+1) = w_{ij}^p(t) + \eta\delta_{pj}o_{pj} + \alpha[w_{ij}^p(t) - w_{ij}^p(t-1)] \tag{13-11}$$

$$\theta_{ij}^p(t+1) = \theta_{ij}^p(t) + \eta\delta_{pj}o_{pj} + \alpha[\theta_{ij}^p(t) - \theta_{ij}^p(t-1)] \tag{13-12}$$

随机选用预处理后数据表中的 3000 个数据作为建模，2/3 作为训练数据，1/3 作为测试数据，具体可见“01-示例数据/预处理后数据集.xls”中的建模数据表、训练数据表、测试数据表。设置由不同隐含层激励函数和不同隐含层点数组成的 16 种网络模型分别进行训练和泛化，得到各种模型的训练误差和泛化误差结果如表 13-9 所示。

表 13-9　各神经网络训练结果对比

隐含层激励函数	隐含层节点数	训练误差	泛化误差	训练次数
TANSIG	9	0.0019	0.0027	41
	10	4.77×10^{-4}	0.0189	220
	11	7.04×10^{-4}	0.0168	35
	12	5.32×10^{-4}	0.0058	23
	13	0.0012	0.0096	63
	14	9.11×10^{-4}	0.0032	51
	15	0.0025	0.0014	24
	16	0.0023	0.0062	18
LOGSIG	9	1.81×10^{-4}	0.0071	500
	10	0.0022	0.00187	118
	11	3.72×10^{-4}	0.0164	32
	12	1.24×10^{-4}	0.0014	41
	13	0.0013	0.0054	13
	14	1.58×10^{-4}	0.0082	28
	15	6.37×10^{-4}	0.0158	22
	16	5.41×10^{-4}	0.0032	17

由表 13-9 可知，隐含层节点数为 12，隐含层节点激励函数为 LOGSIG 时，模型的训练误差和校验误差都最小，达到训练精度要求时的训练次数也最小，其中训练误差为 1.24×10^{-4}，校验误差为 0.0014，训练次数为 32，故该模型为性能最优的神经网络模型。

BP 网络泛化能够检验训练好的网络模型对未认知的样本数据是否具有较好的推广能力，将泛化样本输入该网络模型得到模型泛化结果如图 13-7 所示。

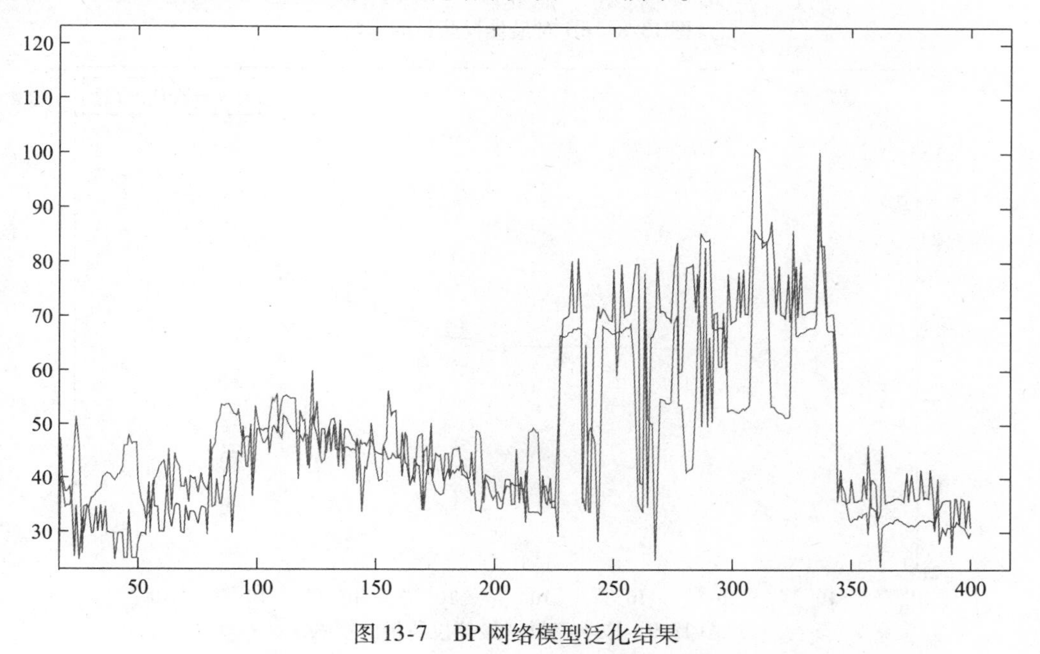

图 13-7　BP 网络模型泛化结果

由图 13-7 可以看出，该网络输出的出水浊度预测值与实际值基本一致，说明该网络模型具有较强的推理能力，可以较准确地估算出水厂过程的投药量。故设定原水 pH、原水浊度及取水量，可以得到如表 13-10 所示的最佳 PAC 投药量。

表 13-10 最佳投药量与原水水质数据及流量对比表

原水 pH	7.3	7.3	7.3	7.3	7.3	7.4
原水浊度	17.56	17.56	16.4	14.86	65.78	65.78
取水量（m^3/h）	11 672	10 621	14 825	14 825	8372	8372
最佳投药量（mg/L）	29.94	31.74	23.19	23.07	40.56	40.65

图 13-8～图 13-10 分别显示了 pH、取水流量、原水浊度对最佳投药量的影响。

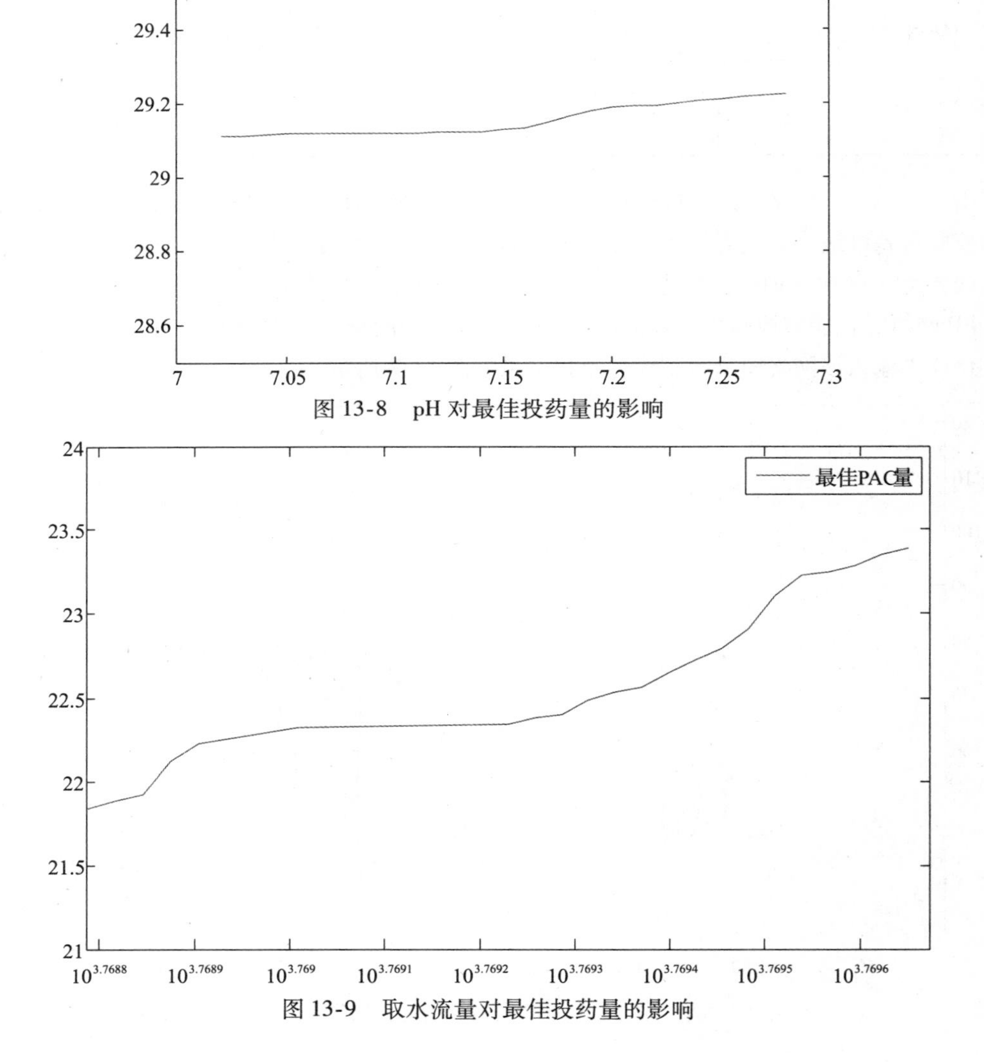

图 13-8 pH 对最佳投药量的影响

图 13-9 取水流量对最佳投药量的影响

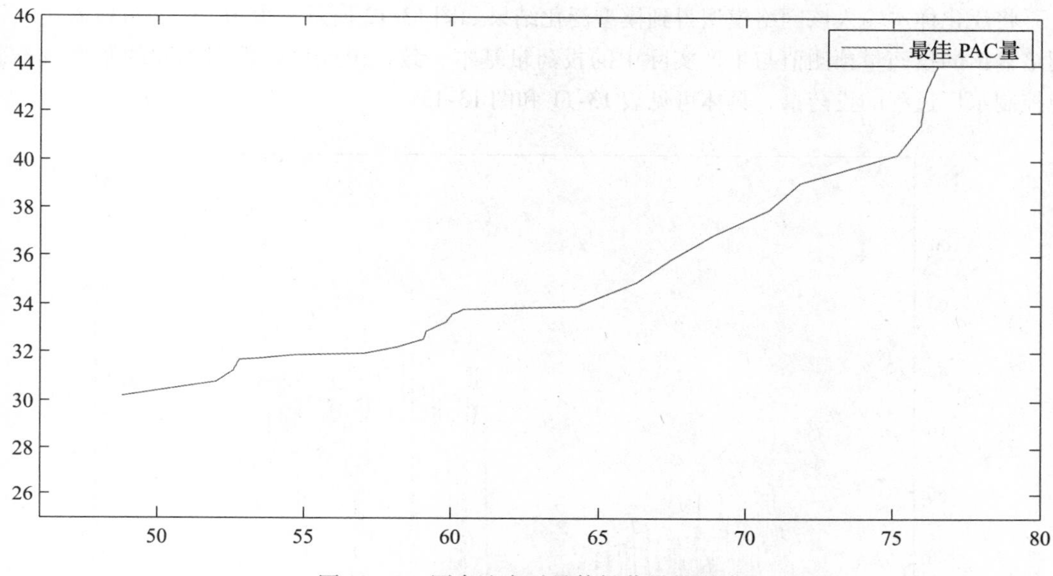

图 13-10　原水浊度对最佳投药量的影响

2. 改进型 BP 神经网络模型

（1）基于出水浊度的改进型 BP 神经网络

在上述 BP 神经网络模型中，主要对絮凝沉淀过程进行正向预测，根据给定的水质数据和供水流量使出水浊度达到正常标准来控制最佳投药量，而在本章问题分析第一部分就明确指出絮凝沉淀过程属于投药反馈控制的过程，由于反应过程的时滞性，在投药时还要考虑上一次投药时的出水浊度，根据上次的出水浊度来调节本次投入的最佳药物量，因此需要将出水浊度作为输入参数，投药量作为输出结果建立 BP 神经网络反馈模型，其神经网络结构如图 13-11 所示。

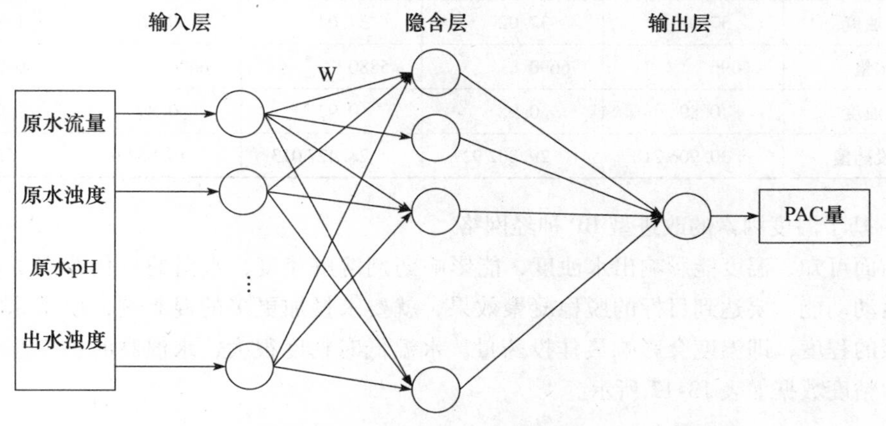

图 13-11　混凝投药反馈神经网络结构

将泛化样本输入该网络模型得到模型泛化结果如图 13-12 所示。由图 13-12 可以看出，该网络输出的投药量预测值与生产实际中的投药量基本一致，由此可以根据不同的条件较准确地控制水厂过程的投药量，具体可见表 13-11 和图 13-13。

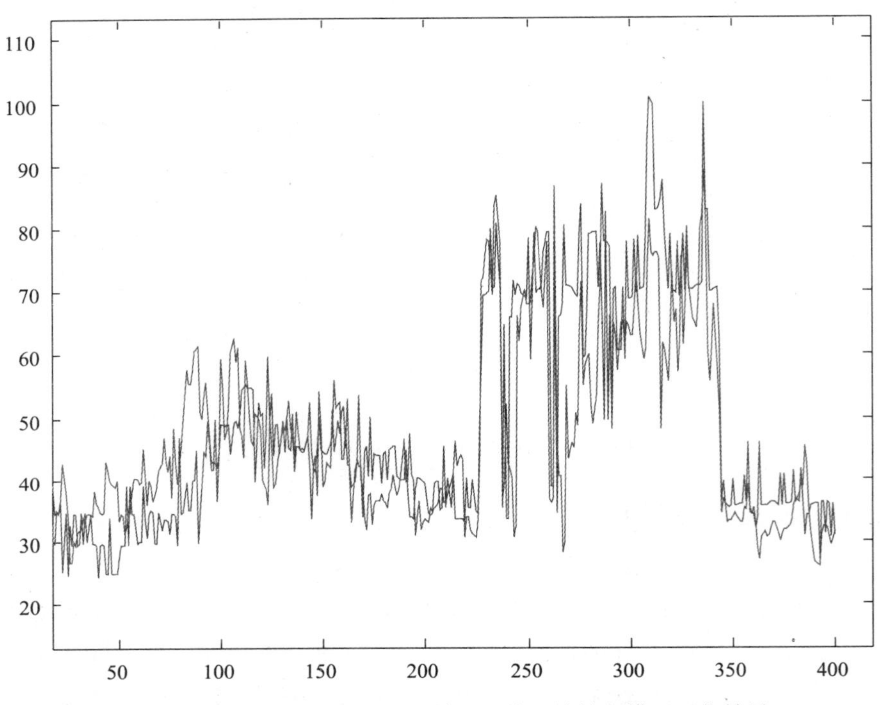

图 13-12 增加出水浊度的 BP 神经网络反馈控制模型泛化结果

表 13-11 增加出水浊度的 BP 神经网络反馈控制模型下的最佳投药量

原水 pH	7.3	7.3	7.3	7.3	7.4
原水浊度	37.02	37.02	37.02	138.66	138.66
取水量	6696	6690	5880	6690	6690
出水浊度	0.89	0.92	0.92	0.89	0.89
最佳投药量	30.906 218	29.802 92	28.427 013	45.854 68	38.347 38

（2）基于温度因素的改进型 BP 神经网络

由前面可知，温度能影响出水浊度，能影响药剂溶解速度，水温的变化改变了胶体自身的布朗运动动能。要达到目标的脱稳凝聚效果，就要求投加更多的混凝剂，使排斥能峰小到足以克服的程度，即温度会影响最佳投药量。水温低时粘度很大，水温高时粘度小，其具体的水动力粘度数据如表 13-12 所示。

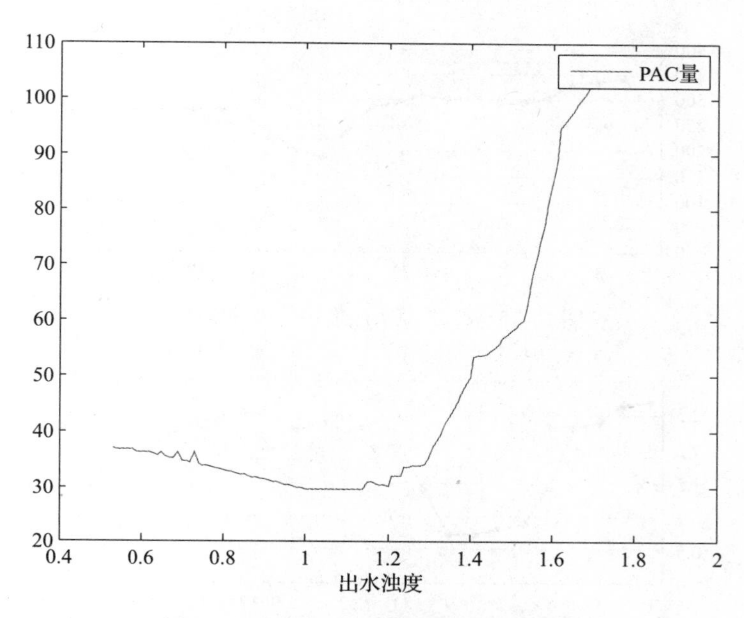

图 13-13　出水浊度对最佳投药量的影响

表 13-12　水动力粘度（10^{-6}Pa · s）

温度℃	0	5	10	15	20	25	30
粘度	1792	1519	1308	1140	1005	897	801

由于附件给出的数据集中并没有温度数据集，由该水厂位于广东广州南沙区可知其水质来源为珠江，因此可通过珠江水利网查询获得该水厂 2013 年 8 月 22 日至 2014 年 9 月 5 日共计 380 个水温数据，具体可见“01-示例数据/气温表 . xls”。由文献[13-4]可知气温和水温存在较强的相关性，日均气温和水温的关系可表示为：

$$T_w = 0.813 * T_\alpha + 3.136 \tag{13-13}$$

其中 T_w 表示水温、T_α 表示气温，由式（13-13）和日均气温数据可求得日均水温数据。

由于原始数据都是 24 小时的瞬时值，故需要对这些数据进行日均化，这些数据为时间序列数据，取 8 月 22 日的数据对部分变量作出的趋势图如图 13-14 ~ 图 13-16 所示。

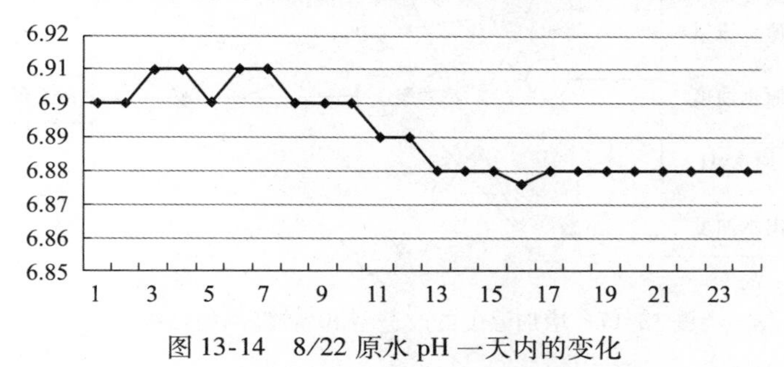

图 13-14　8/22 原水 pH 一天内的变化

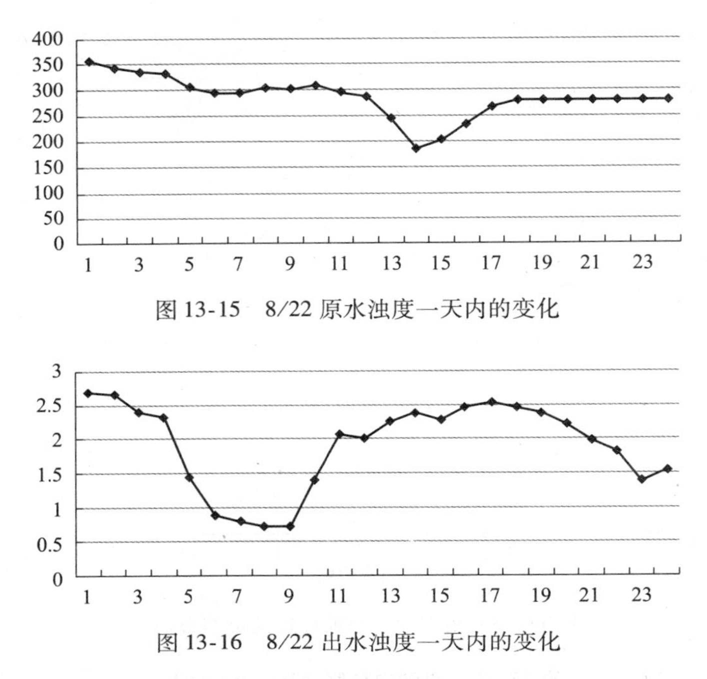

图 13-15　8/22 原水浊度一天内的变化

图 13-16　8/22 出水浊度一天内的变化

由此可知这些变量在一天内的变化有些呈现趋势变化，如原水 pH，有些则没有规律，如出水浊度等，所以这些变量不能采用相同的方法进行日均化。由于时间等间距，故对于起伏较平稳的变量，可以直接求平均的方法，对于起伏波动较大的变量，则只能采用图像积分面积法求得最终的日均变化，其中由于 PAC 的单位为 mg/L，故还需与取水量数据进行乘积后再进行积分均化，最终经过处理可得到“01-示例数据/混凝投药综合因素数据表 . xlsx”。

本部分在基于出水浊度的改进型 BP 神经网络模型基础上增加温度输入参数，构建新的三层结构 BP 神经网络模型来研究温度对投药量的影响。此时在输入层中，输入向量有 5 个元素：原水温度、原水 pH 值、原水浊度、取水量和出水浊度，输出层则只有投药量。其具体的神经网络结构如图 13-17 所示。

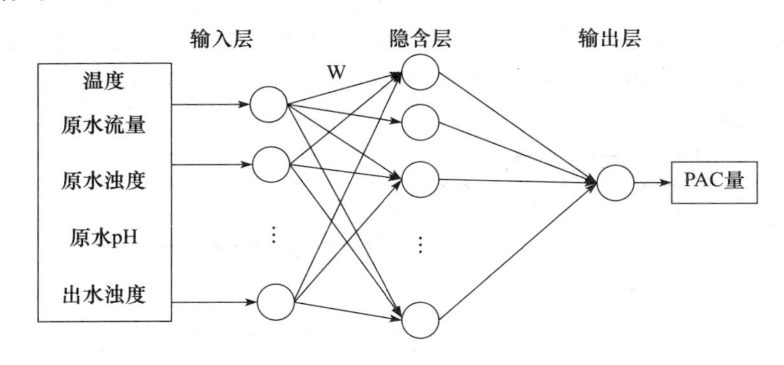

图 13-17　增加温度的改进型 BP 神经网络结构图

根据前面的神经网络结构，由于输入参数增加，所以需要重新寻找最优的隐层节点数，同样采用相同的方法最终确定隐层节点数为 12 最佳。通过本模型改变温度输入量，最终得到最佳投药量随温度的变化图如图 13-18 所示。

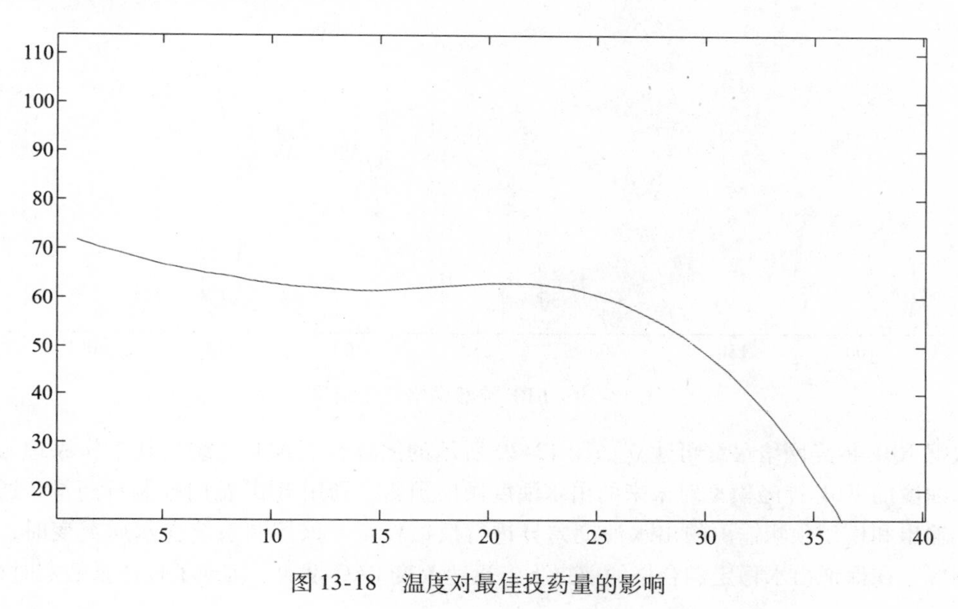

图 13-18　温度对最佳投药量的影响

3. RBF 神经网络模型

RBF 神经网络结构模型较 BP 神经网络有精度高、训练速度快、泛化能力强等优点，故可以将上述改进后的 BP 神经网络模型替换为 RBF 神经网络算法。

RBF 神经网络为典型的三层前馈式网络，包括输入层、中间非线性处理层和线性加权输出层，隐层节点作用函数为 RBF 函数。针对本题的混凝投药过程，输入、输出参数与前模型相同，RBF 采用常用的高斯基函数，根据文献选用如表 13-13 所示的 10 个隐层节点，阈值取 6. 4241，隐层高斯基函数中心采用 K-均值聚类算法确定，输出层权值通过 RLS 算法调节。

表 13-13　隐含层节点权系数

w_1	w_2	w_3	w_4	w_5
0. 6323	0. 7058	0. 7440	1. 1819	0. 3193
w_6	w_7	w_8	w_9	w_{10}
0. 2016	0. 3295	-0. 0435	0. 3854	0. 5244

通过 RBF 训练后形成的神经网络结构模型做出的预测控制量能够与实际值较好地拟合，更好地控制投药量。其训练的泛化结果如图 13-19 所示。

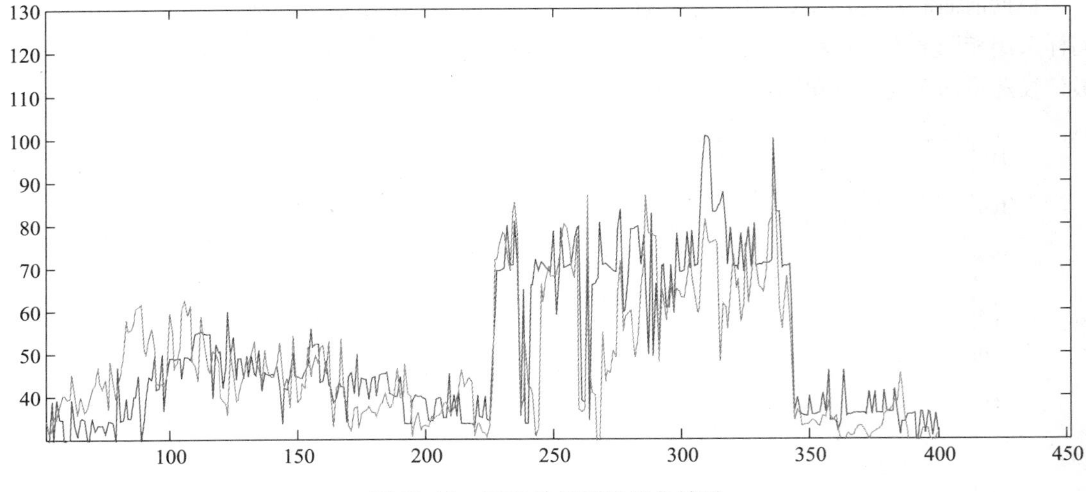

图 13-19　RBF 神经网络泛化结果

根据 RBF 神经网络最终可建立如图 13-20 所示的闭环预测控制系统，其工作原理为：基于出水浊度的 RBF 神经模型对未来的出水浊度做出预测，利用 RBF 正向控制投药量，通过系统实际输出和模型预测输出的出水浊度差异进行反馈校正。该控制系统在水质突变时，可以快速响应，在保证出水稳定、合格的前提下，迅速改变 PAC 投加，实现了投药量的实时控制。

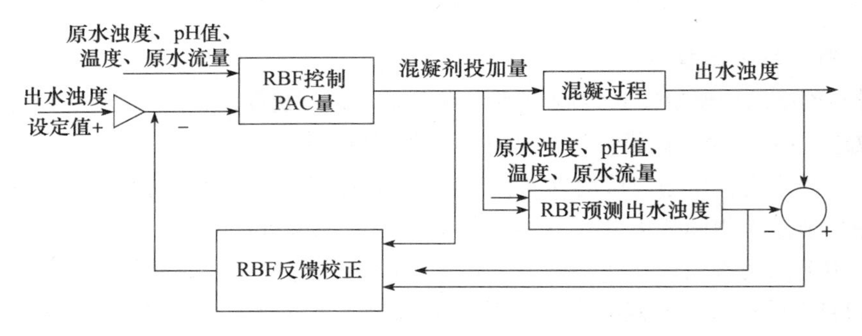

图 13-20　基于 RBF 神经网络模型的最佳投药量闭环预测系统

4. 模型分析

首先采用 BP 神经网络模型对出水浊度进行标准控制，最终得到在不同条件下的最佳投药量。从表 13-10 和图 13-8 ~ 图 13-10 可知，pH、原水浊度以及取水量与最佳投药量呈正相关，其中 pH 对最佳投药量影响非常小，取水量对最佳投药量影响较大，原水浊度对药量影响最大。

接着，增加出水浊度作为神经网络的输入量，得到在不同条件下最佳投药量的控制，此时出水浊度作为投药量的反馈控制参数。从表 13-11 和图 13-13 可知，在其他参数不变的情况下，出水浊度在 1.0NTU 标准以下时，最佳投药量都会减少，但是出水浊度越小，则药量减少得越多；出水浊度在 1.0NTU 标准以上时，最佳投药量都会增加，但是出水浊度越大，则药量增加得越多。

增加出水浊度后，又增加了温度参数作为输入量，由最终结果可知在 0～10℃时，温度升高时，最佳投药量会有所增加；在 10～25℃时，温度对最佳投药量几乎没有影响，而在 25℃后，随着温度的增加，由于温度加快了絮凝反应，并且减小了水的粘度，所以使投药量减少，其具体的结果可见图 13-18。

最后，使用较优的 RBF 神经网络替换 BP 神经网络进行处理，建立基于 RBF 神经网络模型的最佳投药量闭环预测系统。对比 RBF 神经网络模型与 BP 神经网络模型检验结果可知，RBF 神经网络模型可以较好地逼近水处理过程的非线性关系，建模精度高，训练时间短，适用于在线要求较高、数据量角度的系统模型辨识，其具体差异见表 13-14。

表 13-14　RBF 与 BP 神经网络误差的对比

指标	最大绝对误差	平均绝对误差	最大相对误差	平均相对误差
RBF	0.31	0.13	6.36	2.79
BP	0.95	0.21	16.78	4.12

13.3　上机实验

1. 实验目的

- 掌握使用回归分析构建预测模型。

2. 实验内容

- 对预处理后的数据集（包含“原水 pH”“原水浊度”“出水浊度”“取水量”“PAC 消耗”指标，其中“PAC 消耗”即是要预测的指标）使用云平台的回归分析模型建模，然后使用此模型来预测 PAC 消耗值。

3. 实验方法与步骤

登录 TipDM-HB 数据挖掘平台后，执行以下步骤。

（1）数据准备

下载“02-上机实验/建模数据集.csv”。

（2）创建方案

登录 TipDM-HB 数据挖掘平台，在“方案管理”页面选择“回归分析”创建一个新方案。

方案名称：基于城市供水处理混凝投药量控制预测分析。

方案描述：通过对城市供水处理混凝投药量原始数据进行处理，得到“原水 pH”“原水浊度”“出水浊度”“取水量”“PAC 消耗”建模数据，利用云回归分析算法分析预测混凝投药量，为城市供水企业提供参考意见。

（3）上传数据

进入“数据管理”标签页，选择下载的数据并上传，上传的数据将自动显示在列表框中或者单击“刷新”按钮刷新数据。

（4）回归分析

选择“系统菜单”→“云算法”→“云回归分析算法”。

1）导入数据：选择“建模数据集 .csv”文件，点击“导入数据”按钮。

2）参数设置：“训练次数”为100，“内部随机向量维度”为20，“学习速率”为50。

3）回归分析：对导入的样本数据构建回归分析模型，分析回归建模过程中输出的模型相关信息。

4. 思考与实验总结

1）云平台回归分析算法对输入数据的格式有什么要求？

2）尝试使用其他算法来预测结果，对比文中各个模型的结果。

13.4 拓展思考

回归分析法是通过大量观察数据利用数理统计方法建立因变量与自变量之间的回归函数表达式的一种方法。回归分析分为线性回归分析和非线性回归分析，通常线性回归分析是最基本的分析方法，当遇到非线性回归问题时可以借助数学手段化为线性回归问题处理，然后用最小二乘法求出参数的估计值，最后经过适当变换，得到所求的回归方程式。

混凝剂投加量与各因素之间可以用式13-14的指数形式表示：

$$M = a_0 C_0^{a_1} Q^{a_2} C_1^{a_3} \tag{13-14}$$

其中，M 为混凝剂投加量（mg/L），C_0 为原水浊度（NTU），Q 为取水量（m^3/h），C_0 为沉淀池出水浊度（NTU），a_0、a_1、a_2、a_3 为待估参数。为简化模型，不考虑pH值和出水浊度的影响。

当求解公式（13-14）的各参数时，根据反应到结束的经验时间为70～120min，若设所有出水浊度预测值与对应一个小时后的出水浊度实际值更接近的次数为 h_1，与两个小时后的出水浊度实际值更接近的次数为 h_2，$\Delta t = 1h$，则从原水添加混凝剂反应到沉淀结束所需的时间可以表示为：

$$\Delta T = \left(1 + \frac{h_1}{h_1 + h_2}\right)\Delta t$$

由公式（13-14）可看出投药量与浊度和流量之间为指数非线性关系，这种指数非线性关系相对比较简单，可以通过取对数实现指数非线性到线性化的转换，因此对公式（13-14）两边取对数得：

$$\ln M = \ln a_0 + a_1 \ln C_0 + a_2 \ln Q + a_3 \ln C_1$$

由此可以得到：

$$\ln C_1 = \frac{1}{a_3}(\ln a_0 + a_1 \ln C_0 + a_2 \ln Q - \ln M)$$

若以 $\ln C_1$ 为因变量，$\ln M$、$\ln Q$、$\ln C_0$ 为自变量，则可以建立多元线性回归模型。

设 $y = \ln C_1$，$x_1 = \ln M$，$x_2 = \ln Q$，$x_1 = \ln C_0$，其中 a_0、a_1、a_2、a_3 为回归系数。对 y 和 x_1、x_2、x_3 分别进行 n 次独立观测，得到 n 组数据样本：y_i，x_{i1}，x_{i2}，x_{i3}，（$i = 1, 2, \cdots, n$），则有：

$$\begin{cases} y_1 = \beta_0 + \beta_1 x_{11} + \beta_2 x_{12} + \beta_3 x_{13} + \varepsilon_1 \\ y_2 = \beta_0 + \beta_1 x_{21} + \beta_2 x_{22} + \beta_3 x_{23} + \varepsilon_2 \\ \vdots \\ y_n = \beta_0 + \beta_1 x_{n1} + \beta_2 x_{n2} + \beta_3 x_{n3} + \varepsilon_n \end{cases}$$

其中 ε_1，ε_1，…，ε_n 为残差，且相互独立，并服从 $N(0, \sigma^2)$ 分布。

令 $Y = \begin{bmatrix} y_1 \\ y_2 \\ \vdots \\ y_n \end{bmatrix}$，$\beta = \begin{bmatrix} \beta_1 \\ \beta_2 \\ \vdots \\ \beta_n \end{bmatrix}$，$\varepsilon = \begin{bmatrix} \varepsilon_1 \\ \varepsilon_2 \\ \vdots \\ \varepsilon_n \end{bmatrix}$，$X = \begin{bmatrix} 1 & x_{11} & x_{12} & x_{13} \\ 1 & x_{21} & x_{22} & x_{23} \\ \vdots & \vdots & \vdots & \vdots \\ 1 & x_{n1} & x_{n2} & x_{n3} \end{bmatrix}$，则上式可转化为矩阵形式表示：

$$\begin{cases} Y = X\beta + \varepsilon \\ \varepsilon \sim N(0, \sigma^2 I_n) \end{cases}$$

从经过数据预处理后得到的数据，连续抽取 3000 个数据并将其随机分成 6 个样本表，为确保建立的模型适应于各种浊度区间，在随机分配样本表时，应使每个样本集表中都包含不同的源水浊度区间，并任取其中的 5 个数据表用于获得模型的参数，另一组样本表格数据用于检验模型的有效性。应用上述线性回归描述的内容，求出最佳投药量。

13.5　小结

本章结合城市供水处理混凝投药量控制分析的案例，重点介绍了数据挖掘算法中神经网络算法在实际案例中的应用。对城市供水处理混凝投药量数据进行探索分析，针对分析的问题，使用数据预处理方法：数据清洗、数据变换、缺失值处理、异常值处理等进行处理。然后，根据处理后的数据集应用神经网络模型。针对要解决的投药量问题，综合考虑可能影响的因素，逐步改进神经网络模型，最终达到比较好的效果。最后，针对投药量问题给出了使用回归分析来分析的拓展思考以及上机实验，使读者可以举一反三，开拓思路！

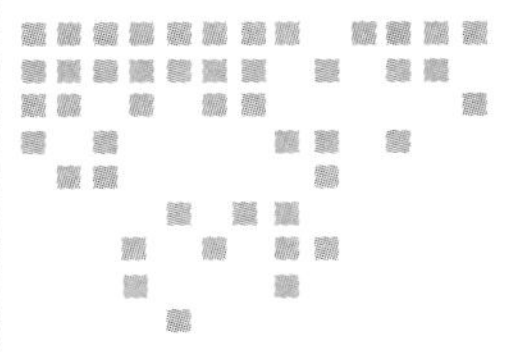

Chapter 14　第 14 章

基于图像处理的车辆压双黄线检测

14.1　背景与挖掘目标

随着我国国民经济的高速发展，城市交通道路的不断增多，机动车辆数量及道路交通流量大幅度增加，随之出现的机动车辆违法现象也日益严重，给人民群众人身安全带来了极大的威胁，影响了正常的城市交通秩序，并且容易造成城市交通堵塞。目前比较多见，并且危害较严重的有：压双黄线[⊖]、违章左转（掉头）以及超速行驶。智能交通系统（ITS）是当前交通管理发展的主要方向，基于 ITS 领域的各项先进技术已经广泛应用于各地交通管理部门。

比如，针对车辆是否压双黄线问题（如图 14-1），如果单单靠人工来辨识，无疑是耗时耗力的一件事情，那是否可以通过智能硬件以及互联网数据分析、挖掘技术来达到自动检测呢？

图 14-1　压双黄线图像

⊖ 李上钦，陈琳晓．基于图像处理和数据挖掘技术的车辆压双黄线检测．第二届泰迪华南杯数据挖掘竞赛（http://www.tipdm.org）优秀作品．）

14.2　分析方法与过程

通过分析样本图像，得出运动车辆视频图像的基本特征，并为此选定图像预处理方法。同时，检测及提取运动车辆视频的背景。用变形 Sobel 算子加大双黄线区域纹理，分割出图像中双黄线区域粗略位置。应用最大类间方差和数学形态学方法求出满足纹理条件区域的二值图像，从而得到双黄线区域准确位置。利用基于背景帧差分法以及改进的高斯混合模型法对车辆运动目标进行跟踪检测，提取数据信息。运用基于 HSV 颜色空间变换的阴影消除算法消除阴影对检测的影响。根据监控场景中车辆、行人、摩托车、自行车等目标在形状上的差异，对车辆进行识别，确定车辆是否压双黄线，实现车辆压双黄线的自动检测。

由图 14-2 知，基于图像处理的车辆压双黄线检测的数据挖掘分析主要包括以下步骤：

1）从数据源中抽取出历史视频数据。

2）根据历史视频数据，进行数据探索分析，研究数据的缺失和异常情况，并进一步进行预处理。

3）数据预处理主要是对图像数据进行预处理，包括道路双黄线自动提取、道路背景提取、运动车辆提取、运动车辆阴影去除、运动车辆与行人区分等；针对不同的处理应用不同的技术，如均值滤波、变形 Sobel 算子、P-参数和最大类间方程以及 Otus 阈值化技术等过滤图像数据。

4）经过数据预处理后的图像数据，应用车辆中心检测方法以及灰度帧差统计方法来检测车辆压双黄线。

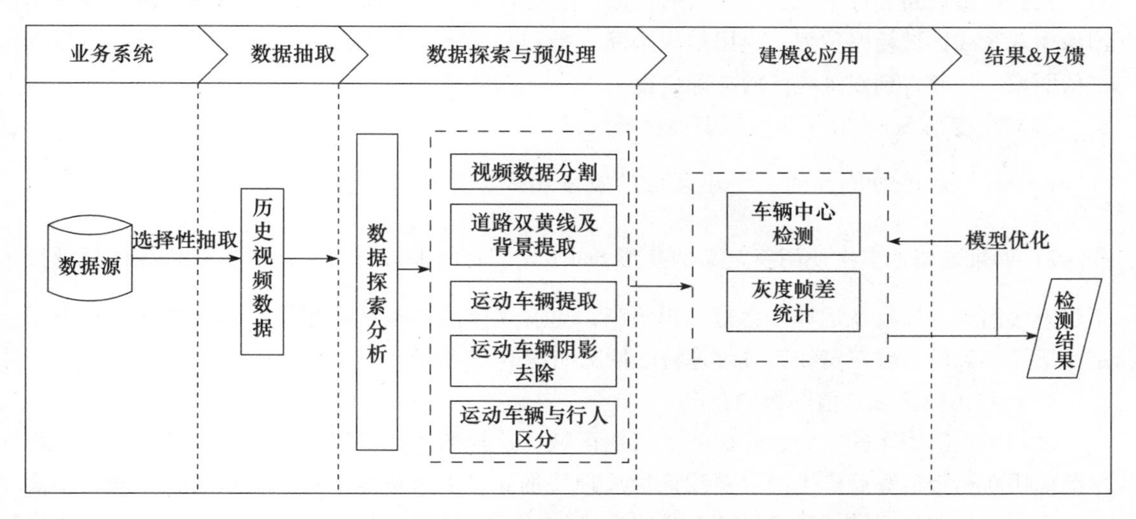

图 14-2　基于图像处理的车辆压双黄线检测的数据挖掘分析流程

图 14-3 为基于图像处理和数据挖掘技术的车辆压双黄线检测流程。

14.2.1 数据抽取

从车辆监控系统中抽取出并汇总 2013 年至 2014 年的道路车辆监控视频，并把这些视频按照帧来分割，最后得到所有视频的图片。

14.2.2 数据探索分析

图像数据的探索的主要目的是找到图像中无关的信息，恢复有用的真实信息，增强有关信息的可检测性和最大限度地简化数据，从而改进特征抽取、图像分割的可靠性。图像噪音产生的原因有很多，主要是系统外部和内部的干扰。图像数据探索分析是为了更好地进行图像数据预处理做准备。图像处理中常见的噪音主要有以下几种：“加性噪音”“乘性噪音”“量化噪音”“椒盐噪音”，本章采用均值滤波平滑去噪减少图像噪音。

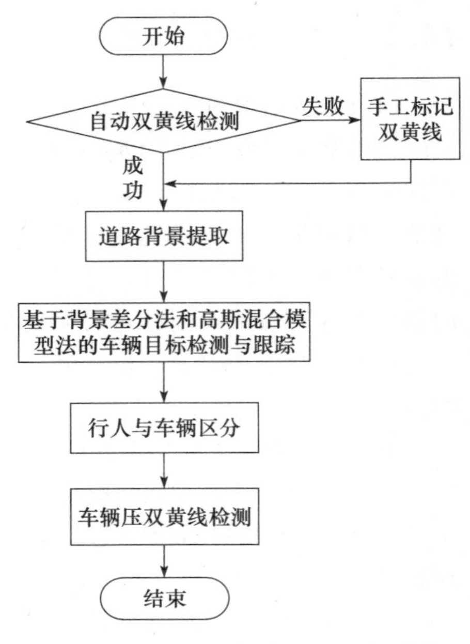

图 14-3　车辆压双黄线检测流程图

14.2.3 数据预处理

1. 道路双黄线自动提取标记

根据城市道路图像中双黄线区域的特征，用变形 Sobel 算子加大双黄线区域纹理，分割出图像中双黄线区域粗略位置。应用最大类间方差和数学形态学方法求出满足纹理条件区域的二值图像，从而得到双黄线区域准确位置。

（1）用变形 Sobel 算子加大双黄线区域纹理

设图像中双黄线位置的三个小区域的宽度相等，并且宽度为 w，取 $n = w + 2$，$\frac{w}{2} + 2$，$\frac{w}{4} + 2$；如果递归地多次使用新定义的变形 Sobel 算子对图像进行模板运算，双黄线区域特征不仅不会消失，而且在运算后会得到更清晰、更有规律的双黄线区域纹理特征图像。用上面定义运算得到的道路双黄线区域纹理特征情况如图 14-4 所示。

（2）双黄线区域二值图像的获取

设如果道路中车辆密集，遮挡住了黄线区域，这样的图像不能用来提取双黄线位置。根据图像用新模板运算后产生的双黄线区域纹理特征，可以粗略地确定双黄线所在位置，不满足纹理特征的图像区域，则可以认为是噪音区域，而在进一步的处理中不需要再考虑。把满足纹理条件的原灰度图像区域分割出来，对分割出的原灰度图像区域使用动态全局二值化方法求出它的二值图。

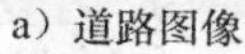

a）道路图像

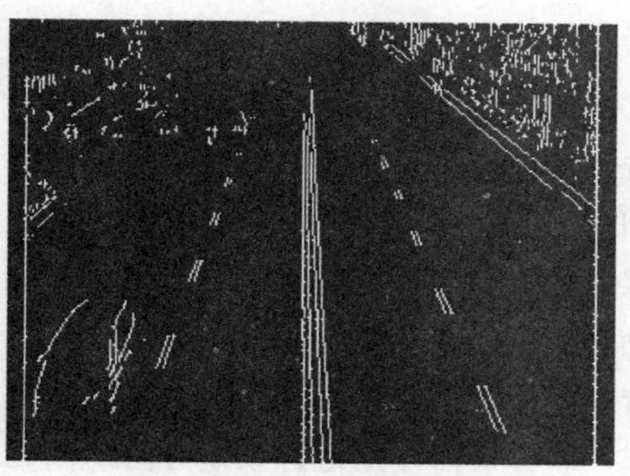

b）变形Sobel算子运算后图像

图 14-4　道路图像和变形 Sobel 算子运算后图像

这样计算出的二值图像（图 14-5a）还存在很大的噪音，进一步根据双黄线区域形态特征，运用数学形态学方法对二值图像进行多次腐蚀和膨胀运算，可以很好地去除图像中不满足双黄线区域特征的噪音点，最终得到的二值化图像效果如图 14-5b 所示。

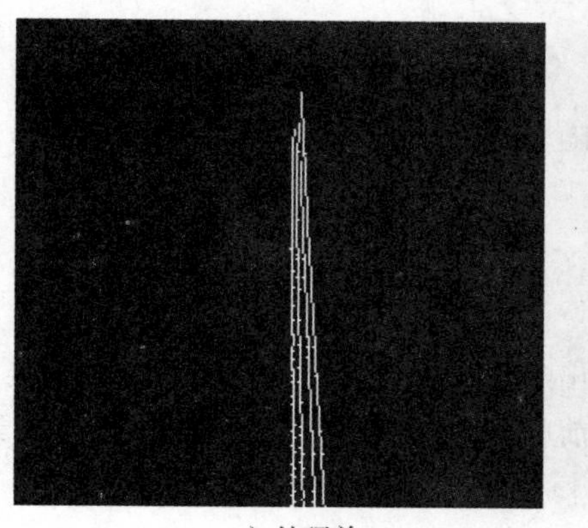

a）处理前

b）处理后

图 14-5　二值图像处理前后

（3）统计优化二值图像，确定双黄线区域

在实际监控中，路面图像双黄线位置是静止不动的，而车辆本身和阴影等噪音干扰是随机出现的。设连续采集到一批道路二值图像数目 S，统计 S 个二值图像中对应的每个像素点颜色出现次数，取颜色出现次数阈值 $p(p<S)$，设每个图像为 $f_x(x, y)(x=1\cdots m, y=1\cdots n, k=1\cdots s)$，由此最后确定的二值图像 $g(x, y)$ 可表示如下：

$$g(x,y)=\begin{cases}1 & \sum_{k=1}^{s} f_k(x,y) \geqslant p \\ 0 & \sum_{k=1}^{s} f_k(x,y) < p\end{cases}$$

图 14-6 为经过自动提取并标记后的图像双黄线区域，实际结果表明求出的双黄线区域效果良好。

图 14-6 自动提取并标记后的图像双黄线区域

2. 道路背景提取

背景差分的基本原理是利用两帧图像之间的差来判断物体的出现和运动，背景差分法用序列中的每一帧与一个固定的静比参考帧（不存在任何运动物体）做图像差。

背景差分法是最常用、最有效的交通视频处理模式，而背景估计正是背景差分法的基础和核心环节。背景估计有很多方法，这里采用效果较好且效率相对较高的均值法，即任意像素点的背景信息由序列图像中对应像素点颜色的均值来确定，公式如下：

$$B(i,j) = \frac{1}{N}\sum_{k=0}^{N-1} I_k(i,j)$$

图 14-7 为背景获取随 N 值变化的情况。

N 取值越大，合成背景越好，但实际上随着时间推移，光线不断变化，再考虑到时间因素，N 取 100 ~ 200 比较合适。

3. 运动车辆提取

（1）背景更新

由于环境光线在不断变化，要准确检测出运动车辆，需要及时更新背景，接下来在获得初始图像的基础上更新背景。通过计算当前帧和背景帧的差值，得到当前背景差分图像 $D_k(i, j)$，有：

$$D_k(i,j) = |I_k(i,j) - B_k(i,j)|$$

对背景进行更新：

$$B_{k+1}(i,j) = \begin{cases} \alpha I_k(i,j) + (1-\alpha)B_k(i,j) & B_k(i,j) = 0 \\ B_k(i,j) & \text{其他} \end{cases}$$

实验证明：上式中 α 取 0.1 时效果比较好，即表明在新的背景中，原来的背景占有 90% 的比例，这一点也是符合实际的，背景之间的变化只能是渐变的，所以在相邻的背景之间有很大的相似性，利用上面这种动态的背景更新方法，可以获得比较理想的结果。

这种方法虽然在开始时要损失一段时间，用中值法来抽取背景，但是在得到理想背景的条件下，用二值背景差分图像来更新，可以减少计算量，确保系统的实时性。

（2）阈值选取

对于不同光线背景下的差分图像，用固定的阈值 T 进行二值化显然不能使每一帧图像都达到很好的效果。希望得到的阈值不仅可以将目标从背景中分离出来，而且要能根据不同的图像来智能地选取。这里采用 Otus 阈值化技术，以简化阈值的选取。

图 14-7　背景获取随 N 值变化情况

图 14-8 所示的差分图像经过计算得到的二值化处理的阈值为 $T=35$。用 Otus 法求阈值，不管图像的直方图有无明显的双峰，都能得到较满意的结果，这种方法是全局阈值自动选择的最优方法。

4. 运动车辆的阴影去除

在车辆违章检测中，由于阴影和被测目标粘连，导致阴影容易被误认为运动目标的一部分，而对运动目标的检测产生不利的影响，因此阴影分割是保证运动目标检测准确性的前提。

a）差分图像

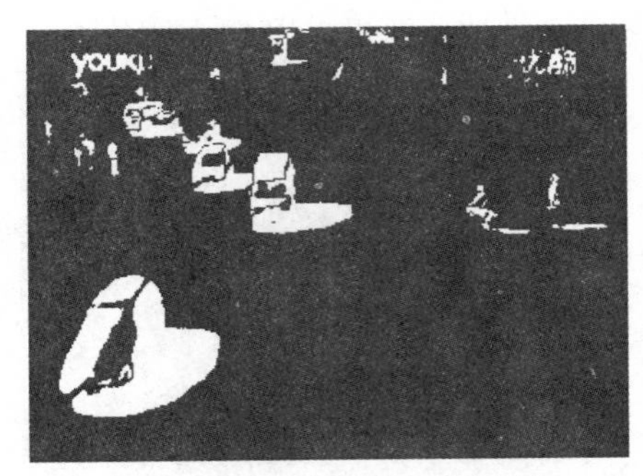

b）Otus方法处理后的二值化图像

图 14-8　差分图像和 Otus 方法处理后的二值化图像

（1）基于彩色检测线线间差分的目标区域的阴影分割

在车辆违章检测中，由于阴影和被测目标粘连，导致阴影容易被误认为运动目标的一部分，而对运动目标的检测产生不利的影响。常见的阴影分割方法有：

1）基于 HSV 色彩空间变换的阴影分割。

2）基于阴影特征的阴影分割方法。

在实际检测系统中，摄像机一般固定在公路的正上方，摄像头方向为前下方，在短时间内，摄像机获取的图像序列中，车辆阴影的方向是确定的，因此可根据阴影方向对车辆所在运动区域建立车辆－阴影模型。根据产生阴影的经验情况可确定阴影相对于车辆的方向有下方、上方、左方、右方、左上方（为单向的车辆阴影模型，即车辆和阴影间只有 1 条分界线）、右下方、左下方、右下方（为双向的车辆阴影模型，即车辆和阴影间有 2 条分界线）8 种。由于高于背景亮度的车辆的灰度值远大于车辆阴影的灰度值，所以选择高亮度车辆形成的运动区域来判决模型，以提高判决的准确性。因此，找到分界线便可消除阴影。

（2）判断车辆阴影的模型

由于本案例针对车辆压双黄线检测，只需考虑车辆左右两侧阴影对检测的影响，所以这里以单向左侧的车辆阴影模型为例说明消除阴影的方法。要消除阴影影响关键是找到阴影与车辆边缘的分界线，又由于摄像机一般倾斜向前下方，拍摄运动目标存在畸变性，导致阴影与车辆的分割线是倾斜的。如图 14-9 所示。

1）在目标区域内从阴影方向（左侧）任意确定两条检测线向右搜索，在搜索过程中，需要增大两检测线的间距，到接近右边框搜索终止。

2）计算目标区域左边一小块阴影区的饱和度方差 Q_S 和亮度方差 Q_r，同时计算背景图像上对应两条检测线处所有像素灰度的均值 μ 和方差 q。

3）由于阴影与车体像素间的强度 V、色彩饱和度 S 差别较大，当两条保持一定间距的检测线先后由阴影区进入车体后，可以借助检测线上的像素点在 HSV 空间中的特征信息搜索到车辆与阴影的跳变点。假设两条检测线为 a_1、a_2，则 a_1、a_2 从左边起第 i 个像素的强度和色彩饱和度分别为 $V_{a_{1i}}$、S_{a_1}；$V_{a_{2i}}$、S_{a_2} 初始 $i=1$，其流程图如图 14-10 所示。

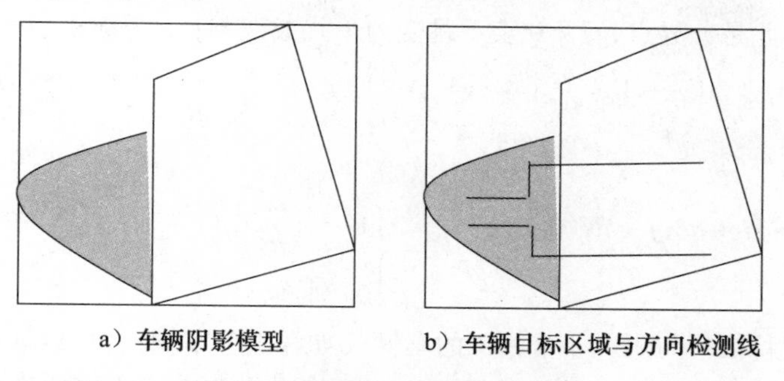

a）车辆阴影模型
b）车辆目标区域与方向检测线

图 14-9　车辆阴影模型和车辆目标区域与方向检测线

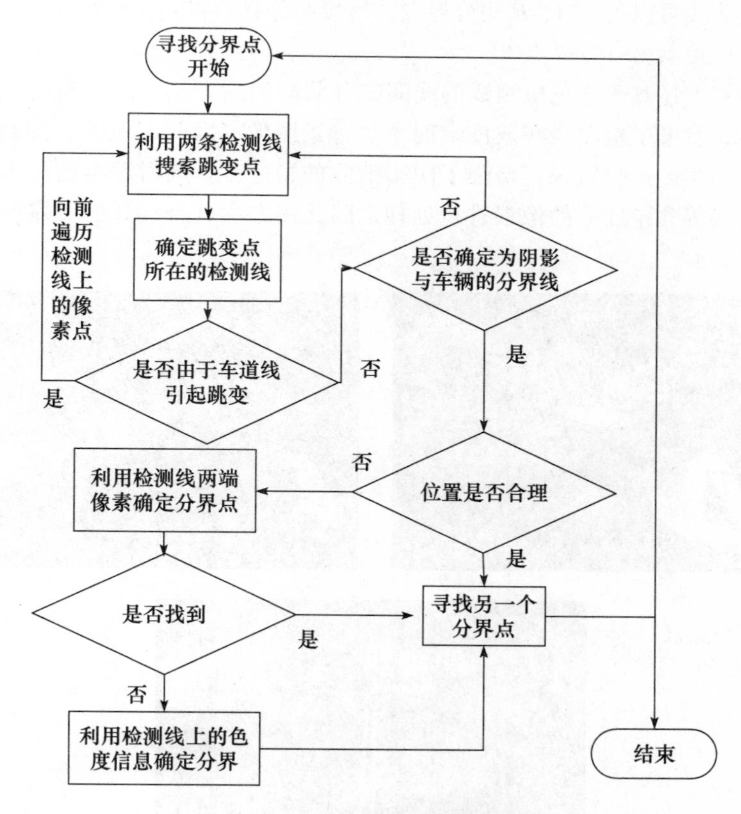

图 14-10　寻找分界点流程图

4）两检测线上的像素间的亮度和饱和度的绝对差值 D_v 和 D_s 可由下式计算得到：

$$D_v = |V_{a_{1i}} - V_{a_{2i}}| \qquad D_s = |S_{a_1} - S_{a_2}|$$

$D_v > k \cdot D_s$（k 为乘积因子）时，检测线在像素处出现了强度跳变，判断跳变由 C_f 公式确定，R 为车道线标志，$R=1$ 表示跳变是由阴影区车道线引起的，i 不能作为阴影和车辆的分界点，$R=0$ 表示该跳变有效，t 为像素数临界值。F 为区分标志，$F=1$ 表示像素两边是两个强度不同的区域，因此是分界点，$F=0$ 表示跳变为干扰或误判；g 为乘积因子；P 为区域长度。

$$C_f = \begin{cases} a_1 & \left| V_{a_i} - V_{a_{i(i<1)}} \right| > \left| V_{a_{2i}} - V_{a_{2(i-1)}} \right| \\ a_2 & 其他 \end{cases} \qquad R = \begin{cases} 1 & \sum_{j \in N(i)} D(j) > t \\ 0 & 其他 \end{cases}$$

$$R = \begin{cases} 1 & b(j) > \mu + a\delta(j \in N(j)) \\ 0 & 其他 \end{cases} \qquad F = \begin{cases} 1 & \left| \sum_{m=1}^{p} C_f(i+m) - \sum_{m=1}^{p} C_f(i-m) \right| > g\delta_v \\ 0 & 其他 \end{cases}$$

对于一些像素特征值与阴影非常相似的车辆（如深黑色车辆），可以计算检测线两端一定数量的像素均值，然后从左向右在检测线上找一个像素值等于该均值的像素点，将该点看作分界点，两条检测线可以得到 A、B 两分界点，连接两分界点得到车辆阴影分割线，用搜索 A 分界点的方法可以搜索另一分界点 B。

研究者指出：上述基于彩色检测线的线间差分阴影消除方法，由于利用了检测线在 HSV 空间的颜色特性，参考了检测线在灰度空间中的背景图像，因此不但噪音抑制性强，而且提高了低亮度车辆的阴影消除效果，增强了阴影消除的稳定性。同时，本例应用的方法主要是对检测线和方向线等几条线上的像素进行处理，因此该方法具有较高的可靠性和较好的实时性，如图 14-11 所示。

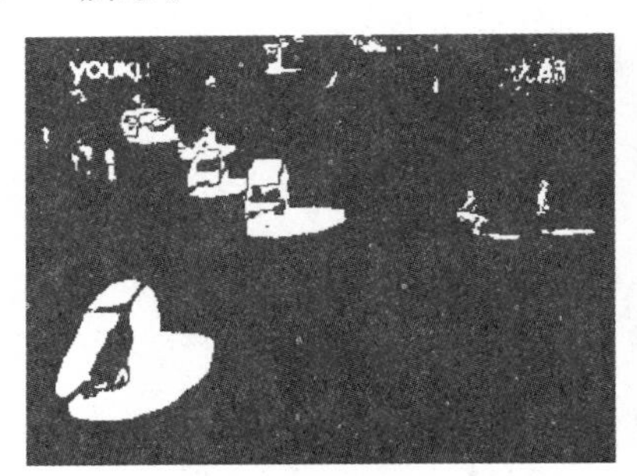

图 14-11　带有阴影的车（左）、去阴影后的车（右）和去阴影后检测车并用方框框出的效果图（下）

5. 运动车辆与行人的区分

使用编写的程序代码智能检测分析出的区域，找到包含这些区域的最小矩形，并就此忽略像素面积小于一定阈值的跟踪对象，比如，可将阈值 T 设为 100，再根据运动车辆与（行）人的高宽比存在差异来区分（行）人与运动车辆，本例中，暂且忽略高与宽之比大于 2 的区域（默认为（行）人的区域）。

14.2.4　构建模型

利用基于机器视觉的车辆检测、跟踪技术以及图像处理技术，对道路监测系统中车辆压双黄线的视频图像进行处理和综合分析。

对道路监控视频中运动车辆进行压双黄线检测，是本章建模的核心内容。下面是几种常见的检测方法。

1. 车辆压黄线违章检测算法——车辆中心检测方法

文献提出了一种通过检测车辆中心位置，并根据车辆的中心位置与黄线的距离来判断是否有压黄线。该方法可以有效检测压黄线违章，对压线违章的识别率高于 90.09%，虚惊率低于 9.01%。但是，还是存在车辆检测准确率不高、计算复杂的问题，在克服天气变化、复杂环境及周围车辆的影响等方面存在不足。

2. 车辆压黄线违章检测算法——灰度帧差统计方法

这里借鉴车辆闯红灯违章检测的方法，首先求得前后帧或与背景帧差，然后统计灰度变化点数，最后判断如果灰度变化点数大于设定门限，则认为有车辆压黄线违章。考虑到压黄线违章检测的特殊性，这里对抓拍到的图像在感兴趣区域逐行求灰度平均，并以此灰度平均代表该行处的黄线状态；然后比较，如果前后帧（或与背景帧）之间逐行灰度平均之差大于预先设定阈值，则认为该行处黄线残缺；再统计黄线连续残缺的最大长度，以此长度作为是否有车辆压黄线的依据；最后判断如果黄线残缺最大长度大于预设阈值，则认为有车压黄线违章，抓拍。

参照图 14-12，灰度帧差统计方法的主要步骤如下：

1）捕捉图像，对感兴趣区域逐行求灰度 G 平均。

2）与背景比较，如果灰度变化大于阈值，则认为黄线有残缺，$cha[i]=1$。

3）统计 $cha[i]$ 连续为 1 的最大加权长度 $MaxLength$。

4）如果 $MaxLength$ 大于设定阈值，则判定为有车压黄线，抓拍。

5）更新背景，而对于背景法是通过背景更新算法更新以维持系统当前背景。

在结合基于彩色检测线的线间差分的阴影消除方法的基础上，可以有效克服阴影的影响。这种方法可以快速、有效地检测车辆压黄线违章。

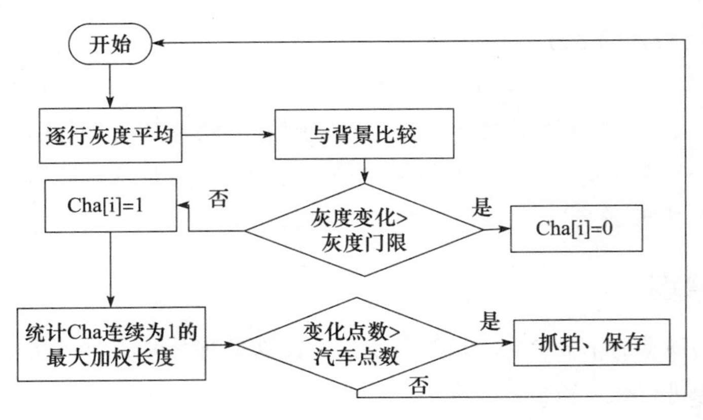

图 14-12 灰度帧差统计方法检测流程图

14.3 上机实验

1. 实验目的

- ❑ 掌握提取图片具体部件的方法。

2. 实验内容

- ❑ 使用“02-上机实验/1.wmv”视频数据，首先按照帧来分割视频得到图片数据，然后对图片数据提取运行车辆。了解将视频分割为图片以及提取图片具体部件的方法。

3. 实验方法与步骤

1）使用视频处理软件对视频数据进行处理，把视频数据的每一帧分割出来，得到所有帧的图片；

2）针对每一帧图片，采用其前后各5张相邻帧图片作为参考，对当前帧图片的背景进行更新；

3）使用Otus阈值化技术，对所有帧图片进行二值化处理，从而提取出运动的车辆。

4. 思考与实验总结

1）使用相关图片处理软件，对视频数据进行分割。

2）除了上面提到的Otus技术，提取图片内物体的区域还有哪些方法？

14.4 拓展思考

基于交通安全的考虑，提出基于图像处理的安全带佩戴识别系统，通过提醒、警告等交通管理手段，提高驾驶员遵守交通法律法规的意识，从而达到减少交通事故中人员伤亡的效果。

尝试通过光盘中的道路监控视频，实现基于图像处理的安全带佩戴识别系统，对违规车辆进行标记。

14.5　小结

本章结合基于图像处理的车辆压双黄线检测的案例，重点介绍了数据挖掘算法中针对图像数据的处理方法，即首先分析问题的解决需要得到哪些数据。接着，对图像数据进行探索分析，得出图像数据存在的问题，便于在数据预处理中解决。在图像数据的预处理中，针对车辆压双黄线问题，进行了道路双黄线标记自动提取、道路背景提取、运动车辆提取、运动车辆阴影去除、运动车辆与行人的区分处理。充分应用相关数学模型，如均值滤波、变形 Sobel 算子、P-参数和最大类间方差、Otus 阈值化技术对图像数据进行处理。最后，应用车辆压双黄线检测方法来检测预处理后的图片数据，实现车辆压双黄线自动检测。

高 级 篇

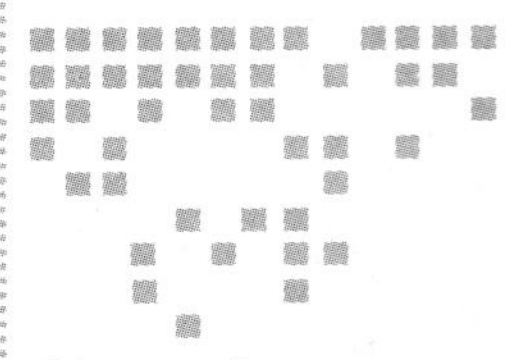

Chapter 15 第 15 章

基于 Mahout 的大数据挖掘开发

目前，基于 Hadoop 框架的大数据开发的数据挖掘算法库——Mahout 已经相当成熟，Mahout 在 MapReduce 模式下封装实现了大量数据挖掘经典算法，为 Hadoop 开发人员提供了数据建模的标准，从而大大降低了大数据应用中并行挖掘产品的开发难度。本章详细分析了如何利用 Mahout 进行基于 Hadoop 框架的大数据挖掘开发，介绍如何利用 Mahout 来构建自己的数据挖掘平台，即如何把 Mahout 加入到自己的项目中[15-1]。

15.1　概述

Hadoop 的相关章节请参考第 2 章。

Mahout 是 Apache 软件基金会旗下的一个基于 Hadoop 的机器学习和数据挖掘的分布式框架，提供一些可扩展的机器学习领域经典算法的实现，旨在帮助开发人员更加方便快捷地创建智能应用程序。经典算法包括聚类、分类、关联规则、协同过滤等。

表 15-1 为 Mahout 目前支持的算法。

表 15-1　Mahout 支持的算法

算法类	算法名	中文名
分类算法	Logistic Regression	逻辑回归
	Naïve Bayesian/Complementary Naïve Bayesian	朴素/完整贝叶斯
	Random Forests	随机森林
	Hidden Markov Models	隐马尔科夫模型

（续）

算法类	算法名	中文名
聚类算法	Canopy Clustering	Canopy 聚类
	K-Means Clustering	K 均值算法
	Fuzzy K-Means	模糊 K 均值
	Spectral Clustering	谱聚类
关联规则挖掘	Parallel FP Growth Algorithm	并行 FP Growth 算法
降维算法	Singular Value Decomposition	奇异值分解
	Principal Components Analysis	主成分分析
协同过滤	User-Based Collaborative Filtering	基于用户的协同过滤
	Item-Based Collaborative Filtering	基于项目的协同过滤

15.2　环境配置

官网发行的 Mahout 0.9 不支持 Hadoop 2.x，如果需要使用 Mahout 0.9，则在安装前需要下载源码重新编译。

1）下载 Mahout 0.9 源码、patch 和二进制安装包。

```
[hadoop@master ~]$wget http://archive.apache.org/dist/mahout/0.9/mahout-distribution-0.9-src.tar.gz
[hadoop@master ~]$wget https://issues.apache.org/jira/secure/attachment/12630146/1329-3.patch
[hadoop@master ~]$wget http://archive.apache.org/dist/mahout/0.9/mahout-distribution-0.9.tar.gz
```

解压源码，进入源码根目录执行以下命令：

```
[root@master mahout-distribution-0.9]$patch -p0 < ../1329-3.patch
patching file core/pom.xml
patching file integration/pom.xml
patching file pom.xml
```

2）安装 Maven。

下载 Maven 3.3.1 并解压，设置环境变量。

```
[hadoop@master ~]$wget http://mirrors.cnnic.cn/apache/maven/maven-3/3.3.1/binaries/apache-maven-3.3.1-bin.tar.gz
[hadoop@master ~]$tar -zxf apache-maven-3.3.1-bin.tar.gz -C ~/local/opt
[hadoop@master ~]$sudo vim /etc/profile
#添加如下内容
export MAVEN_HOME=/home/hadoop/local/opt/apache-maven-3.3.1
export PATH=${PATH}:${MAVEN_HOME}/bin
#使修改生效
```

```
[hadoop@master ~]$ sudo source /etc/profile
```

3）编译 Mahout 0.9。

进入 Mahout 源码根目录，运行下面的命令。

```
[hadoop@master mahout-distribution-0.9]$ mvn package -Prelease -Dhadoop2 -Dhadoop2.version=2.6.0 -DskipTests=true
```

编译成功后，解压下载的 Mahout 二进制包，并替换根目录中的以下 jar 文件。

```
mahout-core-0.9.jar
mahout-core-0.9-job.jar
mahout-examples-0.9.jar
mahout-examples-0.9-job.jar
mahout-integration-0.9.jar
mahout-math-0.9.jar
```

4）配置环境变量。

编辑 ~/.bashrc，在末尾追加 Mahout 配置。

```
export MAHOUT_HOME=$HOME/local/opt/mahout-distribution-0.9
export MAHOUT_CONF_DIR=$MAHOUT_HOME/conf
export PATH=$PATH:$MAHOUT_HOME/bin
```

执行 source ~/.bashrc 使配置立即生效。

5）测试 Mahout 是否安装成功。

输入 Mahout 命令，查看是否有如下输出。

```
[hadoop@master mahout-distribution-0.9]$ ./mahout
MAHOUT_LOCAL is not set; adding HADOOP_CONF_DIR to classpath.
Running on hadoop, using /home/hadoop/local/opt/hadoop-2.6.0/bin/hadoop and HADOOP_CONF_DIR=/home/hadoop/local/opt/hadoop-2.6.0/etc/hadoop
MAHOUT-JOB: /home/hadoop/local/opt/mahout-distribution-0.9/mahout-examples-0.9-job.jar
An example program must be given as the first argument.
Valid program names are:
 arff.vector: : Generate Vectors from an ARFF file or directory
 baumwelch: : Baum-Welch algorithm for unsupervised HMM training
 canopy: : Canopy clustering
 cat: : Print a file or resource as the logistic regression models would see it
 cleansvd: : Cleanup and verification of SVD output
 clusterdump: : Dump cluster output to text
 clusterpp: : Groups Clustering Output In Clusters
 cmdump: : Dump confusion matrix in HTML or text formats
 concatmatrices: : Concatenates 2 matrices of same cardinality into a single matrix
 cvb: : LDA via Collapsed Variation Bayes (0th deriv. approx)
 cvb0_local: : LDA via Collapsed Variation Bayes, in memory locally.
 evaluateFactorization: : compute RMSE and MAE of a rating matrix factorization against probes
 fkmeans: : Fuzzy K-means clustering
```

```
hmmpredict: : Generate random sequence of observations by given HMM
itemsimilarity: : Compute the item - item - similarities for item - based collaborative filtering
kmeans: : K - means clustering
lucene.vector: : Generate Vectors from a Lucene index
lucene2seq: : Generate Text SequenceFiles from a Lucene index
matrixdump: : Dump matrix in CSV format
matrixmult: : Take the product of two matrices
parallelALS: : ALS - WR factorization of a rating matrix
qualcluster: : Runs clustering experiments and summarizes results in a CSV
recommendfactorized: : Compute recommendations using the factorization of a rating matrix
recommenditembased: : Compute recommendations using item - based collaborative filtering
regexconverter: : Convert text files on a per line basis based on regular expressions
resplit: : Splits a set of SequenceFiles into a number of equal splits
rowid: : Map SequenceFile < Text,VectorWritable > to {SequenceFile < IntWritable,VectorWrit-
able > , SequenceFile < IntWritable,Text > }
rowsimilarity: : Compute the pairwise similarities of the rows of a matrix
runAdaptiveLogistic: : Score new production data using a probably trained and validated Adap-
tivelogisticRegression model
runlogistic: : Run a logistic regression model against CSV data
seq2encoded: : Encoded Sparse Vector generation from Text sequence files
seq2sparse: : Sparse Vector generation from Text sequence files
seqdirectory: : Generate sequence files (of Text) from a directory
seqdumper: : Generic Sequence File dumper
seqmailarchives: : Creates SequenceFile from a directory containing gzipped mail archives
seqwiki: : Wikipedia xml dump to sequence file
spectralkmeans: : Spectral k - means clustering
split: : Split Input data into test and train sets
splitDataset: : split a rating dataset into training and probe parts
ssvd: : Stochastic SVD
streamingkmeans: : Streaming k - means clustering
svd: : Lanczos Singular Value Decomposition
testnb: : Test the Vector - based Bayes classifier
trainAdaptiveLogistic: : Train an AdaptivelogisticRegression model
trainlogistic: : Train a logistic regression using stochastic gradient descent
trainnb: : Train the Vector - based Bayes classifier
transpose: : Take the transpose of a matrix
validateAdaptiveLogistic: : Validate an AdaptivelogisticRegression model against hold - out
data set
vecdist: : Compute the distances between a set of Vectors (or Cluster or Canopy, they must fit
in memory) and a list of Vectors
vectordump: : Dump vectors from a sequence file to text
viterbi: : Viterbi decoding of hidden states from given output states sequence
```

上面命令中的即为 Mahout 可以使用的命令参数，包含各个算法运行以及对数据的转换处理等命令，比如/Mahoutsvd，即运行 svd 算法。

这里建议读者直接下载 Mahout 0. 10. 0，Mahout 0. 10. 0 支持 Hadoop 2. x 的版本的。下载 Mahout 0. 10. 0 的发行版，并解压后，只用参考上面 4）步骤做些配置即可，然后同样使用 5）步骤来检测是否安装成功。为方便起见，下面的开发都是基于 Mahout 0. 10. 0 的。

15.3 基于 Mahout 算法接口的二次开发

15.3.1 Mahout 算法实例

下面以 K-Means 聚类分析算法为例，演示使用 Mahout 的 K-Means 算法的命令来调用 K-Means 算法进行运算的过程。

1）下载样本数据，并上传到 HDFS 目录。下载地址如下：http://archive.ics.uci.edu/ml/databases/synthetic_control/synthetic_control.data

```
[hadoop@master ~]$wget http://archive.ics.uci.edu/ml/databases/synthetic_control/synthetic_control.data
#创建目录前,请使用 ls 命令确认 hdfs 上存在/user/hadoop/目录
[hadoop@master ~]$hdfs dfs -mkdir /user/hadoop/testdata
#将本地的样本数据拷贝至 hdfs
[hadoop@master ~]$hdfs dfs -copyFromLocal synthetic_control.data /user/hadoop/testdata
```

测试数据是由 Alcock R. J. 和 Manolopoulos Y. 在 1999 年利用程序合成的 600 个样本的控制图数据，每个样本包括 60 个属性列，一共可以分为 6 类，分别为：正常（C）、循环（B）、上升趋势（E）、下降趋势（A）、向上移位（D）、向下移位（F）。图 15-1 为每个类别的 10 个样本数据图。

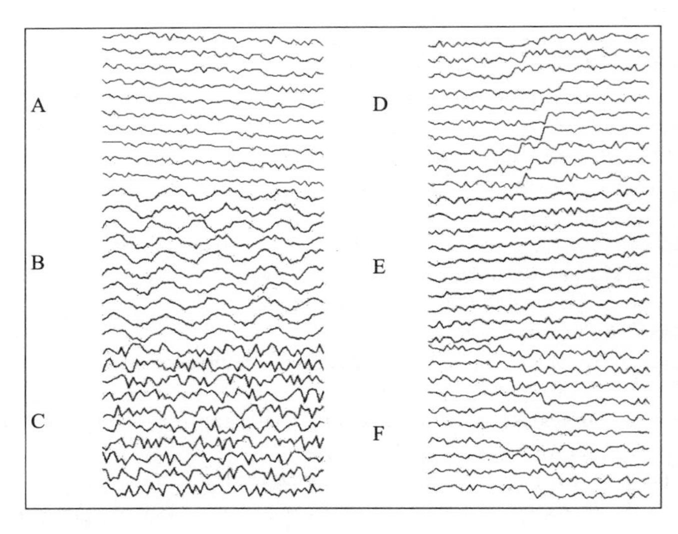

图 15-1 测试数据示意图

2）数据预处理。

```
[hadoop@master ~]$hadoop jar /home/hadoop/local/opt/mahout-distribution-0.10.0/mahout-integration-0.10.0.jar org.apache.mahout.clustering.conversion.InputDriver -i /user/hadoop/testdata -o /user/hadoop/input/seqfile
```

3）使用 Mahout 命令调用 K-Means 算法进行聚类分析。

```
[hadoop@master ~]$mahout kmeans -i /user/hadoop/input/seqfile -o /user/hadoop/kmeans/
output -c /user/hadoop/kmeans/clusters -k 6 -x 3
```

其中，参数-i 表示输入路径，参数-o 表示输出路径，参数-c 表示中心向量文件，参数-k 表示聚类的个数，参数-x 表示最大循环的次数。

4）查看聚类结果。

由于 Mahout 的 K-Means 算法计算处理的聚类中心的结果文件是 SequenceFile（序列文件），该文件是不可读的，所以聚类的结果不能直接打开查看，需要通过 clusterdump 命令转换。

```
[hadoop@master ~]$mahout clusterdump -i /user/hadoop/kmeans/output/clusters-3-final -o
local/opt/result.txt
```

运行上面的命令，在 local/opt/cluster/kmeans. cluster_result. txt 文件中查看结果，即可得到以下数据。

```
CL-79{n=249 c=[29.966, 29.673, 30.132, 30.736, 30.628, 31.053, 31.035, 31.130, 31.254,
31.392, 31.294, 31.827, 31.854, 31.896, 31.948, 32.034, 32.186, 32.456, 32.574, 32.857,
33.214, 33.939, 34.145, 34.905, 34.892, 35.724, 36.019, 36.128, 36.718, 37.079, 36.564,
37.496, 37.982, 38.356, 38.752, 39.243, 40.074, 40.370, 40.532, 41.080, 41.049, 41.677,
41.562, 41.678, 41.373, 42.030, 42.138, 41.928, 42.166, 42.450, 42.632, 42.841, 42.987, 43.287,
43.420, 43.676, 43.449, 43.402, 43.836, 43.780] r=[3.495, 3.577, 3.455, 3.609, 3.793, 3.740,
3.583, 3.539, 3.940, 3.962, 3.765, 3.867, 4.056, 3.993, 4.532, 4.319, 4.554, 4.738, 4.829,
4.952, 5.276, 6.011, 5.927, 5.961, 6.477, 6.518, 6.829, 6.351, 6.840, 6.767, 6.930, 7.563,
7.274, 7.263, 7.254, 7.363, 6.985, 6.845, 6.824, 7.108, 6.819, 7.164, 7.591, 7.409, 7.646, 7.984,
7.980, 7.625, 7.715, 7.862, 7.669, 7.732, 8.134, 8.157, 8.103, 8.232, 8.791, 8.524, 8.864, 8.670]}
…
```

在上面的数据中，CL-79 表示聚类的标号，n=249 表示这一类有 249 个点，c 表示中心点的坐标，r 表示每一个属性方向上的半径。

15.3.2 Mahout 算法接口的二次开发示例

1. 开发环境 IDE 配置

开发环境的软件版本如表 15-2 所示。

表 15-2 软件列表

软件	版本	备注
操作系统	Windows7 64bit	操作系统版本使用 Windows8 亦可
Maven	Maven3. 2. 1	—
MyEclipse	MyEclipse 10. 0	—
Mahout	0. 10. 0	—
Hadoop	2. 6. 0	使用 2. X 的版本亦可
JDK	1. 7	—

新建 Maven 工程，具体过程如下。

（1）新建 Maven 工程

如图 15-2 所示，建立 Maven 工程。

（2）设置工程参数

设置 Group Id 为 com. tipdm，Artifact Id 为 mahout，其他默认。

创建好的工程如图 15-3 所示。

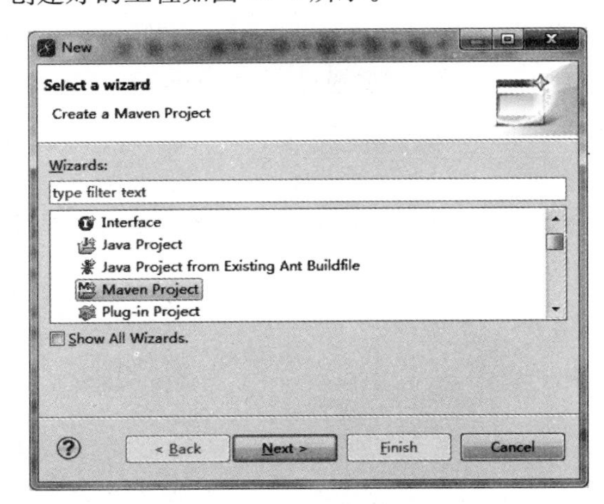

图 15-2　新建 Maven 工程

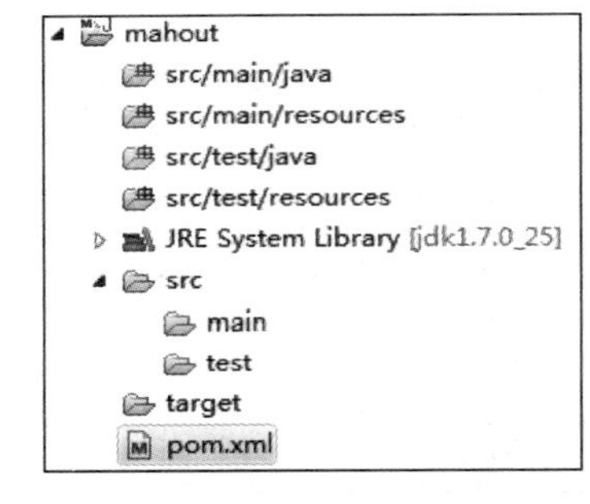

图 15-3　Maven 工程目录结构

（3）修改 pom. xml 文件，添加 Hadoop 以及 Mahout 的依赖

pom. xml 文件的内容如下所示。

```
<project xmlns = "http://maven.apache.org/POM/4.0.0" xmlns:xsi = "http://www.w3.org/2001/
XMLSchema - instance"
   xsi:schemaLocation = "http://maven.apache.org/POM/4.0.0
   http://maven.apache.org/xsd/maven - 4.0.0.xsd" >
    <modelVersion >4.0.0 </modelVersion >
    <groupId >com.tipdm </groupId >
    <artifactId >mahout </artifactId >
    <version >0.0.1 - SNAPSHOT </version >
    <packaging >jar </packaging >

    <name >mahout </name >
    <url >http://maven.apache.org </url >

    <properties >
        <log4j.version >2.0 </log4j.version >
        <hadoop.version >2.6.0 </hadoop.version >
        <mahout.version >0.10.0 </mahout.version >
        <project.build.sourceEncoding >UTF - 8 </project.build.sourceEncoding >
    </properties >
    <dependencies >
```

```
<!-- slf4j -->
<dependency>
    <groupId>org.slf4j</groupId>
    <artifactId>slf4j-log4j12</artifactId>
    <version>1.7.2</version>
</dependency>

<!-- log4j 的依赖 -->
<dependency>
    <groupId>org.apache.logging.log4j</groupId>
    <artifactId>log4j-api</artifactId>
    <version>${log4j.version}</version>
</dependency>
<dependency>
    <groupId>org.apache.logging.log4j</groupId>
    <artifactId>log4j-core</artifactId>
    <version>${log4j.version}</version>
</dependency>

<!-- Hadoop dependency -->
<dependency>
    <groupId>org.apache.hadoop</groupId>
    <artifactId>hadoop-mapreduce-client-core</artifactId>
    <version>${hadoop.version}</version>
</dependency>
<dependency>
    <groupId>org.apache.hadoop</groupId>
    <artifactId>hadoop-common</artifactId>
    <version>${hadoop.version}</version>
</dependency>
<dependency>
    <groupId>org.apache.hadoop</groupId>
    <artifactId>hadoop-hdfs</artifactId>
    <version>${hadoop.version}</version>
</dependency>
<dependency>
    <groupId>org.apache.hadoop</groupId>
    <artifactId>hadoop-mapreduce-client-common</artifactId>
    <version>${hadoop.version}</version>
</dependency>
<dependency>
    <groupId>org.apache.hadoop</groupId>
    <artifactId>hadoop-mapreduce-client-jobclient</artifactId>
    <version>${hadoop.version}</version>
</dependency>

<!-- Mahout dependency -->
 <dependency>
<artifactId>mahout-hdfs</artifactId>
```

```
            <groupId>org.apache.mahout</groupId>
            <version>${mahout.version}</version>
        </dependency>

        <dependency>
            <artifactId>mahout-mr</artifactId>
            <groupId>org.apache.mahout</groupId>
            <version>${mahout.version}</version>
        </dependency>

        <dependency>
            <artifactId>mahout-math</artifactId>
            <groupId>org.apache.mahout</groupId>
            <version>${mahout.version}</version>
        </dependency>

        <dependency>
            <artifactId>mahout-integration</artifactId>
            <groupId>org.apache.mahout</groupId>
            <version>${mahout.version}</version>
            <optional>true</optional>
        </dependency>

        <dependency>
            <artifactId>mahout-buildtools</artifactId>
            <groupId>org.apache.mahout</groupId>
            <version>${mahout.version}</version>
            <optional>true</optional>
        </dependency>

        <dependency>
            <artifactId>mahout-examples</artifactId>
            <groupId>org.apache.mahout</groupId>
            <version>${mahout.version}</version>
            <optional>true</optional>
        </dependency>

    </dependencies>
</project>
```

选中项目，右击“Run as”，选择“Maven install”进行安装，安装完成后，在Console中可以看到下面的信息。

```
[INFO] --- maven-install-plugin:2.4:install (default-install) @mahout ---
[INFO] Installing D:\workspase\book\mahout\target\mahout-0.0.1-SNAPSHOT.jar to D:\maven_repo\com\tipdm\mahout\0.0.1-SNAPSHOT\mahout-0.0.1-SNAPSHOT.jar
[INFO] Installing D:\workspase\book\mahout\pom.xml to D:\maven_repo\com\tipdm\mahout\0.0.1-SNAPSHOT\mahout-0.0.1-SNAPSHOT.pom
[INFO] ------------------------------------
```

```
[INFO] BUILD SUCCESS
[INFO] ------------------------------------
[INFO] Total time: 3.188 s
[INFO] Finished at: 2015-06-10T14:15:16+08:00
[INFO] Final Memory: 16M/220M
[INFO] ------------------------------------
```

安装结束后，选择项目右击后选择 Maven→Update Project 命令，即可完成项目的构建，构建好的项目工程及其 jar 包如图 15-4 所示。

图 15-4　构建好的工程

2. Mahout 算法接口的二次开发

开发环境 IDE 配置完成后，即可进行 Mahout 算法接口的二次开发。这里仍然使用 K-Means 算法来演示。

（1）连接集群

由于这里使用 Java 程序提交任务给 Hadoop 集群，所以需要指定 Hadoop 集群，包括集群的主节点 IP 等参数。以第 2 章配置的 Hadoop 集群为例，使用代码连接该集群，如代码清单 15-1 所示。

代码清单 15-1　配置 Configuration 连接集群

```
package hadoop;

import org.apache.hadoop.conf.Configuration;

public class HadoopUtil {

    public static Configuration getConf(){
        Configuration conf = new Configuration();
        conf.setBoolean("mapreduce.app-submission.cross-platform", true);// 配置使用跨平台提交
                                                                         // 任务
        conf.set("fs.defaultFS", "hdfs:// master:8020");                 //指定 namenode
        conf.set("mapreduce.jobhistory.address", "master:10020");
        conf.set("mapreduce.framework.name", "yarn");                    // 指定使用 YARN 框架
        conf.set("yarn.resourcemanager.address", "master:8032");         // 指定 resourcemanager
        conf.set("yarn.resourcemanager.scheduler.address", "master:8030"); // 指定资源分配器

        return conf;
    }
}
```

可以使用代码清单 15-2 来确定是否可以连接集群。

代码清单 15-2　确认集群连接代码

```
package hadoop;

import org.apache.hadoop.conf.Configuration;
import org.apache.hadoop.mapreduce.Cluster;
import org.apache.hadoop.mapreduce.ClusterMetrics;

/**
 *测试 Hadoop 连接程序
 *
 */
public class TestConnection {

    public static void main(String[] args) {
        Configuration conf = HadoopUtil.getConf();
        Cluster cluster = null;
        ClusterMetrics cm = null;
        int trackerCount = -1;
        try{
```

```
            cluster =new Cluster(conf);
            cm=cluster.getClusterStatus();
            trackerCount = cm.getTaskTrackerCount();
        }catch(Exception e){
            System.out.println("集群不可连接!");
            System.exit(-1);
        }
        System.out.println("集群可连接,trackerCount :"+trackerCount);
    }
}
```

运行代码清单 15-1、代码清单 15-2，可以得到类似下面的输出，即说明集群可以连接（trackerCount 的个数根据实际情况不同而异）。

```
log4j:WARN No appenders could be found for logger (org.apache.hadoop.metrics2.lib.MutableM-
etricsFactory).
log4j:WARN Please initialize the log4j system properly.
log4j:WARN See http://logging.apache.org/log4j/1.2/faq.html#noconfig for more info.
SLF4J: Class path contains multiple SLF4J bindings.
SLF4J: Found binding in [jar:file:/E:/mahout-0.9/mahout-core-0.9-job.jar!/org/slf4j/im-
pl/StaticLoggerBinder.class]
SLF4J: Found binding in [jar:file:/D:/.m2/repository/org/slf4j/slf4j-log4j12/1.7.5/slf4j
-log4j12-1.7.5.jar!/org/slf4j/impl/StaticLoggerBinder.class]
SLF4J: See http://www.slf4j.org/codes.html#multiple_bindings for an explanation.
SLF4J: Actual binding is of type [org.slf4j.impl.Log4jLoggerFactory]
集群可连接,trackerCount :2
```

（2）数据预处理接口

由于 Mahout 中的 K-Means 算法库针对的数据是序列化的文件，同时 key/value 键值对的 value 格式需要是 VectorWritable 的，所以这里需要编写对应的代码来进行转换，其代码如代码清单 15-3 所示（这里借鉴 Mahout 中的做法，只是代码部分修改。InputMapper 直接使用 Mahout 自带的即可），代码清单 15-4 是数据转换程序的测试程序。

代码清单 15-3　数据转换主程序

```
package hadoop;

import java.io.IOException;

import org.apache.commons.cli2.CommandLine;
import org.apache.commons.cli2.Group;
import org.apache.commons.cli2.Option;
import org.apache.commons.cli2.OptionException;
import org.apache.commons.cli2.builder.ArgumentBuilder;
import org.apache.commons.cli2.builder.DefaultOptionBuilder;
import org.apache.commons.cli2.builder.GroupBuilder;
import org.apache.commons.cli2.commandline.Parser;
import org.apache.hadoop.conf.Configuration;
```

```
import org.apache.hadoop.fs.Path;
import org.apache.hadoop.io.Text;
import org.apache.hadoop.mapreduce.Job;
import org.apache.hadoop.mapreduce.lib.input.FileInputFormat;
import org.apache.hadoop.mapreduce.lib.output.FileOutputFormat;
import org.apache.hadoop.mapreduce.lib.output.SequenceFileOutputFormat;
import org.apache.mahout.common.CommandLineUtil;
import org.apache.mahout.common.commandline.DefaultOptionCreator;
import org.apache.mahout.math.VectorWritable;
import org.slf4j.Logger;
import org.slf4j.LoggerFactory;

/**
 *This class converts text files containing space - delimited floating point numbers into
 *Mahout sequence files of VectorWritable suitable for input to the clustering jobs in
 *particular, and any Mahout job requiring this input in general.
 *
 */
public final class InputDriver {

  private static final Logger log = LoggerFactory.getLogger(InputDriver.class);

  private InputDriver() {
  }

  public static void main(String[] args) throws IOException, InterruptedException, Class-
  NotFoundException {
    DefaultOptionBuilder obuilder = new DefaultOptionBuilder();
    ArgumentBuilder abuilder = new ArgumentBuilder();
    GroupBuilder gbuilder = new GroupBuilder();

    Option inputOpt = DefaultOptionCreator.inputOption().withRequired(false).create();
    Option outputOpt = DefaultOptionCreator.outputOption().withRequired(false).create();
    Option vectorOpt = obuilder.withLongName("vector").withRequired(false).withArgument(
      abuilder.withName("v").withMinimum(1).withMaximum(1).create()).withDescription(
      "The vector implementation to use.").withShortName("v").create();

    Option helpOpt = DefaultOptionCreator.helpOption();

    Group group = gbuilder.withName("Options").withOption(inputOpt).withOption(outpu-
    tOpt).withOption(
      vectorOpt).withOption(helpOpt).create();

    try {
      Parser parser = new Parser();
      parser.setGroup(group);
      CommandLine cmdLine = parser.parse(args);
      if (cmdLine.hasOption(helpOpt)) {
        CommandLineUtil.printHelp(group);
```

```
            return;
        }

        Path input = new Path(cmdLine.getValue(inputOpt, "testdata").toString());
        Path output = new Path(cmdLine.getValue(outputOpt, "output").toString());
        String vectorClassName = cmdLine.getValue(vectorOpt,
            "org.apache.mahout.math.RandomAccessSparseVector").toString();
        runJob(input, output, vectorClassName);
      } catch (OptionException e) {
        log.error("Exception parsing command line: ", e);
        CommandLineUtil.printHelp(group);
      }
    }

    public static void runJob(Path input, Path output, String vectorClassName)
      throws IOException, InterruptedException, ClassNotFoundException {
      Configuration conf = HadoopUtil.getConf();
      conf.set("vector.implementation.class.name", vectorClassName);
      Job job = new Job(conf, "Input Driver running over input: " + input);

      job.setOutputKeyClass(Text.class);
      job.setOutputValueClass(VectorWritable.class);
      job.setOutputFormatClass(SequenceFileOutputFormat.class);
      job.setMapperClass(InputMapper.class);
      job.setNumReduceTasks(0);
      job.setJarByClass(InputDriver.class);

      FileInputFormat.addInputPath(job, input);
      FileOutputFormat.setOutputPath(job, output);

      boolean succeeded = job.waitForCompletion(true);
      if (!succeeded) {
        throw new IllegalStateException("Job failed!");
      }
    }
  }
```

代码清单 15-4　数据转换主程序测试程序

```
package hadoop;

import java.io.IOException;

import org.apache.hadoop.fs.Path;

/**
 *测试数据转换
 *
 */
```

```
public class TestConversion {

    public static void main(String[] args) throws ClassNotFoundException, IllegalArgumen-
    tException, IOException, InterruptedException {
        // 设置参数
        String input = "hdfs://master:8020/user/hadoop/testdata";
        String output = "hdfs://master:8020/user/hadoop/input/seqfile";
        String vectorClassName = "org.apache.mahout.math.RandomAccessSparseVector";
        // 调用数据转换程序
        InputDriver.runJob(new Path(input), new Path(output), vectorClassName);
    }
}
```

首次运行代码清单 15-4 会出现如图 15-5 所示的错误。解决方法如下：下载 Hadoop 2.6.0 安装包，配置 HADOOP_HOME 环境变量，配置环境变量后重启计算机。

```
java.io.IOException: Could not locate executable null\bin\winutils.exe in the Hadoop binaries.
	at org.apache.hadoop.util.Shell.getQualifiedBinPath(Shell.java:278)
	at org.apache.hadoop.util.Shell.getWinUtilsPath(Shell.java:300)
	at org.apache.hadoop.util.Shell.<clinit>(Shell.java:293)
	at org.apache.hadoop.util.StringUtils.<clinit>(StringUtils.java:76)
	at org.apache.hadoop.conf.Configuration.getTrimmedStrings(Configuration.java:1546)
	at org.apache.hadoop.hdfs.DFSClient.<init>(DFSClient.java:519)
	at org.apache.hadoop.hdfs.DFSClient.<init>(DFSClient.java:453)
	at org.apache.hadoop.hdfs.DistributedFileSystem.initialize(DistributedFileSystem.java:136)
	at org.apache.hadoop.fs.FileSystem.createFileSystem(FileSystem.java:2433)
	at org.apache.hadoop.fs.FileSystem.access$200(FileSystem.java:88)
	at org.apache.hadoop.fs.FileSystem$Cache.getInternal(FileSystem.java:2467)
	at org.apache.hadoop.fs.FileSystem$Cache.get(FileSystem.java:2449)
	at org.apache.hadoop.fs.FileSystem.get(FileSystem.java:367)
	at org.apache.mahout.common.iterator.sequencefile.SequenceFileDirValueIterator.<init>(SequenceFileDirValueIterator.java:66)
	at org.apache.mahout.common.iterator.sequencefile.SequenceFileDirValueIterable.iterator(SequenceFileDirValueIterable.java:76)
	at org.apache.mahout.utils.clustering.AbstractClusterWriter.write(AbstractClusterWriter.java:113)
	at org.apache.mahout.utils.clustering.AbstractClusterWriter.write(AbstractClusterWriter.java:102)
```

图 15-5　系统环境未配置错误

重新运行程序，得到错误信息如图 15-6 所示。解决方法如下：在 https://github.com/srccodes/hadoop-common-2.6.0-bin 下载文件并覆盖 Hadoop 安装路径下的 bin 目录，将其中的 hadoop.dll 拷贝到 C:\\windows\\System32 下即可。

```
java.io.IOException: Could not locate executable E:\hadoop-2.2.0\bin\winutils.exe in the Hadoop binaries.
	at org.apache.hadoop.util.Shell.getQualifiedBinPath(Shell.java:278)
	at org.apache.hadoop.util.Shell.getWinUtilsPath(Shell.java:300)
	at org.apache.hadoop.util.Shell.<clinit>(Shell.java:293)
	at org.apache.hadoop.util.StringUtils.<clinit>(StringUtils.java:76)
	at org.apache.hadoop.conf.Configuration.getTrimmedStrings(Configuration.java:1546)
	at org.apache.hadoop.hdfs.DFSClient.<init>(DFSClient.java:519)
	at org.apache.hadoop.hdfs.DFSClient.<init>(DFSClient.java:453)
	at org.apache.hadoop.hdfs.DistributedFileSystem.initialize(DistributedFileSystem.java:136)
	at org.apache.hadoop.fs.FileSystem.createFileSystem(FileSystem.java:2433)
	at org.apache.hadoop.fs.FileSystem.access$200(FileSystem.java:88)
	at org.apache.hadoop.fs.FileSystem$Cache.getInternal(FileSystem.java:2467)
	at org.apache.hadoop.fs.FileSystem$Cache.get(FileSystem.java:2449)
	at org.apache.hadoop.fs.FileSystem.get(FileSystem.java:367)
```

图 15-6　运行代码错误

重新调用代码清单 15-4，在 HDFS 相应的目录下可以看到转换后的数据（如设置的输出路径为 hdfs://master: 8020/user/hadoop/input/seqfile），如图 15-7 所示（图中方框的部分即是 value 的格式，为 VectorWritable，说明已经转换了）。

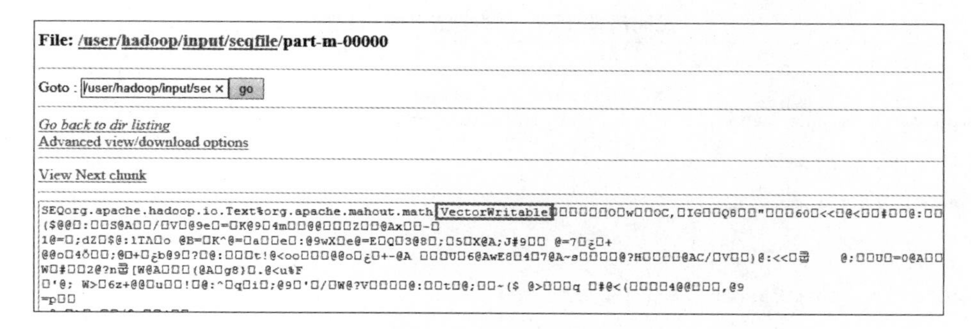

图 15-7　数据转换结果图

（3）调用 K-Means 算法库

经过（2）的数据转换后，可调用 K-Means 算法来对数据进行聚类，调用聚类的算法代码如代码清单 15-5 所示。

代码清单 15-5　K-Means 算法调用程序

```
package hadoop;

import org.apache.hadoop.conf.Configuration;
import org.apache.hadoop.util.ToolRunner;
import org.apache.mahout.clustering.kmeans.KMeansDriver;

/**
 *K-Means 算法测试程序
 *
 */
public class TestKmeans {
    public static void main(String[] args) throws Exception {
        // 设置参数
        String[] argss = {
                    "-i", "hdfs://master:8020/user/hadoop/input/seqfile",
                    "-o", "hdfs://master:8020/user/hadoop/kmeans/output",
                    "-c", "hdfs://master:8020/user/hadoop/kmeans/clusters",
                    "-k", "6", "-x", "3"
        };
        // 调用 K-Means 算法
        ToolRunner.run(new Configuration(), new KMeansDriver(), argss);
    }
}
```

（4）聚类结果解析接口

由于 Mahout 的 K-Means 算法库对数据进行处理后，数据还是序列数据，是不可读取的，所以调用序列文件解析程序，解析聚类中心数据，其调用代码如代码清单 15-6 所示。

代码清单 15-6　聚类结果解析程序

```
package hadoop;

import org.apache.mahout.utils.clustering.ClusterDumper;

/**
 *聚类中心结果解析
 *
 */
public class TestClusterDumper {

    public static void main(String[] args) throws Exception {
        String local = "~/local/result.txt";
        String remote = "/user/hadoop/kmeans/output";
        // 设置参数
        String[] argss ={
                    "-i", "hdfs://master:8020/user/hadoop/kmeans/output/clusters-3-final",
                    "-o", local
        };
        // 调用聚类解析结果
        ClusterDumper.main(argss);
    }
}
```

在相应的目录，查看聚类结果解析后的文件，结果如图 15-8 所示。

```
[hadoop@master ~]$ cat local/result.txt
CL-79{n=249 c=[29.966, 29.673, 30.132, 30.736, 30.628, 31.053, 31.035, 31.130, 31.254, 31.392, 31.294, 3
1.827, 31.854, 31.896, 31.948, 32.034, 32.186, 32.456, 32.574, 32.857, 33.214, 33.939, 34.145, 34.905, 3
4.892, 35.724, 36.019, 36.128, 36.718, 37.079, 36.564, 37.496, 37.982, 38.356, 38.752, 39.243, 40.074, 4
0.370, 40.532, 41.080, 41.049, 41.677, 41.562, 41.678, 41.373, 42.030, 42.138, 41.928, 42.166, 42.450, 4
2.632, 42.841, 42.987, 43.287, 43.420, 43.676, 43.449, 43.402, 43.836, 43.780] r=[3.495, 3.577, 3.455, 3
.609, 3.793, 3.740, 3.583, 3.539, 3.940, 3.962, 3.765, 3.867, 4.056, 3.993, 4.532, 4.319, 4.554, 4.738,
4.829, 4.952, 5.276, 6.011, 5.927, 5.961, 6.477, 6.518, 6.829, 6.351, 6.840, 6.767, 6.930, 7.563, 7.274,
 7.263, 7.254, 7.363, 6.985, 6.845, 6.824, 7.108, 6.819, 7.164, 7.591, 7.409, 7.646, 7.984, 7.980, 7.625
, 7.715, 7.862, 7.669, 7.732, 8.134, 8.157, 8.103, 8.232, 8.791, 8.524, 8.864, 8.670]}
CL-175{n=97 c=[29.879, 33.758, 36.193, 37.916, 36.766, 34.992, 32.412, 28.990, 26.392, 23.772, 21.875, 2
2.862, 25.483, 28.652, 31.666, 34.683, 36.413, 37.291, 35.726, 32.871, 30.761, 27.496, 25.384, 23.929, 2
4.303, 25.583, 27.793, 30.714, 32.410, 34.298, 34.782, 34.236, 32.507, 30.863, 29.373, 27.801, 26.355, 2
6.179, 25.986, 27.692, 29.156, 31.078, 32.514, 31.797, 31.913, 32.048, 31.221, 30.165, 29.636, 28.807, 2
8.147, 28.317, 28.261, 28.493, 29.327, 29.952, 30.187, 30.240, 30.471, 31.140] r=[3.442, 4.117, 5.999, 6
.707, 7.055, 5.776, 4.353, 4.061, 4.991, 6.251, 6.676, 5.763, 6.049, 5.041, 5.103, 5.874, 6.648, 6.080,
6.234, 6.524, 6.433, 5.893, 6.291, 6.391, 5.923, 6.838, 6.692, 6.862, 6.984, 6.261, 5.916, 6.910, 7.030,
 7.773, 7.779, 7.038, 6.292, 6.227, 6.638, 6.908, 8.256, 7.087, 7.349, 7.177, 7.077, 7.613, 7.748, 7.932
, 7.624, 7.318, 7.316, 8.004, 7.949, 7.938, 7.366, 7.994, 7.897, 7.317, 7.824, 7.622]}
CL-335{n=68 c=[29.966, 29.937, 30.125, 29.156, 29.448, 29.243, 29.284, 29.323, 29.251, 29.423, 29.394, 2
8.459, 28.697, 28.433, 28.129, 28.129, 28.359, 27.700, 28.402, 28.797, 28.690, 26.524, 26.683, 26.743, 2
5.507, 24.116, 24.582, 23.834, 23.378, 22.743, 22.101, 21.323, 20.299, 18.757, 17.374, 16.745, 16.058, 1
5.988, 14.759, 15.374, 15.276, 14.302, 15.066, 15.134, 14.473, 14.512, 12.734, 13.935, 14.428, 14.167, 1
4.765, 14.374, 13.854, 13.570, 13.411, 13.123, 13.604, 13.644, 13.131, 13.520] r=[3.334, 3.418, 3.377, 3
.255, 3.603, 3.665, 3.743, 3.704, 3.993, 3.796, 3.333, 3.677, 3.552, 3.743, 3.741, 4.026, 4.093, 4.163,
4.139, 3.646, 5.127, 6.036, 5.885, 6.576, 6.065, 6.892, 6.635, 6.910, 7.272, 8.001, 7.461, 7.745, 7.566,
 7.430, 6.941, 5.699, 6.329, 6.176, 4.977, 4.030, 3.815, 4.574, 3.469, 4.068, 3.957, 3.922, 3.794, 3.121
, 3.283, 3.963, 3.697, 3.821, 3.727, 3.404, 3.943, 3.543, 3.742, 3.752, 4.067, 4.228]}
```

图 15-8　聚类中心解析结果

通过对比 15.3.1 节的数据结果和图 15-8，可以发现两种方式得到的结果是一致的。

15.4　小结

本章首先介绍 Mahout 及其详细环境搭建配置，方便读者根据配置流程搭建开发环境。接着，介绍 Mahout 的命令行用法，并使用 K-Means 算法的 Mahout 命令实例来演示 Mahout 命令行的用法。最后，使用 Java 工程来调用 Mahout 的 K-Means 算法库，介绍如何把 Mahout 的 K-Means 算法库引入 Java 工程中，并且用实例演示针对 K-Means 算法库调用的数据接口，从最开始的 IDE 环境搭建，到 K-Means 算法的各个接口，再到结果的展示分析等。通过实例的介绍，将读者引入基于 Hadoop 框架的大数据挖掘开发的道路。

Chapter 16 第16章

基于 TipDM-HB 的数据挖掘二次开发

随着企业信息化的推进和应用水平的不断提高，企业中积累的数据规模越来越庞大。如何有效地利用历史数据，挖掘出有价值的信息，从而帮助企业能够对未来变化作出及时正确的决策，最终在激烈的市场竞争中占据主动，已经成为当前企业越来越迫切想要解决的问题。TipDM-HB 大数据挖掘开发平台就是这样一套用于从大量的企业数据中挖掘出智能知识，并且快速定制应用的二次开发平台。TipDM-HB 大数据挖掘建模平台提供多种算法模型的 Web 服务接口，可供开发人员调用，减小开发难度、周期，加快工作效率。下面介绍 TipDM-HB 数据挖掘开发平台的各个 Web 服务，同时给出开发实例，使读者不仅可以了解使用 TipDM-HB 大数据挖掘建模平台进行二次开发的各个流程，还可以实战练习，加深理解。

16.1 概述

16.1.1 TipDM-HB 大数据挖掘建模平台服务接口

TipDM-HB 大数据挖掘建模平台以智能预测算法为核心，采用 Apache CXF 提供的 RESTful 风格的标准应用接口，以满足企业复杂的应用需求。基于该平台提供的接口，能方便地在 DEPHI、PB、VC、VB、NET、Java 等环境进行二次开发调用。产品可广泛运用在金融业、保险业、电信业、证券业、制造业、零售业、生物制药等各行各业。

TipDM-HB 大数据挖掘建模平台以方案为主导，加载数据完成后，可以构建各个方案的模型。构建模型是根据实际应用问题来选择的，在 TipDM-HB 大数据挖掘建模平台中可选的模型算法主要包括：分类分析模型、聚类分析模型、关联规则模型、智能推荐模型。针对具体实际问题选择好模型（此时默认数据已经加载），设置模型参数即可调用 TipDM-HB 引擎来进行模型训练。模型训练完成后，可以得到训练好的模型，使用评价模型的算法来对算法进行评估，专业人员参与其中，对评估结果予以评定。如果结果符合生产实际要求，则可以发布模型应用到实际生产中；如果结果不符合生产实际要求，则需要调整数据或者修改模型参数重新训练模型再次评估。TipDM-HB 数据挖掘流程如图 16-1 所示。

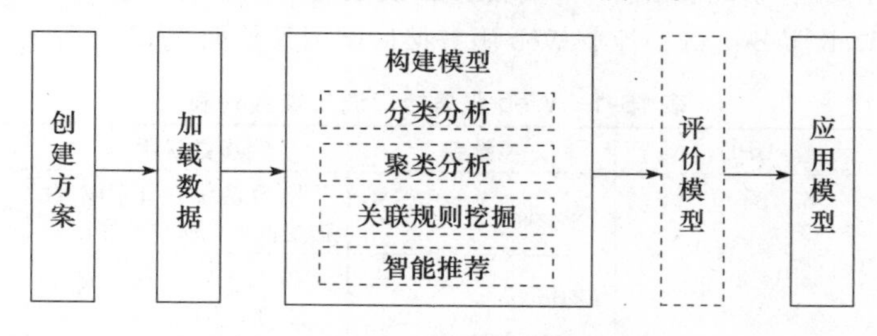

图 16-1　TipDM-HB 数据挖掘流程

在 TipDM-HB 大数据挖掘建模平台中构建模型是重要环节，常用的数据挖掘模型包括分类分析、聚类分析、关联规则挖掘和智能推荐等模型，每个模型的建模方式大同小异。以分类与预测模型为例，模型构建流程如图 16-2 所示。

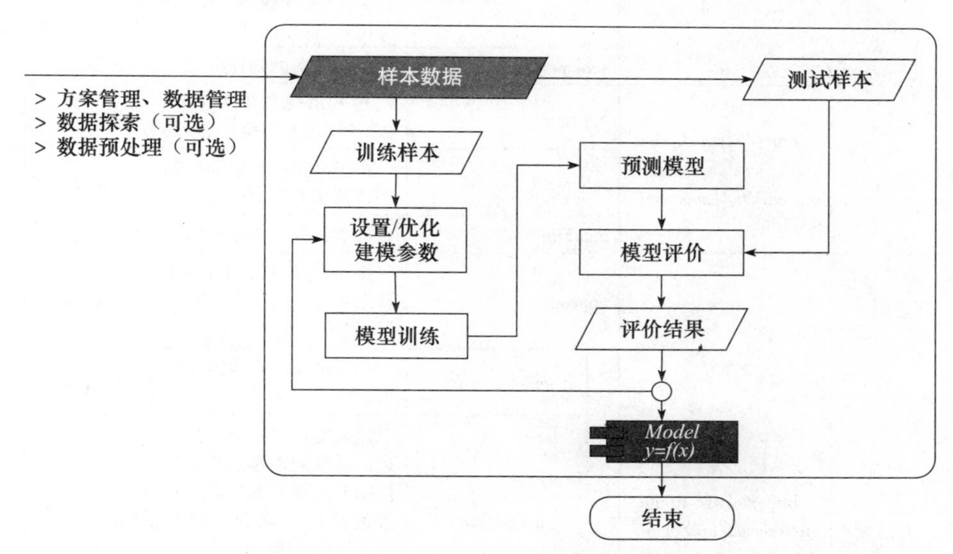

图 16-2　分类与预测模型建模流程

模型构建的目的是基于专家样本数据，通过算法形成一个稳定、可用的预测模型（可理解为一个公式），如图 16-2 所示的“Model”。该模型在训练结束后被存入一个模型文件中，供模型实际应用中加载调用。

基于 TipDM-HB 的数据挖掘二次开发主要就是针对图 16-1 中各个过程的 Web 服务调用，即客户端调用 TipDM-HB 大数据挖掘建模平台进行创建方案、加载数据、构建模型、评价模型和应用模型等步骤的过程。在每个步骤的调用中，直接通过 Web 服务发送服务调用的参数和命令即可，调用封装了算法具体调用的各个细节，从而避免直接开发算法的开销。

TipDM-HB 大数据挖掘建模平台提供的 Web 服务接口主要有：创建方案 Web 服务接口、数据加载 Web 服务接口、分类分析模型调用 Web 服务接口、聚类分析模型调用 Web 服务接口、关联规则模型调用 Web 服务接口、智能推荐模型调用 Web 服务接口、模型评价 Web 服务接口、模型应用 Web 服务接口。各个 Web 服务接口调用参数如表 16-1 所示。

表 16-1　Web 服务接口调用参数列表

<table>
<tr><th>服务</th><th>URL</th><th colspan="3">参数名</th><th>参数说明</th><th>类型</th><th>必须</th></tr>
<tr><td rowspan="5">创建方案</td><td rowspan="5">http://www.tipdm.cn/forecast/api/scheme/create /{appcode}/{userId}</td><td colspan="3">appcode</td><td>接入系统在 TipDM 数据挖掘平台所得的注册码</td><td>String(32)</td><td>是</td></tr>
<tr><td colspan="3">userId</td><td>在 TipDM 数据挖掘平台注册的 ID</td><td>String(32)</td><td>是</td></tr>
<tr><td colspan="3">shchemeName</td><td>方案名称</td><td>String(50)</td><td>是</td></tr>
<tr><td colspan="3">appType</td><td>方案的应用类别，当前可选类型为：
100：数据分类
101：聚类分析
102：关联规则
103：智能推荐</td><td>String(5)</td><td>是</td></tr>
<tr><td colspan="3">schemeDesc</td><td>针对方案的描述信息</td><td>String(100)</td><td>否</td></tr>
<tr><td rowspan="3">数据加载</td><td rowspan="3">http://www.tipdm.cn/forecast/api/data/uploadData/{appcode}</td><td colspan="3">appcode</td><td>接入系统在 TipDM-HB 数据挖掘平台所得的注册码</td><td>String(32)</td><td>是</td></tr>
<tr><td colspan="3">schemeId</td><td>在 TipDM-HB 数据挖掘平台新建方案 ID</td><td>String(32)</td><td>是</td></tr>
<tr><td colspan="3">dataFile</td><td>样本数据文件路径</td><td>File</td><td>是</td></tr>
<tr><td rowspan="7">分类分析模型/Random Forest 算法</td><td rowspan="7">http://www.tipdm.cn/forecast/api/algorithm/classify/train/{appcode}</td><td colspan="3">appcode</td><td>接入系统在 TipDM-HB 数据挖掘平台所得的注册码</td><td>String(32)</td><td>是</td></tr>
<tr><td rowspan="6">algorithm</td><td colspan="2">schemeId</td><td>在 TipDM-HB 数据挖掘平台新建方案 ID</td><td>String(32)</td><td>是</td></tr>
<tr><td rowspan="5">params</td><td>descriptor</td><td>输入文件数据属性列描述，属性列不参加建模的使用 I 表示，属性列是离散的使用 C 表示，属性列是连续的使用 N 表示，属性列是输出类别的使用 L 表示</td><td>String(255)</td><td>是</td></tr>
<tr><td>selection</td><td>随机选取属性的个数</td><td>Integer</td><td>是</td></tr>
<tr><td>minsplit</td><td>决策树是否分支的数据集容量阈值</td><td>Integer</td><td>是</td></tr>
<tr><td>seed</td><td>随机种子</td><td>Integer</td><td>否</td></tr>
<tr><td>nbtrees</td><td>随机森林中决策树的个数</td><td>Integer</td><td>是</td></tr>
</table>

（续）

服务	URL	参数名			参数说明	类型	必须
聚类分析模型/K-Means 聚类算法	http://www.tipdm.cn/forecast/api/algorithm/cluster/{appcode}/	appcode			接入系统在 TipDM 数据挖掘平台所得的注册码	String(32)	是
		algorithm	schemeId		在 TipDM-HB 数据挖掘平台新建方案 ID	String(32)	是
			params	clusterNum	聚类数目	Integer	是
				distanceMeasure	距离函数（可选项有：SIMILARITY_COOCCURRENCE、SIMILARITY_LOGLIKELIHOOD、SIMILARITY_TANIMOTO_COEFFICIENT、SIMILARITY_CITY_BLOCK、SIMILARITY_COSINE、SIMILARITY_PEARSON_CORRELATION、SIMILARITY_EUCLIDEAN_DISTANCE）	String(200)	是
				iterationNum	迭代次数	Integer	是
				seedNum	随机数种子	Integer	否
关联规则模型/FP-Growth 关联规则	http://www.tipdm.cn/forecast/api/algorithm/association/{appcode}	appcode			接入系统在 TipDM-HB 数据挖掘平台所得的注册码	String(32)	是
		algorithm	schemeId		在 TipDM-HB 数据挖掘平台新建方案 ID	String(32)	是
			params	maxHeapSize	最大堆值	Integer	是
				minSupport	最小支持度	Double	是
				numGroups	分组个数	Integer	是
智能推荐模型	http://www.tipdm.cn/forecast/api/algorithm/recommend/{appcode}	appcode			接入系统在 TipDM-HB 数据挖掘平台所得的注册码	String(32)	是
		algorithm	schemeId		在 TipDM-HB 数据挖掘平台新建方案 ID	String(32)	是
			params	numrecommend	推荐个数	Integer	是
				maxSimilarityItem	最多相似项目	Integer	是
				minScore	最小评分	Double	是
				maxSimilarity	最大相似度	Double	是
				maxScore	最大评分	Double	是
				similarityFun	相似距离函数	String	是

（续）

服务	URL	参数名		参数说明	类型	必须
模型评价/Random Forest 模型评价	http://www.tipdm.cn/forecast/api/algorithm/classify/evaluate/{appcode}	appcode		接入系统在 TipDM-HB 数据挖掘平台所得的注册码	String(32)	是
		algorithm	schemeId	在 TipDM-HB 数据挖掘平台新建方案 ID	String(32)	是
			testData	以英文逗号进行分隔，字段个数（不包含分类结果）、顺序与专家样本保持一致	String[]	是
模型应用/Random Forest 模型应用	http://www.tipdm.cn/forecast/api/algorithm/classify/{appcode}	appcode		接入系统在 TipDM-HB 数据挖掘平台所得的注册码	String(32)	是
		schemeId		在 TipDM-HB 数据挖掘平台新建方案 ID	String(32)	是
		dataFile		分类文件的数据格式需与专家样本数据一致	File	是

16.1.2 Apache CXF 简介

Apache CXF 是一个开源的 Services 框架，CXF 帮助用户利用 Frontend 编程 API 来构建和开发 Services，如 JAX-WS。这些 Services 可以支持多种协议，如 SOAP、XML/HTTP、RESTful HTTP 和 CORBA，并且可以在多种传输协议上运行，如 HTTP、JMS 和 JBI，CXF 大大简化了 Services 的创建，同时它继承了 XFire 传统，同样可以与 Spring 无缝集成。

CXF 包含了大量的功能特性，但是主要集中在以下几个方面：

- 支持 Web Services 标准：CXF 支持多种 Web Services 标准，包含 SOAP、Basic Profile、WS-Addressing、WS-Policy、WS-ReliableMessaging 和 WS-Security。
- Frontends：CXF 支持多种“Frontend”编程模型，CXF 实现了 JAX-WS API（遵循 JAX-WS 2.0 TCK 版本），它也包含一个“simple frontend”，允许创建客户端和 EndPoint，而不需要 Annotation 注解。CXF 既支持 WSDL 优先开发模式，也支持代码优先开发模式。
- 容易使用：CXF 设计得更加直观与容易使用。有大量简单的 API 用来快速构建代码优先的 Services，各种 Maven 的插件也使集成更加容易，支持 JAX-WS API，支持 Spring 2.0 更加简化的 XML 配置方式，等等。
- 支持二进制和遗留协议：CXF 的设计是一种可插拔的架构，既可以支持 XML，也可以支持非 XML 的类型绑定，如 JSON 和 CORBA。

CXF 的设计关键考虑以下因素：

- 前端，如 JAX-WS，与核心代码的彻底分离。
- 简单易用，例如，创建客户端和端点不需标注。

- 高性能，最少的计算开销。
- 可嵌入的 Web 服务组件：例如，可以嵌入 Spring Framework 和 Geronimo 中。

16.2　TipDM-HB 大数据挖掘建模平台服务开发实例

16.2.1　环境配置

下面通过一个简单的示例演示如何在程序中调用 TipDM-HB 发布的 webService 接口。

开发环境的软件版本列表如表 16-2 所示。

表 16-2　软件版本列表

软件	版本	备注
操作系统	Windows8 64bit	操作系统版本使用 Windows7 亦可
Maven	Maven3. 3. 1	—
Eclipse	Eclipse 4. 4. 2	—
JDK	1. 7 +	—

1. 安装 Maven

访问 Maven 官网，选择版本 3. 3. 1 下载（也可以下载其他稳定版本），解压到 D：\maven（这个目录，读者可自行设置）。

配置 Maven 的环境。打开系统属性，选择“高级”选项卡，单击“环境变量”配置 Maven。新建系统变量 M2_HOME。编辑系统变量 path，在后面追加 Maven 的安装目录。其过程如图 16-3、图 16-4 所示。

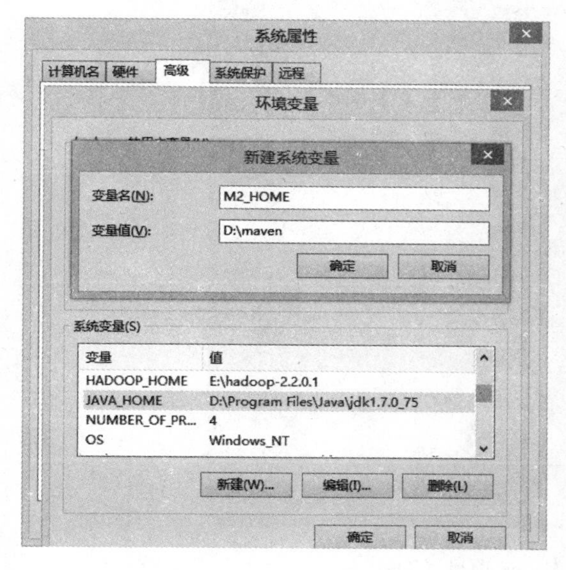

图 16-3　添加 Maven Home 目录

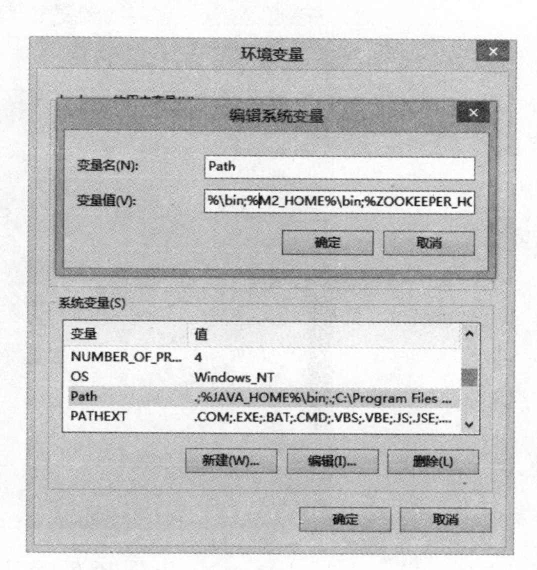

图 16-4　追加 Maven bin 目录

最后，打开命令行，输入 mvn -version 查看是否输出对应的版本信息（这里应该是输出版本为 3.3.1 的信息），以验证安装是否成功。

2. 建立 Maven 工程

下载 Eclipse Luna 并解压缩，运行 Eclipse，新建一个 Maven 项目，其新建过程如图 16-5 ~ 图 16-8 所示。

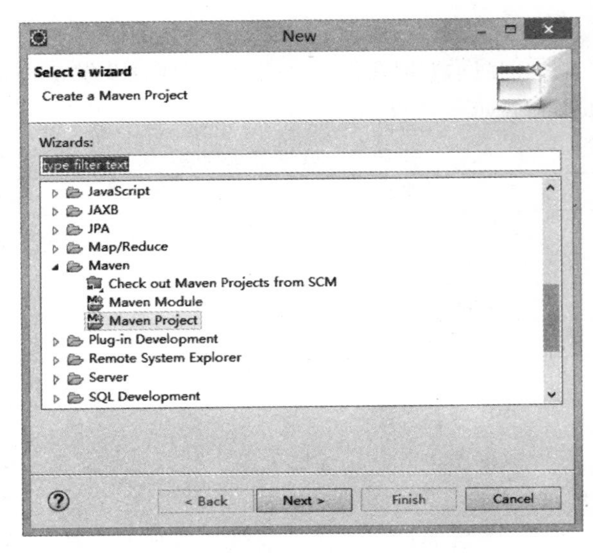

图 16-5 新建 Maven 项目（1）

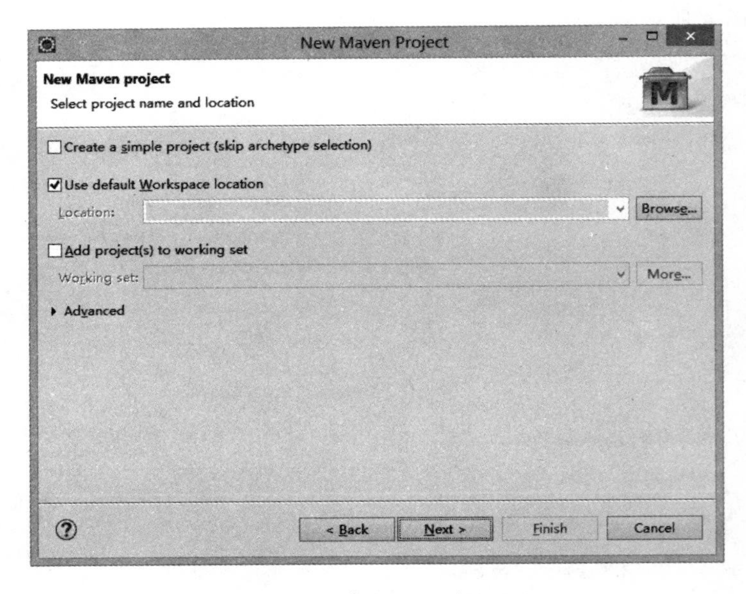

图 16-6 新建 Maven 项目（2）

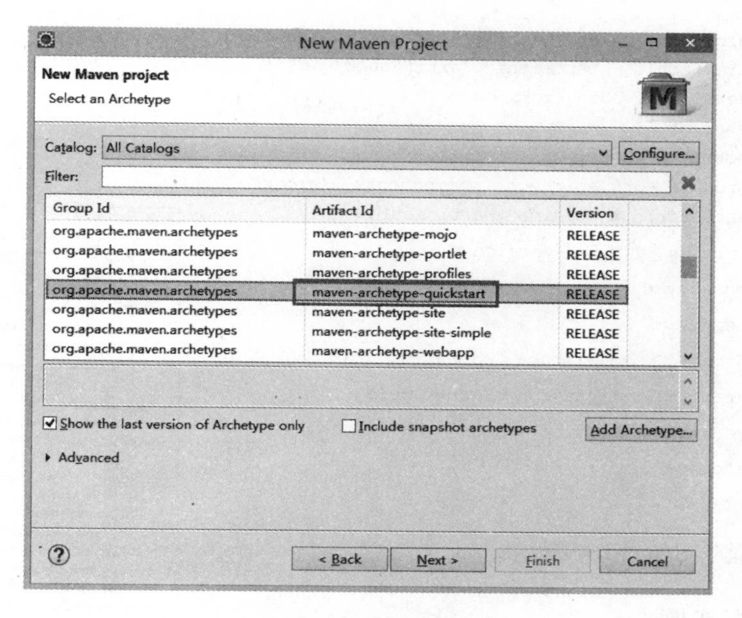

图 16-7　新建 Maven 项目（3）

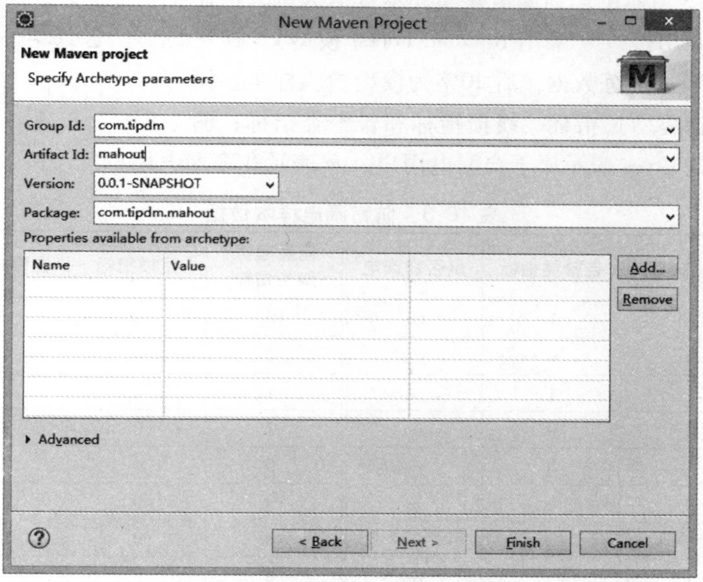

图 16-8　新建 Maven 项目（4）

修改 pom. xml，添加 HttpClient 相关依赖，代码如下。

```
<dependencies>
    <dependency>
```

```
        <groupId>org.apache.httpcomponents</groupId>
        <artifactId>httpclient</artifactId>
        <version>4.3.5</version>
    </dependency>
    <dependency>
        <groupId>org.apache.httpcomponents</groupId>
        <artifactId>httpmime</artifactId>
        <version>4.3.5</version>
    </dependency>
    <dependency>
        <groupId>com.alibaba</groupId>
        <artifactId>fastjson</artifactId>
        <version>1.1.15</version>
    </dependency>
</dependencies>
```

建好的工程截图如图16-9所示。

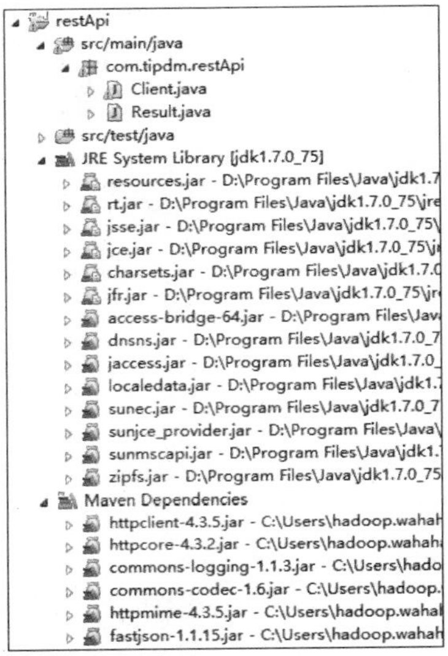

```
restApi
  src/main/java
    com.tipdm.restApi
      Client.java
      Result.java
  src/test/java
  JRE System Library [jdk1.7.0_75]
    resources.jar - D:\Program Files\Java\jdk1.7
    rt.jar - D:\Program Files\Java\jdk1.7.0_75\jre
    jsse.jar - D:\Program Files\Java\jdk1.7.0_75\
    jce.jar - D:\Program Files\Java\jdk1.7.0_75\j
    charsets.jar - D:\Program Files\Java\jdk1.7.0
    jfr.jar - D:\Program Files\Java\jdk1.7.0_75\jr
    access-bridge-64.jar - D:\Program Files\Jav
    dnsns.jar - D:\Program Files\Java\jdk1.7.0_7
    jaccess.jar - D:\Program Files\Java\jdk1.7.0_
    localedata.jar - D:\Program Files\Java\jdk1.
    sunec.jar - D:\Program Files\Java\jdk1.7.0_7
    sunjce_provider.jar - D:\Program Files\Java\
    sunmscapi.jar - D:\Program Files\Java\jdk1.
    zipfs.jar - D:\Program Files\Java\jdk1.7.0_75
  Maven Dependencies
    httpclient-4.3.5.jar - C:\Users\hadoop.wahah
    httpcore-4.3.2.jar - C:\Users\hadoop.wahah
    commons-logging-1.1.3.jar - C:\Users\hado
    commons-codec-1.6.jar - C:\Users\hadoop.
    httpmime-4.3.5.jar - C:\Users\hadoop.wahal
    fastjson-1.1.15.jar - C:\Users\hadoop.wahah
```

图16-9　建好的工程项目

16.2.2　开发实例

下面以表16-3所示的防窃漏电建模样本数据为例，构建分类分析模型及调用接口（采用Random Forest模型）。样本数据中前80%为模型训练数据，后20%为模型检验样本。模型输入项为电量趋势增长指标、线损指标和告警类指标；输出项为是否窃漏电（yes表示属于窃漏电用户，no表示非窃漏电用户）。

表16-3　防窃漏电样本数据

电量趋势增长指标	线损指标	告警类指标	是否窃漏电	电量趋势增长指标	线损指标	告警类指标	是否窃漏电
4	1	1	yes	10	1	3	yes
4	0	4	yes	2	0	3	no
2	1	1	yes	4	0	2	no
9	0	0	no	3	0	0	no
3	1	0	no	0	0	3	no
2	0	0	no	9	0	3	yes
5	0	2	yes	0	0	2	no
3	1	3	yes	8	1	4	yes
3	0	0	no	2	0	4	no
4	1	0	no	3	0	1	no
10	1	2	yes	7	0	0	no

数据详见：01-示例数据/窃漏电样本数据.csv

1. 创建方案

在创建方案时，需要选择分类与预测模型的 appType，其调用接口描述如代码清单 16-1 所示。

代码清单 16-1　创建方案接口描述

```
http 请求方式:POST
请求链接:http://www.tipdm.cn/forecast/api/scheme/create/{appcode}/{userId}
POST 数据格式:json
POST 数据例子:{
    "scheme":{
        "schemeName":"分类与预测模型示例",
            "appType":"100",
            "schemeDesc":"构建分类与预测模型"
        }
}
```

在客户端开发调用 TipDM-HB 大数据挖掘建模平台提供的创建方案接口，假设已经存在用户 userId 为“tipdm”，且其注册码为“40385e836bdd60d9014bdd62bda71111”，创建方案代码如代码清单 16-2 所示。

代码清单 16-2　创建方案接口调用代码

```
// 设置参数
String appcode ="40385e836bdd60d9014bdd62bda71111";
String userId ="tipdm";
String url = "http://www.tipdm.cn/forecast/api/scheme/create/" + appcode + "/" + userId;
String schemeName ="分类分析模型示例";
String appType ="100";
String schemeDesc ="使用 webservice 进行数据分类";
// 调用接口
HttpPost post = new HttpPost(url);
    String json = "{
            "'scheme':{" +
                "'schemeName':'" + schemeName + "'," +
                "'appType':'" + appType + "'," +
                "'schemeDesc':'" + schemeDesc + "'" +
                "}" +
            "}";
StringEntity entity = new StringEntity(json,
ContentType.APPLICATION_JSON);//请求体数据,json 类型
post.setEntity(entity);
CloseableHttpClient client = HttpClients.createDefault();
client.execute(post);
```

直接运行代码清单 16-2，即可在 TipDM-HB 大数据挖掘建模平台上创建一个方案。成功创建方案后，会返回 JSON 数据，一般如代码清单 16-3 所示。

代码清单 16-3　创建方案成功返回的 JSON 数据


```
{
  "status":"success",
  "schemeId":"40285e814bdd60d9014bdd62bda70001",
  "msg":"远程创建方案成功!"
}
```


从代码清单 16-3 可以看到返回的方案 ID 为“40285e814bdd60d9014bdd62bda70001”，根据此 ID 即可进行后续操作。

2. 数据加载

创建方案后，即可调用数据加载 Web 服务进行数据加载。因为数据加载需要提供方案 ID，所以这里使用上一步骤中的方案 ID 作为参数。其调用接口描述如代码清单 16-4 所示。

代码清单 16-4　加载数据调用接口描述

```
http 请求方式:POST
请求链接:http://www.tipdm.cn/forecast/api/data/uploadData/{appcode}
POST 数据格式:multipart/form-data
```

在客户端开发调用 TipDM-HB 大数据挖掘建模平台提供的加载数据接口，其代码如代码清单 16-5 所示。

代码清单 16-5　加载数据接口调用代码

```
//设置参数
String appcode ="40385e836bdd60d9014bdd62bda71111";
String shcemeId = "40285e814bdd60d9014bdd62bda70001";
String fileName = "D:\\classify_sample.xls";
String url = "http://www.tipdm.cn/forecast/api/data/uploadData/" + appcode;
// 调用接口
MultipartEntity entity = new MultipartEntity();
entity.addPart("schemeId",new StringBody(schemeId,Charset.forName("UTF-8")));
entity.addPart("dataFile",new FileBody(new File(fileName)));
HttpPost request = new HttpPost(url);
request.setEntity(entity);
HttpClient client =new DefaultHttpClient();
client.execute(request);
```

直接运行代码清单 16-5，即可对 TipDM-HB 大数据挖掘建模平台上的方案 ID 为“40285e814bdd60d9014bdd62bda70001”的方案加载数据。成功加载数据后，返回 JSON 数据，一般如代码清单 16-6 所示。

代码清单 16-6　数据加载成功返回的 JSON 数据


```
{
  "result":{
      "msg":"数据上传成功!",
```

```
        "schemeId":"40285e814bdd60d9014bdd62bda70001",
        "status":"success"
    }
}
```

3. 模型调用

数据加载完成后，即可调用 TipDM-HB 大数据挖掘建模平台提供的 Web 服务接口进行 Random Forest 建模，其模型调用接口描述如代码清单 16-7 所示。

代码清单 16-7　Random Forest 模型调用接口描述

```
http 请求方式:POST
请求链接:http://www.tipdm.cn/forecast/api/algorithm/classify/train/{appcode}
POST 数据格式:json
POST 数据例子:
{'algorithm':
    {
        'schemeId':'40285e814bdd60d9014bdd62bda70001',
        'params':[
                {'key':'descriptor','value': '[3 N L]'},
                {'key':'selection','value':2},
                {'key':'minsplit','value':2},
                {'key':'seed','value':10},
                {'key':'nbtrees','value':5},
            ]
    }
}
```

在客户端开发调用 TipDM-HB 大数据挖掘建模平台提供的 Random Forest 模型调用接口，其代码如代码清单 16-8 所示。

代码清单 16-8　Random Forest 模型接口调用代码

```
// 参数设置
String appcode ="40385e836bdd60d9014bdd62bda71111";
String schemeId = "40285e814bdd60d9014bdd62bda70001";
String url = "http://www.tipdm.cn/forecast/api/algorithm/classify/train/" + appcode;
String descriptor = "[3 N L]";
int selection = 2;
int minsplit = 2;
int seed = 10;
int nbtrees =5;
// 调用接口
HttpPost post = new HttpPost(url);
String json = "{'algorithm':{" +
                "'schemeId':'" + schemeId + "'," +
                "'params':[" +
                    "{'key':'descriptor','value':" + descriptor + "}," +
```

```
                              "{'key':'selection','value':" + selection + "}," +
                              "{'key':'minsplit','value':" + minsplit + "}," +
                              "{'key':'seed','value':" + seed + "}," +
                              "{'key':'nbtrees','value':" + nbtrees + "}," +
                                  "]" +
                          "}}";
StringEntity entity = new StringEntity(json,
ContentType.APPLICATION_JSON);//请求体数据,json 类型
post.setEntity(entity);
CloseableHttpClient client = HttpClients.createDefault();
client.execute(post);
```

直接运行代码清单 16-11，即可对 TipDM-HB 大数据挖掘建模平台上的方案 ID 为 "40285e814bdd60d9014bdd62bda70001" 的方案执行 Random Forest 模型调用。成功创建 Random Forest 模型后，返回 JSON 数据，一般如代码清单 16-9 所示。

代码清单 16-9　Random Forest 模型调用成功返回的 JSON 数据


```
{
    "result": {
        "modelPath": "/dmfile/877F0BC9 - D376 - 10D4 - FF63 - 0096E2389ED8.model ",
        "msg": "模型训练成功,训练结果:


建模花费时间: 0.58 秒
训练数据测试模型所花时间: 0.07 秒
=== 训练误差 ===
相关系数                0.7767
平均绝对误差            0.2104
均方根误差              0.3347
相对绝对误差            47.0512 %
相对平方根误差          70.7917 %
样本总数                83


",
        "schemeId": "40285e814bdd60d9014bdd62bda70001",
        "status": "success"
    }
}
```


代码清单 16-9 中的 modelPath 为训练完成后生成的模型文件，msg 中包含了训练结果信息。

4. 模型评价

在步骤 3 中成功调用 Random Forest 模型，TipDM-HB 大数据挖掘建模平台运行 Random Forest 模型训练，训练完成后，返回模型的存储路径（即\\dmfile\\5061fb04-c7f8-488d-87da-

746648309b2f. model）。使用该模型进行模型评价，其 Web 调用接口描述如代码清单 16-10 所示。

代码清单 16-10　Random Forest 模型评价调用接口描述

```
http 请求方式:POST
请求链接:http://www.tipdm.cn/forecast/api/algorithm/classify/evaluate/{appcode}
POST 数据说明:
{'algorithm':
     {
          'schemeId':'40285e814bdd60d9014bdd62bda70001',
          'modelPath':'/dmfile/5061fb04 - c7f8 - 488d - 87da - 746648309b2f.model ',
          'testData':[
               '2,1,2',
               '1,0,0',
               '0,0,2',
               '0,1,2,',
               '3,1,0',
               '5,1,1'
               ]
     }
}
```

在客户端开发调用 TipDM-HB 大数据挖掘建模平台提供的 Random Forest 模型评价调用接口，其代码如代码清单 16-11 所示。

代码清单 16-11　Random Forest 模型评价接口调用代码

```
// 参数设置
String appcode ="40385e836bdd60d9014bdd62bda71111";
String schemeId = "40285e814bdd60d9014bdd62bda70001";
//从模型训练的结果信息中获取模型存储路径
Result result = JSON.parseObject(trainResesult, Result.class);
String modelPath = result.getModelPath();
String url = " http://www.tipdm.cn /forecast/api/algorithm/classify/evaluate/" + appcode;
HttpPost post = new HttpPost(url);

String json = "{'algorithm':{" +
                         "'schemeId':'" + schemeId + "'," +
                         "'modelPath':'" + modelPath + "'," +
                         "'testData':[" +
                              "'3,1,0'," +
                              "'2,1,1'" +
                              "]" +
                    "}}";

StringEntity entity = new StringEntity(json, ContentType.APPLICATION_JSON);
post.setEntity(entity);
HttpClient client = HttpClients.createDefault();
HttpResponse response = client.execute(post);
System.out.println(EntityUtils.toString(response.getEntity(), "UTF - 8"));
```

直接运行代码清单 16-11，即可对创建好的 Random Forest 模型进行评价。其评价结果以 JSON 数据返回，一般如代码清单 16-12 所示。

代码清单 16-12　Random Forest 模型评价返回 JSON 数据

```
{
    "result": {
                "msg": "模型评价结果:

                === 模型验证 ===
                            实际值  验证值
                是否窃漏电: yes     no(87.3%)
                是否窃漏电: yes     yes(65.28%)

                === 混淆矩阵 ===
                 a  b   <-- 分类为
                 1  1 |  a = yes
                 0  0 |  b = no
                ",
                        "schemeId": "40285e814bdd60d9014bdd62bda70001",
                        "status": "success"
    }
}
```

5. 模型应用

在第 4 步完成后，得到创建好的 Random Forest 模型的评价结果。可以对此结果进行判断，如果此结果符合预期，即可使用此模型进行实际应用；否则要调整参数进行模型训练，再次评价。应用模型对新数据进行分类的接口调用描述如代码清单 16-13 所示。

代码清单 16-13　Random Forest 模型应用调用接口描述

```
http 请求方式:POST
请求链接:http://www.tipdm.cn/forecast/api/algorithm/classify/{appcode}
POST 数据格式:multipart/form-data
```

应用 Random Forest 模型进行分类的数据文件如表 16-4 所示。

表 16-4　窃漏电应用数据

电量趋势下降指标	线损指标	告警类指标	电量趋势下降指标	线损指标	告警类指标
2	1	2	1	0	2
2	1	2	4	1	0
0	0	2	2	0	0
2	0	1	3	0	0
0	1	1	5	1	1

数据详见：01-示例数据/窃漏电应用数据 . csv

在客户端开发调用 TipDM-HB 大数据挖掘建模平台提供的 Random Forest 模型应用调用接

口，其代码如代码清单 16-14 所示。

代码清单 16-14　Random Forest 模型应用接口调用代码

```
// 参数设置
String appcode ="40385e836bdd60d9014bdd62bda71111";
String shcemeId = "40285e814bdd60d9014bdd62bda70001";
String modelPath = "/dmfile/877F0BC9-D376-10D4-FF63-0096E2389ED8.model";
String url = "http://www.tipdm.cn/forecast/api/classify/"+appcode;
String dataFile = "D:\\classify_data.xls";
// 调用接口
HttpPost post = new HttpPost(url);
MultipartEntityBuilder builder = MultipartEntityBuilder.create();
builder.addPart("schemeId",new StringBody(schemeId,Charset.forName("UTF-8")));
builder.addPart("modelPath",new StringBody(modelPath,Charset.forName("UTF-8")));
File file = new File(dataFile);
builder.addPart("dataFile",new FileBody(file));
builder.setCharset(CharsetUtils.get("UTF-8"));
builder.setMode(HttpMultipartMode.BROWSER_COMPATIBLE);
post.setEntity(builder.build());

HttpClient client = HttpClients.createDefault();
HttpResponse response = client.execute(post);
HttpEntity entity = response.getEntity();
InputStream is = entity.getContent();
String filePath = "D:\\test.xls";
FileOutputStream fos = new FileOutputStream(new File(filePath));
int inByte;
while((inByte = is.read()) != -1) {
  fos.write(inByte);
}
is.close();
fos.close();
```

直接运行代码清单 16-14，即可应用创建好的 Random Forest 模型。成功调用 TipDM-HB 大数据挖掘建模平台的模型应用接口后，将分类结果追加到原始数据并以 Excel 格式输出到本地，数据如表 16-5 所示。

表 16-5　Random Forest 模型应用返回的数据

电量趋势下降指标	线损指标	告警类指标	类别
2	1	2	yes
2	1	2	yes
0	0	2	no
2	0	1	no
0	1	1	yes
1	0	2	no
4	1	0	no

（续）

电量趋势下降指标	线损指标	告警类指标	类别
2	0	0	no
3	0	0	no
5	1	1	yes
5	1	0	no
0	0	0	no
3	0	0	no
0	1	2	yes
1	0	2	no
1	0	1	no
1	0	0	no
0	0	2	no

16.3 小结

本章首先对 TipDM-HB 大数据挖掘建模平台进行了简单介绍，包括 TipDM-HB 大数据挖掘建模平台的 WebService 服务以及 Apache CXF。接着，介绍了 TipDM-HB 大数据挖掘建模平台的各个服务接口，方便读者查询。最后给出一个实例，从最开始的开发环境的配置、IDE 配置，到针对窃漏电如何应用 TipDM-HB 大数据挖掘建模平台提供的 Web 服务来解决问题。每个流程都给出了详细的代码及接口描述，读者直接拷贝代码，简单修改，即可运行实例，体会、理解利用 TipDM-HB 大数据挖掘建模平台进行开发的步骤。

参考资料

[1] 烹烹行业观察 [EB/OL]. http://www.iyiou.com/p/15737.

[2] Viktor Mayer-Schönberger. Big Data: A Revolution That Will Transform How We Live, Work, and Think [M]. Eamon Dolan/Mariner Books. 2014. 35.

[3] Hadoop_百度百科 [EB/OL]. http://baike.baidu.com/item/Hadoop.

[4] hdfs_百度百科 [EB/OL]. http://baike.baidu.com/item/HDFS.

[5] MapReduce_百度百科 [EB/OL]. http://baike.baidu.com/item/MapReduce.

[6] 林子雨. 大数据技术原理与应用——概念、存储、处理、分析与应用 [M]. 北京：人民邮电出版社. 2015.

[7] Hive 百度百科 [EB/OL]. http://wapbaike.baidu.com/subview/699292/10164173.htm.

[8] HBase [EB/OL]. http://hbase.apache.org/.

[9] Lars George. HBase: The Definitive Guide [M]. O' Reilly Media. 2011. 9.

[10] CDH [EB/OL]. http://zh-cn.cloudera.com/content/cloudera/en/products-and-services/cdh.html.

[11] Hortonworks Data Platform [EB/OL]. http://zh.hortonworks.com/hdp/.

[12] Watson Foundations-IBM [EB/OL]. http://www.ibm.com/big-data/au/en/big-data-and-analytics/watson-foundations.html.

[13] Quinlna J R, Induction of decision trees, Machine Learning [M]. 1986, (1): 81-106.

[14] 樊哲. Mahout 算法解析与案例实战 [M]. 北京：机械工业出版社. 2014.

[15] 张良均. 数据挖掘：实用案例分析 [M]. 北京：机械工业出版社. 2013.

[16] Jiawei Han, Jian Pei, Yiwen Yin. Mining Frequent Patterns without Candidate Generation [J]. In SIGMOD, 2000.

[17] 项亮. 推荐系统实战 [M]. 北京：人民邮电出版社. 2012. 6.

[18] Blei D M, Ng A Y, Jordan M I. Latent dirichlet allocation [J]. Journal of Machine Learning Research, 2003, 3: 2003.

[19] BERG B A. Markov Chain Monte Carlo Simulations and Their Statistical Analysis [M]. Singapore: World Scientific. 2004.

[20] Cao Juan, Xia Tian, Li Jin Tao, A density method for adaptive LDA model selection [J]. Neurocomputing 2009 (72): 1775-1781.

[21] 罗亮生，张文欣. 基于常旅客数据库的航空公司客户细分方法研究 [J]. 现代商业，2008 (23).

[22] 电子商务网站 RFM 分析. [EB/OL]. http://www.skynuo.com/Seo_detail131.Html/.

[23] 白桦. 智能控制在净水厂混凝投药过程中的应用研究 [D]. 哈尔滨工业大学，2002.

[24] 辛欣，周娜，王震. 数据异常值检测及修正方法研究 [J]. 现代电子技术，2013，11：5-7+11.

[25] 李亮，周建忠，汪麟，赵忠富. 广州南沙水厂的工程设计及特点 [J]. 中国给水排水，2011，14：41-45.

[26] 董林垚，陈建耀，付丛生，蒋华波. 珠海小规模溪流水温与气温关系研究 [J]. 水文，2011，01：81-87.

[27] 沈捷，王莉，林锦国. 水处理过程的 RBF 和 BP 神经网络建模 [J]. 微计算机信息，2007，34：294-296.

[28] 周建同. 交通违章行为的识别及检索 [C] 全国智能视频监控学术会议，2003.

[29] 冯海军. 基于特写检测的多方向电子警察系统的开发 [D]. 西安：西安电子科技大学，2004.

[30] 王琳. 智能交通系统中关键技术的研究 [D]. 西安：西安电子科技大学，2004.

[31] Apache Mahout [EB/OL]. http://mahout.apache.org/.

[32] Apache CXF [EB/OL]. https://zh.wikipedia.org/wiki/Apache_CXF.

推荐阅读

数据挖掘：实用案例分析

作者：张良均 等 ISBN：978-7-111-42591-5 定价：79.00元

MATLAB数据分析与挖掘实战

作者：张良均 等 ISBN：978-7-111-50435-1 定价：69.00元

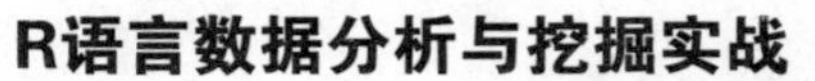

R语言数据分析与挖掘实战

作者：张良均 等 ISBN：978-7-111-51604-0 定价：69.00元

Python数据分析与挖掘实战

作者：张良均 等 ISBN：978-7-111-52123-5 定价：69.00元

推荐阅读

SQL与关系数据库理论
——如何编写健壮的SQL代码
O'REILLY

数据库
查询优化器
的艺术
原理解析与SQL性能优化
The Art of Database Query Optimizer
Principle and SQL Performance Optimization

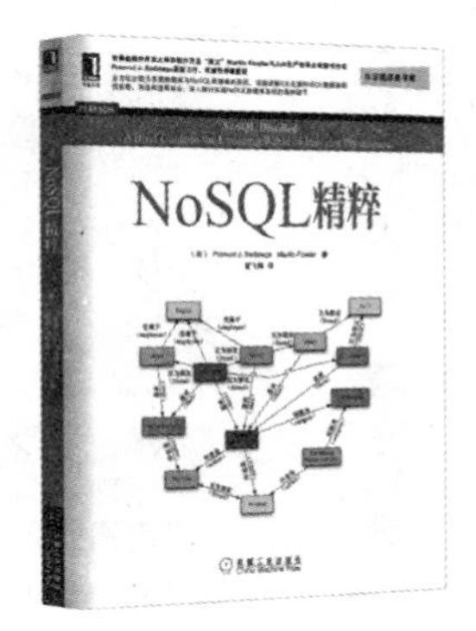
NoSQL精粹

Software Development on the SAP HANA Platform
SAP HANA平台
软件开发实战

HBase企业应用
开发实战

Spark大数据处理
技术、应用与性能优化

DB2 SQL
Tuning Tips for z/OS Developers
DB2 SQL性能调优秘笈
IBM

深入理解大数据
大数据处理与编程实践
UNDERSTANDING BIG DATA
BIG DATA PROCESSING AND PROGRAMMING
BIG
DATA

Hadoop实战
第2版
Hadoop实战